STM32F207 高性能网络型 MCU 嵌入式系统设计

廖义奎　编著

北京航空航天大学出版社

内 容 简 介

本书介绍了 STM32F2 系列处理器的特点与应用,共 16 章,分别讲解 ARM Cortex 处理器概述、从 STM32F1 到 STM32F2 的硬件兼容性设计、从 STM32F1 到 STM32F2 的程序设计、STM32F2 固件库的使用、STM32F2 的启动原理及时钟控制、STM32F2 新增的 FSMC 接口及 LCD 屏控制、STM32F2 新增的日历功能及应用、STM32F2 中断及 SysTick 应用、STM32F2 增强的闹钟、时间戳与篡改检测、STM32F2 增强的定时器、STM32F2 新增的 ETH 以太网接口及 LwIP 应用、STM32F2 新增的 DCMI 数码相机接口及应用、STM32F2 增强的 USART 接口与应用、STM32F2 增强的 ADC 模块及应用、一步一步设计自己的嵌入式操作系统、一步一步设计自己的嵌入式 GUI 库。

本书配套资料中附有所有章节的源程序。本书适合于嵌入式开发人员作为开发参考资料,也适合于高校师生作为单片机、嵌入式系统课程的教材和教学参考书。

图书在版编目(CIP)数据

STM32F207 高性能网络型 MCU 嵌入式系统设计 / 廖义奎编著. -- 北京:北京航空航天大学出版社,2012.9
ISBN 978 - 7 - 5124 - 0921 - 7

Ⅰ.①S… Ⅱ.①廖… Ⅲ.①微处理器—系统设计
Ⅳ.①TP332

中国版本图书馆 CIP 数据核字(2012)第 198069 号

版权所有,侵权必究。

STM32F207 高性能网络型 MCU 嵌入式系统设计
廖义奎 编著
责任编辑 沈韶华
*
北京航空航天大学出版社出版发行

北京市海淀区学院路 37 号(邮编 100191) http://www.buaapress.com.cn
发行部电话:(010)82317024 传真:(010)82328026
读者信箱:emsbook@gmail.com 邮购电话:(010)82316936
涿州市新华印刷有限公司印装 各地书店经销
*
开本:710×1 000 1/16 印张:31 字数:679 千字
2012 年 9 月第 1 版 2012 年 9 月第 1 次印刷 印数:4 000 册
ISBN 978 - 7 - 5124 - 0921 - 7 定价:59.00 元

若本书有倒页、脱页、缺页等印装质量问题,请与本社发行部联系调换。联系电话:010 - 82317024

前 言

1. 从 STM32F1 到 STM32F2

意法半导体于 2011 年下半年开始量产 STM32F2 系列处理器，采用最新的 90 nm 工艺生产新一代的 STM32 产品。90 nm 工艺带来更高的效率，极致发挥了 Cortex - M3 的性能，具有更低的动态功耗、更多灵活创新的高性能外设及更高的集成度。

➢ 极致的运行速度表现在以 120 MHz 高速运行时可达到 150 DMIPS 的处理能力，自适应实时闪存加速器使得 STM32F2 可以在片内闪存上以 120 MHz 的高速零等待地执行代码。

➢ 更多的存储空间表现在高达 1 MB 的片上闪存，高达 128 KB 的内嵌 SRAM。具有灵活的高速外部存储器接口 FSMC，用于扩展片外存储器和外设。

2. 注重分析 STM32F2 新增功能的应用

STM32F2 新增的日历、FSMC LCD 接口、ETH 以太网接口、DCMI 视频接口等功能模块是其优势，也是其重点应用目标。因此，介绍这些功能模块的特点与应用方法是本书的主要目标。

3. 硬件与软件结合

硬件与软件是嵌入式系统开发中不可缺少的两个组成部分，缺一不可。本书详细介绍了 STM32F1 与 STM32F2 之间的硬件兼容性设计。

由于 STM32F2 与 STM32F1 引脚上基本兼容，因此在设计时可以采用与 STM32F1 兼容的方案，其优点是在不花额外代价的情况下，一次设计可同时获得 STM32F2 和 STM32F1 两种 PCB 板。另外，采用兼容的设计方案，还有利于在设计过程中，充分利用原来已经熟悉和成熟的 STM32F1 电路作为参考，可以更加快速和可靠地进行设计。

4. GCC 编译器

GCC 编译器是一套以 GPL 及 LGPL 许可证发行的开源、自由软件。GCC 编译器是移植到中央微控制器架构以及操作系统最多的编译器。由于 GCC 已成为 GNU 系统的官方编译器（包括 GNU/Linux 家族），它也成为编译与建立其他操作系统的主要编译器，包括 Linux 系列、BSD 系列、Mac OS X、NeXTSTEP 与 BeOS 等。

GCC 通常是跨平台软件首选的编译器。有别于一般局限于特定系统与执行环境的编译器，GCC 在所有平台上都使用同一个前端处理程序，产生一样的中间代码，此中间代码在各个不同的平台上都一致，并可输出正确无误的最终代码。

GCC 功能强大、性能优越，并且开放源代码，可以免费使用从而降低开发成本。因此，GCC 是本书重点介绍的内容，也是书中例子所用的编译器。

5. 以 C++ 面向对象的思路编程

本书大部分程序以 C++ 面向对象的思路进行编程，具有分类与封装、隐藏、权限、继承与代码重用、接口编程等特点。

（1）分类与封装

以往的单片机程序通常采用 C 语言来编写，常遇到代码宏定义过多、函数名繁杂、代码杂乱等问题。例如，把一大堆代码放在一起，这些代码既没归类也没级别，致使整个程序结构变得既复杂又混乱。

采用 C++ 的方式很容易解决这一问题，在 C++ 里用这些函数进行封装的方法就是定义一个类，C++ 中的类名就相当于给封装在一起的函数和变量起的名字。同时，解决了多个函数共用非全局变量的问题。

（2）隐藏

在单片机程序中常遇到这样的问题，就是有些端口是输入端口，有些是输出端口，那么输入端口就不应该执行向端口写入数据的操作。但是，在 C 语言程序中，无法从语言规则上限制这样的操作，也就是不管用户程序中直接写入寄存器还是调用写入函数，程序在编译时都不会报错，因为编译器并不知道输入端口不能写入。要限制这样的操作，只能由程序编写人员自己把握，但这样经常会出现失误。在 C++ 中，可以利用类的隐藏和屏蔽等特点来解决这类问题。

（3）权限

在单片机程序中常遇到这样的情况，当修改某个变量的值时，需要同时修改另一个变量的值，或者同时需要调用另一个函数来处理某些操作。例如某个程序需完成这样的功能：在修改程序中代表系统时间是多少秒钟的变量时，如果修改的秒数大于 60，这时应该同时需要两种附加的办法来解决大于 60 的问题，而不能直接保留这个大于 60 的数值在秒变量之中。上述问题，可以采用封装一个时间类，把秒变量封装为私有成员，不允许类外直接操作，再提供一个公有的成员函数来变更秒时间。在该成员函数之中可以包括上述两种附加秒处理方式之中的一种，程序其他地方修改秒时间时，只能通过该成员函数来修改而不能直接修改秒变量，这样就不会出现秒变量超过 60 的错误了。这种方法即是程序中操作权限的设置方法。

（4）继承与代码重用

提高单片机程序代码的重用率，是编程人员一个共同的追求。在 C++ 中，可以通过类的继承等方式来实现。例如可以把端口的操作封装到 CGpio 类中，对于所需要的 LED 操作和 Key 操作是两个不同种类的端口操作。对于 LED，所需要的是执行 On 操作和 Off 操作。对于 Key，所需要的是读取当前是 isUp 状态还是 isDown 状态。因此，采用 CLed 和 CKey 这两个独立的类来封装会更加合适。由于 CLed 和 CKey 都属于端口操作之中的一种，所以都具有 CGpio 类所有的特征，让 CLed 和 CKey 都重新实现一次 CGpio 类的功能显然没必要，并且会出现大量的重复代码。因此，采用继承的方式更加合适，让 CLed 和 CKey 都继承于 CGpio 类，这样它们就具有了 CGpio 类所有的特征了。

（5）接口编程

接口编程是嵌入式系统中非常重要的组成部分，特别是在编写驱动程序、嵌入式操作系统、通用程序库等之中，都需要进行接口编程。在 C 语言中，也可以提供接口编程方式，一般是通过 struct 结构来实现。struct 结构相当于 C++ 中的一个类，但只能提供定义公有类型（public）成员的特殊类，不能像C++、JAVA 那么严格地实现接口编程方式。

6. 尽量全面介绍 STM32F2 的特点与应用

① 本书重点介绍 STM32F2 新增功能，包括日历功能及应用、FSMC 接口及 LCD 屏控制、ETH 以太网接口及 LwIP 应用、DCMI 数码相机接口及应用。

② 详细介绍了 STM32F2 增强的功能，包括闹钟时间戳与篡改检测、定时器、USART 接口与应用、ADC 模块及应用。

③ 详细介绍了 STM32F1 与 STM32F2 兼容性设计，包括从 STM32F1 到 STM32F2 的硬件兼容性设计、从 STM32F1 到 STM32F2 的程序设计。

④ 详细介绍了 STM32F2 的基本编程原理，包括 STM32F2 固件库的使用、STM32F2 的启动原理及时钟控制、STM32F2 中断及 SysTick 应用。

⑤ 详细介绍了 STM32F2 的扩展应用，包括嵌入式操作系统基础、嵌入式 GUI 设计与应用。

另外，还用一整章详细介绍了各种常见的新型 ARM Cortex 处理器的特点与功能。

7. STM32F2 新增的 ETH 以太网接口及 LwIP 应用

在以嵌入式操作系统为核心的网络应用系统和网络设备中，微控制器一般可以选择 ARM9、ARM11、Cortex - A8、Cortex - A9 等，其特点一是内部带有以太网 MAC 控制器；二是运行速度快，一般主频都在 400 MHz 以上，可满足高速的通信数据处理要求；三是带有 MMC 单元，可运行功能强大的 Windows CE、Linux 等嵌入式操作系统，既方便实现复杂任务的管理，又带有完善的网络支持。

在面向快速网络应用系统和网络设备中，例如视频监控系统，要求提供一种低成本、低功耗、高速的网络通信环境，微控制器一般可以选择内部带有以太网 MAC 控制器的 Cortex - M3、Cortext - M4 微控制器（例如 STM32F107 系列、STM32F207 系列、STM32F407 系列等），内部集成了以太网 10/100 MB MAC 模块，支持 10/100 MB 自适应网络应用。

在面向慢速网络应用系统和网络设备中，对数据传输的速度要求不高，通常只需要完成现场传感器数据采集与传输、远程设备控制等功能时，这时可选择内部不带以太网 MAC 控制器的微控制器，并使用外加一个专用的以太网模块来实现。这些模块常见的有 ENC28J60、CP2200、ENC28J60、W5100 等，具有成本低、接口简单、使用方便等特点。

第 11 章介绍了 STM32F2 新增的 ETH 以太网接口的功能与特点，以及基于 LwIP 协议栈的以太网应用程序开发。

8. STM32F2 新增的 DCMI 视频接口及应用

摄像头与图像采集已经成为手持电子产品中的标准配置。STM32F2 新增的 DCMI 数码相机接口是一个能够接收高速数据流接口，支持 8、10、12 或 14 位的 CMOS 摄像头模块的同步并行数据。它支持 YCbCr4：2：2、RGB565、逐行扫描视频和压缩数据（JPEG）等数据格式。

OV7670 图像传感器具有体积小、工作电压低等特点，提供单片 VGA 摄像头和影像微控制器的所有功能。通过 SCCB 总线控制可以输出整帧、子采样、取窗口等方式的各种分辨率 8 位影像数据。

STM32F2 新增的 DCMI 视频接口及 OV7670 摄像头应用开发在本书第 12 章有详细的介绍。

9. 如何使用本书

本书的读者需要有一定的 C/C++、单片机以及电子线路设计基础。本书适合于从事 ARM 嵌入式开发的工程人员以及 STM32 的初学者；也适合于原来从事 8 位、16 位 MCU 开发，而又需要跨到 32 位 MCU 平台的研发人员；同时也适合于高校师生作为课程设计、毕业设计以及电子设计竞赛的培训和指导教材；也适合于作为本、专科单片机、嵌入式系统相关课程的教材或实验指导书。

配套资料中包括了所有章节的程序代码，读者可以直接从北航出版社网站（www.buaapress.com.cn）的"下载专区"下载使用。

如果读者在使用本书时遇到相关技术问题，或者对本书介绍的 ARM 开发板感兴趣或有疑问，可以通过电子邮件与作者联系（javawebstudio@163.com），作者将尽最大努力与读者共同解决学习过程中和开发过程中遇到的问题，共同进步。

10. 致 谢

本书的编写过程中，陆才志、苏宇、梁创英、许金、玉黄荣、王继平、韦运忠、徐卫怡、蓝艺峥、苏金秀分别审阅了本书全部或部分章节，在此表示衷心感谢。

本书在编写过程中参考了大量的文献资料，一些资料来自互联网和一些非正式出版物，书后的参考文献无法一一列举，在此对原作者表示诚挚的谢意。

限于作者水平，并且编写时间比较仓促，书中难免存在错误和疏漏之处，敬请读者批评指正。

编　者
2012. 7

目　录

第 1 章　ARM Cortex 处理器概述 …………………………………………… 1

1.1　ARM 处理器分类 ……………………………………………………… 1

1.2　ARM Cortex 处理器 …………………………………………………… 2

1.3　Cirtex-M0 处理器 ……………………………………………………… 3

1.3.1　概述 ……………………………………………………………… 3

1.3.2　NUC100 系列处理器 …………………………………………… 4

1.3.3　NXP Cortex-M0 处理器 ………………………………………… 5

1.4　Cortex-M1 处理器 ……………………………………………………… 7

1.4.1　概述 ……………………………………………………………… 7

1.4.2　Cortex-M1 应用 ………………………………………………… 8

1.5　Coretx-M3 处理器 ……………………………………………………… 9

1.5.1　概述 ……………………………………………………………… 9

1.5.2　AT91SAM3U 系列处理器 ……………………………………… 10

1.5.3　LPC1800 系列处理器 …………………………………………… 11

1.6　Coretx-M4 处理器 ……………………………………………………… 13

1.6.1　概述 ……………………………………………………………… 13

1.6.2　Kinetis 系列处理器 ……………………………………………… 14

1.6.3　LPC4300 系列处理器 …………………………………………… 16

1.6.4　STM32F4 系列处理器 …………………………………………… 19

1.7　Cortex-A8 处理器 ……………………………………………………… 21

1.8　Cortex-A9 处理器 ……………………………………………………… 21

1.9　Cortex-A15 处理器 ……………………………………………………… 24

1.9.1　Cortex-A15 内核简介 …………………………………………… 24

1.9.2　OMAP 5 处理器 ………………………………………………… 25

第 2 章　从 STM32F1 到 STM32F2 的硬件兼容性设计 …………………… 29

2.1　STM32F1 及 STM32F2 系列处理器 ………………………………… 29

2.1.1　STM32F1 系列处理器 …………………………………………… 29

2.1.2　STM32F2 系列处理器 …………………………………………… 30

2.1.3　STM32F1 与 STM32F2 的区别 ………………………………… 33

2.2　STM32F1 与 STM32F2 之间的兼容性设计 …………………… 34

2.3　STM32F207 最小系统设计 …………………………………… 37

　2.3.1　最小系统电路设计 ………………………………………… 37

　2.3.2　电源电路设计 ……………………………………………… 42

　2.3.3　按键与 LED 电路设计 …………………………………… 47

　2.3.4　时钟、复位、引导配置以及 SWD 接口电路设计 ……… 49

　2.3.5　通信接口电路设计 ………………………………………… 53

　2.3.6　其他外设电路设计 ………………………………………… 60

2.4　图像传感器及接口 ……………………………………………… 62

　2.4.1　图像传感器 ………………………………………………… 62

　2.4.2　OV7670 摄像头 …………………………………………… 63

　2.4.3　CMOS 摄像头接口 ………………………………………… 65

2.5　以太网接口 ……………………………………………………… 66

　2.5.1　STM32F2 以太网模块介绍 ……………………………… 66

　2.5.2　SMI、MII 和 RMII 接口 ………………………………… 66

　2.5.3　STM32F207 以太网接口电路设计 ……………………… 71

2.6　引脚安排汇总 …………………………………………………… 73

第 3 章　从 STM32F1 到 STM32F2 的程序设计 ………………… 78

3.1　从 STM32F1 到 STM32F2 ……………………………………… 78

　3.1.1　STM32F1 与 STM32F2 在开发工具版本上的差别 …… 78

　3.1.2　STM32F1 与 STM32F2 系列的 IP 总线之间的映射差异 ……… 78

　3.1.3　STM32F1 和 STM32F2 AHB/APB 桥时钟差异 ……… 81

　3.1.4　STM32F1 和 STM32F2 在寄存器上的差别 …………… 84

　3.1.5　STM32F1 和 STM32F2 在 GPIO 上的差异 …………… 86

3.2　基于 Keil 的第一个 STM32F207 程序 ……………………… 89

　3.2.1　创建一个 Keil 新项目 …………………………………… 89

　3.2.2　添加主程序 ………………………………………………… 92

　3.2.3　配置 Flash Download …………………………………… 93

　3.2.4　在 RealView MDK 中调试程序 ………………………… 94

　3.2.5　与 STM32F1 的比较 ……………………………………… 95

3.3　第一个基于 GCC 的 STM32F207 程序 ……………………… 98

　3.3.1　软件环境 …………………………………………………… 98

　3.3.2　编写 STM32 的 C 语言程序 …………………………… 100

　3.3.3　用 GCC 编译 STM32 程序 ……………………………… 104

　3.3.4　在 Obtain_Studio 中编译 Hello World 程序 ………… 105

3.4　使用 C++开发 STM32F2 程序 ……………………………………… 106

3.5　位操作方式 …………………………………………………………… 107

第 4 章　STM32F2 固件库的使用 ……………………………………… 110

4.1　STM32F2xx 标准外设库 ……………………………………………… 110

4.1.1　STM32F2xx 标准外设库结构 …………………………………… 110

4.1.2　如何使用标准外设库 ……………………………………………… 121

4.2　在 RealView MDK 中使用 STM32 固件库 ………………………… 123

4.2.1　STM32 固件库应用 ……………………………………………… 123

4.2.2　STM32 固件库应用程序分析 …………………………………… 125

4.3　在 GCC 中应用 STM32 固件库 ……………………………………… 133

4.3.1　STM32F2 固件库 GCC 项目模板 ……………………………… 133

4.3.2　Obtain_Studio 集成开发系统常用技巧 ………………………… 137

第 5 章　STM32F2 的启动原理及时钟控制 …………………………… 141

5.1　STM32F2 启动原理 …………………………………………………… 141

5.1.1　STM32F2 启动过程分析 ………………………………………… 141

5.1.2　STM32F2 物理重新映射 ………………………………………… 143

5.1.3　STM32 软件复位与功耗控制 …………………………………… 144

5.2　STM32F2 时钟控制（RCC） ………………………………………… 147

5.2.1　STM32F2 时钟树 ………………………………………………… 147

5.2.2　F2 与 F1 系列 RCC 主要区别 …………………………………… 149

5.2.3　RCC PLL 配置寄存器与 RCC 时钟配置寄存器 ……………… 153

5.2.4　采用 STM32F2xx-RevA-Z_Clock_Configuration 进行时钟配置 … 159

5.3　RCC 的应用 …………………………………………………………… 159

5.3.1　RCC 的配置方法 ………………………………………………… 159

5.3.2　STM32F2 固件库中的时钟初始化的实现 ……………………… 161

5.3.3　在主程序中调用 STM32F2 固件库时钟初始化函数 …………… 164

5.4　系统配置控制器（SYSCFG） ……………………………………… 165

第 6 章　STM32F2 新增的 FSMC 接口及 LCD 屏控制 ……………… 169

6.1　STM32F2 新增的 FSMC 接口 ……………………………………… 169

6.1.1　STM32F1 与 STM32F2 的 FSMC 接口比较 ………………… 169

6.1.2　AHB 总线接口 …………………………………………………… 171

6.2　LCD 驱动芯片 ………………………………………………………… 171

6.2.1　LCD 接口 ………………………………………………………… 171

6.2.2　Ili9xxx 系列 TFT 驱动芯片 …………………………………… 172

6.3　基于 FSMC 的 TFT 驱动程序设计 ………………………………… 177

6.3.1 FSMC 与 TFT 端口连接与端口映射 ·········· 177
6.3.2 FSMC 与 TFT 的内存空间映射与操作 ·········· 179
6.3.3 FSMC 初始化 ·········· 182
6.3.4 TFT 初始化 ·········· 187
6.3.5 TFT 基本显示函数的实现 ·········· 190

第 7 章 STM32F2 新增的日历功能及应用 ·········· 195
7.1 STM32F2 实时时钟 ·········· 195
7.1.1 RTC 简介 ·········· 195
7.1.2 STM32F2 与 STM32F1 在 RTC 上的区别 ·········· 195
7.1.3 STM32F2 实时时钟结构 ·········· 196
7.1.4 STM32F2 实时时钟固件库 ·········· 197
7.2 日历功能测试程序 ·········· 200
7.2.1 日历功能测试程序 ·········· 200
7.2.2 日历时钟源 ·········· 201
7.2.3 日历配置 ·········· 204
7.2.4 日历值的写入与读取 ·········· 209

第 8 章 STM32F2 中断及 SysTick 应用 ·········· 213
8.1 STM32F2 中断 ·········· 213
8.2 STM32F2 用户程序中断向量表 ·········· 216
8.3 SysTick 时钟及中断处理 ·········· 226
8.3.1 关于 SysTick ·········· 226
8.3.2 SysTick 测试程序 ·········· 228
8.3.3 SysTick 程序分析 ·········· 230
8.4 STM32F2 中断向量管理器 ·········· 234
8.4.1 NVIC 嵌套中断向量控制器 ·········· 234
8.4.2 深入了解 STM32F2 的 NVIC 优先级 ·········· 238

第 9 章 STM32F2 增强的闹钟、时间戳与篡改检测 ·········· 242
9.1 STM32F2 闹钟功能 ·········· 242
9.1.1 概述 ·········· 242
9.1.2 闹钟测试程序的实现 ·········· 247
9.2 STM32F2 唤醒功能 ·········· 251
9.2.1 STM32F2 定期唤醒定时器 ·········· 251
9.2.2 唤醒功能测试程序 ·········· 255
9.3 时间戳功能 ·········· 257
9.3.1 概述 ·········· 257

9.3.2 时间戳测试程序 …………………………………………… 259

9.4 STM32F2 与 STM32F1 在备份寄存器上的区别 ………………… 263

9.5 篡改检测 ……………………………………………………… 264

9.5.1 概述 ……………………………………………………… 264

9.5.2 备份寄存器与篡改检测测试程序 …………………………… 265

9.6 STM32F2 RTC 的数字校准 …………………………………… 269

第 10 章 STM32F2 增强的定时器 …………………………………… 272

10.1 STM32F2 定时器的种类 ……………………………………… 272

10.1.1 SysTick 定时器 ………………………………………… 272

10.1.2 RTC 定时器 …………………………………………… 272

10.1.3 通用定时器(TIM2～TIM5) …………………………… 273

10.1.4 通用定时器(TIM9～TIM14) …………………………… 273

10.1.5 基本定时器(TIM6、TIM7) …………………………… 274

10.1.6 高级控制定时器(TIM1 及 TIM8) ……………………… 274

10.1.7 独立看门狗 ……………………………………………… 275

10.1.8 窗口看门狗 ……………………………………………… 276

10.2 STM32F2 通用定时器计数模式 ……………………………… 277

10.2.1 时基单元 ………………………………………………… 277

10.2.2 计数器模式-向上计数模式 ……………………………… 277

10.2.3 计数器模式-向下计数模式 ……………………………… 278

10.2.4 计数器模式-中心对齐模式(向上/向下计数) …………… 278

10.3 STM32F2 通用定时器基本应用 ……………………………… 279

10.4 通用定时器工作模式 ………………………………………… 283

10.4.1 概述 ……………………………………………………… 283

10.4.2 STM32F2 通用定时器模式举例 ………………………… 285

第 11 章 STM32F2 新增的 ETH 以太网接口及 LwIP 应用 ………… 289

11.1 STM32F2 与 STM32F1 以太网模块的差异 ………………… 289

11.2 LwIP ………………………………………………………… 292

11.2.1 概述 ……………………………………………………… 292

11.2.2 LwIP 主要模块 ………………………………………… 292

11.2.3 LwIP TCP 协议工作过程 ……………………………… 302

11.2.4 LwIP UDP 协议工作过程 ……………………………… 303

11.3 LwIP 的移植 ………………………………………………… 305

11.3.1 LwIP 下载 ……………………………………………… 305

11.3.2 LwIP 网络设备驱动程序文件 ethernetif.c ……………… 306

11.3.3　STM32F207 以太网接口初始化 …………………………… 307

11.4　LwIP 协议栈的 httpserver 测试程序 ………………………… 317

11.5　LwIP 协议栈的 udp_echo_client 测试程序 ………………… 319

第 12 章　STM32F2 新增的 DCMI 数码相机接口及应用 ………… 325

12.1　STM32F2 新增的 DCMI 数码相机接口 ……………………… 325

12.1.1　概述 ……………………………………………………… 325

12.1.2　DCMI 的接口 …………………………………………… 326

12.1.3　DCMI 固件库函数 ……………………………………… 327

12.2　OV7670 摄像头 ………………………………………………… 329

12.2.1　概述 ……………………………………………………… 329

12.2.2　OV7670 工作原理 ……………………………………… 331

12.3　CMOS 摄像头测试程序 ……………………………………… 332

12.4　深入 CMOS 摄像头驱动程序原理 …………………………… 335

12.4.1　SCCB 协议 ……………………………………………… 335

12.4.2　SCCB 协议驱动程序设计 ……………………………… 337

12.4.3　CMOS 摄像头驱动程序设计 …………………………… 341

第 13 章　STM32F2 增强的 USART 接口与应用 ………………… 352

13.1　STM32F2 的 USART 接口 …………………………………… 352

13.1.1　概述 ……………………………………………………… 352

13.1.2　USART 波特率的计算方法 …………………………… 354

13.1.3　发送器 …………………………………………………… 356

13.1.4　接收器 …………………………………………………… 358

13.2　USART 通用串口程序设计 …………………………………… 360

13.2.1　USART 固件库函数 …………………………………… 360

13.2.2　USART 数据发送与接收程序设计 …………………… 362

13.2.3　中断方式的数据接收程序设计 ………………………… 365

13.2.4　在 LCD 屏幕上显示 USART 收发数据接 …………… 368

第 14 章　STM32F2 增强的 ADC 模块及应用 …………………… 370

14.1　STM32F2 增强的 ADC 模块 ………………………………… 370

14.1.1　概述 ……………………………………………………… 370

14.1.2　STM32F2 和 STM32F1 的 ADC 差异 ………………… 371

14.1.3　STM32F2 的 ADC 固件库函数 ………………………… 374

14.2　STM32 ADC 测试程序 ………………………………………… 378

14.3　STM32 ADC 程序分析 ………………………………………… 380

第 15 章　一步一步设计自己的嵌入式操作系统 ……………………………… 392

　15.1　嵌入式操作系统……………………………………………………… 392

　　15.1.1　概述……………………………………………………………… 392

　　15.1.2　实时操作系统…………………………………………………… 392

　　15.1.3　常见的嵌入式操作系统………………………………………… 393

　15.2　自己设计一个简单的实时系统……………………………………… 398

　　15.2.1　操作系统最核心的任务切换…………………………………… 398

　　15.2.2　实时任务切换基础……………………………………………… 403

　　15.2.3　最简单的操作系统……………………………………………… 411

　　15.2.4　最简单操作系统原理分析……………………………………… 413

　　15.2.5　为操作系统加上任务休眠功能………………………………… 419

　　15.2.6　任务调度策略…………………………………………………… 422

　　15.2.7　内存分配技术…………………………………………………… 426

　　15.2.8　任务的同步……………………………………………………… 430

　　15.2.9　任务间通信……………………………………………………… 431

　15.3　C++实时开源操作系统 scmRTOS ………………………………… 432

　　15.3.1　概述……………………………………………………………… 432

　　15.3.2　scmRTOS 测试程序 …………………………………………… 435

　　15.3.3　把 scmRTOS 应用于前面章节的例子之中……………………… 442

第 16 章　一步一步设计自己的嵌入式 GUI 库 ………………………………… 445

　16.1　嵌入式 GUI ……………………………………………………………… 445

　　16.1.1　概述……………………………………………………………… 445

　　16.1.2　常见的嵌入式 GUI ……………………………………………… 446

　16.2　嵌入式 GUI 设计基础………………………………………………… 449

　16.3　嵌入式 GUI 设计实例………………………………………………… 451

　　16.3.1　最简单的窗口程序……………………………………………… 451

　　16.3.2　嵌入式 GUI 的仿真 ……………………………………………… 453

　　16.3.3　带消息处理的 GUI 测试程序 …………………………………… 456

　　16.3.4　在 main 函数里处理消息的方式 ………………………………… 458

　16.4　控件应用程序…………………………………………………………… 459

　　16.4.1　窗口的控件……………………………………………………… 459

　　16.4.2　控件应用程序设计……………………………………………… 461

　16.5　智能手机桌面风格的应用程序……………………………………… 465

　16.6　嵌入式 GUI 底层的设计 ……………………………………………… 469

参考文献 ……………………………………………………………………………… 482

第 1 章

ARM Cortex 处理器概述

1.1 ARM 处理器分类

目前的嵌入式系统绝大多数都采用了以 ARM 为内核架构的微处理器。ARM 公司自 1990 年成立以来,一直以一个设计并出售 IP(Intelligence Property)Code 的身份出售其知识产权,其在 32 位 RISC(Reduced Instruction Set Computer)CPU 的开发设计上不断取得了突破,其设计的微处理器结构已经从 v1 发展到了 v7,ARM 处理器的核心及构架如表 1-1 所列。

表 1-1   ARM 处理器的核心及构架

构 架	核 心
v1	ARM1
v2	ARM2
v2a	ARM2As、ARM3
v3	ARM6、ARM600、ARM610、ARM7、ARM700、ARM710
v4	StrongARM、ARM8、ARM810
v4T	ARM7TDMI、ARM7TDMI-S、ARM720T、ARM740T、ARM7EJ、ARM9TDMI、ARM920T、ARM922T、ARM940T
v5TE	ARM9E-S、ARM10TDMI、ARM1020E
v6	ARM1136J(F)-S、ARM1176JZ(F)-S、ARM11、MPCore
v6T2	ARM1156T2(F)-S
v7	ARM Cortex-M、ARM Cortex-R、ARM Cortex-A

现在主流的构架包括 ARMv4、ARMv5、ARMv6 以及 ARMv7 等。基于这 4 种架构的 ARM 微处理器又可分为 ARM7(注:不包括 v3 架构部分)、ARM9、ARM9E、ARM10E、SecurCore、Xscale(Intel)、StrongARM(Intel 处理器技术和 ARM 构架的结合体)、ARM11 以及 Cortex 等几个主流系列,如表 1-2 所列。

表 1 - 2　ARM 主流内核架构分类说明

系　列	架　构	类型（核）	应用领域
ARM7	ARMv4T	ARM7TDMI、ARM7TDMI-S	对价格和功耗敏感的消费应用，如便携式手持设备、工业控制、网络设备、消费电子等
ARM9	ARMv4T	ARM9TDMI、ARM920T、ARM922T、ARM940T	无线设备、仪器仪表、安全系统、机顶盒、高端打印机、数字照相机、数字摄像机、音频、视频多媒体设备等
ARM9E	ARMv5TE	ARM926EJ-S、ARM946E-S、ARM966E	弥补了 ARM9 的不足，适用于需要高速数字信号处理、大量浮点运算、高密度运算的场合
ARM10E	RMv5TE	ARM1020E、ARM1022E、ARM1026EJ-S	工业控制、通信和信息系统等高端应用领域，包括高端的无线设备、基站设备、视频游戏机、高清成像系统
Xscale	ARMv5TE	PXA270、PXA271、PXA272	高端手持设备、多媒体设备、网络、存储、远程接入服务等领域
ARM11	ARMv6/ARMv6T2	ARM1136J、ARM1176、ARM11、MPCore、ARM1156T2	高端领域的应用：数字电视、机顶盒、游戏机、智能手机、音视频多媒体设备、无线通信基站设备、汽车电子产品
Cortex	ARMv7	Cortex-M0/M3、Cortex-M4、Cortex-R4、Cortex-A8、Cortex-A9/A15	M：当前 8/16 位 MCU 的换代产品；R：硬盘、打印机、汽车电子、网络和影像系统；A：成本敏感的手机、汽车控制系统、智能家电等

注：① T—Thumb 状态，支持 16 位压缩指令集；

②　M—内嵌硬件乘法器，支持长乘法运算；

③　D—支持片上 Debug；

④　I—嵌入的 ICE(In Circuit Emulation)，支持片上断点和调试点；

⑤　E—支持 DSP 指令集；

⑥　J—支持 Java 指令集。

1.2　ARM Cortex 处理器

2005 年 3 月，ARM 公司公布了其最新的 ARMv7 架构的技术细节，定义了三大分工明确的系列："A"系列面向尖端的基于虚拟内存的操作系统和用户应用；"R"系列针对实时系统；"M"系列对微控制器和低成本应用提供优化。

ARMv7 架构采用了 Thumb-2 技术，是在 ARM 业界领先的 Thumb 代码压缩技术的基础上发展起来,并且保持了对已存 ARM 解决方案的代码兼容性。Thumb-2 技术比纯 32 位代码少使用 31% 的内存,降低了系统开销,同时却能够提供比已有的基于 Thumb 技术的解决方案高出 38% 的性能表现。ARMv7 架构还采用了 NEON 技术,将 DSP 和媒体处理能力提高了近 4 倍,并支持改良的浮点运算,满足下一代 3D 图形和游戏物理应用以及传统的嵌入式控制应用的需求。

ARM NEON 技术的通用 SIMD 引擎可有效处理当前和将来的多媒体格式。NEON 技术可加速多媒体和信号处理算法(如视频编码/解码、2D/3D 图形、游戏、音频和语音处理、图像处理技术、电话和声音合成),其性能至少为 ARMv5 性能的 3 倍,为 ARMv6 SIMD 性能的 2 倍。

NEON 技术是 64/128 位单指令多数据流(SIMD)指令集,用于新一代媒体和信号处理应用加速。NEON 技术下执行 MP3 音频解码器,CPU 频率可低于 10 MHz;运行 GSM AMR 语音数字编解码器,CPU 频率仅为 13 MHz。新技术包含指令集、独立的寄存器及可独立的执行硬件。NEON 支持 8 位、16 位、32 位、64 位整数及单精度浮点 SIMD 操作,以进行音频/视频、图像和游戏处理。

ARM Cortex 处理器系列基于 ARMv7 架构,从尺寸和性能方面,既有少于 3.3 万个门电路的 ARM Cortex-M 系列,也有高性能的 ARM Cortex-A 系列。ARMv7 架构确保了与早期的 ARM 处理器之间良好的兼容性,既保护了客户在软件方面的投资,又为已存的系统设计提供了转换便捷。

(1) ARM Cortex-A 系列

ARM Cortex-A 针对日益增长的运行,包括 Linux、Windows CE 和 Symbian 在内的消费电子和无线产品。

(2) ARM Cortex-R 系列

ARM Cortex-R 针对需要运行实时操作系统来进行控制应用的系统,包括汽车电子、网络和影像系统。

(3) ARM Cortex-M 系列

ARM Cortex-M 为那些对开发费用非常敏感同时对性能要求不断增加的嵌入式应用而设计,如微控制器、汽车车身控制系统和各种大型家电。

1.3　Cirtex-M0 处理器

1.3.1　概述

Cortex-M0 处理器是市场上现有的核面积最小、能耗最低、最节能的 ARM 处理器。该处理能耗非常低、门数量少、代码占用空间小,使得 MCU 开发人员能够以 8 位处理器的价位,获得 32 位处理器的性能。超低门数还使其能够用于模拟信号设备和混合信号设备及 MCU 应用中,可明显节约系统成本。

ARM 凭借其作为低能耗技术的领导者和创建超低能耗设备的主要推动者，使得 Cortex-M0 处理器在不到 1.2 万门的面积内能耗仅有 85 μW/MHz(0.085 mW)。该处理器把 ARM 的 MCU 路线图扩展到超低能耗 MCU 和 SoC 应用中，如医疗器械、电子测量、照明、智能控制、游戏装置、紧凑型电源、电源和电机控制、精密模拟系统和 IEEE 802.15.4(ZigBee)及 Z-Wave 系统。Cortex-M0 处理器还适合拥有诸如智能传感器和调节器的可编程混合信号市场，这些应用在传统上一直要求使用独立的模拟设备和数字设备。

Cortex-M0 处理器由 Keil MDK-ARM 微控制器开发工具包全面支持。调试时必须使用最新版本的 Keil Vision4 IDE，也有其他公司开发的第三方工具基于 Keil 内核提供支持，IAR EWARM 也可以支持 Cortex-M0 的开发。

现在已有多家公司获得 Cortex-M0 处理器授权，比如新唐科技、NXP 等。

1.3.2　NUC100 系列处理器

新唐科技于 2008 年 7 月由华邦电子分割出来，延续华邦电子分割前逻辑 IC 事业之产品线、核心技术、合作伙伴、客户群及业务等，同时持续强化产品创新及对终端应用市场的了解。

新唐科技生产的 Nuvoton Cortex-M0 NUC100 系列处理器为 32 位单片机，内建 ARM Cortex-M0 内核，用于工业控制及相关需要丰富信号通信界面的应用场合。Cortex-M0 为 ARM 公司最新处理器内核并拥有与传统 8 位器件相当的价格。NUC100 Cortex-M0 内核系列最高可运行至 50 MHz 外部时钟，具有 32/64/128 KB 内建 Flash 存储器，4/8/16 KB 内建 SRAM。并内建有定时器、看门狗定时器、RTC、PDMA、UART、SPI/SSP、I^{2}C、I^{2}S、PWM 定时器、GPIO、12 位 ADC、模拟比较器、低电压检测和节电侦测功能。

新唐 Cortex-M0 NUC100 系列 32 位单片机常见型号有 NUC100LE3AN、NUC100LD3AN、NUC100RE3AN、NUC100RD3AN、NUC100VE3AN、NUC100VD3AN、NUC100VD2AN、NUC100LD2AN、NUC100LD1AN、NUC100LC1AN、NUC100RD2AN、NUC100RD1AN、NUC100RC1AN 等。

中密度 NUC100 系列 MCU 选型如表 1-3 所列，低密度 NUC100 系列 MCU 选型如表 1-4 所列。

表 1-3　NUC100 系列 MCU 选型表(中密度)

Part No.	Flash /KB	SRAM /KB	I/O (MAX)	Timer /bit	UART	SPI	I^{2}C	I^{2}S	Comp.	PWM	ADC /bit	RTC	ISP ICP	Package
NUC100LE3AN	128	16	35	4×24	2	1	2	1	1	6	8×12	√	√	LQFP48
NUC100LD3AN	64	16	35	4×24	2	1	2	1	1	6	8×12	√	√	LQFP48
NUC100RE3AN	128	16	49	4×24	2	2	2	1	1	6	8×12	√	√	LQFP64

Part No.	Flash /KB	SRAM /KB	I/O (MAX)	Timer /bit	UART	SPI	I²C	I²S	Comp.	PWM	ADC /bit	RTC	ISP ICP	Package
NUC100RD3AN	64	16	49	4×24	2	2	2	1	2	6	8×12	√	√	LQFP64
NUC100VE3AN	128	16	80	4×24	3	4	2	1	2	8	8×12	√	√	LQFP100
NUC100VD3AN	64	16	80	4×24	3	4	2	1	2	8	8×12	√	√	LQFP100
NUC100VD2AN	64	8	80	4×24	3	4	2	1	2	8	8×12	√	√	LQFP100

表 1－4　NUC100 系列 MCU 选型表(低密度)

Part No.	Flash /KB	SRAM /KB	I/O (Max)	Timer /bit	Connectivity			I²S	Comp.	PWM	ADC /bit	RTC	ISP ICP	Package
					UART	SPI	I²C							
NUC100LD2AN	64	8	35	4×24	2	1	2	1	1	4	8×12	√	√	LQFP48
NUC100LD1AN	64	4	35	4×24	2	1	2	1	1	4	8×12	√	√	LQFP48
NUC100LC1AN	32	4	35	4×24	2	1	2	1	1	4	8×12	√	√	LQFP48
NUC100RD2AN	64	8	49	4×24	2	2	2	1	2	4	8×12	√	√	LQFP64
NUC100RD1AN	64	4	49	4×24	2	2	2	1	2	4	8×12	√	√	LQFP64
NUC100RC1AN	32	4	49	4×24	2	2	2	1	2	4	8×12	√	√	LQFP64

1.3.3　NXP Cortex-M0 处理器

LPC1100L 系列采用 Cortex-M0 内核,是市场上定价最低的 32 位 MCU 解决方案之一,它的价值和易用性比现有的 8/16 位微控制器更胜一筹。LPC1100L 系列ARM 性能卓越、简单易用、功耗低,更重要的是,它能显著降低所有 8/16 位应用的代码长度。LPC1100L 系列为那些寻求用可扩展 ARM 架构来执行整个产品开发过程的 8/16 位用户提供无缝的整合需求。这些 MCU 围绕着新的 Cortex-M0 架构建立,是目前最小巧、功耗最低且最有能效的 ARM 内核,为电池供电的消费类产品、智能电表、电机控制等应用提供理想的解决方案。

LPC1100L 系列 ARM 每秒 4 500 多万条指令的优异性能让 8 位(每秒不到 100万条指令)及 16 位(每秒 300 万到 500 万条指令)微控制器相形见绌;LPC1100L 不仅能执行基本的控制任务,而且能进行复杂运算,即便最复杂的任务也能轻松应付。执行效率的提高直接转化为能耗的降低,实现该性能水平的 LPC1100L 运行速度高达 50 MHz,其功耗也得到了很大程度的优化——仅需不到 10 mA 的电流。

LPC1100L 系列的外设组件最高配置包括:32 KB 片内 Flash 程序存储器、8 KB片内 SRAM、一路 I²C(FM＋)、一路 RS－485/EIA－485 UART(LPC11U1x 系列为支持智能卡接口的 USART)、两路 SSP、4 个通用定时器以及 42 个通用 I/O 口。

LPC11C12/14 增加了 1 路 CAN 控制器及 1 路片上集成高速 CAN 收发器。

LPC11U1x 增加了 1 个高度灵活可配置 USB 2.0 全速接口,1 个 ISO7816 - 3 智能卡接口,与 LPC134x 系列 Pin - to - Pin 兼容,支持免费的 HID、MSD 和 CDC USB 驱动。

注:LPC1100L 系列(包括 LPC11xx/x02 产品)与 non - L LPC1100 产品的区别在于其较低的功耗和简单易用的功率管理。

1. 基本特性

- ➢ Cortex-M0 内核,运行速度高达 50 MHz;
- ➢ 带有 SWD 调试功能、支持 JTAG 调试功能(仅 LPC11U00 系列);
- ➢ 支持边界扫描(仅 LPC11U00 系列);
- ➢ 支持非屏蔽(NMI)中断(仅 LPC11U00 系列);
- ➢ 内置嵌套向量中断控制器(NVIC);
- ➢ 系统节拍定时器;
- ➢ 具有 32 KB(LPC1114L/LPC11C14/LPC11C24/LPC11U14)、24 KB(LPC1113L/LPC11U13)、16 KB(LPC1112L/ LPC11C12/LPC11C22/LPC11U12)、8 KB(LPC1111L /02)片内 Flash 程序存储器;
- ➢ 最高配置 8 KB 片内 SRAM,LPC11U00 系列为 6 KB(CPU 4 KB + USB 2 KB);
- ➢ 可通过片内引导装载程序软件来实现在系统编程(ISP)和在应用编程(IAP);
- ➢ 可选择通过 CAN(仅 LPC11C00 系列)或 UART 接口进行 Flash ISP 编程。

2. 串行接口

- ➢ USB 2.0 全速接口,集成片上 PHY(仅 LPC11U00 系列);
- ➢ CAN 控制器(LPC11C12/C14/C22/C24 支持),内部 ROM 集成供 CAN 和 CANOpen 标准使用的初始化和通信的 API 函数,用户可直接调用;兼容 CAN2.0A/B,传输速率高达 1 Mbit/s;支持 32 个消息对象,且每个消息对象有自己的掩码标识;提供可屏蔽中断、可编程 FIFO 模式;
- ➢ 集成片上高速 CAN 收发器(仅 LPC11C22/C24 支持);
- ➢ UART,可产生小数波特率,具有调制解调器、内部 FIFO,支持 RS-485/EIA-485 标准,支持 ISO7816—3 智能卡接口及 IrDA(仅 LPC11U00 系列);
- ➢ SSP 控制器,带 FIFO 和多协议功能;
- ➢ I^2C 总线接口,完全支持 I^2C 总线规范和快速模式,数据速率为 1 Mbit/s,具有多个地址识别功能和监控模式。

3. 数字外设

- ➢ 多达 42 个(LPC11C12/C14 为 40 个,LPC11C22/C24 为 36 个;LPC11U00 系列 HVQFN33 封装为 26 个,其他封装为 40 个)通用 I/O(GPIO)引脚,带可配置的上拉/下拉电阻,LPC11U00 系列还可配置为中继模式和开漏模式;
- ➢ 每个 GPIO 口均可配作边沿或电平中断(LPC11U00 可选择所有 GPIO 中的

8 个,每个 GPIO 中断占用独立 NVIC 通道);
- ➤ 1 个引脚(P0.7)支持 20 mA 的高驱动电流;
- ➤ I²C 总线引脚在 FM+模式下可支持 20 mA 的灌电流;
- ➤ 4 个通用定时器/计数器,共有 4 路捕获输入和 13 路匹配输出;
- ➤ 可编程的看门狗定时器(WDT)(LPC11U00 为带窗看门狗 WWDT)。

4. 模拟外设
- ➤ 8 通道 10 位 ADC。

5. 时钟产生单元
- ➤ 12 MHz 内部 RC 振荡器可调节到+1%精度,并可将其选择为系统时钟;
- ➤ PLL 允许 CPU 在最大 CPU 速率下操作,而无需高频晶振,可从主振荡器、内部 RC 振荡器运行;
- ➤ 第二个专用 PLL 用于 USB 接口(仅 LPC11U00 系列);
- ➤ 时钟输出功能可以反映主振荡器时钟、IRC 时钟、CPU 时钟和看门狗时钟。

6. 功率控制
- ➤ 具有 3 种低功耗模式:睡眠模式、深度睡眠模式和深度掉电模式(LPC11U00 系列为 4 种,增加掉电模式);
- ➤ 集成了 PMU(电源管理单元),可在睡眠、深度睡眠、掉电(仅 LPC11U00 系列)和深度掉电模式中极大限度地减少功耗;
- ➤ 片内固化功耗管理文件,通过简单调用就能降低功耗(仅 LPC1100L 和 LPC11U00 系列);
- ➤ 13 个拥有专用中断的 GPIO 可将 CPU 从深度睡眠模式中唤醒(LPC11U00 系列还可通过复位、WDT 中断、BOD 中断、USB 活动唤醒);
- ➤ 上电复位(POR);
- ➤ 掉电检测,具有 4 个独立的阈值,用于中断和强制复位。

7. 其他
- ➤ 3.3 V 单电源供电(1.8~3.6 V);
- ➤ 可采用 LQFP48、PLCC44、HVQFN33、TFBGA 或 WL-CSP(晶片级)封装。

1.4　Cortex-M1 处理器

1.4.1　概述

ARM Cortex-M1 处理器是第一个专为 FPGA 中的实现而设计的 ARM 处理器,面向所有主要 FPGA 设备并包括对领先的 FPGA 综合工具的支持,允许设计者为每个项目选择最佳实现。Cortex-M1 处理器使 OEM 能够通过在 FPGA、ASIC 和 ASSP 的多个项目之间合理地利用软件和工具投资来节省大量成本,此外还能够通过使用行业标准处理器更大地实现供应商独立性。

ARM Cortex-M1 处理器满足 FPGA 应用的高质量、标准处理器体系结构的需要，支持范围广泛的 FPGA 设备，包括那些来自 Actel、Altera 和 Xilinx 的设备。

在 FPGA 中使用 ARM Cortex-M1 的优点如下：

➤ 全部使用标准处理器体系结构；

➤ 供应商独立性，Cortex-M1 处理器支持所有主要 FPGA 供应商；

➤ 软件和工具可以在 FPGA 和 ASIC/ASSP 之间重用；

➤ 从 FPGA 到 ASIC 的简单迁移路径；

➤ 受到 ARM Connected Community 的支持；

➤ 易于将 Cortex-M1 处理器设计迁移到更新和最有效的 FPGA；

➤ 受可提供不同性能特点解决方案的强大 ARM 处理器路线图的支持；

➤ ARM 体系结构已在数十亿 ARM Powered 设备中经过验证。

ARM Cortex-M1 处理器为 FPGA 用户带来了广泛的一系列 ARM Connected Community 工具和操作系统，并提供与 ASIC 优化的处理器（如 ARM Cortex-M3 处理器）的软件兼容性。开发人员可以在受行业中最大体系支持的单个体系结构上进行标准化，以降低其硬件和软件工程成本。

1.4.2 Cortex-M1 应用

ARM Cortex-M1 频率和面积之间的关系如表 1－5 所列，该表提供了不同 FPGA 平台上 Cortex-M1 频率和面积的参考准则。请注意，在各个 FPGA 系统中获取的结果取决于使用的综合工具、使用的布局布线工具以及所选的配置选项。

表 1－5　ARM Cortex-M1 频率和面积

FPGA 类型	示　例	频率/MHz	面积/LUTS
65 nm	Altera Stratix-III、Xilinx Virtex-5	200	1 900
90 nm	Altera Stratix-II、Xilinx Virtex-4	150	2 300
65 nm	Altera Cyclone-III	100	2 900
90 nm	Altera Cyclone-II、Xilinx Spartan-3	80	2 600
130 nm	Actel ProASIC3、Actel Fusion	70	4 300 个板块

在获取表 1－5 中所列的结果时使用了以下配置选项：

➤ 最小 Cortex-M1 配置；

➤ 采用最快的商业运转速率等级。

ARM 现已允许在获取 Cortex-M1 许可证之前对其进行评估。有以下两种可用的评估方法：

① 可以通过 Arrow Electronics 找到 OpenCores Plus 程序，且可以从 Arrow 获

得免费的评估下载。详细信息请访问 Arrow 网站。

　　② 还可以通过 Synopsys ReadyIP 程序对 Cortex-M1 进行评估。使用适用于 ARM Cortex-M1 处理器的 Synopsys ReadyIP 流,可以将评估核心集成到用户的设计中,并可以从 Actel、Altera 和 Xilinx 中确定 FPGA 供应商设备。通过单击许可链接并进行联机注册来完成快速访问评估版的核心。

1.5　Coretx-M3 处理器

1.5.1　概述

　　ARM Cortex-M3 处理器是新一代的 32 位处理器,是一个高性能低成本的开发平台,适用于微控制器、汽车车体系统、工业控制系统以及无线网络和传感器等场合。

　　ARM Cortex-M3 处理器提供出色的计算性能和对事件的卓越系统响应,同时可以应对低动态和静态功率限制的挑战。该处理器是高度可配置的,可以支持范围广泛的实现(从那些需要内存保护和强大跟踪技术的实现到那些需要极小面积的对成本非常敏感的设备)。

　　1. 为什么选择 Cortex-M3

　　Cortex-M3 提供更高的性能和更丰富的功能,是专门针对微控制器应用特点而开发的 32 位 MCU,具有高性能、低成本、易应用等优点。

　　2. 性能和能效

　　Cortex-M3 处理器具有高性能和低动态能耗,提供良好的功效:在 90 nm 生产工艺的基础上实现 12.5 DMIPS/mW 的运行性能。把睡眠模式与状态保留功能结合在一起,确保 Cortex-M3 处理器既可提供低能耗,又不影响其很高的运行性能。

　　3. 全功能

　　Cortex-M3 处理器执行 Thumb-2 指令集以获得最佳性能和代码大小,包括硬件除法、单周期乘法和位字段操作。Cortex-M3 的 NVIC 功能提高了设计的可配置性,提供了多达 240 个具有单独优先级、动态重设优先级功能和集成系统时钟的系统中断。

　　4. 丰富的连接

　　由于 Cortex-M3 具有功能和性能兼顾的良好组合,使基于 Cortex-M3 的设备可以有效处理多个 I/O 通道和协议标准,如表 1-6 所列。

表 1 - 6 Cortex-M3 功能

体系结构	ARMv7-M(哈佛)
ISA 支持	Thumb/Thumb-2
管道	3 阶段＋分支预测
运算能力	1.25 DMIPS/MHz
内存保护	带有子区域和后台区域的可选 8 区域 MPU
中断	不可屏蔽的中断(NMI)＋(1~240)个物理中断
中断延迟	12 个周期
中断间延迟	6 个周期
中断优先级	8~256 个优先级
唤醒中断控制器	最多 240 个唤醒中断
睡眠模式	集成的 WFI 和 WFE 指令和"退出时睡眠"功能 睡眠和深度睡眠信号 随 ARM 电源管理工具包提供的可选保留模式
位操作	集成的指令和位段
增强的指令	硬件除法(2~12 个周期)和单周期(32×32)乘法
调试	可选 JTAG 和串行线调试端口。最多 8 个断点和 4 个检测点
跟踪	可选指令跟踪（ETM）、数据跟踪（DWT）和测量跟踪（ITM）

注：① 基于 TSMC 0.18 G 工艺实现 1.25 DMIPS/MHz 的运算能力。

② 本表不包括可选系统外设(MPU 和 ETM)或集成度组件,这些组件由生产
厂家选择性地加入芯片。

1.5.2 AT91SAM3U 系列处理器

Atmel 公司的 AT91SAM3U 系列芯片使用高性能的 Cortex-M3 的 RISC 内核,
工作频率为 96 MHz,集成高速 USB。它内置高速存储器(高达 256 KB 的闪存和 48
KB 的 SRAM,16 KB ROM 用于 bootloader 和 IAP)具有 MPU 功能,丰富的增强 I/
O 端口,该芯片包含 8 通道 12 位 1 MSPS 的 ADC、32 位的 RTT 和 RTC、3 个通用
16 位定时器用于采样、比较和 PWM 以及多个标准和先进的通信接口。

AT91SAM3U 系列多达 2 个 TWI(I²C)、SPI、1 个 SSC(I²S)、1 个 MCI(SDIO/
SD/MMC)、4 个 USART(支持 ISO7816、IrDA、Flow Control、SPI、Manchester)和一
个 UART、1 个 7 端点的 USB2.0Device,96 个 I/O 口,3 个 32 位的并行 I/O 口,EBI
接口支持 SRAM、NOR、NAND。

AT91SAM3U 系列供电电压为 1.62~3.6 V。它的一系列省电模式突显其低功
耗的特点。

AT91SAM3U 是业界首款集成了高速（480 Mbit/s）USB 器件兼收发器、4 位

192 Mbit/s SDIO/SDCard 2.0、8 位 384 Mbit/s MMC 4.3 主机和片上 48 Mbit/s SPI 接口的 ARM Cortex-M3 闪存微控制器。SAM3U 的连通性配合 96 MHz/1.25 DMIPS/MHz 工作频率,使其适合要求密集通信的应用,如工业、医疗和消费应用的高速网关。

为了充分利用高速通信外设,SAM3U 基于高数据带宽架构来构建,带有一个 5 层总线矩阵、23 个 DMA 通道,以及包括分为 3 个区块的 52 KB SARM 和分为两组的 256 KB 闪存的分布式片上存储器。双组闪存提供了应用内编程(In-application Programming)功能,当一个存储器组以新版本固件写入时,处理器便会从另一个存储器组执行处理。可编程启动功能可在下一次微控制器重启时让两个闪存组互换。

1.5.3　LPC1800 系列处理器

LPC1800 系列 ARM 是基于第二代 Cortex-M3 内核的微控制器,可用于嵌入式应用,为系统提供更强大的性能,如低功耗、增强的调试特性和对高级功能模块的集成。

LPC1800 系列工作频率 150 MHz,采用 3 级流水线和哈佛结构,带有独立的本地指令和数据总线以及用于外设的第三条总线,并包含一个内部预取指单元,支持随机跳转的分支操作。

LPC1800 系列包含 1 MB 片内 Flash、200 KB 的片内 SRAM、四线 SPI Flash 接口(SPIFI)、可配置定时器子系统(SCT)、2 个高速 USB 控制器、1 个以太网、1 个 LCD 接口、1 个外部存储器控制器以及各种数字和模拟外设。

LPC1800 系列 ARM Cortex-M3 处理器特性如下。

1. 处理器内核

➢ 可在高达 150 MHz 的频率下运行;

➢ 内置存储器保护单元(MPU),支持 8 个区域;

➢ 内置嵌套向量中断控制器(NVIC);

➢ 非可屏蔽中断(NMI)输入;

➢ 具有 JTAG 和串行线调试、串行跟踪、8 个断点和 4 个观察点;

➢ 支持 ETM 和 ETB;

➢ 系统节拍定时器。

2. 片内存储器

➢ 1 MB 片内 Flash 程序存储器;

➢ 136 KB 的 SRAM,用于存储代码和数据;

➢ 2 个带独立总线访问的 32 KB SRAM 块,2 个 SRAM 块可分别断电;

➢ 32 KB 的 ROM,包含引导程序和片内软件驱动;

➢ 32 位的一次性可编程(OTP)存储器,供用户使用。

3. 时钟产生单元

➤ 晶体振荡器的操作频率为 1～25 MHz；

➤ 12 MHz 内部 RC 振荡器精度为 1%；

➤ 极低功耗的 RTC 晶体振荡器；

➤ 两个 PLL 允许 CPU 在最大的频率下工作而无需高频晶体，第二个 PLL 可用于 USB；

➤ 时钟输出。

4. 串行接口

➤ 四线 SPI Flash 接口（SPIFI），传输速率高达 80 Mbit/s 每通道；

➤ 1 个具有 RMII 和 MII 接口的 10/100 MB 以太网接口，支持 DMA 传输实现高吞吐量；

➤ 1 个高速 USB 2.0 Host/ Device /OTG 接口，带有片内 PHY，支持 DMA 传输；

➤ 1 个高速 USB 2.0 Host/ Device 接口，带有片内全速 PHY 和支持片外高速 PHY 的 ULPI 接口；

➤ 4 个支持 550 模式和 DMA 传输的 UART：其中 1 个 UART 具有完整的调制解调器接口；1 个 UART 具有 IrDA 接口；3 个 UART 支持同步模式和符合 ISO7816 规范的智能卡接口；

➤ 1 个单通道 C_CAN 2.0B 控制器；

➤ 2 个带 FIFO 和多协议支持的 SSP 控制器，支持 DMA 传输；

➤ 1 个带有监控模式和开漏 I/O 引脚、支持快速加模式的 I^2C 总线接口，符合 I^2C 总线规范，传输据速率高达 1 Mbit/s；

➤ 1 个带有监控模式和标准 I/O 引脚、支持快速加模式的 I^2C 总线接口，传输据速率高达 1 Mbit/s；

➤ 1 个单输入单输出的 I^2S 接口，支持 DMA 传输。

5. 数字外设

➤ 外部存储器控制器（EMC）支持外部 SRAM、ROM、Flash 和 SDRAM 器件；

➤ LCD 控制器可编程支持高达 1 024 H×768 V 分辨率的 LCD，支持单色及彩色 STN 面板和 TNT 彩色面板，支持 1/2/4/8 bpp 的颜色查找表和 16/24 位直接像素映射，支持 DMA 传输；

➤ SD 卡接口；

➤ 八通道通用 DMA（GPDMA）控制器，可访问 AHB 上的所有存储器和所有支持 DMA 的 AHB 从机；

➤ 高达 80 个通用 I/O 管脚，可配置上拉/下拉电阻和开漏模式；

➤ GPIO 寄存器位于 AHB 上，便于快速访问，支持 DMA 传输；

➤ 可配置定时器子系统（SCT）；

➤ 4 个具有捕获和匹配功能的通用定时器/计数器；

➤ 1 个用于三相电动机控制的 MCPWM；

➤ 1 个正交编码器接口(QEI)；

➤ 重复中断定时器(RIT)；

➤ 窗看门狗定时器；

➤ 极低功耗实时时钟(RTC)，位于独立电源域上，带有 256 B 电池供电的备用寄存器；

➤ 报警定时器，可电池供电。

6. 模拟外设

➤ 1 个 10 位的 DAC，支持 DMA 传输，数据转换速率为 400 KSamples/s；

➤ 2 个 10 位的 ADC，支持 DMA 传输，数据转换速率为 400 KSamples/s。

7. 安全性

➤ AES 解密引擎；

➤ 2 个 128 位的安全 OTP 存储器，用于 AES 密钥存储，可供用户使用；

➤ 每颗芯片具有唯一的 ID。

8. 电源

➤ 单个 3.3 V 的(2.0～3.6 V)电源供电，通过片内 DC－DC 转换器给内核以及 RTC 电源域供电；

➤ RTC 电源域可单独由一个 3 V 的电池来供电；

➤ 4 种低功耗模式：睡眠、深度睡眠、掉电和深度掉电模式；

➤ 超速模式用以提高 CPU 和总线的时钟频率；

➤ 各个外设产生的唤醒中断可以将 CPU 从睡眠模式唤醒；

➤ 外部中断和采用 RTC 电源域中电池供电模块产生的唤醒中断可以将 CPU 从深度睡眠、掉电和深度掉电模式中唤醒；

➤ 带 4 个独立阈值的掉电检测，用于中断和强制复位；

➤ 上电复位(POR)。

9. 封装

➤ LQFP 144/208 和 BGA 100/180/256 封装。

1.6　Coretx-M4 处理器

1.6.1　概述

ARM Cortex-M4 处理器用以满足需要有效且易于使用的控制和信号处理功能混合的数字信号控制市场。高效的信号处理功能与 Cortex-M 处理器系列的低能耗、低成本和易于使用的优点的组合，旨在面向电动机控制、汽车、电源管理、嵌入式

13

音频和工业自动化市场的新兴类别的灵活解决方案。

1. 高能效的数字信号控制

Cortex-M4 将 32 位控制与领先的数字信号处理技术集成来满足需要很高能效级别的市场。

2. 易于使用的技术

Cortex-M4 通过一系列出色的软件工具和 Cortex 微控制器软件接口标准（CMSIS）使信号处理算法开发变得十分容易。

3. Cortex-M4 信号处理技术

Cortex-M4 处理器采用扩展的单周期乘法累加（MAC）指令、优化的 SIMD 运算、饱和运算指令和一个可选的单精度浮点单元（FPU），如表 1 - 7 所列。

表 1 - 7　Cortex-M4 信号处理特点

硬件体系结构	单周期 16、32 位 MAC
◇ 用于指令提取的 32 位 AHB-Lite 接口 ◇ 用于数据和调试访问的 32 位 AHB-Lite 接口	◇ 大范围的 MAC 指令 ◇ 32 或 64 位累加选择 ◇ 指令在单个周期中执行
单周期 SIMD 运算	单周期双 16 位 MAC
◇ 4 路并行 8 位加法或减法 ◇ 2 路并行 16 位加法或减法 ◇ 指令在单个周期中执行	◇ 2 路并行 16 位 MAC 运算 ◇ 32 或 64 位累加选择 ◇ 指令在单个周期中执行
浮点单元	其　他
◇ 符合 IEEE 754 标准 ◇ 单精度浮点单元 ◇ 用于获得更高精度的融合 MAC	◇ 饱和数学 ◇ 桶形移位器

1.6.2　Kinetis 系列处理器

飞思卡尔半导体推出的 Kinetis 系列，是基于新 ARM Cortex-M4 处理器的 90 nm 32 位 MCU，补充了 90 nm ColdFire＋MCU 系列。

Kinetis MCU 采用飞思卡尔 90 nm 薄膜存储器（TFS）技术和 FlexMemory 功能（可配置的电子可擦除、可编程、只读存储器 EEPROM），且使用与 ColdFire＋MCU 相同的软件支持工具和超低功耗灵活性，使客户能够轻松地为其最终应用选择最佳解决方案。

1. 一站式支持工具

Kinetis 的功能和价值远远超出了硅片。每个 MCU 都配备了强大的支持软件套件，包括 MQX 实时操作系统（RTOS）和绑定的基于 Eclipse 的 CodeWarrior 10.0 集成开发环境（IDE）。其中，Processor Expert 提供可视的自动框架，可以加快开发复杂的嵌入式应用。Kinetis MCU 还获得了更大的 ARM 生态系统的支持,包括 IAR 系统的嵌入式工作台和 Keil's Microcontroller Development Kit(微控制器开发工具包)IDE。飞思卡尔和第三方支持工具的组合实现了快速设计并降低了实施难度。

2. 7 个系列

Kinetis MCU 提供了强大的可扩展性、兼容性和特性集成。通用外设、存储器映射和封装允许在 MCU 系列内和 MCU 系列之间轻松迁移,为最终产品线的扩展提供了捷径和节省成本,从而及时响应市场需求。

这些系列包括由模拟、通信和定时以及控制外设组成的丰富套件,功能集成程度随闪存规模和输入/输出数而增加。所有 Kinetis 系列的通用特性包括:

➢ 高速 16 位模数转换器;

➢ 12 位数模转换器,带有片上模拟电压参考,多个高速比较器和可编程增益放大器;

➢ 低功率触摸感应功能,通过触摸能将器件从低功率状态唤醒;

➢ 多个串行接口,包括 UART,带有 ISO7816 支持和 Inter-IC Sound;

➢ 强大、灵活的定时器,用于包括电机控制在内的广泛应用;

➢ 片外系统扩展和数据存储选项,包括 SD 主机、NAND 闪存、DRAM 控制器和飞思卡尔 FlexBus 互连方案。

前 5 个 Kinetis 系列构建在以上强大的基础之上,并添加了 HMI、连接、安全和安防功能,实现了一个全面的产品组合,可以满足从低功率远程传感到工业自动化与控制的广泛应用需求。K20、K30 和 K40 系列与 K10 系列完全兼容。

① K10 系列。具有 50~150 MHz 的性能选项和 32 KB～1 MB 的闪存,提供较高的 RAM 闪存比吞吐量。将使用超小型 5 mm×5 mm QFN 封装供货,用于最小的低功率设计。

② K20 系列。增加了 USB 2.0 器件/主机/On-The-Go(全速和高速)。USB 设备充电器检测(DCD)功能优化充电电流/时间,使便携式 USB 产品拥有较长的电池使用寿命。

③ K30 系列。添加了灵活的 LCD 控制器,支持最多 320 个分段。低功率闪烁模式和分段故障检测功能为支持 LCD 的产品提供了低功率操作并改进了显示完整性。

④ K40 系列。组合了 USB 和分段 LCD 功能,用于需要灵活连接到图形用户界面的产品。

⑤ K60 系列。包括一套高度集成的 MCU,提供高达 180 MHz 的性能和 IEEE 1588 以太网 MAC,用于工业自动化环境中精确、实时的时间控制。硬件加密支持多个算法,以最小的 CPU 负载提供快速、安全的数据传输和存储。系统安全模块包括安全密钥存储和硬件篡改检测,提供用于电压、频率、温度和外部传感(用于物理攻击

检测)的传感器。

⑥ K70 MCU 系列。包括 512 KB～1 MB 闪存、单精度浮点单元、图形 LCD 控制器、IEEE 1588 以太网、全速和高速 USB 2.0 On-The-Go,具有设备充电检测、硬件加密、篡改检测功能和 NAND 闪存控制器。256 引脚器件包括支持系统扩展的 DRAM 控制器。现在已有 Kinetis K70 系列 196 和 256 引脚 MAPBGA 封装供货。

3. 低功率创新技术和快速、高耐用 EEPROM

所有 Kinetis 器件都支持全存储器(闪存/RAM/EEPROM)和低至 1.71 V 的模拟外设操作,最终延长便携式设计中的电池使用寿命。共提供 10 种低功率操作模式,允许设计人员优化外设活动和恢复时间。低功率实时时钟、低漏电流唤醒单元和低功率定时器为用户增加了更多的灵活性,实现了在低功率状态下的连续系统操作。Kinetis MCU 具有极低的停止和运行电流,可以满足最小的功率预算要求。

飞思卡尔的 FlexMemory 设立了嵌入式存储器的新标准,允许用户轻松地将其配置为高耐用(高达 1 000 万次写入/擦除操作)字节可写/擦除 EEPROM,写入时间低于 100 ns 或配置为额外的闪存。FlexMemory 与外部 EEPROM 解决方案相比,能够降低系统成本,降低软件复杂性和 EEPROM 仿真方案导致的 CPU/闪存/RAM 资源影响。

1.6.3　LPC4300 系列处理器

LPC4300 系列是采用 ARM Cortex-M4 和 Cortex-M0 双核架构的非对称数字信号控制器,为 DSP 和 MCU 应用开发提供了单一的架构和环境。Cortex-M4 处理器融合了微控制器基本功能(如集成的中断控制器、低功耗模式、低成本调试和易用性等)和高性能数字信号处理功能(如单周期 MAC、单指令多数据(SIMD)技术、饱和算法、浮点运算单元)。Cortex-M0 子系统处理器可分担 Cortex-M4 处理器大量数据传输和 I/O 处理任务,减小 Cortex-M4 带宽占用,使得后者可以全力处理数字信号控制应用中的数字计算。利用双核架构和恩智浦特有的可配置外设,LPC4300 系列可以实现多种开发应用,如马达控制、电源管理、工业自动化、机器人、医疗、汽车配件和嵌入式音频。

LPC4300 系列工作频率高达 150 MHz,采用 3 级流水线和哈佛结构,带有独立的本地指令和数据总线以及用于外设的第三条总线;并包含一个内部预取指单元,支持随机跳转的分支操作。

LPC4300 系列独有的可配置外设包括可配置状态机定时器(SCT)、SPI 闪存接口(SPIFI)、通用串行 GPIO 接口(SGPIO)、2 个高速 USB 控制器(1 个带有片内高速 PHY)、1 个支持硬件 TCP/IP 校验的 10/100 T 以太网、1 个高分辨率彩色 LCD 控制器、1 个外部存储器控制器以及多个数字和模拟外设。

1. Cortex-M4 处理器内核

➢ ARM Cortex-M4 内核,运行速度高达 150 MHz;

> ➤ 内置存储器保护单元(MPU),支持 8 个区域;
> ➤ 内置嵌套向量中断控制器(NVIC);
> ➤ 硬件浮点运算单元(FPU);
> ➤ 非可屏蔽中断(NMI)输入;
> ➤ 具有 JTAG 和串行线调试(SWD)、串行跟踪、8 个断点和 4 个观察点;
> ➤ 系统节拍定时器。

2. Cortex-M0 处理器内核

> ➤ Cortex-M0 子系统处理器可分担 Cortex-M4 处理器大量数据传输和 I/O 处理任务,减小 Cortex-M4 带宽占用,使得后者可以全力处理数字信号控制应用中的数字计算;
> ➤ 运行速度高达 150 MHz;
> ➤ 具有 JTAG 和串行线调试(SWD);
> ➤ 内置嵌套向量中断控制器(NVIC)。

3. 片内存储器

> ➤ 高达 1 MB 的大容量双块 Flash 存储器;
> ➤ 高达 264 KB 片内 SRAM:
> ➤ 200 KB 用于存储程序和数据;
> ➤ 2 个 32 KB SRAM 模块带独立访问路径,这两个 SRAM 块均可单独断电;
> ➤ 32 KB 的 ROM,包含引导程序和片内软件驱动;
> ➤ 32 位的一次性可编程(OTP)存储器,供用户使用。

4. 可配置数字外设

> ➤ 通用串行 GPIO 接口(SGPIO);
> ➤ 挂接在 AHB 总线的可配置状态机定时器(SCT)。

5. 串行接口

> ➤ 四线 SPI 闪存接口(SPIFI),传输速率高达 40 Mbit/s 每通道;
> ➤ 1 个具有 RMII 和 MII 接口的 10/100 M 以太网接口,支持 DMA 传输实现高吞吐量;
> ➤ 1 个高速 USB 2.0 Host/Device/OTG 接口,带有片内 PHY,支持 DMA 传输;
> ➤ 1 个高速 USB 2.0 Host/Device 接口,带有片内全速 PHY 和支持片外高速 PHY 的 ULPI 接口;
> ➤ 1 个支持 550 模式和 DMA 传输的 UART,具有完整调制解调器接口;
> ➤ 3 个支持 550 模式和 DMA 传输的 USART,支持同步模式并符合 ISO7816 规范的智能卡接口,其中一个 USART 具有 IrDA 接口;
> ➤ 1 个单通道 C_CAN 2.0B 控制器;
> ➤ 2 个带 FIFO 和多协议支持的 SSP 控制器,支持 DMA 传输;

➢ 1 个 SPI 控制器；

➢ 1 个带有监控模式和开漏 I/O 引脚、支持快速模式的 I²C 总线接口，符合 full I²C 总线规范，数据传输速率高达 1 Mbit/s；

➢ 1 个带有监控模式和标准 I/O 引脚、支持快速模式的 I²C 总线接口；

➢ 2 个支持 DMA 的 I²S 接口，一个为输入，一个为输出。

6. 数字外设

➢ 外部存储器控制器(EMC)支持外部 SRAM、ROM、Flash 和 SDRAM 器件；

➢ LCD 控制器带有专门的 DMA 控制器，支持高达 1 024 H×768 V 分辨率的 LCD，支持单色及彩色 STN 面板和 TFT 彩色面板，支持高达 24 位真彩色；

➢ SD 卡接口；

➢ 八通道通用 DMA(GPDMA)控制器，可访问 AHB 上所有存储器和所有支持 DMA 的 AHB 从机；

➢ 高达 146 个通用 I/O 管脚，可配置上拉/下拉电阻和开漏模式；

➢ GPIO 寄存器位于 AHB 上，便于快速访问，支持 DMA 传输；

➢ 4 个具有捕获和匹配功能的通用定时器/计数器；

➢ 1 个用于三相电动机控制的 MCPWM；

➢ 1 个正交编码器接口(QEI)；

➢ 重复中断定时器(RIT)；

➢ 窗口看门狗定时器(WWDT)；

➢ 极低功耗实时时钟(RTC)，位于独立电源域上，带有 256 B 电池供电的备用寄存器；

➢ 报警定时器，可电池供电。

7. 模拟外设

➢ 1 个 10 位的 DAC，支持 DMA 传输，数据转换速率为 400 KSamples/s；

➢ 2 个 10 位的 ADC，支持 DMA 传输，数据转换速率为 400 KSamples/s。

8. 安全性

➢ 可通过片内 API 编程的 AES 解密引擎；

➢ 2 个 128 位的安全 OTP 存储器，用于 AES 密钥存储，可供用户使用；

➢ 每颗芯片具有唯一的 ID。

9. 时钟产生单元

➢ 晶体振荡器的运行频率为 1~25 MHz；

➢ 12 MHz 内部 RC 振荡器精度为 1%；

➢ 极低功耗的 RTC 晶体振荡器；

➢ 3 个 PLL 允许 CPU 在最大的频率下工作而无需高频晶体，第二个 PLL 专门用于高速 USB，第三个 PLL 可用于音频锁相环；

➢ 支持时钟输出。

10. 电源

➤ 单个 3.3 V(2.0～3.6 V)的电源供电,通过片内 DC – DC 转换器给内核以及 RTC 电源域供电;

➤ RTC 电源域可单独由一个 3 V 的电池来供电;

➤ 4 种低功耗模式:睡眠、深度睡眠、掉电和深度掉电模式;

➤ 超速模式用以提高 CPU 和总线的时钟频率;

➤ 各个外设产生的唤醒中断可以将 CPU 从睡眠模式唤醒;

➤ 外部中断和采用 RTC 电源域中电池供电模块产生的唤醒中断可以将 CPU 从深度睡眠、掉电和深度掉电模式中唤醒;

➤ 带 4 个独立阈值的掉电检测,用于中断和强制复位;

➤ 上电复位(POR)。

11. 封装

LQFP100/208、BGA144/180 和 LBGA256 封装。

1.6.4　STM32F4 系列处理器

STM32 系列微控制器是业内十分成功的基于 ARM – M 处理器的 32 位微控制器,售出的基于 Cortex-M 内核微控制器中,几乎每两颗中就有一颗是 STM32。意法半导体现有的 STM32 产品适合各种应用领域,包括医疗服务、销售终端设备(POS)、建筑安全系统和工厂自动化、家庭娱乐等。此外,意法半导体正在利用新的 STM32F4 系列进一步拓宽应用范围。STM32F4 的单周期 DSP 指令将会催生数字信号控制器(DSC)市场,数字信号控制器适用于高端电机控制、医疗设备和安全系统等场合。STM32F4 系列的引脚和软件完全兼容 STM32F2 系列,因此 STM32F2 系列可轻松地升级到 F4 系列。此外,目前采用微控制器和数字信号处理器双片解决方案的客户可以选择 STM32F4,其在一个芯片中整合了传统两个芯片的特性。

STM32 微控制器平台拥有 250 余种兼容产品、业界最好的应用开发生态系统以及出色的功耗和整体功能。目前,意法半导体的 Cortex-M 微控制器共有 4 个产品系列:STM32F1 系列、STM32F2 系列和 STM32L1 系列,这 3 个系列均基于 Cortex-M3 内核;新的 F4 系列,基于 Cortex-M4 内核。

除引脚和软件兼容高性能的 F2 系列外,F4 的主频(168 MHz)高于 F2 系列(120 MHz),并支持单周期 DSP 指令和浮点单元、更大的 SRAM 容量(192 KB,F2 是 128 KB)、512 KB～1 MB 的嵌入式闪存以及影像、网络接口和数据加密等更先进的外设。意法半导体的 90 nm CMOS 制造技术和芯片集成的 ST 实时自适应"ART 加速器"实现了领先的零等待状态下程序运行性能(168 MHz)和最佳的动态功耗。

1. F4 系列的专有技术优势

➤ 采用多达 7 重 AHB 总线矩阵和多通道 DMA 控制器,支持程序执行和数据传输并行处理,数据传输速率极快;

➤ 内置的单精度 FPU 提升控制算法的执行速度,给目标应用增加更多功能,提高代码执行效率,缩短研发周期,减少了定点算法的缩放比和饱和负荷,且准许使用元语言工具;

➤ 高集成度:最高 1 MB 片上闪存、192 KB SRAM、复位电路、内部 RC 振荡器、PLL 锁相环、低于 1 μA 的实时时钟(误差低于 1 s);

➤ 在电池或者较低电压供电的应用中,且要求高性能处理和低功耗运行,STM32F4 带来了更多的灵活性,以达到高性能和低功耗的目的;包括在待机或电池备用模式下,4 KB 备份 SRAM 数据被保存;在 Vbat 模式下实时时钟功耗小于 1 μA;内置可调节稳压器,准许用户选择高性能或低功耗工作模式;

➤ 出色的开发工具和软件生态系统:提供各种集成开发环境、元语言工具、DSP 固件库、低价入门工具、软件库和协议栈;

➤ 优越的和具有创新性的外设;

➤ 互联性:相机接口、加密/哈希硬件处理器、支持 IEEE 1588 v2 10/100 M 以太网接口、2 个 USB OTG(其中 1 个支持高速模式);

➤ 音频:音频专用锁相环和 2 个全双工 I^2S;

➤ 最多 15 个通信接口(包括 6 个 10.5 Mbit/s 的 USART、3 个 42 Mbit/s 的 SPI、3 个 I^2C、2 个 CAN、1 个 SDIO);

➤ 模拟外设:2 个 12 位 DAC;3 个 12 位 ADC,采样速率达到 2.4 MSPS,在交替模式下达到 7.2 MSPS;

➤ 最多 17 个定时器:16 位和 32 位定时器,最高频率 168 MHz;

➤ STM32F4 系列现已投入量产。

2. STM32F4 系列 4 款产品

(1) STM32F405x

STM32F405x 集成了定时器、3 个 ADC、2 个 DAC、串行接口、外存接口、实时时钟、CRC 计算单元和模拟真随机数发生器在内的整套先进外设,STM32F405 额外内置一个 USB OTG 全速/高速接口。这些产品采用 4 种封装(WLCSP64、LQFP64、LQFP100、LQFP144),内置多达 1 MB 闪存。

(2) STM32F407

在 STM32F405 产品基础上增加了多个先进外设:第 2 个 USB OTG 接口(仅全速);1 个支持 MII 和 RMII 的 10/100 M 以太网接口,硬件支持 IEEE1588 v2 协议;1 个 8～14 位并行相机接口,可以连接一个 CMOS 传感器,传输速率最高支持 67.2 MB/s。这些产品采用 4 种封装(LQFP100、LQFP144、LQFP/BGA176),内置 512 KB～1 MB 闪存。

(3) STM32F415 和 STM32F417

STM32F415 和 STM32F417 在 STM32F405 和 STM32F407 基础上增加一个硬

件加密/哈希处理器。此处理器包含 AES 128、192、256、Triple DES、HASH（MD5，SHA - 1)算法硬件加速器,处理性能十分出色,例如,AES-256 加密速度最高达到 149.33 MB/s。

1.7　Cortex-A8 处理器

Cortex-A8 处理器是 ARMv7 架构的应用处理器,为低费用、高容量的产品带来了台式机级别的性能。

Cortex-A8 处理器得到了大量 ARM 技术的支持,从而能够实现快速的系统设计。这些支持包括:RealView Developoer 软件开发工具、RealView ARCHITECT ESL 工具和模型、CoreSightTM 调试和追踪技术以及对 OpenMAX 多媒体处理标准的软件库支持。

ARM Cortex-A8 处理器具有以下特点:

➢ 最高能达到 2 000 DMIPS,使它成为运行多通道视频、音频和游戏应用等要求越来越高的消费产品的最佳选择;

➢ 在先进的 90 nm 和 65 nm 工艺下,运行速度最高可达到 1 GHz,而功耗不到 300 mW;

➢ 先进的超标量体系结构管线,能够同时执行多条指令,并且提供超过 2.0 DMIPS/MHz 的处理速度;

➢ 先进的分支预测技术,并且具有专用的 NEON 整型和浮点型管线进行媒体和信号处理;

➢ 能够带来更高性能、功耗效率和代码密度的 Thumb-2 技术;

➢ 采用了强大的 NEONTM 信号处理扩展集,对 H.264 和 MP3 等媒体编解码提供加速;

➢ 包括 Jazelle-RCT Java 加速技术,对实时(JIT)和动态调适编译(DAC)提供最优化,同时减少内存占用空间高达 3 倍。

配置了用于安全交易和数字版权管理的 TrustZone 技术,以支持智能能源管理(Intelligent Energy Manger,IEM)技术的 ARM Artisan 库以及先进的泄漏控制技术,使得 Cortex-A8 处理器实现了优异的速度和功耗效率。

1.8　Cortex-A9 处理器

1. ARM 的 Cortex-A9 构架

Cortex-A9 处理器能与其他 Cortex 系列处理器以及 ARM MPCore 技术兼容,因此能够很好延用包括操作系统/实时操作系统(OS/RTOS)、中间件及应用在内的丰富生态系统,从而减少采用全新处理器所需的成本。

通过首次利用关键微体系架构方面的改进,Cortex-A9 处理器提供了具有高扩展性和高功耗效率的解决方案。利用动态长度、八级超标量结构、多事件管道及推断性乱序执行(Speculative out-of-order execution),它能在频率超过 1 GHz 设备的每个循环中执行多达 4 条指令,同时还能减少目前主流 8 级处理器的成本并提高效率。

2. ARM MPCore 技术

ARM MPCore 技术提升了性能的可拓展性以及对功耗的控制,从而在性能上突破了目前类似的高性能设备,同时继续满足了苛刻的手机功耗要求。迄今为止,ARM MPCore 技术已被包括日电电子、NVIDIA、瑞萨科技和萨诺夫公司(Sarnoff Corporation)在内的超过十家公司授权使用,并从 2005 年起实现芯片量产。

通过对 MPCore 技术作进一步优化和扩展,Cortex-A9 MPCore 多核处理器的开发为许多全新应用市场提供了下一代的 MPCore 技术。此外,为简化和扩大对多核解决方案的使用,Cortex-A9 MPCore 处理器还支持与加速器和 DMA 的系统级相关性,进一步提高性能,并在降低系统级功耗苛刻的 250 mW 移动功耗预算条件下为当今的手机提供显著的性能提升的可综合 ARM 处理器;在采用 TSMC 65 nm 普通工艺、性能达到 2 000 DMIPS 时,核逻辑硅芯片将小于 1.5 mm²;从 2 000 DMIPS 到 8 000 DMIPS的可扩展性能,比当今高端手机或机顶盒高出 4～16 倍,将使终端用户能够即时地浏览复杂的、加载多媒体内容的网页,并最大程度地利用 Web 2.0 应用程序,享受高度真实感的图片和游戏,快速打开复杂的附件或编辑媒体文件。

Cortex-A9 多核处理器结合了 Cortex 应用级架构以及用于可扩展性能的多处理能力,提供了下列增强的多核技术:

➢ 加速器一致性端口(ACP),用于提高系统性能和降低系统能耗;
➢ 先进总线接口单元(Advanced Bus Interface Unit),用于在高带宽设备中实现低延迟时间;
➢ 多核 TrustZone 技术,结合中断虚拟,允许基于硬件的安全和加强的类虚拟(paravirtualization)解决方案;
➢ 通用中断控制器(GIC),用于软件移植和优化的多核通信。

3. 完整的系统解决方案

ARM Cortex-A9 处理器包含 ARM 特定应用架构扩展集,包括 DSP 和 SIMD 扩展集和 Jazelle 技术、TrustZone 和智能功耗管理(IEM™)技术。此外,ARM 已开发一整套支持新处理器的技术,以缩短设计时间并加快产品上市时间。这一完整的系统解决方案包括:

① 浮点单元(FPU)。Cortex-A9 FPU 提供高性能的单精度和双精度浮点指令。
② 媒体处理。Cortex-A9 NEON 媒体处理引擎(MPE)提供了 Cortex-A9 FPU 所具有的性能和功能,以及在 Cortex-A8 处理器中首次推出的用于加速媒体和信号处理功能的 ARM NEON 先进 SIMD 指令集。

③ 物理 IP。提供在 Cortex-A9 处理器上实现低功耗、高性能应用所需的众多标准单元库和存储器。标准单元包括功耗管理工具包,可实现动态和漏泄功耗节省技术,例如时钟门控、多电压岛和功率门控。还提供具有先进的功耗节省功能的存储编译器。

④ Fabric IP。Cortex-A9 处理器得到广泛的 PrimeCell、fabric IP 元件的支持。这些元件包括一个动态存储控制器、一个静态存储控制器、一个 AMBA；3 AXI 可配置的内部互连及一个优化的 L2 Cache 控制器,用于匹配 Cortex-A9 处理器在高频设计中的性能和吞吐能力。

⑤ 图形加速。ARM Mali 图形处理单元及 Cortex-A9 处理器的组合,将使得 SoC 合作活动能够创造高度整合的系统级解决方案,带来最佳的尺寸、性能和系统带宽优势。

⑥ 系统设计。ARM RealView SoC Designer 工具提供快速的架构优化和性能分析,并允许在硬件完成以前很长时间即可进行软件驱动程序和对时间要求很严格的代码的早期开发。RealView 系统发生器(RealView System Generator)为基于 Cortex-A9 处理器的虚拟平台的采用提供超快建模能力。

⑦ 调试。ARM CoreSight 片上技术加速了复杂调试的时间,缩短了上市时间。程序追踪宏单元技术(Program Trace Macrocell technology)具有程序流追踪能力,能够将处理器的指令流完全可视化,同时配置与 ARMv7 架构兼容的调试接口,实现工具标准化和更高的调试性能。用于 Cortex-A9 处理器的 CoreSight 设计工具包扩展了其调试和追踪能力,以涵盖整个片上系统,包括多个 ARM 处理器、DSP 以及智能外设。

⑧ 软件开发。ARM RealView 开发套件包括先进的代码生成工具,为 Cortex-A9 处理器提供卓越的性能和无以比拟的代码密度。这套工具还支持矢量编译,用于 NEON 媒体和信号处理扩展集,使得开发者无需使用独立的 DSP,从而降低产品和项目成本。包括先进的交叉触发在内的 Cortex-A9 MPCore 多核处理器调试得到 RealView ICE 和 Trace 产品的支持,同时也得到一系列硬件开发板的支持,用于 FPGA 系统原型设计和软件开发。

4. 台积电 40 nm 版 ARM Cortex-A9

台积电 40 nm 版 ARM Cortex-A9 基于台积电的 40 nm-G 制造工艺,已经开发出两款 Cortex-A9 微架构双核处理器设计方案,分别对应高性能和低能耗。其高性能版本将把 ARM 处理器的频率上限提高到 2 GHz 以上。

ARM 的 Cortex 系列处理器设计近来在移动市场大行其道,包括 iPhone 3GS、Palm Pre 以及频率高达 1 GHz 的东芝 TG-01、iPhone 4 等智能手机和 iPad 实际上都是基于 Coretex-A8 核心,而 Smartbook 智能本基本上也都是这一架构处理器的应用产品。

Cortex-A9 将继续这一路线,由于从 Cortex-A8 普遍使用的 65 nm 工艺升级到

40 nm,Cortex-A9 高性能版本将在使用双核心的同时,把频率拉高到 2 GHz 以上,同时依然保持超低功耗,预计高性能 Smartbook 将是它的主要战场。

低功耗版本方面,主要面向机顶盒、数字电视、打印机及其他应用,运算能力可达4 000 DMIPS,同时功耗不足 0.25 W。

和 Cortex-A8 一样,ARM 将把该核心设计授权给多家厂商进行再开发和制造,包括德州仪器、Broadcom、高通、三星等 ARM 授权厂商,它们已经开始推出该架构的处理器产品。

5. 28 nm 与 40 nm 的比较

TQV 是 2011 年 8 月份在位于德国德累斯顿的 Fab 1 晶圆厂内完成的,使用了一整套优化的 ARM Cortex-A9 物理 IP,能从每一个方面模拟真正的 SoC 产品,从而实现最大程度的频率分析、缩短产品设计周期的时间,还有完整的可测性设计(DFT)。新处理器的工作频率在 2.0~2.5 GHz 之间,比上代 40 nm 工艺版本快了500 MHz 左右,性能也有明显提升。

28 nm 版(GlobalFoundries)成功流片了基于 ARM Cortex-A9 双核心处理器的技术质量检验装置(TQV),而且使用了 28 nm HP 高性能工艺、HKMG(高 K 金属栅极)技术。

相比于 40 nm 工艺,新的 28 nm 工艺制造平台能带来 40% 的计算性能提升、30% 的功耗下降、100% 的待机电池续航能力提升。

1.9　Cortex-A15 处理器

1.9.1　Cortex-A15 内核简介

在 Cortex-A9 双核处理器初见端倪之后,ARM 再次给大家带来惊喜,那就是ARM 可能会推出一款四核芯片,最快处理速度能够达到 2.5 GHz,这款处理器型号为 Cortex-A15。在还未上市的智能手机芯片当中,Cortex-A15 可能是目前听说的主频最高的双核芯片了,据说,这款芯片除了将手机 CPU 运行速度提升至 2.5 GHz 以外,还可以支持超过 4 GB 的存储。

Cortex-A15 MPCore 处理器相比当前的高级智能手机处理器,可在同等功耗水平上带来 5 倍的性能提升。Cortex-A15 处理器基于 ARMv7 的 Cortex-A 微架构,单个处理器集群内拥有 1~4 个 SMP 处理核心,彼此通过 AMBA 4 技术互联,支持一系列 ISA,能够在不断下降的功耗、散热和成本预算基础上提供高度可扩展性解决方案,广泛适用于下一代智能手机、平板机、大屏幕移动计算设备、高端数字家庭娱乐终端、无线基站、企业基础架构产品等。该处理器主频最高可达 2.5 GHz,并可根据不同应用领域灵活调整,比如智能手机和移动计算的 1~1.5 GHz 单/双核心、数字家庭娱乐的 1~2 GHz 双/四核心、家庭和 Web 2.0 服务器的 1.5~2.5 GHz 四/八核心乃至更大规模互联。

作为 Cortex-A 系列家族的最新成员，Cortex-A15 是一颗具备广泛软件与功能兼容性的处理器，为操作系统虚拟化、软错误纠正、更大内存寻址能力、系统一致性提供了高效的硬件支持，同时保留该系列低功耗设计优势，以及全面的应用兼容性，可立即为现有开发者、软件生态系统，包括 Google Android、Adobe Flash Player、Java SE、JavaFX、Linux、Windows Embedded Compact 7、Symbian、Ubuntu，还有 7 百多家 ARM Connected Community 社区成员提供应用软件、硬件、软件开发工具、中间件、SoC 设计设备。

ARM 表示，深入的业界合作仍是其商业模式的主要驱动力，Cortex-A15 也是 ARM 与三星、意法半导体、德州仪器等主要授权伙伴共同努力的成果。

Cortex-A15 处理器将获得同步开发、专门优化的 ARM 物理 IP 的支持，同时还会支持一系列 ARM 技术，包括 AMBA 4 兼容 CoreLink 系统 IP、CoreSight 调试和追踪 IP、Mali 图形核心和一系列开发工具。

Cortex-A15 MPCore 处理器现已开放授权，初期采用 32 nm、28 nm 工艺（台积电/GlobalFoundries）制造，未来会一直延伸到 20 nm。

1.9.2　OMAP 5 处理器

1. OMAP 5 高级多核架构的构成

OMAP 5 高级多核架构包含各种内核，其中包括 ARM 通用处理器、多个图形内核和多种专用处理器，用于平衡可编程性、性能和功耗，OMAP 5 芯片方框图如图 1-1 所示。

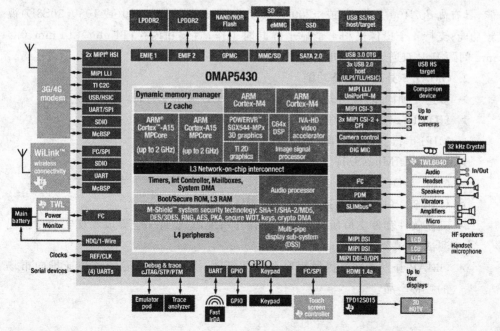

图 1-1　OMAP 5 芯片方框图

提供的两款 OMAP 5 设备旨在满足客户的不同需求,其配置如表 1-8 所列。这两款设备都采用 TI 定义的低功耗 28 nm 制造工艺。

➤ OMAP5430 适用于要求最小尺寸的产品(例如智能电话),支持双通道、LPD-DR2 堆叠封装(PoP)内存。

➤ OMAP5432 适用于移动计算和消费产品,它们要求更低成本,没有极端的尺寸限制,支持双通道 DDR3/DDR3L 内存。

表 1-8 两款 OMAP 5 设备的配置

处理器型号	制造工艺	最大频率	CPU	GPU	内存支持
OMAP5430	28 nm	2.0 GHz	双核 ARM Cortex-A15 MP	POWERVR™ SGX544-MPx	2×LPDDR2
OMAP5432	28 nm	2.0 GHz	双核 ARM Cortex-A15 MP	POWERVR™ SGX544-MPx	2×DDR3/DDR3L

OMAP 5 处理器是专为驱动智能电话、书写板和其他具有丰富多媒体功能的移动设备而设计的多核 ARMCortex 处理器:

➤ 两个 ARM Cortex-A15 MP 内核处理器均具有高达 2 GHz 的速度;

➤ 两个 ARM Cortex-M4 处理器可实现低功耗负载和实时响应。

多核 POWERVR™ SGX544-MPx 图形加速器可驱动 3D 游戏和 3D 用户界面;专用 TI 2D BitBlt 图形加速器;IVA-HD 硬件加速器可实现全高清 1080p60、多标准视频编码/解码和 1080p30 立体电影 3D(S3D);更快、更高品质的图像和视频捕捉功能,具有高达 2 400 万像素(或 1 200 万像素 S3D)成像和 1080p60(或 1080p30S3D)视频功能;支持 4 个摄像机和 4 个显示屏同时工作;封装和内存:14 mm×14 mm、0.4 mm 间距 PoP 双通道 LPDDR2 内存。

2. OMAP 5 处理器支持功能

➤ 多达 4 种同步、高分辨率、色彩丰富的 LCD 显示支持;

➤ HDMI 1.4a 输出可驱动 HD 显示屏,包括 S3D;

➤ MIPI 串行摄像机和串行显示接口;

➤ MIPI SLIMbusSM;

➤ MMC/SD;

➤ USB 3.0 OTG 超高速,具有集成 PHY 接口;

➤ 完整软件套件支持所有主要移动操作系统,它经过完全集成和现实使用情况测试,旨在减少开发时间和成本;

➤ OMAP 开发者网络提供程序和媒体组件,供制造商开发能够快速推向市场的独特产品。

3. OMAP 5 处理器主要特点

(1) 28 nm CMOS 低功耗处理

➢ 最高级别的处理器性能和最低功耗。

(2) 具有对称多处理(SMP)功能的多核 ARM 架构

包含 2 个 ARM Cortex-A15 MP 内核处理器和 2 个 ARM Cortex-M4 处理器。

➢ 更高移动计算性能;

➢ 性能在上一代基础上提高了 2～3 倍;

➢ 更快的用户界面和更低功耗;

➢ SMP 的可扩展性能只会激活特殊工艺所需的内核;

➢ 管理程序中的硬件虚拟功能,可实现低功耗和高性能,支持多种访客操作系统。

(3) IVA 3 HD 多媒体加速器

➢ 全高清 1080p60 多标准视频编码/解码;

➢ 硬连线编解码器可在低功耗级别下提供高性能;

➢ 可编程 DSP 为未来编解码器提供了灵活性;

➢ 支持高清立体电影 3D 编码/解码(1080p30)。

(4) Multi-Imagination Technologies 的 POWERVR SGX544-MPx 图形内核

➢ 性能在上一代基础上提高了 5 倍;

➢ 醒目的 3D 图形界面;

➢ 支持更高每秒帧速度下的超大屏幕,并且功耗比以前的内核更低

➢ 支持所有主要 API,其中包括:OpenGL ES v2.0、OpenGL ES v1.1、OpenCL v1.1、OpenVG v1.1 和 EGL v1.3。

(5) 多核成像和视觉处理单元

增强图像质量,高达 2 400 万像素 2D 或 1 200 万像素 S3D。

➢ 更快的系统性能;

➢ 更少的外部组件;

➢ 更低的系统成本;

➢ 更低的系统功耗。

(6) M-Shield 移动安全技术借助 ARM TrustZone 支持得到了增强,并且基于开放的 API

➢ 内容保护;

➢ 事务安全;

➢ 安全网络访问;

➢ 安全闪存和引导;

➢ 终端身份保护;

➢ 网络锁定保护。

(7) SmartReflex 3 技术

➢ 进一步降低功耗；

➢ 根据设备活动、操作模式和温度来动态控制电压、频率和功率；

➢ 超低电压保持支持。

(8) TI 电源管理/音频编解码器配套设备支持

➢ 最大限度地延长了电池寿命；

➢ 提高了系统性能；

➢ 显著减小了电路板面积和系统成本；

➢ 高效管理能耗和音频功能。

(9) 低功耗音频

➢ 提供超过 140 h 的 CD 质量音频播放。

(10) 完整软件套件

➢ 加快上市时间；

➢ 更低的研发成本；

➢ 确保在客户手持终端中实现最高性。

第 2 章
从 STM32F1 到 STM32F2 的硬件兼容性设计

2.1 STM32F1 及 STM32F2 系列处理器

2.1.1 STM32F1 系列处理器

STM32F1 系列 32 位闪存微控制器使用 ARM 公司的 Cortex-M3 内核,专门用于满足集高性能、低功耗、实时应用、具有竞争性价格于一体的嵌入式领域的要求。Cortex-M3 在系统结构上的增强,让 STM32 受益无穷;Thumb-2 指令集带来了更高的指令效率和更强的性能;通过紧耦合的嵌套矢量中断控制器,对中断事件的响应比以往更迅速;所有这些又都融入了较高的功耗水准。

STM32F1 系列按性能分成 3 个不同的子系列:STM32F103“增强型”子系列、STM32F101“基本型”子系列以及 STM32F105/107“互联型”子系列。增强型子系列时钟频率达到 72 MHz,是同类产品中性能最高的产品;基本型时钟频率为 36 MHz。3 个子系列都内置 32～512 KB 的闪存、6～64 KB 的 SRAM,不同的是 SRAM 的最大容量和外设接口的组合。时钟频率为 72 MHz 时,从闪存执行代码,STM32 功耗 36 mA,是 32 位市场上功耗最低的产品,相当于 0.5 mA/MHz。

常见的 STM32 类型如下。

➢ cl:互联型产品,STM32F105/107 系列;
➢ vl:超值型产品,STM32F100 系列;
➢ xl:超高密度产品,STM32F101/103 系列;
➢ ld:低密度产品,Flash 小于 64 KB;
➢ md:中等密度产品,Flash=64 KB 或 128 KB;
➢ hd:高密度产品,Flash 大于 128 KB。

目前最常用的是 STM32F103 系列。STM32F103 系列微处理器时钟频率为 72 MHz,电压范围为 2.0～3.6 V,适应环境温度为 -40～80℃。STM32F103 系列微处理器各型号的配置如表 2-1 所列。

表 2 - 1   STM32F103 系列 MCU 选型表

型 号	封 装	速 度/MIPS	闪存/KB	SRAM/KB	定时器	SPI	I²C	USART	USB	CAN	I/O	12位同步 ADC	12位ADC 数
STM32F103C4T6	LQFP-48	90	16	6	2	1	1	2	1	1	37	1×10	1
STM32F103C6T6	LQFP-48	90	32	10	2	1	1	2	1	1	37	2×10	1
STM32F103R4T6	LQFP-64	90	16	6	2	1	1	2	1	1	51	2×10	1
STM32F103R6T6	LQFP-64	90	32	10	2	1	1	2	1	1	51	2×16	1
STM32F103T4U6	QFN-36	90	16	6	2	1	1	2	1	1	26	2×10	1
STM32F103T6U6	QFN-36	90	32	10	2	1	1	2	1	1	26	2×10	1
STM32F103T8U6	QFN-36	90	64	20	3	1	1	2	1	1	26	2×10	1
STM32F103C8T6	LQFP-48	90	64	20	3	2	2	3	1	1	37	2×10	1
STM32F103CBT6	LQFP-48	90	128	20	3	2	2	3	1	1	37	2×10	1
STM32F103R8T6	LQFP-64	90	64	20	3	2	2	3	1	1	51	2×16	1
STM32F103RBT6	LQFP-64	90	128	20	3	2	2	3	1	1	51	2×16	1
STM32F103V8T6	LQFP-100	90	64	20	3	2	2	3	1	1	80	2×16	1
STM32F103VBT6	LQFP-100	90	128	20	3	2	2	3	1	1	80	2×16	1
STM32F103RCT6	LQFP-64	90	256	48	3(2)	2	5	1	1	51	3×16	2×2
STM32F103RDT6	LQFP-64	90	384	64	4	3(2)	2	5	1	1	51	3×16	2×2
STM32F103RET6	LQFP-64	90	512	64	4	3(2)	2	5	1	1	51	3×16	2×2
STM32F103VCT6	LQFP-100	90	256	48	4	3(2)	2	5	1	1	80	3×16	2×2
STM32F103VDT6	LQFP-100	90	384	64	4	3(2)	2	5	1	1	80	3×16	2×2
STM32F103VET6	LQFP-100	90	512	64	4	3(2)	2	5	1	1	80	3×16	2×2
STM32F103ZCT6	LQFP-144	90	256	48	4	3(2)	2	5	1	1	112	3×16	2×2
STM32F103ZDT6	LQFP-144	90	384	64	4	3(2)	2	5	1	1	112	3×16	2×2
STM32F103ZET6	LQFP-144	90	512	64	4	3(2)	2	5	1	1	112	3×16	2×2

2.1.2 STM32F2 系列处理器

2010 年 11 月 30 日,意法半导体公司宣布进一步扩展基于 ARM Cortex-M 处理器架构的 32 位 STM32 系列微控制器产品发展蓝图,推出全新的 Cortex-M3 内核的 STM32F2 微控制器产品,把 Cortex-M3 架构性能发挥到极致,并于 2011 年下半年全面供货。

STM32F2 系列整合意法半导体的 90 nm 制程与自适应实时存储器加速器 (ART Accelerator),成功发挥 Cortex-M3 架构的极致性能。当以 120 MHz 速度从闪存执行代码时,STM32F2 微控制器的处理性能高达 150 MIPS,这是 Cortex-M3

处理器在这个频率下的最高性能。CoreMark 测试结果显示,当从闪存执行代码时,该系列产品的动态功耗为 188 μA/MHz,相当于在 120 MHz 时消耗 22.5 mA 电流。此外,新系列产品还加强了对视频影像(摄像头)、设备互连、安全加密、音频以及控制应用的支持。

F2 系列是 STM32 平台新增的主要产品,进一步加强意法半导体在 Cortex-M3 微控制器市场的领导地位。意法半导体专有的 90 nm 制程与 ART 存储器加速器的成功开发,可实现处理器与存储器之间的互动优化以及闪存代码执行零等待状态,将 Cortex-M3 架构的处理性能发挥到极致。

加上 F2 系列 30 多款新产品,STM32 目前有 180 款引脚和软件相互兼容且外设共享的微控制器产品。

1. STM32F2 系列的技术细节

STM32F2 系列使现有的 STM32F1 和 L-1 两大系列更为完整,同时与这两大系列的引脚和软件相互兼容。STM32F2 系列微控制器共有 4 个不同的子系列,每个子系列都为设计人员提供各种存储容量、封装以及外设选择,90 nm 制程和 ART 存储器加速器为客户实现功耗和性能优势。

2. 目标应用

➢ 优异性能、1.65 V 电源支持、音频级架构及 WLCSP64 小封装等,适用于移动和消费电子应用;

➢ 丰富的外设接口、加密功能、优异的处理性能、先进的定时器以及大容量闪存和 SRAM 存储器,适用于工业和医疗应用。

3. 性能

➢ 在 120 MHz 时处理速度 150 DMIPS;

➢ CoreMark 测试结果证明 STM32F2 系列是拥有非常快处理性能的 Cortex-M3 微控制器,当以 120 MHz 速度从嵌入式闪存执行代码时可达到 1.905 CoreMark/MHz(在 120 MHz 达到 228.60 CoreMark);

➢ 7 层多路 AHB 总线矩阵,即便在多个高速外设同时工作时,架构也能连续地高效运行;

➢ 在总矩阵上配置两个独立的 SRAM 存储器,可以从不同的总线主设备同时访问存储器;

➢ 具有 16 条 DMA 通道。

4. 能效

➢ CoreMark 测试结果证明,当从闪存执行代码时,动态功耗为 188 μA/MHz,相当于在 120 MHz 时消耗 22.5 mA 电流;

➢ 宽电源电压范围,进一步降低功耗;WLCSP64 封装 1.65~3.6 V,其他 4 种封装 1.8~3.6 V;

➢ 先进的低功耗模式和 VBAT 支持功能,实时时钟(RTC)开启时的功耗小于

$1 \mu A$,备用电池供电的 4 KB SRAM 存储保护功能开启时的功耗小于 $1 \mu A$。

5. 先进外设

> 音频级架构,内置先进锁相环(PLL)和数据同步电路的 I^2S 和 USB 接口;

> 528 B 一次性编程(OTP)存储器,可存储重要数据,如以太网 MAC 地址或密钥;

> CMOS 成像传感器并行接口;

> 设备互连接口:2 个 USB 全速 OTG 接口(其中一个通过专用 DMA 支持 USB 高速)、具有 IEEE1588 PTP 硬件支持的以太网 10/100 MAC 层接口、2 个 CAN 2.0 B active、可支持 Compact Flash、SRAM、PSRAM、NOR 闪存、NAND 闪存的 60 MHz 外部存储器接口以及液晶显示器;

> 电机控制:2 个电机控制定时器、12 个通用定时器、2 个 32 位定时器、3 个每秒 200 万次采样速率的 12 位模数转换器和 1 个 12 位数模转换器;

> 加密功能:加密/哈什加密处理器和模拟真随机数发生器以及加密模块,包括 AES 128、192、256、Triple DES、HASH(MD5, SHA-1)硬件加速。

6. 封装

> LQFP64、LQFP100、LQFP144、UFBGA176 和用于电路板空间有限的 WLCSP64(小于 4 mm×4 mm)。

7. F2 产品子系列型号

(1) STM32F205 系列

STM32F205 系列提供 128 KB~1 MB 的闪存、最高 128 KB 的 SRAM、USB On-The-Go(OTG)全速/高速接口以及 LQFP64、LQFP100、LQFP144 或 WLCSP64 封装选项。除主要外设外,该系列还整合多个定时器、模数转换器、数模转换器、串行接口、2 个 CAN2.0B 端口、液晶显示器接口、可支持 Compact Flash、SRAM、PSRAM、NOR 闪存和 NAND 闪存的 60 MHz 外部存储器接口、实时时钟(RTC)、CRC 计算单元以及模拟真随机数发生器。

(2) STM32F207 系列

STM32F207 系列整合了全速 USB OTG 接口、以太网 10/100 MAC 以及 8~14 位相机传感器并行接口。其中以太网 MAC 支持 MII 和 RMII 接口协议,硬件支持 IEEE1588 精确时间协议;相机并行接口在 27 MHz 下支持 27 MB/s,在 48 MHz 频率下支持 48 MB/s,可以连接一个 CMOS 相机传感器。STM32F207 采用 LQFP100、LQFP144 和 UFBGA176 封装。

(3) STM32F215 和 STM32F217 系列

STM32F215 和 STM32F217 系列内置加密安全处理器,提供 AES 128/192/256、Triple DES 和 HASH(MD5, SHA-1)协议的硬件加速功能。拥有 512 KB 和 1 MB 两种闪存容量选择。

2.1.3　STM32F1 与 STM32F2 的区别

在系统级功能上,STM32F1 和 STM32F2 的系统级区别如表 2-2 所列。

表 2-2　STM32F1 和 STM32F2 的系统级区别

		STM32F1 系列产品	STM32F2 系列产品
工作电压		2.0~3.6 V	1.8(1.65)~3.6 V
CPU 最高工作频率		72 MHz	120 MHz
片上 SRAM 容量		高达 96 KB	高达 128 KB
片上闪存容量		高达 1 MB	高达 1 MB
外部存储器接口(FSMC)		100 引脚及以上封装有	100 引脚及以上封装有
备份 SRAM		无	有 4 KB
备份寄存器		20 B、84 B①	80 B
启动代码接口		USART、CAN、USB②	USART、CAN、USB
闪存读保护		单级读保护	双级读保护,支持 JTAG 熔断
存储器保护单元(MPU)		无	有(可以保护 8 个区域)
ETM (Trace)		无	有
工作电压		2.0~3.6 V	1.8(1.65)~3.6 V
定时器	用于电机控制的高级定时器	2	2
	4 通道通用定时器	4	4,其中 2 个是 32 位定时器
	无通道的基本定时器	2	2
	2 通道通用定时器	2	2
	1 通道通用定时器	4	4
RTC		基本计数器	带硬件日历信息
IWDG/WWDG		有	有
通信接口	SPI(I²S)	3②	3②
	最大工作频率	18 Mbit/s	30 或者 15 Mbit/s
	支持的音频采样率	8~96 kHz	8~192 kHz
	I²C	2	3
	最大工作频率	400 kHz	400 kHz
	USART	3	4
	UART	2	2
	最大工作频率	2.25 或 4.5 Mbit/s	3.75 或 7.5 Mbit/s
	USB	全速 OTG(device、host)	全速 OTG 或者高速 OTG (device、host)
	CAN	2	2
	SDIO	1	1
	CEC	有	无
	以太网	有	有

		STM32F1 系列产品	STM32F2 系列产品
GPIO		51/80/112	51/82/114/140
ADC	12 位 ADC	3	3
	最大采样率	1 M	2 M
	通道数目	16 个	24 个
DAC	12 位 DAC	2	2
	最大采样率	1 M	2 M
	通道数目	2	2
DCMI		无	有
随机数产生器(RNG)		无	有
硬件加密模块		无	DES、3DES、AES SHA-1 和 M5 哈希处理器

注:① 互联性产品 105/107 的备份寄存器是 84 B。

② 互联性产品 105/107 的启动代码支持 USART、CAN 和 USB 3 种接口,其余芯片只支持 USART 接口。

2.2 STM32F1 与 STM32F2 之间的兼容性设计

1. 兼容性

STM32F1 与 STM32F2 两个系列在硬件上保持了基本兼容,一方面是引脚排列上的兼容;另一方面是硬件功能上的兼容。在引脚上,主要实现如下兼容性:

➢ 功能引脚 pin-to-pin 兼容;

➢ 电源引脚有少许差别,电源引脚差别如表 2-3 所列。

表 2-3　电源引脚差别

引脚名称		LQFP64		LQFP100		LQFP144	
F10x	F20x	F10x	F20x	F10x	F20x	F10x	F20x
PD0-OSC_IN	PH0-OSC_IN	5	5	12	12	23	23
PD1-OSC_OUT	PH1-OSC_OUT	6	6	13	13	24	24
VSSA	VDD	12		19	19	30	30
VREF-	VSSA		12	20	20	31	31
VSS_1	VCAP1	31	31	49	49	71	71
NC	VCAP2		47	73	73	106	106
VSS_2	VSS_2	47		74	74	107	107
VSS_3	VSS_3	63	63	99		143	

2. LQFP64 封装兼容板

在 LQFP64 封装中,如果是 STM32F1 芯片,31 引脚和 47 引脚接地,在图 2-1

所示的电路图中,在标志设置上可以放置零欧姆电阻或者焊接桥接通。

在 LQFP64 封装中,如果是 STM32F2 芯片,31 引脚和 47 引脚接滤波电容,在图 2-1 所示的电路图中,在标志位置上直接断开即可。

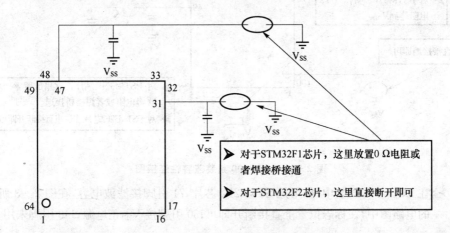

对于STM32F1芯片,这里放置0Ω电阻或者焊接桥接通

对于STM32F2芯片,这里直接断开即可

图 2-1 LQFP64 封装兼容性连接图

在 LQFP64 封装中,所有功能不同的引脚如表 2-4 所列。

表 2-4 LQFP64 封装引脚功能

引脚名称		QFP64	
STM32F10x	STM32F20x	F10x	F20x
PD0-OSC_IN	PH0-OSC_IN	5	5
PD1-OSC_OUT	PH1-OSC_OUT	6	6
VSS_1	VCAP1	31	31
VSS_2	VCAP2	47	47

3. LQFP100 封装兼容板

在 LQFP100 封装中,如果是 STM32F1 芯片,19 引脚和 49 引脚接地,在图 2-2 所示的电路图中,在标志设置上可以放置零欧姆电阻或者焊接桥接通;73 引脚未用;99 引脚接地。

> 在 LQFP100 封装中,如果是 STM32F2 芯片,49 引脚接滤波电容,在图 2-2 所示的电路图中,在标志位置上直接断开即可;19 引脚接 V_{DD} 正电源;73 引脚接接滤波电容;99 引脚未用。

在 LQFP100 封装中,所有功能不同的引脚如表 2-5 所列。

4. LQFP144 封装兼容板

在 LQFP144 封装中,如果是 STM32F1 芯片,71 引脚和 143 引脚接地,在图 2-3 所示的电路图中,在标志设置上可以放置零欧姆电阻或者焊接桥接通;30 引脚接地。

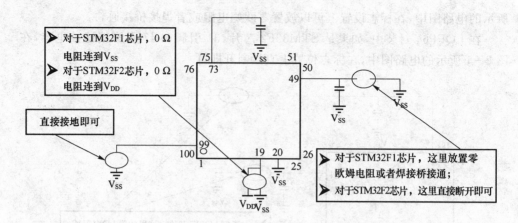

图 2-2　LQFP100 封装兼容性连接图

> 在 LQFP144 封装中,如果是 STM32F2 芯片,71 引脚接滤波电容,在图 2-3 所示的电路图中,在标志位置上直接断开即可;30 引脚接 V_{DD} 正电源;143 引脚未用。

表 2-5　LQFP100 封装引脚功能

引脚名称		LQFP100	
STM32F10x	STM32F20x	F10x	F20x
PD0-OSC_IN	PH0-OSC_IN	12	12
PD1-OSC_OUT	PH1-OSC_OUT	13	13
VSSA	VDD	19	19
VSS_1	VCAP1	49	49
VSS_3	保留	99	99
VREF-	VSSA	20	20
NC(未连接)	VCAP_2	73	73

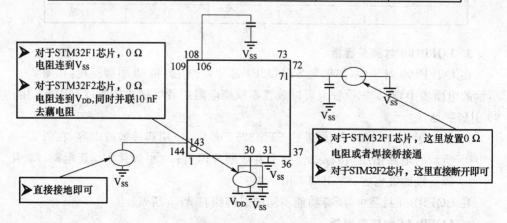

图 2-3　LQFP144 封装兼容性连接图

在 LQFP144 封装中,所有功能不同的引脚如表 2-6 所列。

表 2 - 6　LQFP144 封装引脚功能

引脚名称		LQFP144	
STM32F10x	STM32F20x	F10x	F20x
PD0-OSC_IN	PH0-OSC_IN	23	23
PD1-OSC_OUT	PH1-OSC_OUT	24	24
VSSA	VDD	30	30
VSS_1	VCAP1	71	71
VSS_3	保留	143	143

2.3　STM32F207 最小系统设计

2.3.1　最小系统电路设计

1. LQFP100 封装

STM32F20x LQFP100 封装的引脚排列如图 2-4 所示。基本部分的电路以

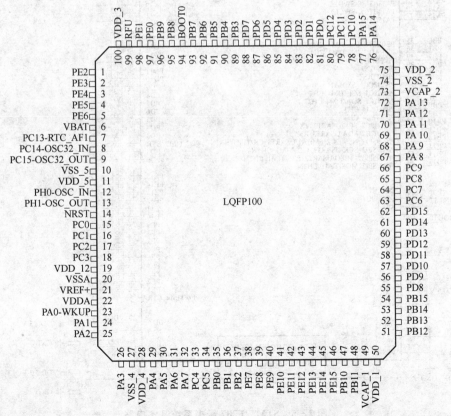

图 2 - 4　STM32F20x LQFP100 封装

LQFP100 封装的 STM32F207VGT6 芯片为基础。由于 STM32F2 与 STM32F1 引脚上基本兼容,因此在设计时可以采用与 STM32F1 兼容的方案,其优点是在不花额外代价的情况下,一次设计可同时获得 STM32F2 和 STM32F1 两种开发板。另外,采用兼容的设计方案,还有利于在设计过程中,参考原来已经熟悉和成熟的 STM32F1 电路作为参考,可以更加快速和可靠地进行设计。

2. STM32F207 最小系统

STM32F207 最小系统基本电路如图 2-5 所示,当作为 STM32F1 开发板时,焊接 R105、R107、R108,不焊接 R104、R106。当作为 STM32F2 开发板时,焊接 R104、R106,不焊接 R105、R107、R108。

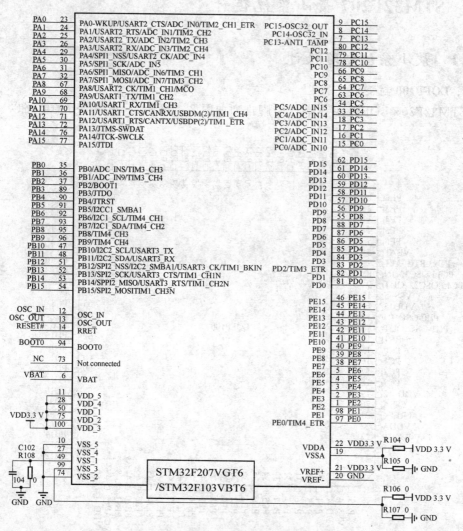

图 2-5　STM32F207 最小系统基本电路

3．LQFP100 封装的 STM32F207 引脚功能

LQFP100 封装的 STM32F207 引脚功能如表 2 - 7 所列。

表 2 - 7　LQFP100 封装的 STM32F207 引脚功能表

	基　本	AF 功能	其　他
1	PE2	TRACECLK/ FSMC_A23/ETH_MII_TXD3	
2	PE3	TRACED0/FSMC_A19	
3	PE4	TRACED1/FSMC_A20/DCMI_D4	
4	PE5	TRACED2/ FSMC_A21/TIM9_CH1/ DCMI_D6	
5	PE6	TRACED3/ FSMC_A22/TIM9_CH2/ DCMI_D7	
6	VBAT		
7	PC13-RTC-AF1		
8	PC14-OSC32-IN		
9	PC15-OSC-32		
10	VSS-5		
11	VDD-5		
12	PH0-0SC-IN		OSC_IN
13	PH1-OSC-OUT		OSC_OUT
14	NRST		
15	PC0	OTG_HS_ULPI_STP	ADC123_IN10
16	PC1	ETH_MDC	ADC123_IN11
17	PC2	SPI2_MISO/OTG_HS_ULPI_DIR/ETH_MII_TXD	ADC123_IN12
18	PC3	SPI2_MOSI/ I2S2_SD/OTG_HS_ULPI_NXT/ETH_MII_TX_CLK	ADC123_IN13
19	VDD-12		
20	VSSA		
21	VREF+		
22	VDDA		
23	PA0-WKUP	USART2_CTS/ UART4_TX/ETH_MII_CRS/TIM2_CH1_ETR/TIM5_CH1/ TIM8_ETR	ADC123_CH0/ WKUP
24	PA1	USART2_RTS/UART4_RX/ETH_RMII_REF_CLK/ETH_MII_RX_CLK/TIM5_CH2/ TIM2_CH2	ADC123_IN1
25	PA2	USART2_TX/TIM5_CH3/TIM9_CH1/ TIM2_CH3/ETH_MDIO	ADC123_IN2
26	PA3	USART2_RX/TIM5_CH4/TIM9_CH2/TIM2_CH4/OTG_HS_ULPI_D0/ETH_MII_COL	ADC123_IN3
27	VSS-4		
28	VDD-4		
29	PA4	SPI1_NSS/SPI3_NSS/USART2_CK/DCMI_HSYNC/OTG_HS_SOF/I2S3_WS	ADC12_IN4/ DAC1_OUT
30	PA5	SPI1_SCK/OTG_HS_ULPI_CK/TIM2_CH1_ETR/TIM8_CHIN	ADC12_IN5/ DAC2_OUT
31	PA6	SPI1_MISO/TIM8_BKIN/TIM13_CH1/DCMI_PIXCLK/TIM3_CH1/TIM1_BKIN	ADC12_IN6

	基 本	AF 功能	其 他
32	PA7	SPI1_MOSI/TIM8_CH1N/TIM14_CH1TIM3_CH2/ETH_MII_RX_DV/TIM1_CH1N/RMII_CRS_DV	ADC12_IN7
33	PC4	ETH_RMII_RX_D0/ETH_MII_RX_D0	ADC12_IN14
34	PC5	ETH_RMII_RX_D1/ETH_MII_RX_D1	ADC12_IN15
35	PB0	TIM3_CH3/TIM8_CH2N/OTG_HS_ULPI_D1/ETH_MII_RXD2/TIM1_CH2N	ADC12_IN8
36	PB1	TIM3_CH4/TIM8_CH3N/OTG_HS_ULPI_D2/ETH_MII_RXD3/OTG_HS_INTN/TIM1_CH3N	ADC12_IN9
37	PB2-BOOT1		
38	PE7	FSMC_D4/TIM1_ETR	
39	PE8	FSMC_D5/TIM1_CH1N	
40	PE9	FSMC_D6/TIM1_CH1	
41	PE10	FSMC_D7/TIM1_CH2N	
42	PE11	FSMC_D8/TIM1_CH2	
43	PE12	FSMC_D9/TIM1_CH3N	
44	PE13	FSMC_D10/TIM1_CH3	
45	PE14	FSMC_D11/TIM1_CH4	
46	PE15	FSMC_D12/TIM1_BKIN	
47	PB10	SPI2_SCK/I2S2_CK/I2C2_SCL/USART3_TX/OTG_HS_ULPI_D3/ETH_MII_RX_ER/OTG_HS_SCL/ TIM2_CH3	
48	PB11	I2C2_SDA/USART3_RX/OTG_HS_ULPI_D4/ETH_RMII_TX_EN/ETH_MII_TX_EN/OTG_HS_SDA/ TIM2_CH4	
49	VCAP-1		
50	VDD-1		
51	PB12	SPI2_NSS/I2S2_WS/I2C2_SMBA/USART3_CK/TIM1_BKIN/CAN2_RX/OTG_HS_ULPI_D5/ETH_RMII_TXD0/ETH_MII_TXD0/OTG_HS_ID	
52	PB13	SPI2_SCK/I2S2_CK/USART3_CTS/TIM1_CH1N/CAN2_TX/OTG_HS_ULPI_D6/ETH_RMII_TXD1/ETH_MII_TXD1	OTG_HS_VBUS
53	PB14	SPI2_MISO/TIM1_CH2N/TIM12_CH1/OTG_HS_DMUSART3_RTS/TIM8_CH2N	
54	PB15	SPI2_MOSI/I2S2_SD/TIM1_CH3N/TIM8_CH3N/TIM12_CH2/OTG_HS_DP	
55	PD8	FSMC_D13/ USART3_TX	
56	PD9	FSMC_D14/ USART3_RX	

	基　本	AF 功能	其　他
57	PD10	FSMC_D15/ USART3_CK	
58	PD11	FSMC_A16/USART3_CTS	
59	PD12	FSMC_A17/TIM4_CH1/USART3_RTS	
60	PD13	FSMC_A18/TIM4_CH2	
61	PD14	FSMC_D0/TIM4_CH3	
62	PD15	FSMC_D1/TIM4_CH4	
63	PC6	SPI2_MCK/TIM8_CH1/SDIO_D6/USART6_TX/DCMI_D0/TIM3_CH1	
64	PC7	SPI3_MCK/TIM8_CH2/SDIO_D7/USART6_RX/DCMI_D1/TIM3_CH2	
65	PC8	TIM8_CH3/SDIO_D0/TIM3_CH3/ USART6_CK/DCMI_D2	
66	PC9	I2S2_CKIN/I2S3_CKIN/MCO2/TIM8_CH4/SDIO_D1/I2C3_SDA/ DCMI_D3/TIM3_CH4	
67	PA8	MCO1/ USART1_CK/TIM1_CH1/ I2C3_SCL/OTG_FS_SOF	
68	PA9	USART1_TX/ TIM1_CH2/I2C3_SMBA/ DCMI_D0	OTG_FS_VBUS
69	PA10	USART1_RX/ TIM1_CH3/OTG_FS_ID/DCMI_D1	
70	PA11	USART1_CTS/ CAN1_RX/TIM1_CH4/ OTG_FS_DM	
71	PA12	USART1_RTS/ CAN1_TX/TIM1_ETR/ OTG_FS_DP	
72	PA13	JTMS—SWDIO	
73	VCAP-2		
74	VSS-2		
75	VDD-2		
76	PA14	JTCK-SWCLK	
77	PA15	JTDI/ SPI3_NSS/I2S3_WS/TIM2_CH1_ETR/ SPI1_NSS	
78	PC10	SPI3_SCK/I2S3_CK/UART4_TX/SDIO_D2/DCMI_D8/USART3_TX	
79	PC11	UART4_RX/ SPI3_MISO/SDIO_D3/DCMI_D4/USART3_RX	
80	PC12	UART5_TX/SDIO_CK/DCMI_D9/ SPI3_MOSI/I2S3_SD/USART3_CK	
81	PD0	FSMC_D2/CAN1_RX	
82	PD1	FSMC_D3/ CAN1_TX	
83	PD2	TIM3_ETR/UART5_RXSDIO_CMD/ DCMI_D11	
84	PD3	FSMC_CLK/USART2_CTS	
85	PD4	FSMC_NOE/USART2_RTS	

	基 本	AF功能	其 他
86	PD5	FSMC_NWE/USART2_TX	
87	PD6	FSMC_NWAIT/USART2_RX	
88	PD7	USART2_CK/FSMC_NE1/FSMC_NCE2	
89	PB3	JTDO/TRACESWO/SPI3_SCK/I2S3_CK/TIM2_CH2/ SPI1_SCK	
90	PB4	NJTRST/ SPI3_MISO/TIM3_CH1/ SPI1_MISO	
91	PB5	I2C1_SMBA/CAN2_RX/OTG_HS_ULPI_D7/ETH_PPS_ OUT/TIM3_CH2/ SPI1_MOSI/ SPI3_MOSI/DCMI_D10/ I2S3_SD	
92	PB6	I2C1_SCL/TIM4_CH1/CAN2_TX/OTG_FS_INTN/ DCMI_D5/USART1_TX	
93	PB7	I2C1_SDA/ FSMC_NL(8)/DCMI_VSYNC/USART1_RX/ TIM4_CH2	
94	BOOT0		VPP
95	PB8	TIM4_CH3/SDIO_D4/TIM10_CH1/DCMI_D6/OTG_FS_ SCL/ETH_MII_TXD3/I2C1_SCL/ CAN1_RX	
96	PB9	SPI2_NSS/ I2S2_WS/TIM4_CH4/ TIM11_CH1/OTG_FS_ SDA/ SDIO_D5/DCMI_D7/ I2C1_SDA/CAN1_TX	
97	PE0	TIM4_ETR/ FSMC_NBL0/DCMI_D2	
98	PE1	FSMC_NBL1/ DCMI_D3	
99	RFU		
100	VDD-3		

2.3.2 电源电路设计

1. STM32F1 和 STM32F2 电源控制内容结构的比较

STM32F1 和 STM32F2 电源控制内容结构的比较如图 2-6 所示,其中图 2-6(a)为 STM32F1 电源控制内容结构图,图 2-6(b)为 STM32F2 电源控制内容结构图。与 STM32F1 比较,STM32F2 的电源控制部分与前者基本相同,但也存在如下3 点不同:

➤ 内核电压不同,STM32F1 是 1.8 V,STM32F2 是 1.2 V;
➤ 提供了两个内核电源的外接滤波引脚 $V_{CP}-1$,$V_{CP}-2$;
➤ 备份域电源中增加了对后备 RAM 的供电。

2. STM32F2 电源域结构

STM32F2 电源域的结构如图 2-7 所示,包括 V_{DD}域、1.2 V 域 V_{DDA}域和备份域

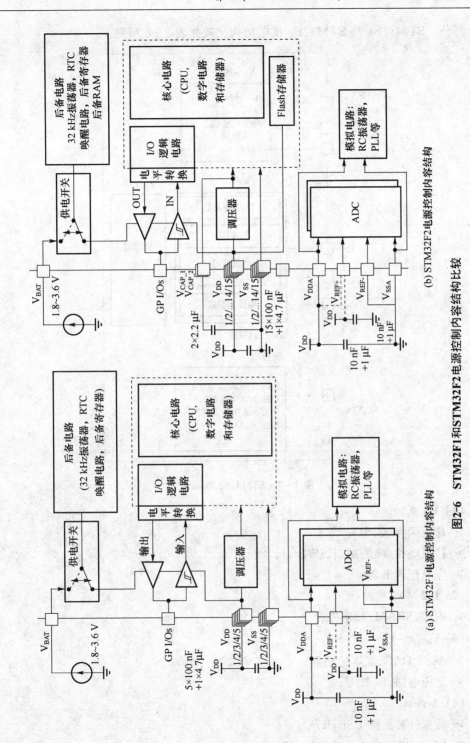

(b) STM32F2电源控制内容结构

(a) STM32F1电源控制内容结构

图2-6　STM32F1和STM32F2电源控制内容结构比较

4 个部分。STM32F1 和 STM32F2 供电架构比较如表 2-8 所列。

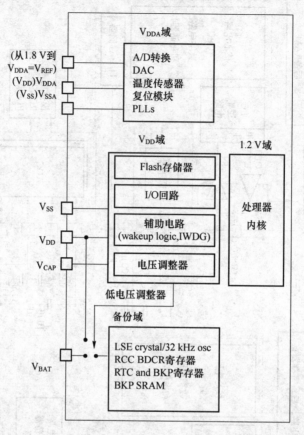

图 2-7　STM32F2 电源域

(1) V_DD 域

➢ 片上闪存、GPIO；

➢ 待机电路（唤醒逻辑、IWDG）；

➢ 主电压调节器。

(2) 1.2 V 域

➢ 内核、SRAM、数字外设。

(3) V_DDA 域

➢ ADC、DAC、温度传感器；

➢ 复位电路、PLL 等。

(4) 备份域

➢ 低速外部晶振 LSE、RTC；

➢ RCC_BDCR（备份域控制寄存器）；

➢ 备份寄存器和备份 SRAM。

表 2 – 8　STM32F1 和 STM32F2 供电架构比较

供电架构比较		STM32F2	STM32F1
V_{DD}供电范围		1.8*～3.6 V	2.0～3.6 V
V_{BAT}供电范围		1.65*～3.6 V	1.8～3.6 V
V_{DDA}供电范围	ADC 工作时	1.8*～3.6 V	2.4～3.6 V
	ADC 不工作		2.0～3.6 V
V_{REF}＋供电范围		1.8*～V_{DDA}	2.4～V_{DDA}
主电压调节器 工作模式	运行模式	有	有
	低功耗模式	有	有
	旁路模式	特殊封装下有	
低功耗电压调节器		为电池备份域 SRAM 供电	
内核电压		1.2 V	1.8 V
新增电源引脚	Vcap1/2	旁路模式下直接提供 1.2 V 内核电压;否则只接电容	

注:*　在 WLCSP 封装上并且关闭了内部复位电路的情况下,可以低至 1.65 V。

3. STM32F2 电源引脚连接

STM32F2 电源引脚连接如图 2 – 8 所示。V_{DD}引脚连到外部稳压源,外接一个去耦电容(最小值 4.7 μF、典型值 10 μF 的钽电容或陶瓷电容)。每个 V_{DD}引脚再接一个 100 nF 的陶瓷电容。V_{BAT}引脚外接电池。若没有电池,推荐通过 100 nF 的陶瓷电容连到 V_{DD}引脚。V_{DDA}引脚外接两个去耦电容,一个 100 nF 的陶瓷电容,一个 1 μF 的钽电容或陶瓷电容。V_{REF+}引脚连到 V_{DDA},若有单独的参考稳压源连接一个 100 nF 和 1 μF 的电容。V_{CAP1} 和 V_{CAP2} 通常只各连接一个 2.2 μF 的电容,特殊封装上,可外接 1.2 V 电源来旁路内部主电压调节器。

为了提高转换精确度,ADC 使用一个独立的电源供电,过滤和屏蔽来自印刷电路板上的毛刺干扰。ADC 的电源引脚为 V_{DDA},独立的电源地 V_{SSA}。如果有 V_{REF-} 引脚(根据封装而定),它必须连接到 V_{SSA}。

在使用 100 脚和 144 脚封装的 STM32F2 时,为了确保输入为低压时获得更好精度,用户可以连接一个独立的外部参考电压 ADC 到 V_{REF+} 和 V_{REF-} 脚上。在 V_{REF+} 的电压范围为 2.4～V_{DDA}。64 脚或更少封装,没有 V_{REF+} 和 V_{REF-} 引脚,它们在芯片内部与 ADC 的电源(V_{DDA})和地(V_{SSA})相连。

4. STM32F207 最小系统电源电路

STM32F207 最小系统电源部分的原理图如图 2 – 9 所示。备份域电源正常情况下由电池提供,但为了方便在没有电池的情况下也可以提供备份域电源,在设计上采用跳线的方式,根据需要可以通过 CON1 跳线进行选择。V_{DD} 域电源由 3.3 V 的线性稳压芯片提供,采用固定电压输出的稳压芯片 LM1117MPX 3.3(SOT223 封装)。

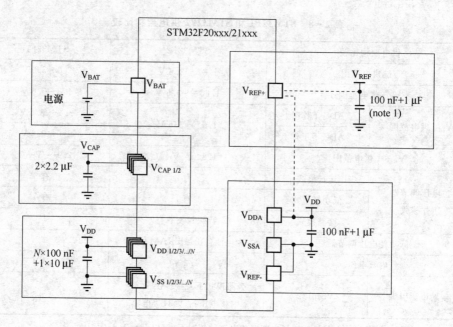

图 2-8 STM32F2 电源引脚连接图

此外,与 LM1117 相兼容的稳压芯片还有很多,也可以采用 SPX1117、AMS1117、BM1117、SE8117、LT1117 以及 AP1117 等代替,不过在使用代替芯片时,需要注意不同器件不同封装以及该封装下所能提供的最大电流,以确保安全、可靠、稳定地供电。LM1117 的输入为 5 V 电源,有两种来源,一是从 USB 接口取电,二是从专门的电源插座取电,通过跳线 P101 选择。

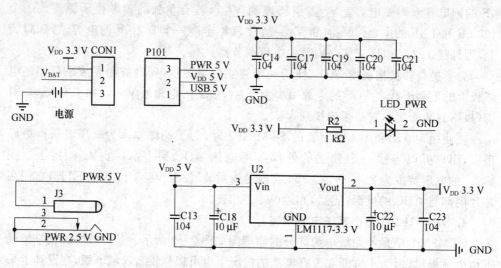

图 2-9 STM32F207 最小系统电源部分原理图

2.3.3 按键与 LED 电路设计

1. 按键与 LED 电路

按键与 LED 电路如图 2 - 10 所示。对于连接按键的引脚选择上有一定的讲究,例如 PA0 引脚可作为唤醒功能,PC13 引脚可作为侵入检测功能,因此把它们作为按键连接引脚。

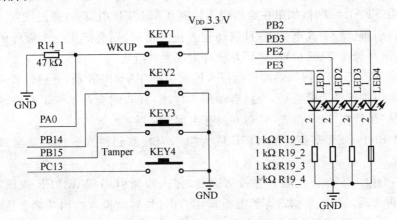

图 2 - 10 按键与 LED 电路图

2. PA0 引脚与唤醒功能

PA0 引脚可以作为 STM32 的唤醒(WAKE UP)功能引脚,因此选择作为按键引脚之一,并且在 WKUP 引脚的上升沿时有效,因此可外接一个下拉电阻到地,而按键另一端连接到 V_{DD}3.3 V。

3. PC13 引脚与侵入检测功能

PC13 引脚具有侵入检测功能,因此可以作为一个按键的输入端口。一方面该按键可以用于测试侵入检测功能;另一方面也可以作为一个普通的按键使用。

当备份区域由 V_{DD}(内部模拟开关连到 V_{DD})供电时,下述功能可用:

➤ PC14 和 PC15 可以用于 GPIO 或 LSE 引脚;

➤ PC13 可以作为通用 I/O 口、TAMPER 引脚、RTC 校准时钟、RTC 闹钟或秒输出。

注:因为模拟开关只能通过少量的电流(3 mA),使用 PC13~PC15 的 I/O 口功能是有限制的,同一时间内只有一个 I/O 口可以作为输出,速度必须限制在 2 MHz 以下,最大负载为 30 pF,而且这些 I/O 口绝不能当作电流源(如驱动 LED)。

当后备区域由 V_{BAT} 供电时(V_{DD} 消失后模拟开关连到 V_{BAT}),可以使用下述功能:

➤ PC14 和 PC15 只能用于 LSE 引脚;

➤ PC13 可以作为 TAMPER 引脚、RTC 闹钟或秒输出(参见官方数据手册

"RTC 时钟校准寄存器(BKP_RTCCR)"部分)。

当 PC13 被设置为防侵入功能时,TAMPER 引脚上的信号从 0 变成 1 或者从 1 变成 0(取决于备份控制寄存器 BKP_CR 的 TPAL 位),会产生一个侵入检测事件。侵入检测事件将所有数据备份寄存器内容清除。

然而为了避免丢失侵入事件,侵入检测信号是边沿检测的信号与侵入检测允许位的逻辑与,从而在侵入检测引脚被允许前发生的侵入事件也可以被检测到。

> 当 TPAL＝0 时:如果在启动侵入检测 TAMPER 引脚前(通过设置 TPE 位)该引脚已经为高电平,一旦启动侵入检测功能,则会产生一个额外的侵入事件(尽管在 TPE 位置"1"后并没有出现上升沿)。

> 当 TPAL＝1 时:如果在启动侵入检测引脚 TAMPER 前(通过设置 TPE 位)该引脚已经为低电平,一旦启动侵入检测功能,则会产生一个额外的侵入事件(尽管在 TPE 位置"1"后并没有出现下降沿)。

设置 BKP_CSR 寄存器的 TPIE 位为"1",当检测到侵入事件时就会产生一个中断。

在一个侵入事件被检测到并被清除后,侵入检测引脚 TAMPER 应该被禁止。然后,在再次写入备份数据寄存器前重新用 TPE 位启动侵入检测功能。这样,可以阻止软件在侵入检测引脚上仍然有侵入事件时对备份数据寄存器进行写操作。这相当于对侵入引脚 TAMPER 进行电平检测。

注:当 V_{DD} 电源断开时,侵入检测功能仍然有效。为了避免不必要的复位数据备份寄存器,TAMPER 引脚应该在片外连接到正确的电平。

4. PB14 和 PB15 引脚

由于 PB14 和 PB15 引脚没有与 USART、USB、SFMC、SDIO、DCMI 以及以太网接口复用,因此可以选择作为另外的两个按键引脚。

5. PB2 引脚

PB2 引脚同时也是 BOOT1 引脚,由于引导配置引脚 BOOT1 的功能仅仅在上电或外部复位时才使用,而启动完成之后不需要继续作为 BOOT1 进行检测,因此可以作为 LED 引脚来使用。

当然,把该引脚连接到按键也非常好,一方面可以作为普通按键使用;另一方面也可以利用该按键来选择启动模式,这样比采用跳线的形式在操作上更加方便。

6. PD3 引脚

PD3 引脚最主要的一个复用功能是 FSMC_CLK,在 FSMC 仅仅用于作为 LCD 驱动接口之时,并没有用到 FSMC_CLK 功能,因此可以把 PD3 作为 LED 引脚来使用。一旦以后需要用到 FSMC_CLK 功能,PD3 引脚连接的 LED 也不至于影响到 FSMC_CLK 的正常工作。

7. PE2 和 PE3 引脚

PE2 和 PE3 引脚有两个最主要的复用功能,第一种是作为 FSMC 接口的地址线

FSMC_A23 和 FSMC_A19,在连接外部 SRAM、NOR Flash 等外设时才用到,在本章所设计的应用系统中未用到;第二种是作为 TPIU 接口的 TRACECLK、TRACED0 引脚,本应用系统中也未用到。因此把 PE2 和 PE3 引脚作为 LED 引脚来使用。

TPIU 接口(trace port interface unit)即跟踪端口接口单元,TPIU 充当来自 ITM 和 ETM 的片上跟踪数据之间的桥梁。

2.3.4　时钟、复位、引导配置以及 SWD 接口电路设计

1. 时钟、复位、引导配置及 SWD 接口电路

时钟、复位、引导配置及 SWD 电路如图 2-11 所示。这部分的电路简单,无需做过多解释。只需要说明的是,这里的编程接口采用的是 SWD 而非 JTAG,主要是考虑到 SWD 的简洁(仅仅需要 4 根线),不仅占用板的面积小,并且还节省了非常有限的引脚资源,留下引脚作为应用功能引脚使用。

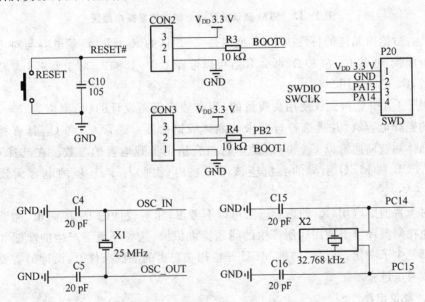

图 2-11　时钟、复位、引导配置及 SWD 电路

2. 外部时钟

STM32F2 可外接两个晶振为其内部系统提供时钟源。一个是高速外部时钟(HSE),用于为系统提供较为精确的主频;另一个是低速外部时钟(LSE),接频率为 32.768 kHz 的石英晶体,用于为系统提供精准的日历时钟功能,即可用来通过程序选择驱动 RTC(RTCCLK)。它为实时时钟或者其他定时功能提供一个低功耗且精确的时钟源,只要 V_{BAT} 维持供电,尽管 V_{DD} 供电被切断,RTC 仍继续工作。

本章所介绍的 STM32F2 硬件系统中,采用 STM32F2 系统中最典型的 25 MHz

晶振。

STM32 高速外部时钟可以使用一个 4～26MHz 的晶体/陶瓷谐振器构成的振荡器产生。在应用中，谐振器和负载电容必须尽可能地靠近振荡器的引脚，以减小输出失真和启动时的稳定时间。STM 建议的高速外部时钟晶振电路图如图 2-12 所示，典型的应用系统中采用 8 MHz 晶振。由于本章所设计的 STM32F2 应用系统需要为以太网物理接口提供一个 50 MHz 的时间，因此晶振选择 25 MHz 比较合适。

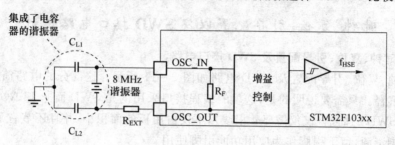

图 2-12 STM 建议的高速外部时钟晶振电路图

R_{EXT} 数值由晶体的特性决定，典型值是 5～6 倍的 R_S。R_S 负载电容与对应的晶体串行阻抗，通常 R_S 为 30 Ω，那么 R_{EXT} 可以选择 150～180 Ω。对于要求不严格的应用系统，R_S 可以不用。

对于 C_{L1} 和 C_{L2}，建议使用高质量的、为高频应用而设计的(典型值为)5～25 pF 之间的瓷介电容器，并挑选符合要求的晶体或谐振器。通常 C_{L1} 和 C_{L2} 具有相同参数。晶体制造商通常以 C_{L1} 和 C_{L2} 的串行组合给出负载电容的参数。在选择 C_{L1} 和 C_{L2} 时，PCB 和 MCU 引脚的容抗应该考虑在内(引脚与 PCB 板的电容大致选择 10 pF 左右)。

对于普通的应用，R_F 的影响一般可以不考虑，相对较低的 R_F 电阻值，能够可以为避免在潮湿环境下使用时所产生的问题提供保护，这种环境下产生的泄漏和偏置条件都发生了变化。但是，如果 MCU 是应用在恶劣的潮湿条件时，设计时需要把这个参数考虑进去。

3. 复位电路

STM32F2 的 NRST 引脚输入驱动使用 CMOS 工艺，它连接了一个不能断开的上拉电阻 RPU，电阻值如表 2-9 所列。

表 2-9 NRST 引脚内部上拉电阻值

符 号	参 数	条 件	最小值	典型值	最大值	单 位
RPU	弱上拉等效电阻	$V_{IN}=V_{SS}$	30	40	50	kΩ

上拉电阻是设计为一个真正的电阻串联一个可开关的 PMOS 实现。这个 PMON/NMOS 开关的电阻很小(约占 10%)。STM32 建议的复位电路如图 2-13

所示。

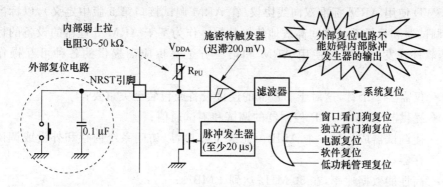

图 2-13 STM32 建议的复位电路

复位电路注意事项如下：
➢ 外部复位信号低脉冲至少保持 300 ns；
➢ 系统复位信号不影响备份域的工作；
➢ NRST 复位引脚是 CMOS 工艺的开漏电路；
➢ 在产生内部复位信号时，NRST 引脚会输出一个低电平。

4. 引导配置

在系统复位后，SYSCLK 的第 4 个上升沿，BOOT 引脚的值将被锁存。用户可以通过设置 BOOT1 和 BOOT0 引脚的状态，来选择在复位后的启动模式。

在从待机模式退出时，BOOT 引脚的值将被重新锁存；因此，在待机模式下 BOOT 引脚应保持为需要的启动配置。在启动延迟之后，CPU 从地址 0x0000 0000 获取堆栈顶的地址，并从启动存储器的 0x0000 0004 指示的地址开始执行代码。

在硬件电路的设计时，为了方便进行不同引导模式的切换，在硬件上设计成通过跳线来选择引导模式。

BOOT1 功能引脚同时又是 PB2 引脚，由于 BOOT1 功能只在复位或上电之时，程序正常运行之前由系统来读取 BOOT1 功能引脚的电平，而启动完成后这个引脚电平不再影响工作模式，因此该引脚可用作它用，例如用于驱动 LED。

5. SWD 串行线调试接口

（1）串行线调试

串行线调试技术可作为片上调试和跟踪（CoreSight）调试访问端口的一部分，它提供了 2 针调试端口，这是 JTAG 的低针数和高性能替代产品。

（2）2 针调试端口

串行线调试（SWD）为严格限制针数的包装提供一个调试端口，通常用于小包装微控制器，但也用于复杂 ASIC 微控制器，此时，限制针数至关重要，也是控制设备成本的重要因素之一。

SWD 将 5 针 JTAG 端口替换为时钟加单个双向数据针，以提供所有常规 JTAG

调试和测试功能以及实时系统内存访问,而无需停止处理器或需要任何目标驻留代码。SWD 使用 ARM 标准双向线协议(在 ARM 调试接口第 5 版中定义),以标准方式与调试器和目标系统之间高效地传输数据。作为基于 ARM 处理器的设备的标准接口,软件开发人员可以使用 ARM 和第三方工具供应商提供的各种可互操作的工具。

➢ 仅需要 2 个针,这对于非常低的连接设备或包装至关重要;
➢ 提供与 JTAG TAP 控制器的调试和测试通信;
➢ 使调试器成为另一个 AMBA 总线主接口,以访问系统内存和外设或调试寄存器;
➢ 高性能数据速率,在 50 MHz 达到 4 MB/s;
➢ 低功耗:因为不需要额外电源或接地插针;
➢ 较小的硅面积:2.5K 附加门数;
➢ 低工具成本,构建成本为 100 美元,可以内置到评估板中;
➢ 可靠:内置错误检测;
➢ 安全:防止未连接工具时出现插针故障。

SWD 提供了从 JTAG 的轻松且无风险的迁移,因为两个信号 SWDIO 和 SWCLK 重叠在 TMS 和 TCK 插针上,从而使双模式设备能够提供其他 JTAG 信号。在 SWD 模式下,可以将这些额外的 JTAG 针切换到其他用途。

SWD 与所有 ARM 处理器以及使用 JTAG 进行调试的任何处理器兼容,可以访问 Cortex 处理器(A、R、M)和 CoreSight 调试基础结构中的调试寄存器。目前,批量生产设备中实现了串行线技术,例如 ST STM32 微控制器。

ARM 多点 SWD 技术允许通过单个连接同时访问任意数量的设备,以将 SWD 优点应用于基于多处理器的复杂 SoC,从而为复杂设备开发人员提供了低功耗 2 针调试和跟踪解决方案。这对连接受限的产品特别重要,如手机中多晶片和多芯片是很常见的。

多点 SWD 完全向后兼容,从而保留现有的单一点到点主机设备连接,并允许在未选择设备时将其完全关闭以降低功耗。

(3) 常见的 SWD 接口
常见的 SWD 接口如下:
➢ SWDCK(TCK)、SWDIO(TMS)、GND、nSYSRST、VCC;
➢ SWDCK(TCK)、SWDIO(TMS)、GND、nSYSRST;
➢ SWDCK(TCK)、SWDIO(TMS)、GND;
其中 SWDCK 连接到 JTAG 的 TCK 引脚,SWDIO 连接到 JTAG 的 TMS 引脚。

(4) 仿真器对 SWD 模式支持情况
市面上常用的仿真器对 SWD 模式的支持情况:

- ➢ JLINKV6 支持 SWD 仿真模式,速度较慢;
- ➢ JLINKV7 支持 SWD 仿真模式,速度明显提高,是 JLINKV6 的 6 倍;
- ➢ JLINKV8 支持 SWD 仿真模式,速度可以到 10M;
- ➢ ULINK1 不支持 SWD 模式;
- ➢ ULINK2 支持 SWD 模式,速度可以达到 10M。

(5) SWD 硬件接口上的不同

- ➢ JLINKV6 需要的硬件接口为 GND、RST、SWDIO、SWDCLK;
- ➢ JLINKV7 需要的硬件接口为 GND、RST、SWDIO、SWDCLK;
- ➢ JLINKV8 需要的硬件接口为 VCC、GND、RST、SWDIO、SWDCLK;
- ➢ ULINK1 不支持 SWD 模式;
- ➢ ULINK2 需要的硬件接口为 GND、RST、SWDIO、SWDCLK;

由此可以看到只有 JLINKV8 需要 5 个引脚,即多了一个 V_{CC} 引脚,其好处是:仿真器对目标板子的仿真需要用到 RST 引脚,使用仿真器内部的 V_{CC} 做这个功能其实并不是很好。因此,JLINKV8 选择了和目标板共 GND,但不共 V_{CC}。

2.3.5 通信接口电路设计

1. RS232 接口

RS232 接口电路如图 2-14 所示。由于 RS232C 并未定义连接器的物理特性,因此,出现了 DB-25、DB-15 和 DB-9 各种类型的连接器,其引脚的定义也各不相同。

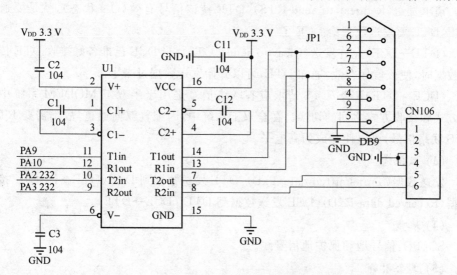

图 2-14 RS232 接口电路

RS232C 标准接口有 25 条线,4 条数据线、11 条控制线、3 条定时线、7 条备用和未定义线,常用的只有 9 根,9 芯 RS_232 引脚定义如表 2-10 所列。

表 2 - 10　9 芯 RS_232 引脚定义

9 芯	信号方向	缩　写	功能描述
1	调制解调器→PC	CD	载波检测
2	调制解调器→PC	RXD	接收数据
3	PC→调制解调器	TXD	发送数据
4	PC→调制解调器	DTR	数据终端准备好
5	调制解调器及 PC	GND	信号地
6	调制解调器→PC	DSR	通信设备准备好
7	PC→调制解调器	RTS	请求发送

(1) 状态线

数据准备就绪(Data set ready-DSR):有效时(ON)状态,表明数据通信设备可以使用。

数据终端就绪(Data set ready-DTR):有效时(ON)状态,表明数据终端设备可以使用。

(DTE→DCE)这两个信号有时连到电源上,上电就立即有效。这两个设备状态信号有效,只能表示设备本身可用,并不说明通信链路可以进行通信了,能否进行通信要由下面的控制信号决定。

(2) 联络线

请求发送(Request to send-RTS),DTE 使该信号有效(ON 状态),就是要通知 DCE,DTE 要发送数据给 DCE 了。

(DTE→DCE)允许发送(Clear to send - CTS),当 DCE 已准备好接收 DTE 传来的数据时,使该信号有效,通知 DTE,可以开始发送数据过来了。

(DCE→DTE)RTS/CTS 请求应答联络信号是用于半双工 MODEM 系统中发送方式和接收方式之间的切换。在全双工系统中,因配置双向通道,故不需要 RTS/CTS 联络信号,可以使其成为高电平。

(3) 数据线

发送数据(Transmitted data-TxD):DTE 发送数据到 DCE(DTE→DCE)。接收数据(Received data-RxD):DCE 发送数据到 DTE (DCE→DTE)。

(4) 地线

SG、PG:信号地和保护地信号线。

(5) 其余引脚

载波检测(Carrier Detection-CD):用来表示 DCE 已接通通信链路,告知 DTE 准备接收数据。

(DCE→DTE)振铃指示(Ringing-RI):当 DCE 收到交换台送来的振铃呼叫信号时,使该信号有效(ON 状态),通知 DTE,已被呼叫。

(DCE→DTE)的应用系统中,往往是 CPU 和 I/O 设备之间传送信息,两者都是 DTE,比如 PC 和色温计,PC 和单片机之间的通信,双方都能发送和接收,它们的连接只需要使用 3 根线(RXD、TXD 和 GND)即可,具体连接方式如图 2-15 所示。

RS232 的电气特性,在 RS232C 中任何一条信号线的电压均为负逻辑关系,噪声容限为 2 V。即要求接收器能识别低至 +3 V 的信号作为逻辑"0",高到 -3 V 的信号作为逻辑"1"。

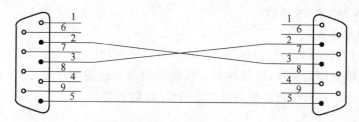

图 2-15　RS232"三线连接法"

(1) RS232 逻辑电平

RS232 逻辑电平如表 2-11 所列。

表 2-11　RS232 逻辑电平

在 TXD 和 RXD 数据上逻辑	表示电平 /V	在 RTS、CTS、DSR、DTR 和 DCD 等控制线上逻辑	表示电平 /V
逻辑 1(MARK)	-3~-15	信号有效(接通,ON 状态,正电压)	+3~+15
逻辑 0(SPACE)	+3~+15	信号无效(断开,OFF 状态,负电压)	-3~-15

由表 2-11 定义可以看出,信号无效的电平低于 -3 V,也就是当传输电平的绝对值大于 3 V 时,电路可以有效地检查出来,介于 -3~+3 V 之间的电压无意义,低于 -15 V 或高于 +15 V 的电压也认为无意义,因此,实际工作时,应保证电平的绝对值在 3~15 V。

当计算机和 TTL 电平的设备通信时,如计算机和单片机通信时,需要使用 RS232C/TTL 电平转换器件,常用的有 MAX232(在 5 V 系统中,比如说是 AVR、C51 系统)、MAX3232(在 3 V 系统中,比如说是 ARM 等嵌入式系统中)。

(2) 传输距离

由 RS232C 标准规定在码元畸变小于 4% 的情况下,传输最大距离 15 m,其实这个 4% 的码元畸变是很保守的,在实际应用中,大多数用户是按码元畸变 10%~20% 的范围工作的,所以实际使用中最大距离会远超过 15 m。

(3) RS232C 的不足之处

由于 RS232C 接口标准出现较早,难免有不足之处,主要有以下 4 点:

① 接口的信号电平值较高,易损坏接口电路的芯片,又因为与 TTL 电平不兼容

故需使用电平转换电路方能与 TTL 电路连接；

② 传输速率较低，在异步传输时，波特率最大为 19 200 bit/s；

③ 接口使用一根信号线和一根信号返回线而构成共地的传输形式，这种共地传输容易产生共模干扰，所以抗噪声干扰性弱；

④ 传输距离有限，实际最大传输距离只有 50 m 左右（具体情况与波特率、传输线粗细、通信环境干扰、模块的驱动与接收能力等有关）。

2. CAN 与 RS485 接口

（1）CAN 接口

CAN 与 RS485 接口电路如图 2-16 所示。其中 PCA82C250 是 CAN 协议控制器和物理总线之间的接口，该器件对总线提供差动发送能力并对 CAN 控制器提供差动接收能力。这是全世界使用最广泛的 CAN 收发器。

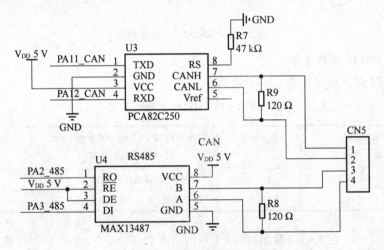

图 2-16 CAN 与 RS485 接口

PCA82C250 工作温度范围为 -40～125℃，针脚数为 8，封装类型为 SOIC，工作温度最低为 -40℃，工作温度最高为 125℃，电源电压最大为 5.5 V，最小为 4.5 V，电源电流为 100 μA，芯片标号为 82C250，表面安装器件为表面安装，控制接口为 CAN，数据率最高为 1 Mbaud，波特率为 1 Mbit/s，V_{CC} 电压最低为 4.5 V，最大为 5.5 V。

PCA82C250 收发器通过串行数据输出线 TX 和串行数据输入线 RX 连接到收发器，收发器通过有差动发送和接收功能的两个总线终端 CANH 和 CANL 连接到总线电缆，输入 Rs 用于模式控制，参考电压输出 V_{REF} 的输出电压是额定 V_{CC} 的 0.5 倍，其中收发器的额定电源电压是 5 V。

PCA82C250 输出一个串行的发送数据流到收发器的 TxD 引脚，内部的上拉功能将 TxD 输入设置成逻辑高电平。也就是说，总线输出驱动器默认是被动的。在隐性状态中，CANH 和 CANL 输入通过典型内部阻抗是 17 kΩ 的接收器输入网络偏置到 2.5 V 的额定电压。另外，如果 TxD 是逻辑低电平，总线的输出级将被激活，在总线电缆上产生一个显性的信号电平输出,驱动器由一个源输出级和一个下拉输出级组成,CANH 连接到源输出级,CANL 连接到下拉输出级。在显性状态中 CANH 的额定电压是 3.5 V,CANL 是 1.5 V。

(2) RS485 接口

RS485 是美国电气工业联合会(EIA)制定的利用平衡双绞线作传输线的多点通信标准。RS485 标准采用平衡式发送,差分式接收的数据收发器来驱动总线,抗噪声干扰性好,数据最高传输速率为 10 Mbit/s。RS485 的电气特性如下:

> 发送端:逻辑"1"以两线间的电压差＋(2～6)V 表示;逻辑"0"以两线间的电压差－(2～6)V 表示;

> 接收端:A 比 B 高 200 mV 以上即认为是逻辑"1",A 比 B 低 200 mV 以上即认为是逻辑"0"。

RS-485 接口的最大传输距离标准为 1 200 m(9 600 bit/s 时),实际上可达 3 000 m。目前许多厂家生产的专业 RS485 接口模块在较低转输率时,可达到 5 000 m 以上。

MAX13487 是＋5 V 供电、半双工、具有±15 kV ESD 保护的 RS485/RS422 兼容收发器,包含一路驱动器和一路接收器。MAX13487 具有热插拔功能,可以消除上电或热插入时总线上的故障瞬变信号。

MAX13487 具有 Maxim 专有的自动选向控制功能,这种结构使其非常适合多种应用,比如:隔离的 RS485 端口(这种情况下,驱动器输入用于连接驱动器使能信号,以便驱动差分总线)。MAX13487E 具有低摆率驱动器,能够减小 EMI 和不恰当的电缆端接所引起的反射,实现高达 500 kbit/s 的无差错数据传输。MAX13488E 驱动器的摆率未被限制,允许高达 16 Mbit/s 的传输速率。

MAX13487E/MAX13488E 具有 1/4 单位负载接收器输入阻抗,允许多达 128 个收发器挂接在总线上。这两款器件用于半双工通信。所有驱动器输出提供±15 kV 人体模型的 ESD 保护。MAX13487E/MAX13488E 提供 8 引脚 SO 封装。器件工作于－40～＋85℃扩展级温度范围。

3. USB 接口

STM32F207 支持主机模式和从机模式的 USB 接口。简单的从机模式的 USB 接口电路如图 2 - 17 所示。USB (Universal Serial Bus 通用串行总线)是由 Compaq、HP、Intel、Lucent(朗讯)、Microsoft、NEC 和 Philips 七家公司联合推出的新一代标准接口总线。该总线是一种连接外围设备的机外总线,最多可连接 127 个设备,为微机系统扩充和配置外部设备提供了方便。随着微机系统及其外设性能和功能的增强,需处理的数据量越来越大,2000 年 4 月又推出了新的 USB 规范——USB 2.0,传输速度提高到 480 Mbit/s,以满足日益复杂的高级外设与 PC 机之间的高性能连接需求。

USB 可以通过连接线为设备提供最高 5 V、500 mA 的电力。另外,USB 相关产品标注为 USB 2.0 Full Speed 的其实就是 USB 1.1;而标注为 USB 2.0 High Speed 的才是真正的 USB 2.0。

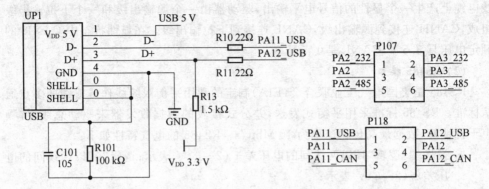

图 2-17　USB 接口电路

USB 电气化接口分为两种,即 SB 标准接口和 Mini 接口两种。SB 标准 A 一般用在 PC 机,B 一般用在 USB 设备,外观如图 2-18 所示。

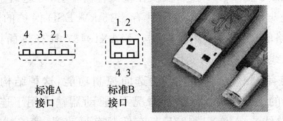

图 2-18　USB 接口外观图

USB 引脚的定义如表 2-12 所列。

表 2-12　USB 引脚的定义

触　点	功能（主机）	功能（设备）
1	V_{BUS}(4.75~5.25 V)	V_{BUS}(4.4~5.25 V)
2	D-	D-
3	D+	D+
4	接地	接地

Mini USB 接口通常用在数 PDA、手机、码相机、摄像机、移动硬盘等等,外观如图 2-19 所示。

图 2-19　Mini USB 接口外观

Mini USB 接口引脚功能定义如表 2-13 所列。

表 2-13　Mini USB 接口引脚功能定义

Mini USB 接口引脚功能定义	
引脚触点	功　能
1	V_{BUS}(4.4~5.25 V)
2	D−
3	D+
4	ID
5	接地

USB 的电缆有 4 根线,其中两根传送的是+5 V 电源(分别是+5 V 线和地线),有一些直接和电源 HUB 相连的设备可以直接利用它来供电,此时,可分低功率模式和高功率模式两种:低功率模式最大可提供 100 mA 电流,高功率模式最大可提供 500 mA 电流;另外的两根是数据线,数据线是单工的,在一个系统中的数据速率是一定的,要么是高速,要么是低速,没有一个可以中间变速的设备来实现数据码流的变速。在这一点上,USB 和 1394 有明显的差别。USB 的总线在不使用的时候被挂起,这样就可以节约能源。

USB2.0 电气连接都是采用标准接线方法,其中红色线代表正电源线,黑色线代表地线,绿色线代表正端数据线(D+),白色线代表负端数据线(D−)。

USB 标准采用 NRZI 方式(翻转不归零制)对数据进行编码。翻转不归零制(non-return to zero inverted),电平保持时传送逻辑 1,电平翻转时传送逻辑 0。

USB 的传输方式有 4 种,分别是等时传输方式、中断传输方式、控制传输方式和批量传输方式。

① 等时传输方式用在需要连续传输数据,且对数据的正确性要求不高而对时间极为敏感的外部设备,如麦克风、喇叭以及电话等。等时传输方式以固定的传输速率,连续不断地在主机与 USB 设备之间传输数据,在传送数据发生错误时,USB 并不处理这些错误,而是继续传送新的数据。

② 中断传输方式用在传送的数据量很小,但实时性要求高的场合,主要用在键盘、鼠标以及操纵杆等设备上。

③ 控制传输方式用在处理主机到 USB 设备的数据传输。包括设备控制指令、设备状态查询及确认命令。当 USB 设备收到这些数据和命令后,将依据先进先出的原则处理到达的数据。

④ 批量传输方式用来传输大批量的数据。

全速设备电气连接如图 2-20 所示,正端数据线(D+)连接一个上拉电阻到正电源端。

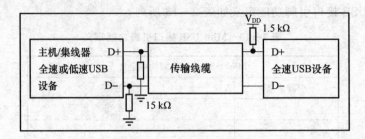

图 2 - 20   全速设备电气连接图

低速设备电气连接如图 2 - 21 所示,负端数据线(D—)连接一个上拉电阻到正电源端。

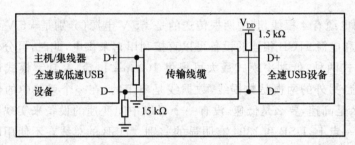

图 2 - 21   低速设备电气连接图

2.3.6   其他外设电路设计

1. ADC 与 DAC 接口

ADC 与 DAC 接口如图 2 - 22 所示。在未被 USART、USB、SFMC、SDIO、DC-MI 以及以太网接口复用的引脚之中,同时又属于 ADC 与 DAC 引脚的都引出来,作为 ADC 与 DAC 功能引脚。

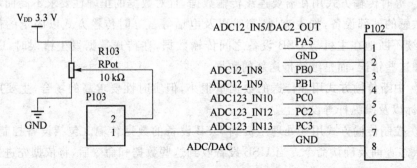

图 2 - 22   ADC 与 DAC 接口

为了让 ADC 能正常工作,应用表 2 - 14 所列的要求给 ADC 电源、地线、正参考电压、负参考电压正确供电。

表 2 - 14　ADC 的供电

名　称	信号类型	备　注
V_{REF+}	输入,模拟参考阳性	ADC 高/正的参考电压,$1.8V \leqslant V_{REF+} \leqslant V_{DDA}$[①]
V_{DDA}	输入,模拟电源	模拟电源等于 V_{DD} 和: $2.4\ V \leqslant V_{DDA} \leqslant V_{DD}(3.6\ V)$ 为全速 $1.8\ V \leqslant V_{DDA} \leqslant V_{DD}(3.6\ V)$ 为低速
V_{REF-}	输入,模拟参考负	ADC 低/负参考电压,$V_{REF-} = V_{SSA}$
V_{SSA}	输入,模拟电源地	模拟供电地,等于 V_{SS}
ADCx_IN[15:0]	模拟输入信号	16 个模拟输入通道

注:①STM32F205xx WLCSP 封装时为 1.65 V～V_{DDA}。

2. LCD 及 SDIO 接口

LCD 接口包括片选信号 nCS、寄存器选择信号 RS、数据写使能信号 nWR、数据读取使能信号 nRD、复位信号 nRESET、数据接口 DB[17:0]等基本的 TFT 接口,同时还包括了 4 个背光控制信号和 4 个触摸屏接口信号。

STM32 与 TFT 的连接方式有许多种,可以采用 SPI 接口,也可以采用普通的端口,还可以采用 STM32 的 FSMC 接口。采用普通的端口与 TFT 连接时,为了方便和快速地转换数据,数据接口一般采用 16 位的形式,16 位的数据接口应该独占一个 STM32 的 16 位端口,这样按端口(16 位当成一个整体)的方式可提供比 8 位数据接口快一倍以上的数据传输速度。

采用 FSMC 接口与 TFT 连接如图 2 - 23 所示,采用 16 位数据宽度,FSMC 接口数据线与 TFT 数据接口直接连接,FSMC 接口读写信号也可以与 TFT 读写信号直接连接,FSMC 的某个地址线(例如 A16)与 TFT 寄存器选择信号 RS 连接,这样可以根据地址来选择读写的数据是寄存器的数据还是显示缓冲区的数据。

	V_{DD}3.3 V	1	V_{CC} 33	GND	2	GND	
FSMC_D0	PD14	3	DB00	DB01	4	PD15	FSMC_D1
FSMC_D2	PD0	5	DB02	DB03	6	PD1	FSMC_D3
FSMC_D4	PE7	7	DB04	DB05	8	PE8	FSMC_D5
FSMC_D6	PE9	9	DB06	DB07	10	PE10	FSMC_D7
FSMC_D8	PE11	11	DB08	DB09	12	PE12	FSMC_D9
FSMC_D10	PE13	13	DB10	DB11	14	PE14	FSMC_D11
FSMC_D12	PE15	15	DB12	DB13	16	PD8	FSMC_D13
FSMC_D14	PD9	17	DB14	DB15	18	PD10	FSMC_D15
FSMC_NE1	PD7	19	CS	RS	20	PD11	FSMC_A16
FSMC_NW1	PD5	21	WR	RD	22	PD4	FSMC_NOE
	RESET#	23	RESET	BL_LED	24	PD12	BL_LED
SPI1_MISO	PB5	25	TC_MISO	INT0	26	PD6	INT0
SPI1_MOSI	PB4	27	TC_MOSI	BUSY	28	PD13	BUSY
SPIO_SCK	PB3		TC_SCK	CS_MEM	30		
SPI1_CS	PA15	31	TC_CS	CS_SD	32		

图 2 - 23　LCD 接口

3. SDIO 接口

STM32 的 SDIO 接口电路如图 2-24 所示。SDIO（Input/Output）是一种 I/O 接口规范。目前，其最主要用途是为带有 SD 卡槽的设备进行外设功能扩展。SDIO 卡是一种 I/O 外设，而不是存储器。SDIO 卡外形与 SD 卡一致，可直接插入 SD 卡槽中。

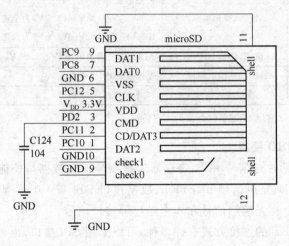

图 2-24 SDIO 接口电路

目前市场上有多种 SDIO 接口的外设，比如 SDIO 蓝牙、SDIO GPS、SDIO 无线网卡、SDIO 移动电视卡等。这些卡底部带有和 SD 卡外形一致的插头，可直接插入 SDIO 卡槽（即为 SD 卡槽）的智能手机、PDA 中，即可为这些手机、PDA 带来丰富的扩展功能。用户可根据实际需要，灵活选择外设扩展的种类、品牌和性能等级。SDIO 已经成为数码产品外设功能扩展的标准接口。

SDIO 卡插入带有标准 SD 卡槽的设备后，如果该设备不支持，SDIO 卡不会对 SD 卡的命令作出响应，处于非激活状态，不影响设备的正常工作；如果该设备支持 SDIO 卡，则按照规范的要求激活 SDIO 卡。

SDIO 卡允许设备按 I/O 的方式直接对寄存器进行访问，无须执行 FAT 文件结构或数据 sector 等复杂操作。此外，SDIO 卡还能向设备发出中断，这是与 SD 卡的本质区别。

2.4 图像传感器及接口

2.4.1 图像传感器

摄像头的核心器件是图像传感器，常用的图像传感器主要有 CCD（电荷耦合元件）和 CMOS（金属氧化物半导体元件）两种。CCD 一般应用于高端产品中，CMOS 则应用于对影像品质要求不高的中低端产品中。CCD 与 CMOS 传感器的技术特点如表 2-15 所列。

表 2－15　CCD 与 CMOS 传感器技术特点

参数	CCD 电荷耦合元件	CMOS 金属氧化物半导体元件
读取方式	信息按行、一位一位地转移后读	光信息直接光电转换
读取条件	同步信号、3 组不同电源配合	不需要同步信号，只需一个电源
读取速度	较慢	快（采集、读取、处理同时进行）
功耗	高	低（是 CCD 的 $1/10\sim1/8$）
成像质量	高（无噪声干扰）	稍低点（噪声、光、电、磁干扰）
内部结构和成像原理	(1)结构复杂 (2)CCD 的成像点为 $X-Y$ 纵横矩阵排列，每个成像点由一个光电二极管和其控制的一个邻近电荷存储区组成。光电二极管将光线（光量子）转换为电荷（电子），聚集的电子数量与光线的强度成正比，再将电荷读到垂直电荷传输方向的缓存器中，再通过电荷/电压转换器和放大器放大	(1)结构简单，集成度高 (2)CMOS 传感器将光敏元件、图像信号放大器、信号读取电路、模数转换器、图像信号处理器及控制器、DRAM、金属互联器（计时应用和读取信号）、输出信号互联器集成在一个芯片上，它可以通过简单的 $X-Y$ 寻址技术读取信号

2.4.2　OV7670 摄像头

　　OV7670 图像传感器具有体积小、工作电压低等特点，提供单片 VGA 摄像头和影像处理器的所有功能。通过 SCCB 总线控制，可以输出整帧、子采样、取窗口等方式的各种分辨率 8 位影像数据。该产品 VGA 图像最高达到 30 帧/s。OV7670 内部结构如图 2－25 所示，包括感光阵列（共有 656×488 个像素，其中在 YUV 的模式中，有效像素为 640×480 个）、模拟信号处理、A/D 转换、测试图案发生器、数字信号处理器、图像缩放、时序发生器、数字视频端口、SCCB 接口、LED 和闪光灯输出控制。

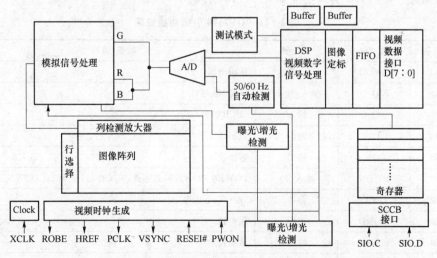

图 2－25　OV7670 内部结构

OV7670 特点如下:

- 高灵敏度适合低照度应用;
- 低电压适合嵌入式应用;
- 标准的 SCCB 接口,兼容 I²C 接口;
- 支持 RawRGB,RGB(GRB4∶2∶2,RGB565/555/444)、YUV(4∶2∶2)和 YCbCr(4∶2∶2)输出格式;
- 支持 VGA、CIF 和从 CIF 到 40×30 的各种尺寸;
- VarioPixel 采样方式;
- 自动影响控制功能包括自动曝光控制、自动增益控制、自动白平衡、自动消除灯光条纹、自动黑电平校准,图像质量控制包括色饱和度、色相、伽马、锐度和 ANTI_BLOOM;
- ISP 具有消除噪声和坏点补偿功能;
- 支持闪光灯,包括 LED 灯和氙灯;
- 支持图像缩放;
- 镜头失光补偿;
- 50/60 Hz 自动检测;
- 饱和度自动调节(UV 调整);
- 边缘增强自动调节。

用户可以完全控制图像质量、数据格式和传输方式。所有图像处理功能过程包括伽马曲线、白平衡、饱和度、色度等都可以通过 SCCB 接口编程。

OV7670 图像传感器应用 OmmiVision 公司独有的传感器技术,通过减少或消除光学或电子缺陷如固定图案噪声、托尾、浮散等,提高图像质量,得到清晰的稳定的彩色图像。OV7670 引脚功能如表 2-16 所列。

表 2-16　OV7670 引脚功能说明

引　脚	名　称	类　型	功能/说明
A1	AVDD	电源	模拟电源
A2	SIO_D	输入/输出	SCCB 数据口
A3	SIO_C	输入	SCCB 时钟口
A4	D1	输出	数据位 1
A5	D3	输出	数据位 3
B1	PWDN	输入(0)	POWER DOWN 模式选择,0:工作,1:POWER DOWN
B2	VREF2	参考	并 0.1 μF 电容
B3	AGND	电源	模拟地
B4	D0	输出	数据位 0
B5	D2	输出	数据位 2

续表 2－16

引 脚	名 称	类 型	功能/说明
C1	DVDD	电源	核电压＋1.8 VDC
C2	VREF1	参考	参考电压并 0.1 μF 电容
D1	VSYNC	输出	帧同步
D2	HREF	输出	行同步
E1	PCLK	输出	像素时钟
E2	STROBE	输出	闪光灯控制输出
E3	XCLK	输入	系统时钟输入
E4	D7	输出	数据位 7
E5	D5	输出	数据位 5
F1	DOVDD	电源	I/O 电源,电压(1.7～3.0)V
F2	RESET	输入	初始化所有寄存器到默认值,为 0 复位
F3	DOGND	电源	数字地
F4	D6	输出	数据位 6
F5	D4	输出	数据位 4

2.4.3 CMOS 摄像头接口

CMOS 摄像头接口包括数据线、同步线与控制线。例如常见的 OV7670 摄像头模块,一般采用 16 引脚输出,单一 2.8 V 供电电源,这种摄像头模块在 STM32 板上的连接可以采用图 2－26 所示的电路结构。

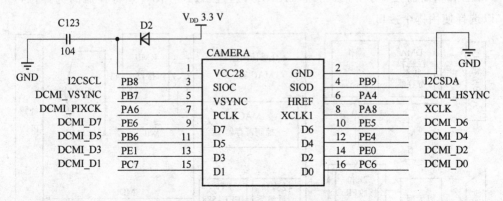

图 2－26　OV7670 与 STM32F207 连接电路图

2.5 以太网接口

2.5.1 STM32F2 以太网模块介绍

STM32F207xx 的以太网模块 IP 由 Synopsys Inc 提供。ST 公司已获得使用授权。STM32F207xx 的以太网模块支持通过以太网收发数据,符合 IEEE 802.3—2002 标准。

STM32F207xx 以太网模块灵活可调,使之能适应各种不同的客户需求。该模块支持两种标准接口,连接到外接的物理层(PHY)模块:IEEE 802.3 协议定义的独立于介质的接口(MII)和简化的独立于介质的接口(RMII)。适用于各类应用,如交换机、网络接口卡等。

以太网模块符合以下标准:

➢ IEEE 802.3—2002 标准的以太网 MAC 协议;
➢ IEEE 1588—2002 的网路精确时钟同步标准;
➢ AMBA2.0 标准的 AHB 主/从端口;
➢ RMII 协会定义的 RMII 标准。

2.5.2 SMI、MII 和 RMII 接口

STM32F207 以太网模块包括一个符合 802.3 协议的 MAC(介质访问控制器)和专用的 DMA 控制器,如图 2 - 27 所示。该模块支持默认的独立于介质的接口(MII)和精简的独立于介质的接口(RMII),通过 AFIO_MAPR 寄存器的选择位,可以选择使用哪个接口。

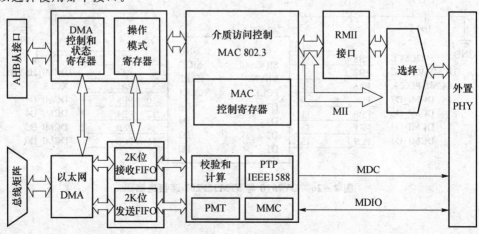

图 2 - 27　ETH 框图

DMA 控制器通过 AHB 主和从接口,分别访问 MAC 控制器和存储器。AHB 主接口用于控制数据传输,AHB 从接口则用于访问控制和状态寄存器(CSR)区域。

在 MAC 控制器发送数据前,DMA 会从系统存储区读出数据并储存到发送 FIFO 中。同样地,从总线上收到的以太网帧会储存在接收 FIFO 中,并由 DMA 传送到系统存储区。

以太网模块还包括一个 SMI 接口,用于和外接的 PHY 通信。一组配置寄存器则允许用户配置 MAC 和 DMA 控制器,以实现所需要的功能。

注意:在使用以太网模块时,AHB 的频率应至少为 25 MHz。

1. 站点管理接口(SMI)

站点管理接口(SMI)允许应用程序通过时钟和数据两根线来访问任何的 PHY 寄存器,如图 2-28 所示。这个接口可以支持多达 32 个 PHY。

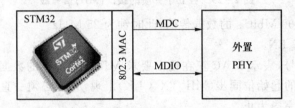

图 2-28　SMI 接口信号

应用程序可以选择 32 个 PHY 中的任意一个,并访问 PHY 的 32 个寄存器中的任意一个。但在任意时刻,只能访问一个 PHY 的一个寄存器。

在控制器内部,MDC 时钟线和 MDIO 数据线都是作为复用(AF)功能的 I/O 端口。

➤ MDC:一个周期性的时钟信号,为数据的传输提供时钟,最高频率为 2.5 MHz。MDC 信号的高电平和低电平的最小维持时间为 160 ns,MDC 信号的最小周期为 400 ns。在空闲状态下,SMI 接口将驱动 MDC 时钟信号保持在低电平状态;

➤ MDIO:数据的输入/输出线,在 MDC 时钟信号的驱动下,向 PHY 设备传递状态信息。

2. 独立于介质的接口 MII

独立于介质的接口(MII)用于 MAC 子层和 PHY 之间的互联,允许 10 Mbit/s 和 100 Mbit/s 数据传输,如图 2-29 所示。

(1) MII_TX_CLK

为传输发送数据而提供连续的时钟信号,对于 10 Mbit/s 的数据传输,此时钟为 2.5 MHz,对于 100 Mbit/s 的数据传输,此时钟为 25 MHz。

(2) MII_RX_CLK

为传输接收数据而提供连续的时钟信号,对于 10 Mbit/s 的数据传输,此时钟为

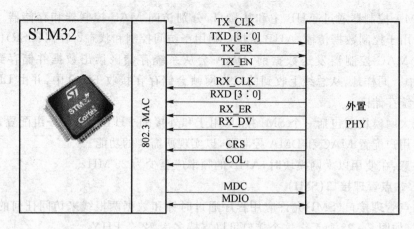

图 2 - 29 独立于介质的接口(MII)信号线

2.5 MHz,对于 100 Mbit/s 的数据传输,此时钟为 25 MHz。

(3) MII_TX_EN

传输使能信号,表示 MAC 正在输出要求 MII 接口传输的数据。此使能信号必须与数据前导符的起始位同步(MII_TX_CLK)出现,并且必须一直保持到所有需要传输的位都传输完毕为止。

(4) MII_TXD[3:0]

由 MAC 子层控制,每次同步地传输 4 位数据,数据在 MII_TX_EN 信号有效时有效。MII_TXD[0]是数据的最低位,MII_TXD[3]是最高位。当 MII_TX_EN 信号无效时,传输的数据对于 PHY 无效。

(5) MII_CRS

载波侦听信号,由 PHY 控制,当发送或接收的介质非空闲时,使能此信号。当传送和接收的介质都空闲时,PHY 会撤消此信号。PHY 必需保证 MII_CS 信号在发生冲突的整个时间段内都保持有效。不需要此信号与发送/接收的时钟同步。在全双工模式下,此信号的状态对于 MAC 子层无意义。

(6) MII_COL

冲突检测信号,由 PHY 控制,当检测到介质发生冲突时,使能此信号,并且在整个冲突的持续时间内,保持此信号有效。此信号不需要和发送/接收的时钟同步。在全双工模式下,此信号的状态对于 MAC 子层无意义。

(7) MII_RXD[3:0]

由 PHY 控制,每次同步地发送 4 位需要接收的数据,数据在 MII_RX_DV 信号有效时有效。MII_RXD[0]是数据的最低位,MII_RXD[3]是最高位。当 MII_RX_EN 无效,而 MII_RX_ER 有效时,PHY 会传送一组特殊的 MII_RXD[3:0]数据来告知一些特殊的信息。

(8) MII_RX_DV

接收数据使能信号,由 PHY 控制,当 PHY 准备好卸载和解码数据供 MII 接收时,使能该信号。此信号必须和卸载好的帧数据的首位同步(MII_RX_CLK)出现,并在数据完全传输完毕之前,都保持有效。在传送最后 4 位数据后的第一个时钟之前,此信号必须变为无效状态。为了正确地接收一个帧,MII_RX_DV 信号必须在整个帧传输期间内都保持有效,有效电平不能晚于数据线上的 SFD 位。

(9) MII_RX_ER

接收出错信号,保持一个或多个时钟周期(MII_RX_CLK)的有效状态,指示 MAC 子层在帧内检测到了错误。

MII 时钟源如图 2 - 30 所示,为了产生 TX_CLK 和 RX_CLK 时钟信号,外接的 PHY 模块必需有来自外部的 25 MHz 时钟驱动。除了使用外部的 25 MHz 晶体提供这一时钟外,STM32F207xx 微控制器也可以通过 MCO 引脚来提供这一时钟;此时需要合适地配置 PLL,将来自外部 25 MHz 晶体的 MCU 时钟从 MCO 引脚输出出去。

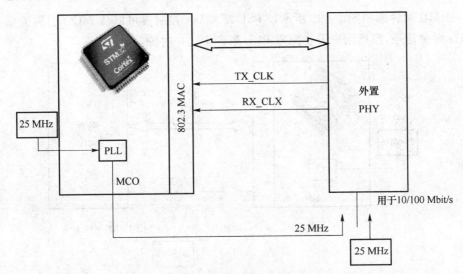

图 2 - 30　MII 时钟源

3. 精简的独立于介质的接口 RMII

精简的独立于介质接口(RMII)规范减少了与 10/100 Mbit/s 通信时 STM32F207xx 以太网模块和外部以太网之间的引脚数。根据 IEEE802.3u 标准,MII 接口需要 16 个数据和控制信号引脚,而 RMII 标准则将引脚数减少到了 7 个(减少了 62.5% 的引脚数目)。

RMII 模块用于连接 MAC 和 PHY,该模块将 MAC 的 MII 信号转换到 RMII 接口上,如图 2 - 31 所示。RMII 模块具有以下特性:

➢ 支持 10 Mbit/s 和 100 Mbit/s 的通信速率;
➢ 时钟信号需要提高到 50 MHz;
➢ MAC 和外部的以太网 PHY 需要使用同样的时钟源;
➢ 使用 2 位宽度的数据收发。

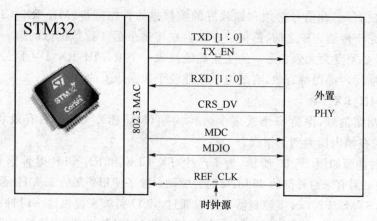

图 2 - 31   精简的独立于介质的接口信号

RMII 时钟源如图 2 - 32 所示，STM32F207xx 控制器可以从 MCO 引脚提供 50 MHz 时钟信号，当然用户需要配置 PLL 来产生这一时钟。

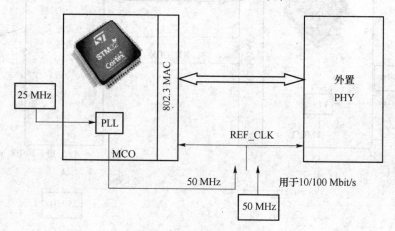

图 2 - 32   RMII 时钟源

4. MII/RMII 的时钟结构

通过 AFIO_MAPR 寄存器的第 23 位 MII_RMII_SEL 位，可以选择使用 MII 或者 RMII 模式。必须在以太网控制器处于复位状态时或在使能时钟前，选择好 MII/RMII 模式。

MII/RMII 内部时钟结构如图 2 - 33 所示，内部的时钟结构应能支持 MII 和 RMII 模式，并且支持 10 和 100 Mbit/s 的通信速率。

由 AFIO_MAPR 寄存器的第 23 位 MII_RMII_SEL 位决定选择使用 MII/RMII 接口。为了节省引脚，RMII_REF_CK 和 MII_RX_CLK 这两个时钟信号复用同一个 GPIO 端口。

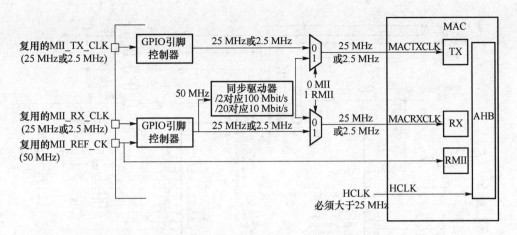

图 2 - 33　MII/RMII 内部时钟结构

2.5.3　STM32F207 以太网接口电路设计

1. STM32F207 以太网接口设计

为了简化 STM32F207 以太网接口,采用了接线较少的 RMII 接口,如图 2 - 34 所示。

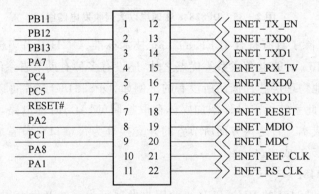

图 2 - 34　STM32F207 RMII 接口

2. DP83848 物理层以太网收发电路设计

DP83848 物理层以太网收发电路如图 2 - 35 所示。DP83848 是美国国家半导体公司推出的一系列专门针对特殊应用的 PHYTER 10/100 物理层以太网收发器芯片。该系列业界首创的全新 PHYTER 以太网收发器适用于商业、工业及极端的应用环境,可满足嵌入式系统设计工程师各种不同的独特要求,可以开发支持网络联系的产品。

(1) DP83848C

型号为 DP83848C 的 PHYTER 商用收发器可为系统开发商提供一个稳定可靠、成本低廉的优质网络解决方案,让它们可以为家庭电器用品添加连线功能。

71

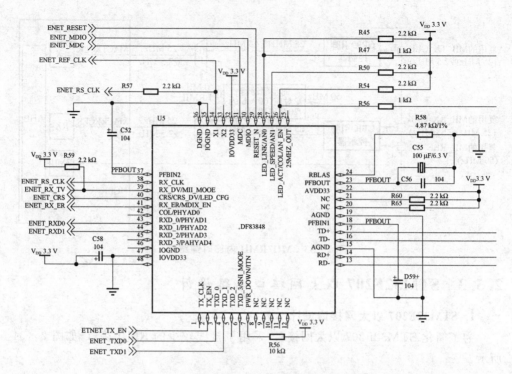

图 2 - 35 DP83848 物理层以太网收发电路图

DP83848C 芯片除了具有符合 IEEE 802.3u 技术标准、UNH 运作互通认证、Auto - MDIX 及长达 137 m 的电缆联系等优点之外,还设有多种有助节省系统成本的功能,这是市场上其他物理层芯片产品所没有的。例如,DP83848C 芯片可以提供 25 MHz 的时钟输出,因此系统无需另外添加媒体存取控制(MAC)时钟电路,有助节省电路板板面空间及成本。若这两方面所节省的开支换算为每端口可节省成本,每端口可节省高达 $ 0.75 的成本。

(2) DP83848I

型号为 DP83848I 的 PHYTER 工业用收发器可为系统开发商提供一个稳定可靠的优质网络解决方案,可以为工厂及其他恶劣的操作环境加设可支持实时传输的以太网。只要采用 DP83848I 芯片,数据路径便无需加设确定性信号传输功能,确保媒体独立接口(MII)与更低媒体独立接口(RMII)MAC 标准接口都有定时延时。DP83848I 芯片除了具有适用于工业温度操作范围、工业应用的最高静电释放保护(4 000 V)以及长达 150 m 的电缆联系等优点之外,还符合 IEEE 802.3u 的技术标准,保证可在−40~125℃的温度范围内操作。

(3) DP83848YB

型号为 DP83848YB 的 PHYTER 极端应用收发器即使在最极端的温度环境下仍可支持由 150 m 长的电缆铺设而成的以太网。无论是恶劣的工厂环境还是严峻的系统操作环境,如汽车引擎或电机控制系统,DP83848YB 芯片都可为其中的网络元件提供支持。厂商若开发需要承担重要任务的产品,也可采用这款芯片以应付无法预测的情况,例如操作温度可能比标准工业温度范围还要宽 40℃ 的环境。

以上 3 款以太网收发器芯片全部都采用不含铅的 48 引脚 LQFP 封装。3 款芯片都以 1 000 颗为采购单位,DP83848C 芯片的单颗价为 ＄1.99,DP83848I 芯片的单颗价为 ＄2.60,而 DP83848YB 芯片的单颗价则不超过 ＄25。

3. 以太网隔离变压器输出电路设计

以太网隔离变压器输出电路如图 2-36 所示。隔离变压器采用 HR911105A,变压器应具有 2 kV 以上的电压隔离性能,以防止静电干扰。两个变压器均需要额外的两个 50 Ω(精度为 1％)的电阻和一个 0.01 μF 的电容与特定端相连。

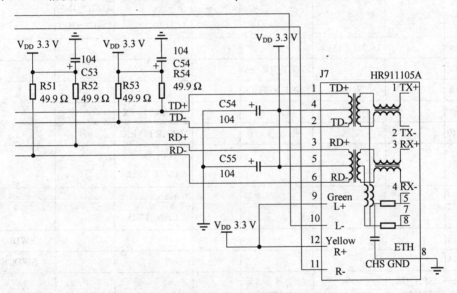

图 2-36　以太网隔离变压器输出电路

2.6　引脚安排汇总

在本章所介绍的 STM32F207 应用系统中,采用了 LQFP100 封装芯片,相对于 LQFP144 封装而言,具有面积小、成本低的优点,但也带来了引脚有限的不足。在设计过程中如何充分利用有限的引脚及复用功能来实现最大化的功能是一个关键点。

在上述的硬件设计过程中,每个引脚都得到了充分的利用,同时又尽可能地减少同一个引脚的重复使用。所有引脚的安排如引脚安排汇总表 2-17 所列。

表 2 - 17　引脚安排汇总

	FSMC_TFT	CAMERA	ENET	SDIIO	USART/CAN/RS485/USB	ADC/DAC	KEY/LED/SWD/Other
PA0							KEY1/WKUP
PA1			ENET_RS_CLK				
PA2			ETH_MDIO		USART2_TX/RS485_RO		
PA3					USART2_RX/RS485_DI		
PA4		DCMI_HSYNC					
PA5						ADC12_IN5/DAC2_OUT	
PA6		DCMI_PIXCK					
PA7			ENET_RX_TV				
PA8		XCLK	ENET_REFCLK				
PA9					USART1_TX		
PA10					USART1_RX		
PA11					USB_D−/CAN_RXD		
PA12					USB_D+/CAN_TXD		
PA13							SWDIO
PA14							SWDCK
PA15	SPI1_CS						
PB0						ADC12_IN8	
PB1						ADC12_IN9	
PB2							LED1/BOOT1
PB3	SPI1_SCK						
PB4	SPI1_MOSI						
PB5	SPI1_MISO						
PB6		DCMI_D5					
PB7		DCMI_VSYNC					
PB8		I2CSCL					
PB9		I2CSDA					

	FSMC_TFT	CAMERA	ENET	SDIIO	USART/CAN/R S485/USB	ADC/DAC	KEY/LED/ SWD/Other
PB10							TIM2_CH3
PB11			ENET_TX_EN				
PB12			ENET_TXD0				
PB13			ENET_TXD1				
PB14							KEY2
PB15							KEY3
PC0						ADC_IN10	
PC1			ENET_MDC				
PC2						ADC_IN12	
PC3						ADC_IN13	
PC4			ENET_RXD0				
PC5			ENET_RXD1				
PC6		DCMI_D0					
PC7		DCMI_D1					
PC8				DAT0			
PC9				DAT1			
PC10				DAT2			
PC11				CD/DAT3			
PC12				CLK			
PC13							KEY4/ TAMPER
PC14							RTC_AF1
PC15							OSC32_IN
PD0	FSMC_D2						
PD1	FSMC_D3						
PD2				CMD			
PD3							LED2
PD4	FSMC_NOE						
PD5	FSMC_NW1						
PD6	INT0						
PD7	FSMC_NE1						
PD8	FSMC_D13						
PD9	FSMC_D14						

	FSMC_TFT	CAMERA	ENET	SDIIO	USART/CAN/RS485/USB	ADC/DAC	KEY/LED/SWD/Other
PD10	FSMC_D15						
PD11	FSMC_A16						
PD12	BL_LED						
PD13	BUSY						
PD14	FSMC_D0						
PD15	FSMC_D1						
PE0		DCMI_D2					
PE1		DCMI_D3					
PE2							LED3
PE3							LED4
PE4		DCMI_D4					
PE5		DCMI_D6					
PE6		DCMI_D7					
PE7	FSMC_D4						
PE8	FSMC_D5						
PE9	FSMC_D6						
PE10	FSMC_D7						
PE11	FSMC_D8						
PE12	FSMC_D9						
PE13	FSMC_D10						
PE14	FSMC_D11						
PE15	FSMC_D12						

在使用该 STM32F207 应用系统时,从引脚安排的角度来看应该注意以下几点。

(1) **PA2 引脚**

PA2 引脚一方面作为以太网接口 ENET_MDIO 引脚,MDIO 是数据的输入/输出线,在 MDC 时钟信号的驱动下,向 PHY 设备传递状态信息。使用 MDIO 接口对 PHY 进行配置和管理。另外,PA2 引脚还作为 USART2_TX 引脚,即串口 2 的数据发送引脚;还作为 RS485_RO 引脚,即 RS485 的数据发送引脚。因此以太网、串口 2 以及 RS485 这 3 个接口功能在此处不能同时使用,只能通过跳线来选择其中一种功能。

(2) **PA3 引脚**

PA3 引脚作为 USART2_RX 引脚,即串口 2 的数据接收引脚;还作为 RS485_DI

引脚,即 RS485 的数据接收引脚。在使用时,通过跳线来选择其中一种功能。

(3) PA5 引脚

PA5 引脚可以作为 ADC 模拟信号输入 ADC12_IN5 引脚,也可以作为 DAC 模拟信号输出引脚 DAC2_OUT。因此,在使用该引脚时,只能选择 ADC 或 DAC 其中一种功能,并且要注意与之相连接的外围电路也应该与所选择的功能相对应。

(4) PA11 和 PA12 引脚

PA11 作为 USB_D- 和 CAN_RXD 共用引脚,PA12 引脚作为 USB_D+ 和 CAN_TXD 共用引脚,也就是说该系统在某一个时间内只能选择提供 USB 接口或是 CAN 接口之中的一个,通过跳线来实现其选择。

(5) PB2 引脚

PB2 引脚作为 LED1 和 BOOT1 两种功能的共用引脚,BOOT1 功能仅仅在启动之时使用,LED1 是在启动之后使用,因此这两种功能不相互冲突,可以直接共用。

(6) PC13 引脚

PC13 引脚作为 KEY4 和 TAMPER 功能的共用,TAMPER 即侵入检测功能。这两种功能可以共用 PC13 引脚而不会发生冲突。如果还需要连接外部的侵入检测信号,注意避免出现按键按下与的侵入检测信号短路现象。

(7) PA0 引脚

PA0 引脚作为 KEY1 和 WKUP 功能共用,可作为唤醒功能,这两种功能共用而不会发生冲突。

第3章

从 STM32F1 到 STM32F2 的程序设计

3.1 从 STM32F1 到 STM32F2

3.1.1 STM32F1 与 STM32F2 在开发工具版本上的差别

STM32F1 与 STM32F2 的开发工具相同,STM32F1 中使用的开发工具,在 STM32F2 中也都可以用上。但由于在芯片 ID 类型、寄存器、外设映射地址等方面有所差别,为了方便 STM32F2 程序的开发,一般尽量选择较新并且直接支持 STM32F2 的版本。

例如以下版本的开发工具可支持 STM32F2 的开发。

➤ IDE 与编译器软件:Realview MDK 4.20;

➤ JLink JTAG 仿真器软件:JLinkARM_V428;

➤ STM32 固件库:stm32f2xx_stdperiph_lib V1.0。

3.1.2 STM32F1 和 STM32 F2 系列的 IP 总线之间的映射差异

Cortex-M3 内核具有 4 GB 可寻址空间,寻址空间分配如下。

(1) 512 MB Code 区域

➤ 通过 I-Code/D-code 访问;

➤ 程序放在这里执行效率更高。

(2) 512 MB SRAM 区域

➤ 通过 System Bus 访问;

➤ 可以把程序放在这里执行,效率不如 Code 区域;

➤ 前 1 MB 是位带区,对应 32 MB 的位带别名区。

(3) 512 MB 片上外设区域

➤ 通过 System Bus 访问;

➤ 前 1 MB 是位带区,对应 32 MB 的位带别名区;

➤ 这里不能执行程序。

(4) 1 GB 外部 RAM

(5) 1 GB 外部设备

(6) 0.5 GB 系统级组件、私有外设总线

在 F2 系列与 F1 系列的外设地址映射已经改变,主要的变化是 GPIO 已转移到 AHB 总线,而不是 APB 总线,使它们能够以最高速度运行。表 3-1 提供 F2 和 F1 系列之间的外设地址映射通信。

表 3-1　STM32F1 和 STM32F2 系列的 IP 总线之间的映射差异

物理模块	STM32F2 系列		STM32F1 系列	
	总　线	基地址	总　线	基地址
FSMC 寄存器	AHB3	0xA0000000	AHB	0xA0000000
RNG	AHB2	0x50060800	NA①	NA①
HASH		0x50060400	NA①	NA①
CRYP		0x50060000	NA①	NA①
DCMI		0x50050000	NA①	NA①
USB OTG FS		0x50000000	AHB	0x50000000
SB OTG HS	AHB1	0x40040000	NA①	NA①
ETHERNET MAC		0x40028000	AHB	0x40028000②
DMA2		0x40026400		0x40020400②
DMA1		0x40026000		0x40020000②
BKPSRAM		0x40024000	NA①	NA①
Flash 接口②		0x40023C00②	AHB	0x40022000②
RCC②		0x40023800②		0x40021000②
CRC		0x40023000		0x40023000②
GPIO I		0x40022000	NA①	NA①
GPIO H		0x40021C00	NA①	NA①
GPIO G②		0x40021800②	APB2	0x40012000②
GPIO F②		0x40021400②		0x40011C00②
GPIO E②		0x40021000②		0x40011800②
GPIO D②		0x40020C00②		0x40011400②
GPIO C②		0x40020800②		0x40011000②
GPIO B②		0x40020400②		0x40010C00②
GPIO A②		0x40020000②		0x40010800②
TIM11②	APB2	0x40014800②		0x40015400②
TIM10②		0x40014400②		0x40015000②
TIM9②		0x40014000②		0x40014C00②
EXTI②		0x40013C00②		0x40010400②

物理模块	STM32F2 系列		STM32F1 系列	
	总　线	基地址	总　线	基地址
SYSCFG		0x40013800	NA①	NA①
SPI1		0x40013000②	APB2	0x40013000②
SDIO		0x40012C00②	AHB	0x40018000②
ADC1-ADC2-ADC3	APB2	0x40012000②	APB2	ADC3-0x40013C00② ADC2-0x40012800② ADC1-0x40012400②
USART6		0x40011400	NA①	NA①
USART1		0x40011000②		0x40013800②
TIM8		0x40010400②	APB2	0x40013400②
TIM1		0x40010000②		0x40012C00②
DAC		0x40007400		0x40007400
PWR		0x40007000	APB1	0x40007000
CAN2		0x40006800		0x40006800
CAN1		0x40006400		0x40006400
I2C3		0x40005C00	NA①	NA①
I2C2		0x40005800		0x40005800
I2C1		0x40005400		0x40005400
UART5		0x40005000		0x40005000
UART4		0x40004C00		0x40004C00
USART3		0x40004800		0x40004800
USART2		0x40004400		0x40004400
SPI3/I2S3		0x40003C00		0x40003C00
SPI2/I2S2		0x40003800		0x40003800
IWDG	APB1	0x40003000		0x40003000
WWDG		0x40002C00		0x40002C00
RTC		0x40002800(BKP 寄存器)	APB1	0x40002800
TIM14		0x40002000		0x40002000
TIM13		0x40001C00		0x40001C00
TIM12		0x40001800		0x40001800
TIM7		0x40001400		0x40001400
TIM6		0x40001000		0x40001000
TIM5		0x40000C00		0x40000C00
TIM4		0x40000800		0x40000800
TIM3		0x40000400		0x40000400
TIM2		0x40000000		0x40000000

续表 3 − 1

物理模块	STM32F2 系列		STM32F1 系列	
	总　线	基地址	总　线	基地址
BKP 寄存器	NA①	NA①	APB1	0x40006C00
USB device FS	NA①	NA①		0x40005C00
AFIO	NA①	NA①	APB2	0x40001000

不同上标代表的意义：

① ＝ 功能不可用(NA)

② ＝ 相同的功能,但基址变化

3.1.3　STM32F1 和 STM32F2 AHB/APB 桥时钟差异

　　AHB/APB 桥（APB)是 STM32F207 中的关键部分,是 Cortex-M3 内核与外设之间的桥梁,也是主设备和从设备之间的桥梁。STM32F207 采用 32 位多层 AHB 总线矩阵结构,如图 3 - 1 所示。

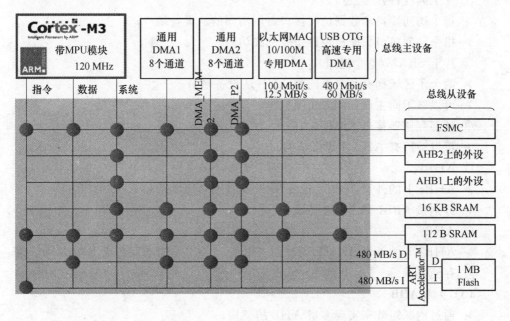

图 3 − 1　32 位多 AHB 总线矩阵

(1) 8 个 AHB 总线主设备

① Cortex-M3 内核的指令总线。

➢ 用于在[0x0,0x1FFFFFFF]空间取指;

➢ 默认可以访问片上闪存;

➢ 通过重映射还可访问片上 SRAM(112 KB)以及外部存储器。

81

② Cortex-M3 内核的数据总线。
➢ 用于在[0x0,0x1FFFFFFF]获取数据;
➢ 默认可以访问片上闪存;
➢ 通过重映射还可访问片上 SRAM(112 KB)以及外部存储器。
③ Cortex-M3 内核的系统总线。
➢ 可用于取数据,也可以用来获取指令(效率不如指令总线);
➢ 可以访问除片上闪存外所有 AHB 总线从设备。
④ DMA1 和 DMA2 各自的存储器访问端口。
⑤ DMA2_MEM2 的外设访问端口。
⑥ DMA2_P2 的外设访问端口。
⑦ 以太网专用 DMA。
➢ 访问片上 SRAM 和外部扩展存储器。
⑧ 高速 USB 专用 DMA。

(2) 7 个 AHB 总线从设备

① 片上闪存(两个通道)。
➢ 指令访问接口和数据访问接口占用不同的从设备端口;
➢ 指令访问接口只能被内行指令总线访问。
② 片上 SRAM(两个通道)。
➢ 两个子区域拥有各自不同的 AHB 从设备端口;
➢ 可以被不同主设备同时访问。
③ 外部存储器接口 FSMC。
➢ 可以被所有 AHB 主设备访问。
④ AHB1。
➢ AHB1 上的外设:GPIO、备份 SRAMAHB-APB1 桥和 AHB-APB2 桥;
➢ 分别接 APB1 和 APB2 外设。
⑤ AHB2。
➢ AHB2 上的外设:DCMI、硬件加密模块、全速 USB,访问片上 SRAM 和外部存储器。

(3) 多层 AHB

➢ 通过内联矩阵来实现多层 AHB 的架构;
➢ 可以在多主系统中减少延时,提高总线可用带宽;
➢ 获得的系统可用带宽正比于总线的层数;
➢ 对每个主设备有一个总线层,并通过从设备复用开关连到所有从设备;
➢ 由于每层只有一个主设备,就无需仲裁,更方便实现;
➢ 只有在多个主设备意图同时访问同一个从设备时才需要仲裁;
➢ 使用轮询方式(round-robin)。

32 位的多层 AHB 总线矩阵,互连的主要系统包括高速主设备和从设备两种。

① 高速主设备。

➤ Cortex - M3 核心 I 总线,D - 总线和 S - 总线;

➤ DMA1 的内存总线;

➤ DMA2 内存总线;

➤ DMA2 外设总线;

➤ 以太网 DMA 总线;

➤ USB OTG HS DMA 总线。

② 从设备。

➤ 内部快闪记忆体 ICode 总线;

➤ 内部快闪记忆体 DCode 总线;

➤ 内部主 SRAM1(112 KB);

➤ 辅助内部 SRAM2(16 KB);

➤ AHB1 外设包括 APB 和 AHB 桥以及 APB 外设;

➤ AHB2 外设;

➤ FSMC。

两个 AHB/APB 桥之间的 AHB 和提供充分的同步连接两条 APB 总线,允许灵活选择外围频率:

➤ APB1,仅限于低速 30 MHz 的外设;

➤ APB2,用于 60 MHz 高速外设。

每个器件复位后,所有的外设时钟被禁止(除 SRAM 和闪存存储器接口)。在使用外围设备之前,必须启用 RCC_AHBxENR 或 RCC_APBxENR 时钟寄存器。

对于 RCC_AHBxENR 或 RCC_APBxENR 寄存器,需要当 16 或 8 位的 APB 寄存器进行访问,访问是转变成一个 32 位的访问:重复 16 或 8 位数据,组合成一个 32 位矢量。

STM32F1 和 STM32F2 在 AHB/APB 桥的时钟上的区别如表 3 - 2 所列。

表 3 - 2　STM32F1 和 STM32F2 AHB/APB 桥时钟差异

	STM32F1	STM32F2	注　解
AHB	最高 72 MHz	最高 120 MHz	到 SW 配置没有变化:配置 RCC_CFGR[HPRE]位
APB1	最高 36 MHz	最高 30 MHz	到 SW 配置没有变化:配置位 RCC_CFGR[PPRE1]。在 F2 系列 PPRE1 位占据位[10:12],而不是 F1 系列[8:10]位
APB2	最高 72 MHz	最高 60 MHz	到 SW 配置:配置位的改变 RCC_CFGR [PPRE2]。在 F2 系列 PPRE2 位占据[13:15]位的寄存器,而不是 F1 系列[11:13]位

3.1.4　STM32F1 和 STM32F2 在寄存器上的差别

STM32F1 和 STM32F2 在寄存器上的差别如表 3-3 所列。

表 3-3　STM32F1 和 STM32F2 寄存器区别

项目	寄存器名	103	207	说　明
CRC	CRC_DR	√	√	相同
	CRC_IDR	√	√	相同
	CRC_CR	√	√	相同
PWR	PWR_CR	√	√	207 比 103 多 1 项配置
	PWR_CSR	√	√	207 比 103 多 1 项配置
RCC	RCC_CR	√	√	无区别
	RCC_PLLCFGR	×	√	
	RCC_CFGR	√	√	多项配置不同
	RCC_CIR	√	√	多项配置不同
	RCC_AHB1RSTR	×	√	
	RCC_AHB2RSTR	×	√	
	RCC_AHB3RSTR	×	√	
	RCC_APB1RSTR	√	√	多项配置不同
	RCC_APB1RSTR	√	√	多项配置不同
	RCC_AHB1ENR	×	√	
	RCC_AHB2ENR	×	√	
	RCC_AHB3ENR	×	√	
	RCC_APB1ENR	√	√	多项配置不同
	RCC_APB2ENR	√	√	多项配置不同
	RCC_BDCR	√	√	相同
	RCC_CSR	√	√	207 比 103 多 1 项配置
	RCC_SSCGR	×	√	
GPIO	GPIOx_OSPEEPER	×	√	
	GPIOB_OSPEEPER	×	√	
	GPIOA_PUPDR	×	√	
	GPIOB_PUPDR	×	√	
	GPIOx_PUPDR	×	√	
	GPIOx_IDR	√	√	相同
	GPIOx_ODR	√	√	相同

项目	寄存器名	103	207	说　明
GPIO	GPIOx_BSSR	√	√	相同
	GPIOx_LCKR	√	√	相同
	GPIOx_AFRL	×	√	
	GPIOx_AFRH	×	√	
	GPIOx_CRL	√	×	
	GPIOx_CRH	√	×	
AFIO	—	√	×	
SYSCFG	—	×	√	
NVIC	中断个数	60	83	其中有几项中断地址相同,但有区别
EXTI	6 个寄存器项	√	√	207 比 103 多 4 个配置项
DMA	DMA_ISR	√	×	
	DMA_IFCR	√	×	
	DMA_CCR1	√	×	
	DMA_CNDTR1	√	×	
	DMA_CMAR1	√	×	
	DMA_CCR2	√	×	
	DMA_CNDTR2	√	×	
	DMA_CPAR2	√	×	
	DMA_CMAR2	√	×	
	DMA_CCR3	√	×	
	DMA_CNDTR3	√	×	
	DMA_CPAR3	√	×	
	DMA_CMAR3	√	×	
	DMA_CCR4	√	×	
	DMA_CNDTR4	√	×	
	DMA_CPAR4	√	×	
	DMA_CMAR4	√	×	
	DMA_CCR5	√	×	
	DMA_CNDTR5	√	×	
	DMA_CPAR5	√	×	
	DMA_CMAR5	√	×	
	DMA_CCR6	√	×	
	DMA_CNDTR6	√	×	

项目	寄存器名	103	207	说　明
DMA	DMA_CPAR6	√	×	
	DMA_CMAR6	√	×	
	DMA_CCR7	√	×	
	DMA_CNDTR7	√	×	
	DMA_CPAR7			

3.1.5　STM32F1 和 STM32F2 在 GPIO 上的差异

STM32F2 GPIO 外设嵌入与 F1 系列相比,主要有以下新功能。

➤ GPIO 改为映射到 AHB 总线上,获得更好的性能;

➤ I/O 引脚复用和映射:引脚通过多路复用器连接到板上的外围设备/模块,允许同一时间只有一个外设功能(AF)与 I/O 引脚连接;通过这种方式,相同的 I/O 引脚与外设之间可以没有冲突共享;

➤ 通过 I/O 配置,可实现更多的可能性和功能。

F2 的 GPIO 外设是一个新的设计,使得架构、功能和寄存器不同,在 F1 系列的 GPIO 外设,即使用 F1 系列的任何代码都需要重写才能在 F2 系列的 GPIO 上运行。

GPIO STM32F1 系列和 STM32F2 系列之间的差异如表 3 - 4 所列。

表 3 - 4　STM32 F1 系列和 STM32 F2 系列 GPIO 之间的差异

GPIO	STM32 的 F1 系列	STM32 的 F2 系列
输入模式	浮动 PU PD	浮动 PU PD
通用输出	PP OD	PP PP + PU PP + PD OD OD + PU OD + PD
备用功能输出	PP OD	PP PP + PU PP + PD OD OD + PU OD + PD
输入/输出	模拟	模拟
输出速度	2 MHz、10 MHz、50 MHz	2 MHz、25 MHz、50 MHz、100MHz
备用功能选择	为了优化不同的器件封装的外围 I/O 功能,它可以重新映射一些其他引脚(软件重新映射)一些备用的功能	高度灵活的管脚复用,可以共享相同的 I/O 引脚的外设之间没有冲突
最大 I/O 的切换频率	16 MHz	60 MHz

1. GPIO 输出模式

从 STM32F1 系列到 F2 系列的应用程序代码移植,它们的配置存在很大的区别。下面的例子显示了如何在 STM32 中配置一个 I/O 输出模式(例如驱动发光二极管)。

(1) F1 系列

```
GPIO_InitStructure.GPIO_Pin = GPIO_Pin_x;
GPIO_InitStructure.GPIO_Speed = GPIO_Speed_xxMHz;    /* 2,10 或 50 MHz */
GPIO_InitStructure.GPIO_Mode = GPIO_Mode_Out_PP;
GPIO_Init(GPIOy GPIO_InitStructure);
```

(2) 在 F2 系列中,必须更新代码如下

```
GPIO_InitStructure.GPIO_Pin = GPIO_Pin_x;
GPIO_InitStructure.GPIO_Mode = GPIO_Mode_OUT;
GPIO_InitStructure.GPIO_OType = GPIO_OType_PP;       /* 推挽或开漏 */
GPIO_InitStructure.GPIO_PuPd = GPIO_PuPd_UP;         /* 没有上拉或下拉 */
GPIO_InitStructure.GPIO_Speed = GPIO_Speed_xxMHz;    /* 50 或 100 MHz */
GPIO_Init(GPIOy GPIO_InitStructure);
```

2. 输入模式

下面的例子显示了如何在 STM32 中配置一个 I/O 输入模式(例如被用作 EXTI 线)。

(1) F1 系列

```
GPIO_InitStructure.GPIO_Pin = GPIO_Pin_x;
GPIO_InitStructure.GPIO_Mode = GPIO_Mode_IN_FLOATING;
GPIO_Init(GPIOy,GPIO_InitStructure);
```

(2) 在 F2 系列中,必须更新代码如下

```
GPIO_InitStructure.GPIO_Pin = GPIO_Pin_x;
GPIO_InitStructure.GPIO_Mode = GPIO_Mode_IN;
GPIO_InitStructure.GPIO_PuPd = GPIO_PuPd_NOPULL;     /* 没有上拉或下拉 */
GPIO_Init(GPIOy,GPIO_InitStructure);
```

3. 模拟模式

下面的例子显示了如何在 STM32 中配置模拟模式下的 I/O(例如 ADC 或 DAC 通道)。

(1) F1 系列

```
GPIO_InitStructure.GPIO_Pin = GPIO_Pin_x;
GPIO_InitStructure.GPIO_Mode = GPIO_Mode_AIN;
GPIO_Init(GPIOy GPIO_InitStructure);
```

(2) 在 F2 系列中,必须更新代码如下

```
GPIO_InitStructure.GPIO_Pin = GPIO_Pin_x;
```

```
GPIO_InitStructure.GPIO_Mode = GPIO_Mode_AIN;
GPIO_InitStructure.GPIO_PuPd = GPIO_PuPd_NOPULL;
GPIO_Init(GPIOy,GPIO_InitStructure);
```

4. 复用功能模式

(1) 在 STM32F1 系列

➢ 使用一个 I/O 复用功能的配置依赖于外围的模式。例如,USART Tx 管脚应该配置为备用功能(push pull),而 USART RX 引脚应配置为输入浮动或输入上拉;

➢ 在优化的 MCU 中,外设需要更少的引脚(小封装尺寸),它是由软件重新映射到其他一些备用功能引脚。例如 USART2_RX 针可以映射到 PA3(默认重映射)或 PD6(通过软件重新映射完成)。

(2) 在 STM32F2 系列

➢ 无论外设模式,I/O 必须作为备用功能配置,然后系统可以使用已经正确配置的 I/O(输入或输出);

➢ I/O 引脚连接到板上,通过多路复用器,在同一时间,只允许一个外围设备的备用功能可以连接到 I/O 引脚的外设/模块。

通过这种方式,可以没有冲突共享相同的 I/O 引脚之间的外设。每个 I/O 引脚与 16 个备用功能输入复用(AF0～AF15),可以通过 GPIO_PinAFConfig()函数进行配置。配置方法如下:

➢ 复位后所有的 I/O 连接到系统的备用功能 0(AF0);

➢ 外设备功能的映射从 AF1 到 AF13;

➢ Cortex-M3 的 EVENTOUT 映射到 AF15 上。

(3) 优化的外围 I/O 功能可满足不同器件封装

除了这种灵活的 I/O 复用技术架构,每个外设映射到不同的 I/O 引脚的备用功能,优化的外围 I/O 功能可满足不同的器件封装。例如,USART2_RX 引脚可以被映射到 PA3 或 PD6 引脚。

(4) 配置步骤

① 使用 GPIO_PinAFConfig( )函数把引脚连接到所需的外围设备的复用功能(AF);

② 使用 GPIO_Init( )函数配置 I/O 引脚;

③ 配置所需的引脚备用功能使用模式;

```
GPIO_InitStructure> GPIO_Mode = GPIO_Mode_AF;
```

④ 通过 GPIO_PuPd、GPIO_OType 和 GPIO_Speed 选择 I/O 类型和输出速度。

5. 实例

下面的例子显示了如何重新映射 STM32 PD5/PD6 引脚的 USART2 的 Tx/Rx

I/O 功能。

(1) F1 系列

```
/* 使能 APB2 的 GPIOD 和 AFIO 的接口时钟(AFIO 的外设使用配置的 I/O 软件映射)*/
RCC_APB2PeriphClockCmd(RCC_APB2Periph_GPIOD| RCC_APB2Periph_AFIO,ENABLE);
/* 启用 USART2  I/O 软件映射[(USART2_Tx,USART2_Rx):(PD5,PD6)]*/
GPIO_PinRemapConfig(GPIO_Remap_USART2,ENABLE);
/ * 配置 USART2_Tx 的推挽功能 */
GPIO_InitStructure.GPIO_Pin = GPIO_Pin_5;
GPIO_InitStructure.GPIO_Mode = GPIO_Mode_AF_PP;
GPIO_InitStructure.GPIO_Speed = GPIO_Speed_50MHz;
GPIO_Init(GPIOD,GPIO_InitStructure);
/ * 配置 USART2_Rx 作为浮动输入 * /
GPIO_InitStructure.GPIO_Pin = GPIO_Pin_6;
GPIO_InitStructure.GPIO_Mode = GPIO_Mode_IN_FLOATING;
GPIO_Init(GPIOD,GPIO_InitStructure);
```

(2) 在 F2 系列中,必须更新代码如下

```
/ * 启用 GPIOD 的 AHB 接口的时钟 * /
RCC_AHB1PeriphClockCmd(RCC_AHB1Periph_GPIOD,ENABLE);
/ * 选择 USART2 的 I/O 映射[PD5/6 引脚(USART2_TX,USART2_RX):(PD5,PD6)]连接 PD5 US-
ART2_Tx * /
GPIO_PinAFConfig(GPIOD,GPIO_PinSource5,GPIO_AF_USART2);
/ * 连接 PD6 USART2_Rx * /
GPIO_PinAFConfig(GPIOD,GPIO_PinSource6,GPIO_AF_USART2);
/ * 配置 USART2_Tx 和 USART2_Rx 作为备用功能 * /
GPIO_InitStructure.GPIO_Pin = GPIO_Pin_5|GPIO_Pin_6;
GPIO_InitStructure.GPIO_Mode = GPIO_Mode_AF;
GPIO_InitStructure.GPIO_Speed = GPIO_Speed_50MHz;
GPIO_InitStructure.GPIO_OType = GPIO_OType_PP;
GPIO_InitStructure.GPIO_PuPd = GPIO_PuPd_UP;
GPIO_Init(GPIOD,GPIO_InitStructure);
```

注:当 I/O 速度是 50 MHz 或 100 MHz 模式的配置,这时推荐使用摆率控制的补偿单元,以减少 I/O 的电源噪声。

3.2　基于 Keil 的第一个 STM32F207 程序

3.2.1　创建一个 Keil 新项目

STM32F2 编程的准备工作:

➢ RealView MDK 4.20 安装；

➢ JLinkARM_V428 安装。

安装完成之后，打开 Keil 程序，选择 Project→New uVision Project 菜单项，创建新项目，如图 3-2 所示。

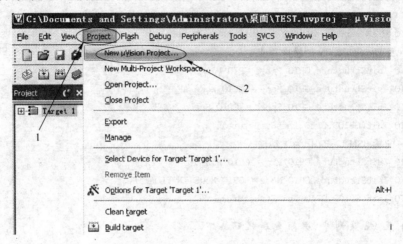

图 3-2　新建项目

CPU 类型选择 STM32F207VG，如图 3-3 所示。

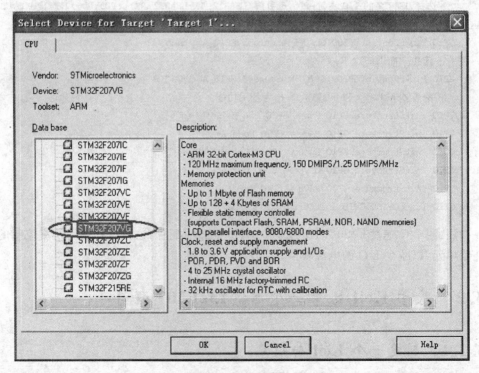

图 3-3　CPU 选择

在对话框右边,有 STM32F207VG 特点的说明,内容如下:

(1) 核心

➢ ARM 的 32 位 Cortex-M3 的 CPU;

➢ 120 MHz 的最高频率,150 DMIPS/1.25 DMIPS/MHz;

➢ 存储器保护单元

(2) 内存

➢ 高达 1 MB 的快闪记忆体;

➢ 多达(128+ 4)KB 的 SRAM;

➢ 灵活的静态存储器控制器(支持紧凑型闪存、SRAM、PSRAM、NOR、NAND 型记忆);

➢ 液晶并行接口,8080/6800 模式。

(3) 时钟、复位和电源管理

➢ 1.8~3.6 V 供电和 I/O;

➢ POR、PDR、PVD 与 BOR;

➢ 4~25 MHz 的晶体振荡器;

➢ 经出厂调校的内部 16 MHz 内嵌 RC 振荡器;

➢ 32 kHz RTC 校准振荡器;

➢ 内部校准的 32 kHz RC 振荡器。

(4) 低功耗

➢ 睡眠、停机和待机模式;

➢ RTC 的 VBAT 电源;

➢ 20 个 32 位后备寄存器;

➢ 可选 4 KB 备份 SRAM。

(5) 3 个 12 位、0.5 μs 的 A/D 转换

➢ 多达 24 个通道;

➢ 最多 6 MSPS,三重交错模式。

(6) 2 个 12 位 D/A 转换器

(7) 通用 DMA

➢ 16 个 DMA 控制器;

➢ 集中 FIFO 和突发支持。

(8) 17 定时器

➢ 11 个 16 位和两个 32 位定时器。

(9) 调试模式

➢ 串行线调试(SWD)和 JTAG 接口;

➢ Cortex-M3 的嵌入式跟踪宏单元。

（10）140 个快速 I/O 端口具有中断功能

➢ 51/82/114/140,所有可承受 5 V 电压的 I/O。

（11）多达 15 个通信接口

➢ 最多到 3 个 I²C 接口器(SMBus/ PMBus 的);

➢ 最多 6 个 USART(7.5 Mbit/s,ISO7816 接口,LIN,红外,调制解调器控制);

➢ 多达 3 个 SPI 接口(30 Mbit/s),2 个复用的 I²S 实现音频级的精确度;

➢ 2 个 CAN 接口(2.0 B 主动);

➢ SDIO 接口。

（12）先进的连接

➢ USB 2.0 FS 设备/主机/ OTG 控制器,带片上 PHY;

➢ USB 2.0 HS/ FS 设备/主机/ OTG 控制器专用的 DMA 片上 FS PHY 和 ULPI;

➢ 10/100 以太网 MAC 专用的 DMA;

支持 IEEE1588v2、MII/ RMII。

（13）8-14 位并行摄像头接口

➢ 高达 27 MB/s 在 27 MHz 或 48 MB/s 在 48 MHz。

（14）CRC 计算单元,96 位唯一的 ID

（15）模拟真随机数发生器

创建完成之后,生成了一个 STM32F207VG 项目,项目中包括一个用于启动应用程序的汇编程序文件,如图 3-4 所示,其内容主要是定义了 STM32F207 的向量表。

3.2.2 添加主程序

1. 添加新文件

选择 RealView MDK 4.2 集成开发环境的 File→New 菜单项,添加新文件。

2. 主程序

在主程序中,直接通过对端口寄存器的操作来设置 I/O 的输出,通过一个循环来作为延时,最终实现 LED 的闪烁功能。主程序代码如下:

```
//端口 B 模式寄存器
#define GPIOB_MODER    ( * (volatile unsigned long * )0x40020400)
//端口 B 输出寄存器
#define GPIOB_BRR    ( * (volatile unsigned long * )0x40020414)
#define RCC_AHB1ENR    ( * ((volatile unsigned int * )(0x40023830)))
void delay(void)
{
    volatile unsigned int i;
    for( i = 0; i < 0x3ffff; ++i);
```

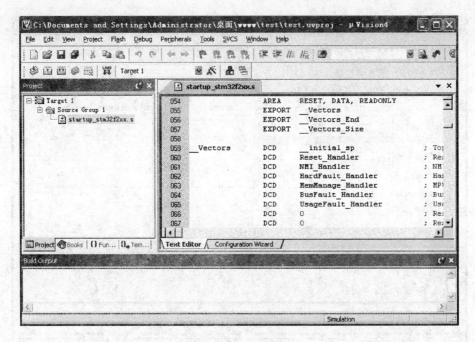

图 3 - 4 启动汇编程序

```
}
void SystemInit(void){}
int main(void)
{
    RCC_AHB1ENR | = (1<<1);        //使能 PORTB 口的时钟
    GPIOB_MODER = 0xfffffff5;
    // MODE 选择为 0101,即 GPIOB_0 和 GPIOB1 引脚设置为输出模式
    while(1)
    {
        GPIOB_BRR = (1<<0);    //GPIOB_0 = 1,GPIOB1 = 0
        delay();
        GPIOB_BRR = (1<<1);    //GPIOB_0 = 0,GPIOB1 = 1
        delay();
    }
}
```

3.2.3 配置 Flash Download

选择 Project→Options for Target 'Target 1'菜单项,选择 Utilities 选项卡,如图 3 - 5 所示。在 Configure Flash Menu Command 中选中 Use Target Driver for Flash Programming 单选项,并在其下拉菜单中选择 Cortex-M/R J-LINK/J-Trace 。

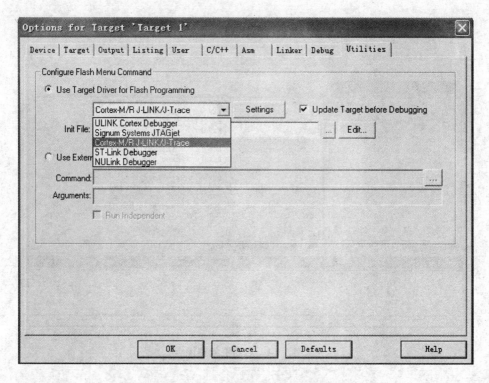

图 3 - 5　Flash Download 配置

　　单击下拉菜单右边的 Settings 按钮,将出现 Cortex J-Link/JTrace Target Driv-er Setup 对话框,在 Flash Download 选项卡中单击 Add 按钮,弹出如图 3 - 6 所示的对话框。在对话框中选择 STM32F2xx FLASH on – chip Flash 1M 选项,并单击Add 按钮。

　　接着切换到 Debug 选项卡,因为我们用到的是 SW 方式而非 JTAG,所以把 J-Link/J-Trace Adapter 下的 port 选择 SW ,如图 3 - 7 所示。最后单击 OK 按钮确定。

　　在下载配置中,选择 Erase Sectors、Program、Verify、Reset and Run 共 4 项,如图 3 - 8 所示。

3.2.4　在 RealView MDK 中调试程序

1. 配置

　　打开工程属性 Debug 选项然后选择 Use Cortex-M/R J – LINK/J – Trace 并选择 Run to main,如图 3 - 9 所示,这样在调试的时候会自动停到 main 函数入口。此外还需要一个调试初始化文件,这个文件不用写,可以在 RealView MDK 的例子中找到它。

　　单击 Settings 进入配置对话框,在对话框中选择 JTAG Speed 为 Auto Selec-

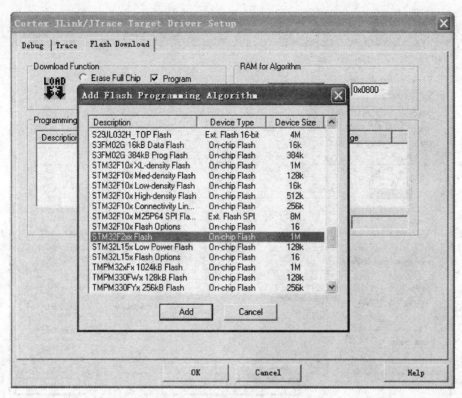

图 3-6　Flash 的选择

tion，先选择 Reset Strategy 为 Hardware，halt with BP@0。

Flash Download 部分的配置与前面相同。

2. 调试

可以设置断点，然后选择调试，可以查看运行过程中的各变量、寄存器状态，如
图 3-10所示。

3.2.5　与 STM32F1 的比较

下面介绍一个 STM32F1 程序，它的功能与上述 STM32F2 程序完全相同，程序
结构也完全相同。它们的不同点在于寄存器地址的不同，以及 GPIO 配置的值也不
相同。STM32F1 程序代码如下：

```
＃define GPIOB_CRL    (＊(volatile unsigned long ＊)0x40010C00)
                      //端口 B 配置低寄存器
＃define GPIOB_BSRR   (＊(volatile unsigned long ＊)0x40010C10)
                      //端口 B 位设置/复位寄存器
＃define GPIOB_BRR    (＊(volatile unsigned long ＊)0x40010C14)
                      //端口 B 位复位寄存
＃define RCC_APB2ENR  (＊((volatile unsigned int ＊)(0x40021018)))
```

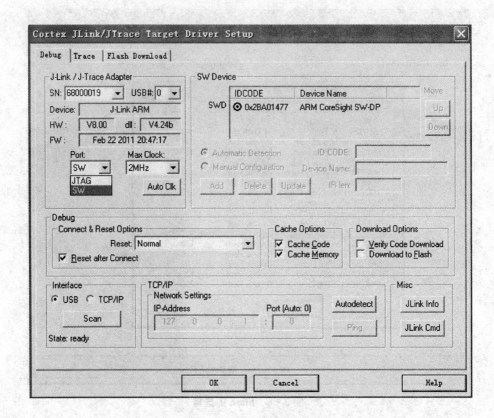

图 3-7 下载接口选择

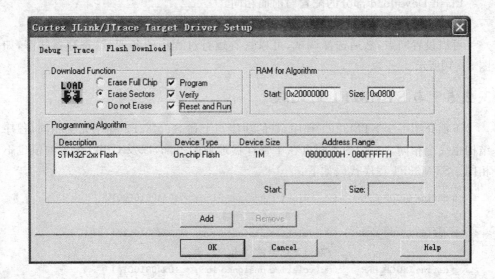

图 3-8 下载方式选择

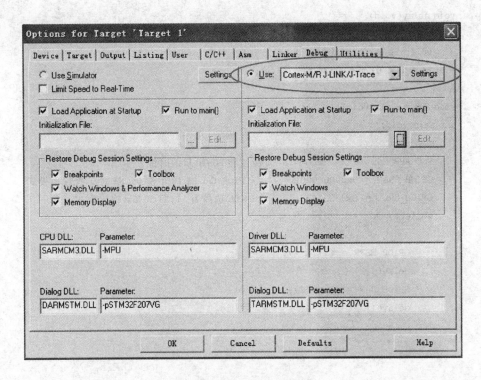

图 3－9　RealView MDK 配置

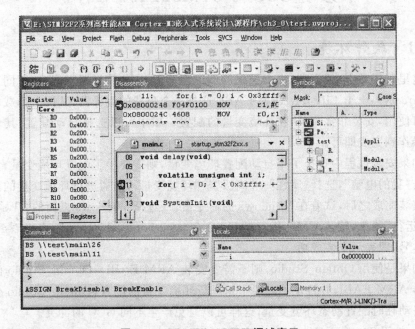

图 3－10　RealView MDK 调试窗口

```
void delay(void)
{
    volatile unsigned int i;
    for( i = 0; i < 0x3ffff; ++i);
}
void SystemInit(void){}
int main(void)
{
    RCC_APB2ENR |= (1<<3);          //使能 PORTB 口的时钟
    GPIOB_CRL &= 0x00000000;        //GPIOF_CRL 高 16 位清 0,CNF 为 0,挽输出模式
    GPIOB_CRL |= 0x33333333;        //MODE 选择为 11,即 50 MHz 输出模式
    while(1)
    {
        GPIOB_BSRR = (1<<2);
        delay();
        GPIOB_BRR = (1<<2);
        delay();
    }
}
```

3.3 第一个基于 GCC 的 STM32F207 程序

3.3.1 软件环境

这里采用 GCC 编译器(本书提供的例子都基于 GCC 编译器下实现,下同),版本为 Sourcery G++ Lite for ARM EABI,这是一个免费的编译器,从网上下载下来安装即可使用,安装非常简单,在环境变量的配置一项中可以选择自动配置,其他的按默认操作到完成即可。

如果安装过程中选择了不自动配置环境变量,则需要手工配置环境变量,方式是在右击"我的电脑",选择"属性"→"高级"→"环境变量",然后进行环境变量的配置。

安装完成之后,试着在 Windows 的命令窗口(选择 Windows 桌面的"开始"菜单下的"运行"菜单,输入 CMD 运行即可)命令"arm-none-eabi-gcc-v",可以看到 GCC 的版本号,即表示安装成功。

如果是使用 Obtain_Studio,则不需要安装 ARM EABI。Obtain_Studio 已经带有一个 ARM EABI,并且也不需要手工进行环境变量的配置,Obtain_Studio 会在编译时自动临时配置动态环境变量,这样可以避免产生不同 GCC 的冲突。

1. 关于 Sourcery G++ Lite for ARM EABI

Codesourcery G++是个商业软件,不过它有个 lite 版本是完全免费的,免费版

本没有 IDE 而只有命令行编译工具和调试工具。Sourcery G++直接来自于开源的高级的 GNU 工具链,目前的版本是 Sourcery G++ 4.4.1,包括最新的来自于自由软件基金会的,经过 CodeSourcery 的 GNU 工具链专家团队再次开发有重大增强了的 GNU C 和 C++编译器（GCC 4.4.1）,还有 GNU 调试器。

Sourcery G++中 ARM 核的部分增强了 ARM Cortex-A8 处理器的性能,对 ARM Cortex-A9 处理器增加二分之一精度浮点（FP16）支持,提高了对 ARM 的 NEON 技术的支持。

Sourcery G++支持 ColdFire 目标板,包括 Freescale 的 MCF51Acnn、MCF51CNnn、MCF51EM、MCF5225x、MCF5227x 和 MCF5301x 系列的微处理器裸核或者 uClinux 目标板,支持利用 P&E 调试器件调试 ColdFire v1 处理器。Sourcery G++中针对 MIPS ELF 的部分包含 CodeSourcery 的通用启动序列（CS3）,目的是在统一的交叉平台上初始化目标板和对中断句柄进行操作。Sourcery G++中针对 Power 架构处理器的部分目标是 Freescale 的多核 QorIQ 处理器。

CodeSourcery 是 ARM 社区、Freescale 工具联盟计划、MIPS 工具联盟、Power.org、Samsung 移动创新计划、TI 开发网络等组织的成员。

2. Sourcery G++ Lite for ARM EABI 的特点

Sourcery G++具有如下特点。

(1) 完整性

拥有建立应用程序所需要的所有工具,Sourcery G++包含一个增强的基于 Eclipse 的集成开发环境和整个 GNU 工具链:优化了的符合国际标准化的 C/C++编译器,一个灵活的汇编器,强大的链接器、运行库、源码级和汇编级调试器。Sourcery G++支持大多数的 CPU 和操作系统,所支持的主机系统有 GNU/Linux、Microsoft Windows、Sun Solaris。

(2) 可靠性

依靠 CodeSourcery 公司,Sourcery G++包括了 CodeSourcery 提供的最新、增强的 GNU 工具链。

(3) 方便性

可以在数分钟内启动和运行 Sourcery G++的图形化安装程序,并且 Sourcery G++的集成开发环境使得用户应用程序的编译和调试可以快速完成。所支持的目标系统包括 ARM、XScale、ColdFire、IA32、AMD64、EM64T、MIPS、PowerPC、SPARC 及其他更多的 CUPs。CodeSourcery 还经常增加对新的硬件配置的支持。下载时可以选择 2009 版本,也可以选择最新版本。2009 版本编译出来的代码为 20～30 KB,编译过程也快许多,但不支持 C++0X;而最新版本支持 C++0X,但生成的代码比较大,编译速度也慢一点。具体选择哪个版本,用户可以根据需要选择。

3. Sourcery G++ Lite for ARM EABI 的安装

Sourcery G++ Lite for ARM EABI 的 IA32 Windows Installer 版本下载地

址是：

http://www.codesourcery.com/sgpp/lite/arm/portal/subscription?@template=lite

下载完成后即可安装，安装界面如图 3-11 所示。从图 3-11 中可以看出 Sourcery G++包括的内容。

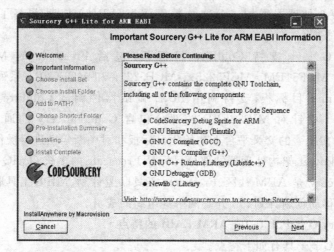

图 3-11 Sourcery G++ Lite for ARM EABI 安装界面

安装过程中采用默认选择，并单击 Next 进入下一步即可。需要注意，如果不希望该 GCC 影响到其他版本的 GCC，在环境变量的配置一项中可以选择不自动配置，运行时可以手动编写一下批处理文件来动态配置环境变量。安装完成之后，试在 Windows 的命令窗口（选择 Windows 桌面的"开始"菜单下的"运行"菜单，输入 CMD 运行即可）命令"arm-none-eabi-gcc-v"，可以看到 GCC 的版本号，即表示安装成功。

3.3.2 编写 STM32 的 C 语言程序

1. 编写 hello.c 程序

用记事本创建一个 hello.c 文件并录入一个 delay 延时函数和 main 函数。delay 函数用一个 for 循环实现。在 main 函数中，首先使能 PORTB 口的时钟，然后让 GPIOF_CRL 高 16 位清 0，让 CNF 为 00，配置成推挽输出模式，让 MODE 选择为 11，即 50 MHz 输出模式，最后在一个无限循环里让 PORTB 口的第 2 引脚（从第 0 引脚开始算起）在延时一定时间后翻转，实现 LED 闪烁的功能。hello.c 文件内容如下：

```
#include "stm32.h"
void delay(void)
{
```

```
    volatile unsigned int i;
    for( i = 0; i < 0x3ffff; ++i);
}

int main(void)
{
    RCC_AHB1ENR | = (1<<1);        //使能 PORTB 口的时钟
    GPIOB_MODER = 0xfffffff5;      //MODE 选择为 0101,即 GPIOB_0 和 GPIOB1 引脚
                                   //设置为输出模式

    while(1)
    {
        GPIOB_BRR = (1<<0);   //GPIOB_0 = 1,GPIOB1 = 0
        delay();
        GPIOB_BRR = (1<<1);   //GPIOB_0 = 0,GPIOB1 = 1
        delay();
    }
}
```

　　实际上,STM32 入门 Hello World 程序的全部 C 语言代码就是上面这些了,对于初学者,只需要重点关注上面的代码即可。而下面将介绍的 STM32 向量表和GCC 编译链接脚本,是所有 ARM GCC 项目的通用底层配置,虽然它们也都是项目中必不可少的部分,但是这些代码主要用于协助编译器的编译工作,不管在哪个项目中它们都基本一样,所以不需要在开发过程中耗费更多的精力去反复编写、修改和调试,也不直接实现用户程序功能。

2. 编写 STM32 向量表

　　用记事本创建一个 stm32.h 头文件,并在文件中录入向量表以及复位入口函数的代码,在复位入口函数中把数据段代码从 Flash 中复制到 RAM 中,并给 BSS 段空间清 0,然后调用用户程序入口函数 main 函数。main 函数里用到了如下几个寄存器的宏定义:

➢ GPIOB_CRL,端口 B 配置低寄存器;

➢ GPIOB_BSRR,端口 B 位置寄存器;

➢ GPIOB_BRR,端口 B 位复位寄存器;

➢ RCC_APB2ENR,APB2 时钟寄存器。

stm32.h 文件内容如下:

```
#ifndef __STM32_H
#define __STM32_H


#define GPIOB_CRL    (*(volatile unsigned long *)0x40010C00)
#define GPIOB_BSRR   (*(volatile unsigned long *)0x40010C10)
```

```
#define GPIOB_BRR    ( * (volatile unsigned long  * )0x40010C14)
#define RCC_APB2ENR ( * (volatile unsigned int    * )0x40021018)
#define STACK_SIZE    64
extern unsigned long _etext;
extern unsigned long _data;
extern unsigned long _edata;
extern unsigned long _bss;
extern unsigned long _ebss;

void ResetISR(void)
{
    unsigned long * pulSrc, * pulDest;
    //从闪存复制初始化数据段到 SRAM 中。
    pulSrc = &_etext;
    for(pulDest = &_data;pulDest<&_edata;) * pulDest++ = * pulSrc++;
    // BSS 数据段填充零
    for(pulDest = &_bss;pulDest<&_ebss;) * pulDest++ = 0;
    main();
}
//指向异常处理函数的指针
typedef void ( * pfnISR)(void);
__attribute__ ((section(".stackarea")))
static unsigned long pulStack[STACK_SIZE];


__attribute__ ((section(".isr_vector")))
pfnISR VectorTable[] =
{
    //初始堆栈指针
    (pfnISR)((unsigned long)pulStack + sizeof(pulStack)),
    ResetISR                    //复位处理指针
};
#endif / * __STM32_H * /
```

(1) 中断向量表 VectorTable

STM32 的中断向量表,在上述程序中采用数据 VectorTable 来保存。向量表的第 1 项是初始堆栈指针,第 2 项是复位后程序入口指针。上电或复位之后,系统首先执行的程序由该复位后程序入口指针指定。也就是,系统最先执行的不是 main 函数,而是这个指针指定的复位函数。而用户的 main 函数,是在该复位函数中被调用。

(2) 复位函数

复位函数的功能,一是从 Flash 到 SRAM 复制初始化数据段;二是给 BSS 段填充零;三是调用 main 函数。

3. 编写 GCC 编译链接脚本

用记事本创建 stm32.ld 文件,然后录入 GCC 编译链接脚本程序,该文件不算程序的一部分,而是 GCC 编译器在链接目标文件时所需的一个脚本文件。该脚本文件写完一次之后,在其他 STM32 的 GCC 项目中也可以直接使用。stm32.ld 文件内容如下:

```
MEMORY
{
                              //内部 flash 地址起点、长度
    FLASH (rx) : ORIGIN = 0x08000000, LENGTH = 0x20000
                              //内部 SRAM 地址起点、长度
    SRAM (rwx) : ORIGIN = 0x20000000, LENGTH = 0x5000
}
SECTIONS
{
        .text :
        {
                KEEP( * (.isr_vector .isr_vector. * ))
                * (.text .text. * )
                * (.rodata .rodata * )
                _etext = .;
        } > FLASH
        .data : AT (_etext)
        {
                _data = .;
                * (.data .data. * )
                . = ALIGN(4);
                _edata = . ;
        } > SRAM
        .bss (NOLOAD) :
        {
                _bss = . ;
                * (.bss .bss. * )
                * (COMMON)
                . = ALIGN(4);
                _ebss = . ;
        } > SRAM
        .stackarea (NOLOAD) :
        {
                . = ALIGN(8);
                * (.stackarea .stackarea. * )
                . = ALIGN(8);
```

```
    } > SRAM
    . = ALIGN(4);
    _end = . ;
}
```

对于上述 GCC 编译链接脚本,如果能理解当然好,对于一时半会还不能马上深入理解的初学者,也可先不管该脚本的原理,直接使用即可。因为该脚本一般也不需要改变什么内容就可以拿到别的项目中使用,因此应该把重点放在针对 STM32 芯片和系统板的设计上。

3.3.3 用 GCC 编译 STM32 程序

采用的编译器为 Sourcery G++ Lite for ARM EAB。

1. 编译方法 1

第一种编译方法是直接录入命令的方式进行编译。如果 Sourcery G++ Lite for ARM EABI 安装时已自动进行环境配置,在 Windons CMD 窗口中,分别录入和执行以下命令即可完成编译:

```
arm-none-eabi-gcc -mcpu=Cortex-m3 -mthumb hello.c -nostartfiles -T stm32.ld -o stm32_hello.o;
arm-none-eabi-ld -T stm32.ld -o stm32_hello.out stm32_hello.o;
arm-none-eabi-objcopy -O binary stm32_hello.out stm32_hello.bin;
arm-none-eabi-objcopy -O ihex stm32_hello.out stm32_hello.hex。
```

2. 编译方法 2

第二种编译方法是写一个批处理文件。如果 Sourcery G++ Lite for ARM EABI 安装时已自动进行环境配置,那么只需用记录本创建一个 build.bat 文件,在文件中录入如下内容:

```
@echo --- ** 开始编译 STM32 程序 ** ---
arm-none-eabi-gcc -mcpu=Cortex-m3 -mthumb hello.c -nostartfiles -T stm32.ld -o stm32_hello.o
arm-none-eabi-ld -T stm32.ld -o stm32_hello.out stm32_hello.o
arm-none-eabi-objcopy -O binary stm32_hello.out stm32_hello.bin
arm-none-eabi-objcopy -O ihex stm32_hello.out stm32_hello.hex
@echo --- ** STM32 程序编译完成 ** ---
@cmd
```

需要编译时,直接双击批处理 build.bat 文件即可完成编译工作。

3. 编译方法 3

如果 Sourcery G++ Lite for ARM EABI 安装时未自动进行环境配置,那么可以在批处理文件中加入运行时的临时环境变量配置。配置完成后再自动编译。要实

现这样的功能,build. bat 文件内容如下:

```
@echo -------------------------
@echo ---设置 ARM GCC 环境变量
@echo -------------------------
@SET ARM_ROOT = D:\Obtain_Studio_mini\ARM\arm2010
@set PATH = % ARM_ROOT % \bin; % PATH %


@echo --- ** 开始编译 STM32 程序 ** ---
arm-none-eabi-gcc -mcpu = Cortex-m3 -mthumb hello. c -nostartfiles -T stm32. ld － o stm32_
hello. o
arm-none-eabi-ld -T stm32. ld － o stm32_hello. out stm32_hello. o
arm-none-eabi-objcopy -O binary stm32_hello. out stm32_hello. bin
arm-none-eabi-objcopy -O ihex stm32_hello. out stm32_hello. hex
@echo --- ** STM32 程序编译完成 ** ---
@cmd
```

注:上述批处理中,默认 Sourcery G++ Lite for ARM EABI 是安装在 D:\Ob-
tain_Studio_mini\ARM\arm2010 目录下。如果是安装在别的目录,则应该把上述代
码中的相应部分修改为对应的安装目录。需要注意的是,一般不要把 GCC 安装在中
文目录下,也不要把程序放在中文目录下。因为有一些软件对中文目录的支持并不
好,使用中文目录可能导致编译出错。

同编译方法 2,需要编译时,直接双击批处理 build. bat 文件即可完成编译工作。

3.3.4　在 Obtain_Studio 中编译 Hello World 程序

如果不喜欢按命令的方式编译,那也可以在 Obtain_Studio 集成开发环境中进
行源程序的编译和项目编译。

把 3.3.3 小节创建的源程序和批处理文件 hello. c、stm32. h、stm32. ld、build.
bat 放到一个目录下。例如 D:\STM32 HelloWorld 目录下,然后用记事本创建一个
名字"STM32 HelloWorld. prj"的项目文件,在文件中录入一行代码:

<compile>build. bat</compile>

意思是告诉 Obtain_Studio,当前项目采用的编译批处理文件名为 build. bat。然后
启动 Obtain_Studio,在 Obtain_Studio 主界面里选择菜单"文件→打开项目"或者在
Obtain_Studio 左边的文件管理器中右击,在弹出式菜单中选择"打开项目",在"打开
项目"对话框中选择 D:\STM32 HelloWorld 目录下的"STM32 HelloWorld. prj"的
项目文件,然后打开。可以双击左边文件管理器中的文件,例如 hello. c,即可打开
hello. c 并进入编辑状态。

在 Obtain_Studio 下编译也很简单,选择 Obtain_Studio 菜单"生成—编译"或单
击工具条上的"编译"按钮即可,从 Obtain_Studio 下边的输入栏可以看到编译的结

果。编译完成后,在 D:\STM32 HelloWorld 目录下生成 stm32_hello. o、stm32_hel-
lo. out、stm32_hello. hex、stm32_hello. bin 这 4 个文件。Obtain_Studio 的编译其实
就是调用了 build. bat 这个批处理文件。

3.4 使用 C++开发 STM32F2 程序

上述介绍的 GCC 编译器 Sourcery G++ Lite for ARM EABI,可以非常好地支
持 C++的开发。

1. C++主程序

C++主程序文件名为 hello. cpp,即把前面例子 C 语言文件扩展名". c"改为".
cpp"。

```cpp
#include  "stm32.h"
void delay(void)
{
    volatile unsigned int i;
    for( i = 0; i < 0xbffff; ++i);
}


class CLed
{
public:
    void show()
    {
        RCC_AHB1ENR | = (1<<1);        //使能 PORTB 口的时钟
        GPIOB_MODER = 0xfffffff5;      //MODE 选择为 0101,即 GPIOB_0 和 GPIOB1 引脚设
                                       //  置为输出模式
        while(1)
        {
            GPIOB_BRR = (0<<0);        //GPIOB_0 = 0,GPIOB1 = 0
            delay();
            GPIOB_BRR = (1<<1);        //GPIOB_0 = 0,GPIOB1 = 1
            delay();
        }
    }
};
int main(void)
{
    CLed led;
    led.show();
}
```

2. 修改 stm32.h 文件中 ResetISR 函数的定义

在 ResetISR 函数定义之前加上"extern "C"",告诉编译器该函数按 C 语言的规则进行编译。ResetISR 函数修改成如下形式:

```
extern "C" void ResetISR(void)
{
    unsigned long * pulSrc, * pulDest;
    //从闪存复制初始化数据段到 SRAM 中
    pulSrc = &_etext;
    for(pulDest = &_data;pulDest<&_edata;) * pulDest++ = * pulSrc++;
    for(pulDest = &_bss;pulDest<&_ebss;) * pulDest++ = 0;
    //bSS 数据段填充零
    main();
}
```

3. 修改编译批处理文件

把原来 hello.c 文件修改为 hello.cpp 文件:

```
@echo --------------------
@echo ---设置 ARM GCC 环境变量
@echo --------------------
@SET ARM_ROOT = D:\Obtain_Studio_mini\ARM\arm2010
@set PATH = % ARM_ROOT % \bin; % PATH %


@echo --- ** 开始编译 STM32 程序 ** ---
arm-none-eabi-gcc -mcpu = Cortex-m3 -mthumb hello.cpp -nostartfiles -T stm32.ld -o stm32_hello.o
arm-none-eabi-ld -T stm32.ld -o stm32_hello.out stm32_hello.o
arm-none-eabi-objcopy -O binary stm32_hello.out stm32_hello.bin
arm-none-eabi-objcopy -O ihex stm32_hello.out stm32_hello.hex
@echo --- ** STM32 程序编译完成 ** ---
@cmd
```

4. 下载与运行

采用 JLinkARM_V428 配置好之后即可以下载 STM32F2_Hello_C++的 16 进制文件 stm32_hello.hex 到开发板上,运行时可以看到 LED 灯在闪烁。

3.5　位操作方式

上述测试程序,也可以修改成位操作方式来控制 LED 灯的闪烁功能。

1. 位操作

位带(Bit-band)操作是 Cortex-M3 提供的特殊操作:位带区的每个位都有位带别名区的一个字与之对应。

对位带别名区每个字节的写操作,Cortex-M3 都将自动转换成对应比特位的读→修改→写操作。对位带别名区每个字节的读操作则转换成相对应比特位的读操作。

与原有的读字节→修改相应比特位→写字节的操作方式相比,Bit-band 虽然不能减少操作时间,却能简化操作,减小代码量,并防止错误写入。

Bit-band 区域的存储器以 32 位方式进行访问,其中有效的仅仅是 BIT0,只有 BIT0 的值才对应到相应的普通区域的比特位上,其他位无效。

STM32F 系列芯片为所有外设寄存器和 SRAM 提供相对应的 Bit-band 区域,以简化对外设寄存器和 SRAM 的操作。

2. 位操作的方法

位带操作最重要的一环就是寻址,即为需要操作的"目标位"找到位带别名区相对应的地址:

位带别名区首地址＋(操作字节的偏移量×32)＋(操作位的偏移量×4)

内置 SRAM 区的位带别名区首地址＝0x22000000

外设寄存器区的位带别名区首地址＝0x42000000

例 1:在 SRAM 的 0x20004000 地址定义一个长度为 512 B 的数组。

```
#pragma location = 0x20004000
__root _no_init u8 Buffer[512];
```

数组首字节的 BIT0 对应的位带地址为

0x22000000＋(0x4000×32)＋(0×4) ＝ 0x22080000

数组第二个字节的 BIT3 对应的位带地址为

0x22000000＋(0x4001×32)＋(3×4) ＝ 0x2208002C

GPIOA 的端口输出数据寄存器地址 0x4002000C(STM32F1 为 0x4001080C),对于 PA.0 来说控制其输出电平的比特位的位带操作地址为

0x42000000＋(0x2000c×32)＋(0×4) ＝ 0x42400180

例 2:修改 SPI 控制器的 BIT6,使能 SPI。

不使用位带操作的程序如下:

```
U32 spi_ctrl = SPI1 - >CR1;
Spi_ctril = spi_ctrl | 0x00000040;
SPI1 - >CR1 = spi_ctril;
```

使用位带操作,SPI1 的 CR1 寄存器地址为 0x40013000,因此 CR1 寄存器 BIT6 的位带地址为

$$0x42000000 + 0x13000 \times 32 + 6 \times 4 = 0x42260018$$

对 BIT6 的置位操作为程序如下：

```
(*((u32 *)0x42260018)) = 1;
```

为了方便进行位操作，可以定义如下的宏定义来实现：

```
#define Var_ResetBit_BB(VarAddr,BitNumber)(*(__IOuint32_t *)
    (RAM_BB_BASE|((VarAddr-RAM_BASE)<<5)|((BitNumber)<<2)) = 0)
#define Var_SetBit_BB(VarAddr,BitNumber)(*(__IOuint32_t *)(RAM_BB_BASE
    |((VarAddr-RAM_BASE)<<5)|((BitNumber)<<2)) = 1)
#define Var_GetBit_BB(VarAddr,BitNumber)(*(__IOuint32_t *)(RAM_BB_BASE
    |((VarAddr-RAM_BASE)<<5)|((BitNumber)<<2)))
```

第 **4** 章

STM32F2 固件库的使用

4.1 STM32F2xx 标准外设库

4.1.1 STM32F2xx 标准外设库结构

1. STM32F2xx 标准外设库结构

STM32F2xx 标准外设库的使用和与其他固件部件(conponents)的相互作用如图 4-1 所示,整个应用系统主要包括硬件层、硬件抽象层、板级支持包、应用层 4 层。

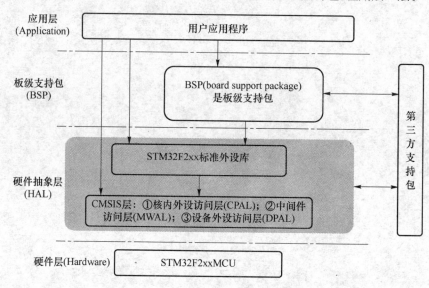

图 4-1 STM32F2xx 标准外设库结构

(1) Hardware 层

Hardware 层是硬件相关设备,包括 MCU 以及外围器件。

(2) HAL 层

HAL(Hardware Abstraction Layer)是硬件抽象层,主要包括 CMSIS 和 STM32F2xx 标准外设库。

ARM 公司于 2008 年 11 月 12 日发布了 Cortex 微控制器软件接口标准(CM-SIS,Cortex Microcon-troller Software InteRFace Standard)。CMSIS 是独立于供应

商的 Cortex-M 微控制器系列硬件抽象层,为芯片厂商和中间件供应商提供了连续的、简单的微控制器软件接口,简化了软件复用,降低了 Cortex-M 上操作系统的移植难度,并缩短了新入门的微控制器开发者的学习时间和新产品的上市时间。

CMSIS 层主要分为 3 部分。

① 核内外设访问层(CPAL):由 ARM 负责实现。包括对寄存器地址的定义,对核寄存器、NVIC、调试子系统的访问接口定义以及对特殊用途寄存器的访问接口(如 CONTROL 和 xPSR)定义。由于对特殊寄存器的访问以内联方式定义,所以 ARM 针对不同的编译器统一用_INLINE 来屏蔽差异。该层定义的接口函数均是可重入的。

② 中间件访问层(MWAL):由 ARM 负责实现,但芯片厂商需要针对所生产的设备特性对该层进行更新。该层主要负责定义一些中间件访问的 API 函数,例如为 TCP/IP 协议栈、SD/MMC、USB 协议以及实时操作系统的访问与调试提供标准软件接口。

③ 设备外设访问层(DPAL):由芯片厂商负责实现。该层的实现与 CPAL 类似,负责对硬件寄存器地址以及外设访问接口进行定义。该层可调用 CPAL 层提供的接口函数,同时根据设备特性对异常向量表进行扩展,以处理相应外设的中断请求。

CMSIS 标准的软件架构如图 4-2 所示,基于 CMSIS 标准的软件架构主要分为以下 4 层:用户应用层、操作系统及中间件接口层、CMSIS 层和硬件寄存器层。其中 CMSIS 层起着承上启下的作用:一方面该层对硬件寄存器层进行统一实现,屏蔽了不同厂商对 Cortex-M 系列微控制器核内外设寄存器的不同定义;另一方面又向上层的操作系统及中间件接口层和应用层提供接口,简化了应用程序开发难度,使开发

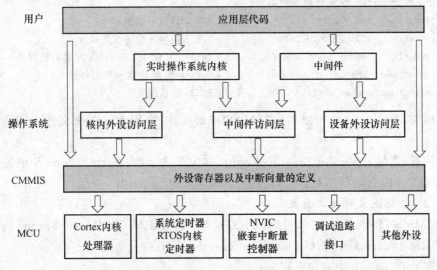

图 4-2　CMSIS 标准的软件架构

人员能够在完全透明的情况下进行应用程序开发。也正是如此,CMSIS 层的实现相对复杂。

(3) BSP 层

BSP 是板级支持包,是介于主板硬件和操作系统之间的一层,应该说是属于操作系统的一部分,主要目的是支持操作系统,为上层的驱动程序提供访问硬件设备寄存器的函数包,使之能够更好地运行于硬件主板。

(4) Application 层

Application 层即用户应用程序。

2. CMSIS 文件结构

(1) CMSIS 文件

CMSIS 首先对文件名的定义给出了标准,最主要包括了以下几个文件。

➢ core_cm3.h :Cortex-M3 全局声明和定义,静态函数的定义。

➢ core_cm3.c :Cortex-M3 全局定义。

➢ <device>.h :顶层的驱动头文件(特定设备)。使用时被包含于相应的应用程序代码开始处,包括 core_cm3.h 和 system_<device>.h。

➢ system_<device>.h:设备特定的声明。

➢ system_<device>.c :设备的具体定义,例如 SystemInit( )函数。

在应用程序中需要使用这些驱动函数,只需包含头文件<device>.h 即可。

(2) CMSIS 文件名定义以及它们的相互关系

由于 Cortex-M3 有一些可选硬件如 MPU,在<device.h>中包含 core_cm3.h 和 system_<device>.h 时需注意以下一点。以 STM32.h 为例,定义如下:

```
/*配置 Cortex-M3 处理器和核心外设*/
#define __MPU_PRESENT 0              /*STM32 目前不提供 MPU*/
#define __NVIC_PRIO_BITS 4           /*STM32 使用 4 位的优先级*/
#define __Vendor_SysTickConfig 0     /*如果使用不同的 SysTick 配置则设置为 1*/
#include "core_cm3.h"                /*Cortex-M3 处理器和核心外设*/
#include "system_stm32.h"            /*STM32 的系统*/
```

即需定义以上 3 个宏之后,再包含相应的头文件,因为这些头文件中用到了这些宏。

注意:如果__Vendor_SysTickConfig 被定义为 1,则在 cm3_core.h 中定义的 SysTickConfig( )将不被包含,因此厂商必须在<device.h>中给以实现。

(3) CMSIS 支持的工具链

CMSIS 目前支持三大主流的工具链,即 ARM RealView (armcc)、IAR EWARM (iccarm)和 GNU Compiler Collection (gcc)。

在 core_cm3.h 中有如下定义:

```
/*定义编译器特定的符号*/
```

```
# if defined ( __CC_ARM )
# define __ASM __asm              /* asm 关键字,用于 armcc */
# define __INLINE __inline        /* inline 关键字,armcc */
# elif defined ( __ICCARM__ )
# define __ASM __asm              /* asm 关键字,用于 iarcc/
# define __INLINE inline          /* iarcc inline 关键字,只可选择在高优化模式 */
# define __nop __no_operation     /* 没有在 iarcc 的内在 */
# elif defined ( __GNUC__ )
# define __ASM asm                /* asm 关键字,用于 gcc */
# define __INLINE inline          /* inline 关键字,用于 GCC */
# endif
```

(4) MISRA-C

CMSIS 要求定义的 API 以及编码与 MISRA-C 2004 规范兼容。MISRA-C 是由 Motor Industry Software Reliability Association 提出,意在增加代码的安全性,该规范提出了一些标准。

如 Rule 12:不同名空间中的变量名不得相同。

Rule 13:不得使用 char、int、float、double、long 等基本类型,应该用自己定义的类型显示表示类型的大小,如 CHAR8、UCHAR8、INT16、INT32、FLOAT32、LONG64、ULONG64 等。

Rule 37:不得对有符号数施加位操作,例如 1<<4 将被禁止,必须写"1UL<<4"。

(5) CMSIS 中的中断定义

中断号的定义,在<device.h>中定义,内容如下:

```
typedef enum IRQn
{
    /****** 的 Cortex-M3 处理器异常数 *****
    NonMaskableInt_IRQn = -14,      /*! <2 非屏蔽中断 */
    MemoryManagement_IRQn = -12,    /*! <4 Cortex-M3 内存 MGMT 中断 */
    BusFault_IRQn = -11,            /* <5 Cortex-M3 的总线故障中断 */
    UsageFault_IRQn = -10,          /* <6 Cortex-M3 的使用故障中断 */
    SVCall_IRQn = -5,               /* <11 Cortex-M3 的 SV 呼叫中断 */
    DebugMonitor_IRQn = -4,         /* <12 Cortex-M3 的调试监控中断 */
    PendSV_IRQn = -2,               /* <14 Cortex-M3 的 PendSV 中断 */
    SysTick_IRQn = -1,              /* <15 Cortex-M3 的系统时钟中断 */
    /****** 具体设备的中断号 *******/
    UART_IRQn = 0,                  /*! <中断例子 */
} IRQn_Type;
```

系统级的异常号已经确定,不能更改,且必须为负值,以和设备相关的中断区别。中断处理函数的定义,一般在启动代码中声明,加入 weak 属性,因此可在其他文件中再一次实现。如下所示：

```
AREA    RESET, DATA, READONLY
        EXPORT  __Vectors
__Vectors  DCD  __initial_sp; Top of Stack
        DCD  Reset_Handler; Reset Handler
        DCD  NMI_Handler; NMI Handler
        DCD  HardFault_Handler; Hard Fault Handler
        DCD  MemManage_Handler; MPU Fault Handler
        DCD  BusFault_Handler; Bus Fault Handler
        DCD  UsageFault_Handler; Usage Fault Handler
        DCD  0; Reserved
        DCD  0; Reserved
        DCD  0; Reserved
        DCD  0              &nb
```

3. STM32F2xx 标准外设的驱动程序文件的说明

标准外设库文件包含的关系如图 4-3 所示。每个外设有一个源代码文件 stm32f2xx_ppp.c 和一个头文件 stm32f2xx_ppp.h。stm32f2xx_ppp.c 文件包含需要使用 PPP 外设固件的所有功能。

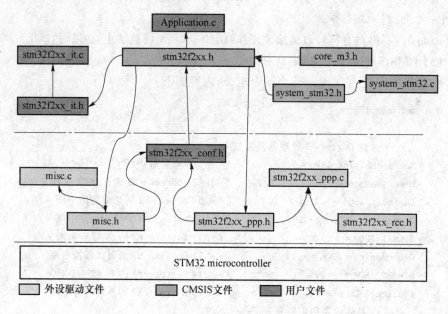

图 4-3   STM32F2xx 标准外设的驱动程序文件

一个内存映射文件 stm32f2xx.h 提供所有外设接口函数，包括所有的寄存器位声明和定义。stm32f2xx.h 是 STM32F2xx 标准外设在用户应用程序中需要包括的唯一的接口库文件。

stm32f2xx_conf. h 文件是运行任何应用程序之前用来指定接口参数的设置与库的配置。标准外设库不同文件的使用如表 4－1 所列。

表 4－1　标准外设库使用的头文件

文件名称	说　明
stm32f2xx_conf. h	外设的驱动程序配置文件 通过修改该文件中所包含的外设头文件,用户可以启用或禁用外设驱动 编译固件库的驱动程序之前,定义 USE_FULL_ASSERT,通过预处理,这个文件也可以用于启用或禁用库的运行时故障检测
stm32f2xx_ppp. h	PPP 的外设头文件。这里的 PPP 只是一个代码,在实际中是具体的外设名字,例如 ADC、DMA 等 该文件包含的 PPP 外设功能和使用这些功能的变量定义
stm32f2xx_ppp. c	用 C 语言编写的 PPP 的外设驱动程序的源代码实现文件
stm32f2xx_it. h	头文件,包括所有的中断处理程序原型
stm32f2xx_it. c	中断源文件模板,包含 Cortex-M3 例外中断服务例程(ISR)。用户可以添加额外的 ISR(S)所使用的外设(S)(可用外设的中断处理程序的名称,具体代码请参阅启动文件 startup_stm32f2xx. s)

STM32F2xx CMSIS 文件的说明如表 4－2 所列。

表 4－2　STM32F2xx CMSIS 的文件

文件名称	说　明
stm32f2xx. h	Cortex-M3 CMSIS 的 STM32F2xxxx 设备外设接入层的头文件。该文件是独特的包含文件,程序员使用的 C 源代码,通常在 main. c 应用。该文件包含以下内容: ➤ 允许选择配置 在目标应用中使用的设备,使能或失能在应用程序代码中的外围设备的驱动程序(即代码将基于直接访问外设的寄存器,而不是驱动 API),这个选项将改变应用程序几个特定的参数,如 HSE 晶体频率 ＃define USE_STDPERIPH_DRIVER ➤ 数据结构和所有外围设备的地址映射 ➤ 外设的寄存器声明和位定义 ➤ 通过宏来访问外设的寄存器硬件
system_stm32f2xx. h	Cortex-M3 CMSIS 的 STM32F2xx 设备外设接入层系统头文件
system_stm32f2xx. c	Cortex-M3 CMSIS 的 STM32F2xx 设备外设接入层系统的源文件
startup_stm32f2xx. s	STM32F2xx 设备的启动文件

4. 固件库文件

(1) misc. c /misc. h 文件

此文件提供了所有固件杂项功能(附加 CMSIS 的功能)。

（2）**stm32f2xx_adc.c/stm32f2xx_adc.h 文件**

此文件提供了如下模拟数字转换器（ADC）外设固件管理功能：

➢ 初始化和配置（除了 ADC 多模式选择）；

➢ 模拟看门狗配置；

➢ 温度传感器的内部参考电压（Vrefint）及 VBAT 的管理；

➢ 规则通道配置；

➢ 规则通道 DMA 配置；

➢ 注入通道的配置；

➢ 中断和标志管理。

（3）**stm32f2xx_can.c/stm32f2xx_can.h 文件**

此文件提供如下局域网控制器（CAN）的外设管理功能：

➢ 初始化和配置；

➢ CAN 帧传输；

➢ CAN 帧接收；

➢ 操作模式开关；

➢ 错误管理；

➢ 中断和标志。

（4）**stm32f2xx_crc.c/stm32f2xx_crc.h 文件**

这个文件提供了所有的 CRC 固件功能。

（5）**stm32f2xx_cryp.c/stm32f2xx_cryp.h 文件**

此文件提供了如下加密处理器（CRYP）外设管理功能：

➢ 初始化和配置功能；

➢ 数据处理功能；

➢ 上下文交换功能；

➢ DMA 接口功能；

➢ 中断和标志管理。

（6）**stm32f2xx_cryp_aes.c/stm32f2xx_cryp_aes.h 文件**

此文件提供了加密和解密高层功能，在 ECB/CBC 模式使用 AES 输入消息。它使用 stm32f2xx_cryp.c/.h 的驱动程序访问 STM32F2xx CRYP 外设。

（7）**stm32f2xx_cryp_des.c/stm32f2xx_cryp_des.h 文件**

此文件提供了加密和解密高层功能，在 DES ECB/CBC 模式使用 DES 输入消息。它使用 stm32f2xx_cryp.c/.h 的驱动程序访问 STM32F2xx CRYP 外设。

（8）**stm32f2xx_cryp_tdes.c/stm32f2xx_cryp_tdes.h 文件**

此文件提供了加密和解密高层功能，在 ECB/CBC 模式使用 TDES 输入消息。它使用 stm32f2xx_cryp.c/.h 的驱动程序访问 STM32F2xx CRYP 外设。

(9) stm32f2xx_dac. c /stm32f2xx_dac. h 文件

此文件提供了如下 DAC 外设管理功能：

➢ DAC 通道配置包括触发方式,输出缓冲区,数据格式；

➢ DMA 管理；

➢ 中断和标志管理。

(10) stm32f2xx_dbgmcu. c /stm32f2xx_dbgmcu. h 文件

此文件提供了所有 DBGMCU 固件功能。

(11) stm32f2xx_dcmi. c /stm32f2xx_dcmi. h 文件

此文件提供了如下 DCMI 外设管理功能：

➢ 初始化和配置；

➢ 图像捕捉功能；

➢ 中断和标志管理。

(12) stm32f2xx_dma. c /stm32f2xx_dma. h 文件

此文件提供了如下直接存储器存取控制器(DMA)管理功能：

➢ 初始化和配置；

➢ 数据计数器；

➢ 双缓存模式配置和命令；

➢ 中断和标志管理。

(13) stm32f2xx_exti. c /stm32f2xx_exti. h 文件

此文件提供了如下 EXTI 外设管理功能：

➢ 初始化和配置；

➢ 中断和标志管理。

(14) stm32f2xx_flash. c /stm32f2xx_flash. h 文件

此文件提供了如下 Flash 外设管理功能：

➢ Flash 接口配置；

➢ Flash 存储器编程；

➢ 字节选项编程；

➢ 中断和标志管理。

(15) stm32f2xx_fsmc. c /stm32f2xx_fsmc. h 文件

此文件提供了如下 FSMC 外设管理功能：

➢ 与 SRAM、PSRAM、NOR 和 OneNAND 存储器接口；

➢ 与 NAND Flash 接口；

➢ 与 16 位 PC 卡兼容的存储器接口；

➢ 中断和标志管理。

(16) stm32f2xx_gpio. c /stm32f2xx_gpio. h 文件

此文件提供了如下 GPIO 外设管理功能：

➢ 初始化和配置；

➢ GPIO 的读、写；

➢ GPIO 配置备用功能。

(17) stm32f2xx_hash.c/stm32f2xx_hash.h 文件

此文件提供了如下 HASH/HMAC 的处理器（散列）外设管理功能：

➢ 初始化和配置功能；

➢ 消息摘要生成功能；

➢ 上下文交换功能；

➢ DMA 接口功能；

➢ 中断和标志管理。

(18) stm32f2xx_hash_md5.c/stm32f2xx_md5.h 文件

此文件提供了计算 hash MD5 和 HMAC MD5 功能。它使用 stm32f2xx_hash.
c/.h 的驱动程序访问 STM32F2xx hash 外设。

(19) stm32f2xx_hash_sha1.c/stm32f2xx_sha1.h 文件

此文件提供了计算哈希 SHA1 和 HMAC SHA1 功能。它使用 stm32f2xx_
hash.c/.h 的驱动程序访问 STM32F2xx 哈希外设。

(20) stm32f2xx_i2c.c/stm32f2xx_i2c.h 文件

此文件提了如下 I^2C 总线管理功能：

➢ 初始化和配置；

➢ 数据传输；

➢ PEC 的管理；

➢ DMA 传输管理；

➢ 中断事件和标志管理。

(21) stm32f2xx_iwdg.c/stm32f2xx_iwdg.h 文件

此文件提供了如下独立看门狗（IWDG）外设管理功能：

➢ 预分频器和计数器配置；

➢ IWDG 激活；

➢ 标志管理。

(22) stm32f2xx_pwr.c/stm32f2xx_pwr.h 文件

此文件提供了如下电源控制器（PWR）管理功能：

➢ 备份域访问；

➢ PVD 配置；

➢ 唤醒功能的引脚配置；

➢ 备份稳压器配置；

➢ Flash 低功耗配置；

➢ 低功耗模式配置；

➢ 标志管理。

（23）stm32f2xx_rcc. c /stm32f2xx_rcc. h 文件

此文件提供了如下复位和时钟控制（RCC）外设管理功能：

➢ 内部/外部时钟，PLL、CSS 和 MCO 配置；

➢ 系统 AHB 和 APB 总线时钟配置；

➢ 外设时钟配置；

➢ 中断和标志管理。

（24）stm32f2xx_rng. c /stm32f2xx_rng. h 文件

此文件提供了如下随机数发生器（RNG）外设管理功能：

➢ 初始化和配置；

➢ 获得 32 位随机数；

➢ 中断和标志管理。

（25）stm32f2xx_rtc. c /stm32f2xx_rtc. h 文件

此文件提供了如下实时时钟（RTC）外设管理功能：

➢ 初始化；

➢ 日历（时间和日期）配置；

➢ 报警（报警 A 和报警 B）配置；

➢ 唤醒定时器配置；

➢ 夏令时配置；

➢ 输出引脚配置；

➢ 粗校准配置；

➢ 时间戳配置；

➢ 备份数据寄存器配置；

➢ RTC 的篡改、TimeStamp 选型和输出类型配置；

➢ 中断和标志管理。

（26）stm32f2xx_sdio. c /stm32f2xx_sdio. h 文件

此文件提供了如下数字输入/输出接口（SDIO）管理功能：

➢ 初始化和配置；

➢ 命令路径状态机（CPSM）管理；

➢ 数据路径状态机（DPSM）管理；

➢ SDIO IO 卡模式管理；

➢ CE-ATA 的模式管理；

➢ DMA 传输管理；

➢ 中断和标志管理。

（27）stm32f2xx_spi. c /stm32f2xx_spi. h 文件

此文件提供了如下串行外设接口（SPI）管理功能：

➢ 初始化和配置；
➢ 数据传输功能；
➢ 硬件 CRC 计算；
➢ DMA 传输管理；
➢ 中断和标志管理。

（28）stm32f2xx_syscfg. c /stm32f2xx_syscfg. h 文件

此文件提供了 SYSCFG 外设的管理功能。

（29）stm32f2xx_tim. c /stm32f2xx_tim. h 文件

此文件提供了如下 TIM 外设管理功能：

➢ 时基管理；
➢ 输出比较管理；
➢ 输入捕捉管理；
➢ 高级控制定时器（TIM1 和 TIM8）的特定功能；
➢ 中断、DMA 和标志管理；
➢ 时钟管理；
➢ 同步管理；
➢ 特定的接口管理；
➢ 具体的映射管理。

（30）stm32f2xx_usart. c /stm32f2xx_usart. h 文件

此文件提供了如下通用同步异步收发器（USART）管理功能：

➢ 初始化和配置；
➢ 数据传输；
➢ 多处理器通信；
➢ LIN 模式；
➢ 半双工模式；
➢ 智能卡模式；
➢ IrDA 模式；
➢ DMA 传输管理；
➢ 中断和标志管理。

（31）stm32f2xx_wwdg. c /stm32f2xx_wwdg. h 文件

此文件提供了如下窗口看门狗（WWDG）外设管理功能：

➢ 预分频器，刷新窗口和计数器配置；
➢ WWDG 激活；
➢ 中断和标志管理。

4.1.2　如何使用标准外设库

1. 创建项目

① 创建一个项目,并设置工具链的启动文件(或使用 Libraries 内提供的模板项目 STM32F2xx_StdPeriph_Template)。

② 选择相应的启动文件,取决于使用的工具链。

> EWARM:startup_stm32f2xx. s,Libraries\CMSIS\CM3\DeviceSupport\ST \STM32F2xx\startup\IAR。

> RVMDK:startup_stm32f2xx. s,Libraries\CMSIS\CM3,\DeviceSupport\ ST\STM32F2xx\startup\ARM。

Libraries 的入口点是 stm32f2xx. h(\CMSIS\CM3,Libraries\Device Support\ ST\STM32F2xx),包括应用程序的主要配置。

③ 选择要使用的目标产品系列,正确地定义注释/取消注释。

- /*取消或使用下面对目标 STM32 设备应用程序的定义 */
- #ifndefine(STM32F2XX)
- #defineSTM32F2XX
- #ENDIF

2. 用户选择使用或不用外围设备的驱动程序

(1) 案例 1

基于标准外设的驱动程序 API(lib\STM32F2xx_ StdPeriph_Driver 下的文件)的应用程序代码:

> 取消注释 #define USE_PERIPH_LIBRARY(默认);

> 在 stm32f2xx_conf. h 文件中,选择外设,包括它们的头文件;

> 使用外围设备的驱动程序 API 构建应用程序;

> 除了外围设备的驱动程序,可以重复使用适当内部函数,以加速程序的开发。

(2) 案例 2

基于外设寄存器直接访问的应用程序代码:

> #define USE_PERIPH_LIBRARY;

> stm32f2xx. h 使用外设的寄存器结构和位定义来构建应用程序。

> 在应用程序中添加 system_stm32f2xx. c(lib\CMSIS\CM3,\DeviceSupport\ ST\STM32F2xx)文件,该文件提供了 STM32 的系统配置功能,包括 PLL 设置、系统时钟初始化、嵌入式闪存接口初始化等。这个文件提供了多种系统时钟频率的选择,应用程序需要通过修改以下 PLL 参数来选择频率:

```
#define PLL_M(HSE_VALUE/1000000)      /* 可能值 0~63 */
#define PLL_N 240                     /* 可能值 192~432 */
  /* SYSCLK = PLLVCO/PLL_P!! 请勿超过 120MHz */
```

```
#define PLL_P 2                          /* 可能值 2,4,6,或 8 */
  /* OTGFS,SDIO 和 RNG 时钟 = PLLVCO/PLLQ */
#define PLL_Q 5                          /* 4 和 15 之间的可能值 */
  /* I2SCLK = PLLVCO/PLLR */
#define PLL_R 2                          /* 2 和 7 之间的可能值 */
  /* SYSCLK @ 120MHz
        SYSCLK = PLLVCO/PLL_P
               = ((HSE_VALUE/PLL_M) * PLL_N)/ PLL_P
               = ((25 MHz/ 25) * 240)/ 2 = 120 MHz
  */
```

注:假设在这个文件中所提供的系统时钟配置功能:外部 25 MHz 晶体是用来驱动系统时钟。

特别需要注意的是,如果是使用不同的晶体,必须改变 stm32f2xx. h 文件定义的 HSE_Value 值。

3. 外设初始化和配置

下面分步介绍如何初始化和使用外围设备驱动程序,配置相应的外设。外设将被简称为 PPP,在实际应用程序中应用具体的设备名称来代替(例如 ADC、DMA 等)。

① 在主应用程序文件,声明一个 PPP_InitTypeDef 结构,例如:

```
PPP_InitTypeDef PPP_InitStructure;
```

PPP_InitStructure 是位于数据存储区的工作变量。它允许一个或更多的 PPP 实例初始化。

② 填写 PPP_InitStructure 变量与结构成员的允许值。

有两个途径,一是配置整体结构,二是配置只有少数成员的结构。配置整体结构时,按照下述步骤进行:

```
PPP_InitStructure.member1 = val1;
PPP_InitStructure.member2 = val2;
PPP_InitStructure.memberN = VALN;      /*其中 N 是结构成员的数量*/
```

初始化步骤可以合并在一个单一的行,以优化代码大小:

```
PPP_InitTypeDef PPP_InitStructure = {val1,val2,..,VALN}
```

配置只有少数成员的结构:在这种情况下,用户应修改 PPP_InitStructure 变量,调用 PPP_StructInit( )函数来填充默认值。这将确保 PPP_InitStructure 变量的其他成员被初始化为适当的值(在大多数情况下,使用它们的默认值即可)。

```
PPP_StructInit(&PPP_InitStructure);
PP_InitStructure.memberX = valX;
```

```
PPP_InitStructure.memberY = VALY        /* X 和 Y是用户要配置的成员 */;
```

③ 初始化调用 PPP_Init( )函数：

```
PPP_Init(PPP,PPP_InitStructure);
```

④ 在这个阶段,PPP 外设初始化,并可以通过调用 PPP_Cmd(..)函数启用：

```
PPP_Cmd(PPP,ENABLE);
```

4. 配置外围设备

① 在配置外围设备,必须通过调用下列功能之一启用它的时钟：

```
RCC_AHBxPeriphClockCmd(RCC_AHBxPeriph_PPPx,ENABLE);
RCC_APB2PeriphClockCmd(RCC_APB2Periph_PPPx,ENABLE);
RCC_APB1PeriphClockCmd(RCC_APB1Periph_PPPx,ENABLE);
```

② PPP_DeInit(..)函数可以用来设置所有的 PPP 外设寄存器成它们的默认值：

```
PPP_DeInit(PPP);
```

③ 要修改配置后的外围设置,用户可以进行如下操作：

```
PPP_InitStucture.memberX = valX;
PPP_InitStructure.memberY = VALY
/* X 和 Y是用户希望修改的唯一成员 */;
PPP_Init(PPP,PPP_InitStructure);
```

4.2　在 RealView MDK 中使用 STM32 固件库

4.2.1　STM32 固件库应用

1. 获取 STM32F2 固件库

STM32F2 固件库即 stm32f2xx_stdperiph_lib,可以从 ST 官方网站下载,地址如下：

http://www.st.com/stonline/stappl/resourceSelector/app? page=resourceSelector&doctype=FIRMWARE&ClassID=1734

下载完压缩包后解压,然后把 Libraries 目录整个复制到一个方便找到的用户工作目录下,也可以放到用户当前项目的目录下。Libraries 目录包括 CMSIS 和 STM32F2xx_StdPeriph_Driver 两个子目录。

2. 在项目中添加 STM32F2 固件库文件

① 把 CMSIS 库文件 ystem_stm32f2xx.c 添加到项目中,该文件所在目录如下：

\ Libraries \ CMSIS \ CM3 \ DeviceSupport \ ST \ STM32F2xx \ system _
stm32f2xx. c

② 把项目中用到的 STM32F2xx_StdPeriph_Driver 库函数文件添加到项目中，
也可以把所有的 STM32F2xx_StdPeriph_Driver 库函数文件添加到项目中，这些文
件所在目录如下：

\Libraries\STM32F2xx_StdPeriph_Driver\src

③ 把固件库配置头文件 stm32f2xx_conf. h 复制到当前项目目录下。该文件在
STM32F2 固件库压缩包里的一些应用项目子目录下可以找到。

④ 在项目中配置固件库头文件的包含目录。在项目属性对话框里，选择 C/
C++栏，如图 4-4 所示。

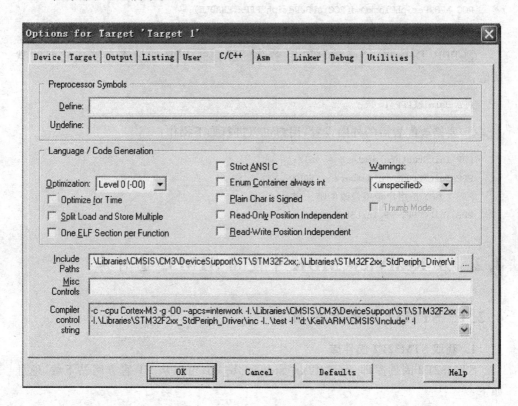

图 4-4　C/C++编译选项的配置

选择 Include Paths 编辑框右边的选择按钮，添加如下 3 项子目录，如图 4-5
所示。

3. STM32 固件库应用的测试主程序

下面是一个简单的 STM32 固件库应用的测试主程序。该程序包括了 AHB 时
间配置、GPIO 引脚配置功能，然后调用 GPIO_ToggleBits 函数实现 LED 状态的翻

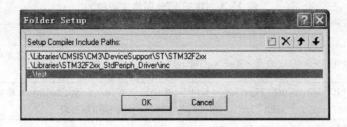

图 4 - 5　包含目录的选择

转功能。

　　STM32 固件库应用的测试主程序代码如下：

```
#include "stm32f2xx.h"
main()
{
    u32      i;
    GPIO_InitTypeDef GPIO_InitStruct;
    RCC_AHB1PeriphClockCmd(RCC_AHB1Periph_GPIOC, ENABLE);
    GPIO_InitStruct.GPIO_Pin = GPIO_Pin_13;
    GPIO_InitStruct.GPIO_Mode = GPIO_Mode_OUT;
    GPIO_InitStruct.GPIO_Speed = GPIO_Speed_50MHz;
    GPIO_InitStruct.GPIO_OType = GPIO_OType_PP;
    GPIO_InitStruct.GPIO_PuPd = GPIO_PuPd_UP;
    GPIO_Init(GPIOC,&GPIO_InitStruct);
    while(1)
    {
      GPIO_ToggleBits(GPIOC,GPIO_Pin_13);
      for(i = 0;i<6000000;i++);
    }
}
```

4.2.2　STM32 固件库应用程序分析

1. GPIO 部分固件库函数

GPIO 部分固件库函数如表 4 - 3 所列。

2. GPIO_InitTypeDef 结构

GPIO_InitTypeDef 结构用于指定要配置的 GPIO 引脚、指定选定的引脚的操作模式、指定选定引脚的速度、指定选定引脚的输出类型、指定 Pull-up/Pull 选定的引脚。GPIO_InitTypeDef 结构定义如下：

表 4-3 GPIO 部分固件库函数

返回类型	函数原型	功 能
void	GPIO_DeInit(GPIO_TypeDef * GPIOx)	Deinitializes GPIOx 外设寄存器默认的复位值
void	GPIO_Init(GPIO_TypeDef * GPIOx,GPIO_InitTypeDef * GPIO_InitStruct)	根据在 GPIO_InitStruct 指定的参数初始化 GPIOx 外设
void	GPIO_StructInit(GPIO_InitTypeDef * GPIO_InitStruct)	填充每个 GPIO_InitStruct 成员的默认值
void	GPIO_PinLockConfig(GPIO_TypeDef * GPIOx,uint16_t GPIO_Pin)	锁定 GPIO 引脚配置寄存器
uint8_t	GPIO_ReadInputDataBit(GPIO_TypeDef * GPIOx,uint16_t GPIO_Pin)	读取指定的输入端口引脚
uint16_t	GPIO_ReadInputData(GPIO_TypeDef * GPIOx)	读取指定 GPIO 输入数据端口
uint8_t	GPIO_ReadOutputDataBit(GPIO_TypeDef * GPIOx,uint16_t GPIO_Pin)	读取指定的输出数据端口位
uint16_t	GPIO_ReadOutputData(GPIO_TypeDef * GPIOx)	读取指定的 GPIO 输出数据端口
void	GPIO_SetBits(GPIO_TypeDef * GPIOx,uint16_t GPIO_Pin)	设置选定的数据端口位
void	GPIO_ResetBits(GPIO_TypeDef * GPIOx,uint16_t GPIO_Pin)	清除选定的数据端口位
void	GPIO_WriteBit(GPIO_TypeDef * GPIOx,uint16_t GPIO_Pin,BitAction BitVal)	设置或清除所选的数据端口位
void	GPIO_Write(GPIO_TypeDef * GPIOx,uint16_t PortVal)	将数据写入到指定的 GPIO 数据端口
void	GPIO_ToggleBits(GPIO_TypeDef * GPIOx,uint16_t GPIO_Pin)	切换指定的 GPIO 引脚
void	GPIO_PinAFConfig(GPIO_TypeDef * GPIOx,uint16_t GPIO_PinSource,uint8_t GPIO_AF)	更改指定引脚的映射

```
typedef struct
{
    uint32_t GPIO_Pin ;            /* 指定要配置的 GPIO 引脚。此参数可以是任何
                                   GPIO_pins_define @ */
    GPIOMode_TypeDef GPIO_Mode ;   /* 指定选定的引脚的操作模式。这个参数可以是
                                   一个 GPIOMode_TypeDef */
    GPIOSpeed_TypeDef GPIO_Speed;  /* 指定选定的引脚的速度。这个参数可以是一个
                                   GPIOSpeed_TypeDef */
    GPIOOType_TypeDef GPIO_OType ; /* 指定选定的引脚输出类型。这个参数可以是一
```

个 GPIOOType_TypeDef * /

GPIOPuPd_TypeDef GPIO_PuPd ; /* 指定 Pull-up/Pull 选定的引脚。这个参数可以是一个 GPIOPuPd_TypeDef * /

} GPIO_InitTypeDef;

3. RCC_AHB1PeriphClockCmd 函数

RCC_AHB1PeriphClockCmd 函数用于启用或禁用 AHB1 外设时钟。注意：复位后，外设时钟（用于寄存器读/写访问）是被禁用的应用软件，使这个时钟前使用它。

(1) 参数 RCC_AHBPeriph

指定 AHB1 外设时钟。这个参数可以是下列值的任意组合：

➤ 参数 RCC_AHB1Periph_GPIOA：GPIOA 时钟；

➤ 参数 RCC_AHB1Periph_GPIOB：GPIOB 时钟；

➤ 参数 RCC_AHB1Periph_GPIOC：GPIOC 时钟；

➤ 参数 RCC_AHB1Periph_GPIOD：GPIOD 时钟；

➤ 参数 RCC_AHB1Periph_GPIOE：GPIOE 时钟；

➤ 参数 RCC_AHB1Periph_GPIOF：GPIOF 时钟；

➤ 参数 RCC_AHB1Periph_GPIOG：GPIOG 时钟；

➤ 参数 RCC_AHB1Periph_GPIOI：GPIOI 时钟；

➤ 参数 RCC_AHB1Periph_CRC：CRC 时钟；

➤ 参数 RCC_AHB1Periph_BKPSRAM：BKPSRAM 接口的时钟；

➤ 参数 RCC_AHB1Periph_DMA1：DMA1 的时钟；

➤ 参数 RCC_AHB1Periph_DMA2：DMA2 时钟；

➤ 参数 RCC_AHB1Periph_ETH_MAC：以太网 MAC 时钟；

➤ 参数 RCC_AHB1Periph_ETH_MAC_Tx：以太网传输的时钟；

➤ 参数 RCC_AHB1Periph_ETH_MAC_Rx：以太网接收时钟；

➤ 参数 RCC_AHB1Periph_ETH_MAC_PTP：以太网 PTP 时钟；

➤ 参数 RCC_AHB1Periph_OTG_HS：USB OTG HS 时钟；

➤ 参数 RCC_AHB1Periph_OTG_HS_ULPI：USB OTG HS ULPI 时钟。

(2) 参数 NewState

指定外设时钟的新的状态。这个参数可以是：ENABLE 或 DISABLE。

RCC_AHB1PeriphClockCmd 函数的定义如下：

```
void RCC_AHB1PeriphClockCmd(uint32_t RCC_AHB1Periph,FunctionalState NewState)
{
/* 检查参数 */
    assert_param(IS_RCC_AHB1_CLOCK_PERIPH(RCC_AHB1Periph));
    assert_param(IS_FUNCTIONAL_STATE(NewState));
    if (NewState != DISABLE)
    {
```

```
    RCC->AHB1ENR | = RCC_AHB1Periph;
  }
  else
  {
    RCC->AHB1ENR & = ~RCC_AHB1Periph;
  }
}
```

4. GPIO_Pin 参数

GPIO_Pin 指定要配置的 GPIO 引脚。此参数可以是任何 GPIO_pins_define 类型的数据,其本质也是 uint32_t 数据类型,定义如下:

uint32_t GPIO_Pin;

5. GPIO_Mode 参数

GPIO_Mode 指定选定引脚的操作模式。这个参数可以是一个 GPIOMode_TypeDef 类型的数据,定义如下:

GPIOMode_TypeDef GPIO_Mode;

GPIO_Mode 主要用于配置 GPIO 端口模式寄存器,GPIO 端口模式寄存器(GPIOx_MODER)(X = A···I)地址偏移为 0x00,复位值如下:

- 0xA800 0000 为端口 A;
- 0x0000 0280 为端口 B;
- 0x0000 0000 为其他端口。

GPIO 端口模式寄存器的结构如图 4-6 所示。

31	30	29	28	27	26	25	24	23	22	21	20	19	18	17	16
MODER15[1:0]		MODER14[1:0]		MODER13[1:0]		MODER12[1:0]		MODER11[1:0]		MODER10[1:0]		MODER9[1:0]		MODER8[1:0]	
rw	rw	rw	rw	rw	rw	rw	rw	rw	rw	rw	rw	rw	rw	rw	rw

15	14	13	12	11	10	9	8	7	6	5	4	3	2	1	0
MODER7[1:0]		MODER6[1:0]		MODER5[1:0]		MODER4[1:0]		MODER3[1:0]		MODER2[1:0]		MODER1[1:0]		MODER0[1:0]	
rw	rw	rw	rw	rw	rw	rw	rw	rw	rw	rw	rw	rw	rw	rw	rw

图 4-6 GPIO 端口模式寄存器结构

MODERy 位 2Y:2Y + 1 [1:0]:端口 x 配置位(Y=0···15)。这些位由软件写入配置的 I/O 方向模式。

- 00:输入(复位状态);
- 01:通用输出模式;
- 10:复用功能。

GPIO 配置模式枚举如下:

```
typedef enum
{
  GPIO_Mode_IN  = 0x00,      / * GPIO 输入模式 * /
```

```
GPIO_Mode_OUT  = 0x01,        /* GPIO 输出模式 */
GPIO_Mode_AF   = 0x02,        /* GPIO 替代的功能模式 */
GPIO_Mode_AN   = 0x03         /* GPIO 模拟信号输入模式 */
}GPIOMode_TypeDef;
#define IS_GPIO_MODE(MODE)(((MODE) == GPIO_Mode_IN)||((MODE) ==
GPIO_Mode_OUT)||((MODE) == GPIO_Mode_AF)||((MODE) == GPIO_Mode_AN))
```

6. GPIO_Speed 参数

GPIO_Speed 指定选定的引脚的速度。这个参数可以是一个 GPIOSpeed_TypeDef 类型的数据。定义格式如下:

$$GPIOSpeed\_TypeDef\ GPIO\_Speed;$$

GPIO 端口输出速度寄存器(GPIOx_OSPEEDR)(X = A···I),地址偏移:0x08 的。复位值:

➢ 0X0000 00C0 为端口 B;

➢ 0x0000 0000 为其他端口。

GPIO 端口输出速度寄存器(GPIOx_OSPEEDR)内容如图 4 - 7 所示。

31	30	29	28	27	26	25	24	23	22	21	20	19	18	17	16
OSPEEDR15[1:0]		OSPEEDR14[1:0]		OSPEEDR13[1:0]		OSPEEDR12[1:0]		OSPEEDR11[1:0]		OSPEEDR10[1:0]		OSPEEDR9[1:0]		OSPEEDR8[1:0]	
rw	rw	rw	rw	rw	rw	rw	rw	rw	rw	rw	rw	rw	rw	rw	rw

15	14	13	12	11	10	9	8	7	6	5	4	3	2	1	0
OSPEEDR7[1:0]		OSPEEDR6[1:0]		OSPEEDR5[1:0]		OSPEEDR4[1:0]		OSPEEDR3[1:0]		OSPEEDR2[1:0]		OSPEEDR1[1:0]		OSPEEDR0[1:0]	
rw	rw	rw	rw	rw	rw	rw	rw	rw	rw	rw	rw	rw	rw	rw	rw

图 4 - 7　GPIO 端口输出速度寄存器内容结构

OSPEEDRy 位 $2Y:2Y + 1$ [1 : 0]:端口 x 配置位($Y = 0···15$)。这些位由软件写入配置的 I/O 输出速度。

➢ 00:2 MHz 的低速;

➢ 01:25 MHz 的中等速度;

➢ 10:50 MHz 的快速度;

➢ 11:30 pF 的 100 MHz 的高速(15 pF 的 80 MHz 输出最大速度)。

GPIO 输出最大频率枚举定义如下:

```
typedef enum
{
GPIO_Speed_2MHz = 为 0x00,        /* <低速 */
GPIO_Speed_25MHz = 0X01,          /* <中速 */
GPIO_Speed_50MHz = 0X02,          /* <速度快 */
GPIO_Speed_100MHz = 0x03          /* 30pF 时高速(15pF 时的最大输出速度为 80 MHz) */
}GPIOSpeed_TypeDef;
#define IS_GPIO_SPEED(SPEED) (((SPEED) == GPIO_Speed_2MHz) || ((SPEED) == GPIO_
Speed_25MHz) ||((SPEED) == GPIO_Speed_50MHz)|| ((SPEED) == GPIO_Speed_100MHz))
```

7. GPIO_OType 参数

GPIO_OType 指定选定的引脚输出类型。这个参数可以是一个 GPIOOType_TypeDef 类型的数据。定义如下：

$$GPIOOType\_TypeDef\ GPIO\_OType\ ;$$

GPIO 端口输出型寄存器（GPIOx_OTYPER）（X = A…I）。地址偏移：0x04。复位值：0X0000 0000 。

GPIO 端口输出型寄存器内容结构如图 4-8 所示。

31	30	29	28	27	26	25	24	23	22	21	20	19	18	17	16
Reserved															
15	14	13	12	11	10	9	8	7	6	5	4	3	2	1	0
OT15	OT14	OT13	OT12	OT11	OT10	OT9	OT8	OT7	OT6	OT5	OT4	OT3	OT2	OT1	OT0
rw	rw	rw	rw	rw	rw	rw	rw	rw	rw	rw	rw	rw	rw	rw	rw

图 4-8　GPIO 端口输出型寄存器内部结构

31：16 保留位，读为 0。

位 15：0 OTy [1：0]：端口 x 配置位（Y = 0…15）。这些位被写入由软件配置的 I/O 端口的输出类型。

➤ 0：输出推挽（复位状态）；

➤ 1：输出漏极开路。

GPIO 输出类型枚举定义如下：

```
typedef enum
{
  GPIO_OType_PP = 0x00,
  GPIO_OType_OD = 0x01
}GPIOOType_TypeDef;
#define IS_GPIO_OTYPE(OTYPE) (((OTYPE) == GPIO_OType_PP) || ((OTYPE) == GPIO_OType_OD))
```

8. GPIO_PuPd 参数

GPIO_PuPd 指定 Pull-up/Pull 选定的引脚。这个参数可以是一个 GPIOPuPd_TypeDef 类型的数据。定义如下：

$$GPIOPuPd\_TypeDef\ GPIO\_PuPd\ ;$$

GPIO 端口寄存器（GPIOx_PUPDR）（X = A…I），地址偏移：0x0C。复位值为：

➤ 0x6400 0000 为端口 A；

➤ 0x0000 0100 为端口 B；

➤ 0x0000 0000 为其他端口。

GPIO 端口寄存器（GPIOx_PUPDR）内容结构如图 4-9 所示。

PUPDRy 位 2Y：2Y +1 [1：0]：端口 x 配置位（Y = 0…15），这些位由软件写

31	30	29	28	27	26	25	24	23	22	21	20	19	18	17	16
PUPDR15[1:0]		PUPDR14[1:0]		PUPDR13[1:0]		PUPDR12[1:0]		PUPDR11[1:0]		PUPDR10[1:0]		PUPDR9[1:0]		PUPDR8[1:0]	
rw	rw	rw	rw	rw	rw	rw	rw	rw	rw	rw	rw	rw	rw	rw	rw

15	14	13	12	11	10	9	8	7	6	5	4	3	2	1	0
PUPDR7[1:0]		PUPDR6[1:0]		PUPDR5[1:0]		PUPDR4[1:0]		PUPDR3[1:0]		PUPDR2[1:0]		PUPDR1[1:0]		PUPDR0[1:0]	
rw	rw	rw	rw	rw	rw	rw	rw	rw	rw	rw	rw	rw	rw	rw	rw

图 4 - 9　GPIO 端口寄存器内容结构

入,配置 I/O 的上拉或下拉。

> 00:没有上拉,下拉;

> 01:上拉;

> 10:下拉;

> 11:保留。

GPIO 配置上拉或下拉的枚举定义如下:

```
typedef enum
{
  GPIO_PuPd_NOPULL = 0x00,
  GPIO_PuPd_UP     = 0x01,
  GPIO_PuPd_DOWN   = 0x02
}GPIOPuPd_TypeDef;
#define IS_GPIO_PUPD(PUPD) (((PUPD) == GPIO_PuPd_NOPULL) || ((PUPD) == GPIO_PuPd_
UP) ||((PUPD) == GPIO_PuPd_DOWN))
```

9. GPIO_Init 函数

GPIO_Init 函数根据在 GPIO_InitStruct 指定的参数,用于初始化 GPIOx 外设。GPIO_Init 函数的参数如下。

> 参数 GPIOx:x 可为(A…I)选择 GPIO 外设;

> 参数 GPIO_InitStruct:到 GPIO_InitTypeDef 结构,它包含的指针指定的 GPIO 外设的配置信息;

> 无返回参数。

GPIO_Init 函数的实现代码如下:

```
void GPIO_Init(GPIO_TypeDef * GPIOx,GPIO_InitTypeDef * GPIO_InitStruct)
{
  uint32_t pinpos = 0x00,POS = 0X00,currentpin = 0;
/*检查参数*/
  assert_param(IS_GPIO_ALL_PERIPH(GPIOx));
  assert_param(IS_GPIO_PIN(GPIO_InitStruct -> GPIO_Pin));
  assert_param(IS_GPIO_MODE(GPIO_InitStruct> GPIO_Mode));
  assert_param(IS_GPIO_PUPD(GPIO_InitStruct -> GPIO_PuPd));
```

```
/* --------------配置端口引脚----------- */
/*-- GPIO 模式配置-- */
  for(pinpos = 0X00; pinpos <0x10; pinpos++)
  {
    POS = ((uint32_t)0X01)<<pinpos;
  /*获取端口引脚的位置*/
    currentpin = (GPIO_InitStruct> GPIO_Pin)&POS;
    if(currentpin == POS)
    {
    GPIOx - > MODER& = ~(GPIO_MODER_MODER0 <<(pinpos * 2));
    GPIOx - > MODER | = (((uint32_t)GPIO_InitStruct - > GPIO_Mode)
                        <<(pinpos * 2));
    ((GPIO_InitStruct - > GPIO_Mode == GPIO_Mode_OUT)| |
        (GPIO_InitStruct - > GPIO_Mode == GPIO_Mode_AF))
    {
      /*检查速度模式参数*/
      assert_param(IS_GPIO_SPEED(GPIO_InitStruct - > GPIO_Speed));
      /*高速模式配置*/
      GPIOx - > OSPEEDR& = ~(GPIO_OSPEEDER_OSPEEDR0 <<(pinpos * 2));
      GPIOx> OSPEEDR | = ((uint32_t)(GPIO_InitStruct
- >GPIO_Speed)<<(pinpos * 2));
      /*检查输出模式参数*/
      assert_param(IS_GPIO_OTYPE(GPIO_InitStruct> GPIO_OType));

      /*输出模式配置*/
      GPIOx - > OTYPER& = ~((GPIO_OTYPER_OT_0)<<((uint16_t)pinpos));
      GPIOx - > OTYPER | = (uint16_t)(((uint16_t)GPIO_InitStruct
- > GPIO_OType)<<((uint16_t)pinpos));
    }
    /*上拉下拉电阻配置*/
    GPIOx - > PUPDR& = ~(GPIO_PUPDR_PUPDR0 <<((uint16_t)pinpos * 2));
    GPIOx - > PUPDR | = (((uint32_t)GPIO_InitStruct
- > GPIO_PuPd)<<pinpos * 2));
    }
  }
}
```

10. GPIO_ToggleBits 函数

GPIO_ToggleBits 函数用于指定 GPIO 引脚的高低电平的切换。GPIO_ToggleBits 函数的参数如下。

> 参数 GPIOx：x 可为(A…I)，选择 GPIO 外设；
> 参数 GPIO_Pin：指定要切换的引脚；
> 无参数返回。

GPIO_ToggleBits 函数的实现代码如下：

```
void GPIO_ToggleBits(GPIO_TypeDef * GPIOx,uint16_t GPIO_Pin)
{
    assert_param(IS_GPIO_ALL_PERIPH(GPIOx)); /* 检查参数 */
    GPIOx -> ODR ^ = GPIO_Pin;
}
```

4.3　在 GCC 中应用 STM32 固件库

4.3.1　STM32F2 固件库 GCC 项目模板

1. 创建 STM32F2 固件库 GCC 项目模板

为了方便在 GCC 编译器环境下进行 STM32F2 固件库程序开发，可以创建一个项目模板。该项目模板可以从本书配套资料中获得。

STM32F2_GCC 项目模板目录结构如图 4-10 所示。

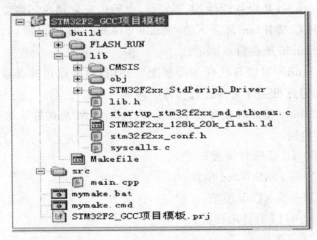

图 4-10　STM32F2_GCC 项目模板目录结构

从项目的文件结构可以看到，build 目录用于生成编译文件，src 目录用于保存源代码，build/lib 用来存放 STM32F2 的固件库文件。以下是一些文件说明。

> main.cpp：是项目的主程序文件；
> Makefile：是 GCC 编译器的 make 编译脚本文件，用于指定编译规则；
> mymake.bat 和 mymake.cmd 是 GCC 编译批处理文件；

➤ STM32F2_GCC 项目模板. prj：是 Obtain_Studio 项目配置文件。

该项目可以在安装和配置好 Sourcery G++ Lite for ARM EAB 的情况下，采用批处理文件直接进行编译，也可以在 Obtain_Studio 环境下进行编译。

2. 关于 Obtain_Studio

本书所介绍的例子，大部在 GCC 编译器下编译。软件的编辑和管理采用永久免费的 Obtain_Studio 开发平台。

Obtain_Studio 的本质是一个记事本与编译批处理文件的合成。把前面介绍的用记事本写程序以及用批处理文件编译程序的功能合成到了 Obtain_Studio 之中，方便用户使用 GCC 来编写应用程序和编译程序。

Obtain_Studio 平台与微软的 Visual Studio 相类似，也可进行 Windows 可视化程序设计，前者具有更好的嵌入式软件开发支持，例如支持 MS51、AVR 等单片机开发，支持 ARM7、ARM9 软件开发，SystemC 仿真与自动生成 Verilog HDL 代码，支持 Java、JSP、Struts、Spring 开发，支持 Windows 桌面操作系统和 Windows CE 嵌入式操作系统应用软件开发，支持 Smartwin++、QT、计算机视觉开源库 OpenCV 和 3D 开源库 irrlicht 应用软件开发，还支持 Android 操作系统应用程序的开发。

3. Obtain_Studio 的特点

① Obtain_Studio 是永久性全免费集成开发环境，任何人都可以使用、复制、配置和修改，也可以免费用于商业用途。

② Obtain_Studio 是绿色软件，不用安装，也不用配置系统环境变量和全局环境变量，压缩包解压后双击 bin 目录下的 Obtain_Studio. exe 文件即运行，不想用时直接删除 Obtain_Studio 所在目录即可。

③ Obtain_Studio 可以与任何编译器配合使用，只要通过批处理文件进行临时环境变量配置和通过批处理文件进行项目编译即可。

④ Obtain_Studio 集成开发环境中提供有许多 ARM 系列简单的应用模板，其中 Cortex M3 项目包括：

➤ STM32F2_GCC 项目模板；

➤ stm32_C++HelloWord 模板；

➤ stm32_C++SysTick 模板；

➤ stm32_C++TFT 显示模板；

➤ stm32_C++模板；

➤ WinARM08_STM32_Hello 模板。

4. 如何启动 Obtain_Studio 集成开发环境

（1）Obtain_Studio 的安装

Obtain_Studio 并不需要安装，只需要将压缩包解压到某个硬盘根目录下或一个简单的英文目录名下即可。具体方式如下：

➤ 将本书配套资料中的 Obtain_Studio 集成开发环境复制或者解压缩到硬盘某

个盘的根目录下（全部路径都使用英文路径），例如在"E:\"目录下，即"E:\
Obtain_Studio"；

➤ Obtain_Studio 目录下的 Bin 子目录，有一个名为 Obtain_Studio.exe 的可执
行文件，双击该文件即可以启动 Obtain_Studio 集成开发环境。

由于 Obtain_Studio 中的 WinARM 编译环境是采用动态环境变量设置的方式
（即绿色版方式），因此运行 Obtain_Studio 集成开发环境不会影响到其他的 GCC 软
件的运行。

大部分其他 IDE 都是采用设置固定环境变量的方式，如果计算机中已经安装有
其他版本的 GCC 编译环境，很可能影响到 Obtain_Studio 动态环境变量的自动获
取。因此，如果发现 Obtain_Studio 不能正常编译，应该首先考虑卸载已经安装在计
算机中的 GCC 编译环境，改用非安装版的（即动态环境变量设置的版本）。

（2）Obtain_Studio 的运行

运行 E:\Obtain_Studio\bin 目录下的 Obtain_Studio.exe 文件，此时将出现
图 4-11 所示的软件主界面。

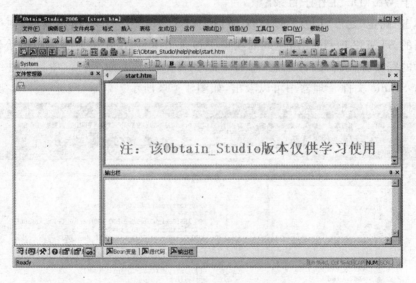

图 4-11 Obtain_Studio 启动界面

5. 利用 Obtain_Studio 模板建立一个新项目

在 Obtain_Studio 开发环境下，选择菜单"文件→新建→新建项目"，打开"新建
项目"对话框，或在 Obtain_Studio 主界面左边的项目资源管理器右击"新建项目"菜
单，也可进入"新建项目"对话框。"项目类别"下拉类别中选择"ARM 项目"→
"STM32 项目"，在右边的"模板"列表框中选择"STM32F2_GCC 项目模板"创建一
个名为 STM32F2_Key_Led 的项目，项目保存路径采用默认的路径，即 Obtain_Stu-
dio 所在目标的 WorkDir 子目录下，如图 4-12 所示。

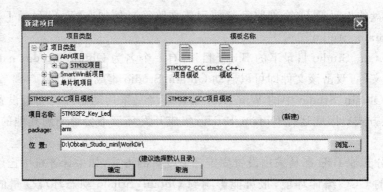

图 4 - 12　Obtain_Studio 创建新项目模板

　　需要特别注意的是,所有的 Obtain_Studio 项目都建议放在 Obtain_Studio 所在目录下的 WorkDir 工作子目录下,否则某些类型的项目可能不能正确编译。其原因主要是因为 Obtain_Studio 并没有配置全局变量,编译时头文件的查找一般都采用了相对于 WorkDir 工作子目录。

　　单击"确定"之后,即从"STM32 项目"→"STM32F2_GCC 项目模板"中生成了一个新的 STM32 项目,在所生成的项目中包含了 Key、Led 相关的一些初始化以及做演示的完整源代码,编译之后,即可下载到目标板子上面运行。项目文件结构从 Obtain_Studio 文件管理器中可以看出,如图 4 - 13 所示。

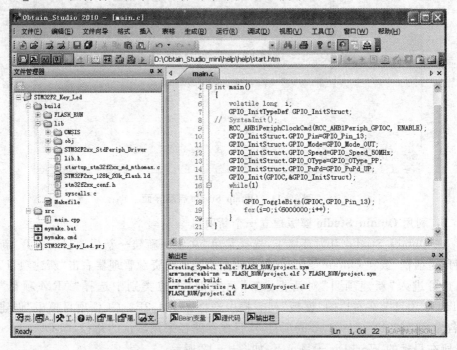

图 4 - 13　Obtain_Studio 文本编辑界面

6. 编译

Obtain_Studio 开发环境下,编译项目有两种方法:

① 单击工具条上的编译按钮。Obtain_Studio 编译工具条如图 4-14 所示。

② 选择主菜单"生成→保存并编译"。

编译的结果可以从 Obtain_Studio 下面的输入栏看到。如果编译不成功,所有的错误和警告消息,都在输入栏显示。

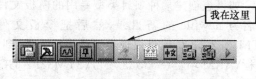

我在这里

图 4-14　Obtain_Studio 编译工具条

7. STM32 程序下载与运行

编译完成后,生成的 project. bin 和 project. hex 文件保存在项目所在目录(STM32F2_Key_Led 项目)的\build\FLASH_RUN 子目录下。例如 Obtain_Studio 的目录是 D:\Obtain_Studio_mini,那么上面创建的 STM32F2_Key_Led 项目所在的目录是 D:\Obtain_Studio_mini\WorkDir\sSTM32F2_Key_Led,那么 project. bin 和 project. hex 文件就保存在如下目录中:

D:\Obtain_Studio_mini\WorkDir\STM32F2_GCC 项目模板\build\FLASH_RUN

Obtain_Studio 本身没有集成下载功能,可以采用 Obtain ISP、STM32 ISP 下载软件或 JLINK、ULINK 等仿真软件来下载项目编译时生成的 project. bin 和 project. hex 文件。

8. 恢复 Obtain_Studio 原始界面状态

有时候不小心把 Obtain_Studio 的操作界面移乱了,或者关闭了某些窗口而找不到打开的地方,可以采用如下方式恢复 Obtain_Studio 原始界面状态。

➢ 退出 Obtain_Studio;

➢ 选择电脑桌面"开始→运行",输入 regedit;

➢ 在注册表里,找到 Obtain 一项"HKEY_CURRENT_USER\Software\Obtain",删除 Obtain 这一项的所有内容;

➢ 重新启动 Obtain_Studio。

4.3.2　Obtain_Studio 集成开发系统常用技巧

1. 如何在项目中添加新文件

可以选择 Obtain_Studio 主菜单"文件→新建文件",或单击左上边工具条的"新建文件"按钮进入"新建文件"对话框,在"文件"对话框中下边的"位置"框中选择文件将创建的目录,在"文件"对话框上边的"文件类型"框中选择所需要的文件类型,在对话框中间的"文件名"框中输入要创建的文件名,最后选择"确定"按钮即可创建一个新文件。

也可以在左边文件管理器栏中右击要创建新文件的目录,然后选择菜单"新建文件",这样"文件"对话框中的目录已经为鼠标单击位置的目录,选择文件类型并录入文件名然后按"确定"按键即可以创建新文件。

新文件是从一些模板文件中直接复制过来,如果用户想自己创建一些模板文件,可以把模板文件放到 Obtain_Studio 所在目录下的"bin\模板\新建立文件的样板\newfile"子目录中,即可变成公共的模板文件。

如果想创建某种项目类型专用的模板文件,可以到项目模板所在目录下创建一个名为 newfile 的新目录,然后把模板文件放到该目录下即可。例如要创建 STM32F2_GCC 项目模板项目的模板文件,到 Obtain_Studio_mini 所在目录的"bin\模板\ARM 项目\STM32 项目\STM32F2_GCC 项目模板子"目录下,创建一个 newfile 新目录,然后把模板文件放到该目录下。

2. 如何创建项目模板

用户可以自己创建项目模板,方法如下。

① 把已经编辑好并且可以正常编译的项目,整个目录复制到 Obtain_Studio 所在目录的"\bin\模板目录"的某种类型的项目子目录下,例如把 STM32 的项目模板放到"\bin\模板\ARM 项目\STM32 项目"的目录下。如果不是这种类型,也可以新创建目录,目录名字以"项目"两个字结束。

② 然后把新复制过来的项目目录名修改为用户想要的名称,目录名字以"模板"两个字结束。

③ 把该模板目录下,扩展名为".prj"的项目文件名修改成"prj.prj",然后用记事本打开 prj.prj 文件,内容格式如下:

```
<projectname> </projectname>
<projecttype>ARM</projecttype>
<title>stm32_C++HelloWord 模板</title>
<package>arm</package>
<typepath>\ARM 项目\STM32 项目\STM32F2_GCC 项目模板</typepath>
<projectpath> </projectpath>

<envionment_variables_batfile>
bin\config\arm2010.bat
</envionment_variables_batfile>
<compile>
mymake.cmd
</compile>
```

prj.prj 文件采用 XML 的格式编写,格式为"<名称>内容</名称>",其中<名称>表示某项内容的开始,</名称>表示某项内容的结束,中间是该项目的内容。prj.prj 文件各项内容的意义如下:

➤ <projecttype>ARM</projecttype>代表项目类型的 ARM 类型;

➤ <projectname>一项的内容可以不写,它是项目名称;

➤ <title>一项是模式的名称,这一项一定要写,用户根据需要自己写一个想要的模板名字;<package>这一项可以不写,只在 java 项目中用;

> ➤ ＜typepath＞这一项一定要写,代表模板所在的目录,是一个相对目录,只能写出"Obtain_Studio\bin\模板\目录"之后的那一部分;
> ➤ ＜projectpath＞这一项不写,是项目当前所在路径;
> ➤ ＜envionment_variables_batfile＞这一项一定要写,是默认的用于编译时设置环境变量的批处理文件名以及相对目录,相对于 Obtain_Studio 所在的目录,例如上面的 arm2010.bat 文件就是 ARM GCC 编译器的环境变量设置文件。＜compile＞这一项一定要写,是编译时执行编译的批处理文件名。

3. 用户自己配置新的编译器环境变量

例如从网上下载一个新的 GCC 编译器,如何配置环境变量让 Obtain_Studio 里的项目在编译时调用该新的编译器呢?

方式就是在 Obtain_Studio 所在目录下的 config 子目录中创建一个新的批处理文件。下面是 ARM GCC 编译器的环境变量设置文件 arm2010.bat 的内容,用户可以参考该文件自己配置新的编译器环境变量。

例如下载下来的 GCC ARM 编译器解压(或安装)在 Obtain_Studio 所在目录的 \ARM\arm2010 目录下,那么 arm2010.bat 内容可以写成如下所示:

```
@rem -------------------------
@rem ---下行是设置 MINGW 安装根目录,把{{{}}}用安装目录代替即可,例如 MINGW_ROOT =
F:\systemCStudio----------
@rem ---这里是自动环境设置,请不要把{{{}}}删除,程序会自动用 F:\systemCStudio
代替------------
@SET ARM_ROOT = {{{}}}\ARM\arm2010
@rem @SET ARM_ROOT = d:
@echo ARM2010 环境变量配置
@set PATH = % ARM_ROOT % \BIN; % ARM_ROOT % \utils\BIN; % PATH %
@set INCLUDE = % ARM_ROOT % \arm-none-eabi\include\c + + \4.4.1;
 % ARM_ROOT % \arm-none-eabi\include\c + + \4.4.1; % ARM_ROOT % \arm - none - eabi\in-
clude; % INCLUDE %
@set LIB = % ARM_ROOT % \LIB; % LIB %
```

上面的配置是用了相对地址,相对于 Obtain_Studio 所在的目录。如果 GCC ARM 编译器解压(或安装)不在 Obtain_Studio 所在目录之下,那么就得配置一个绝对地址。例如,安装在 D 盘的 ARM 目录下,那么批处理文件可以改写成如下形式:

```
@SET ARM_ROOT = d:\arm
@echo ARM2010 环境变量配置
@set PATH = % ARM_ROOT % \BIN; % ARM_ROOT % \utils\BIN; % PATH %
@set INCLUDE = % ARM_ROOT % \arm - none - eabi\include\c + + \4.4.1;
 % ARM_ROOT % \arm-none-eabi\include\c + + \4.4.1; % ARM_ROOT % \arm-none-eabi\in-
clude; % INCLUDE %
@set LIB = % ARM_ROOT % \LIB; % LIB %
```

4. 为关键词自动提示功能添加新的关键词

在编译 C、C++、Java 等源程序时,只要输入关键词的前面部分字符,Obtain_Studio 会自动提示后面部分字符供选择。这些关键词都放在 Obtain_Studio 所在目录 config 子目录的 CFileModule. config 文件中,用记事本打开该文件,在其他已经定义好的关键词之后添加新的一行并且录入新的关键词即可。

Obtain_Studio 可以自动认识一些类、对象和变量然后产生自动录入提供功能,但提示的内容并不完整。对于一些常用的类,用户可以按\Obtain_Studio\bin\config\C_TXT 目录下扩展名为. txt 的那个文件的格式,自己创建提示文件内容。

编写规则是把包含有类定义的. h、. c、. cpp 扩展的文件复制到\Obtain_Studio\bin\config\C_TXT 目录下,并把扩展名改变. txt。然后用记录本打开这些文件,在类定义中的变量成员和成员函数名前插入一个"|"符号(在键盘 Enter 键上边),然后保存退出即可。这样 Obtain_Studio 会自动到这里查找提示的内容。

5. Obtain_Studio 编译批处理文件

Obtain_Studio 项目一般有两个编译批处理文件,mymake. cmd 和 mymake. bat。mymake. cmd 的内容是"@command /c mymake. bat 1%"一行,作用是按 command 命令形式来执行 mymake. bat 文件,这一作法并非必要。另一个文件是编译执行批处理文件,内容如下:

```
cd src
cp -R * ../build
cd..
cd build
cs-make makefile clean
cs-make makefile all
@echo boot -c COM1 -b 115200 -r -e -v -x ./FLASH_RUN/project.bin
```

其中,① "cd src"代表转到 src 目录下;

② "cp - R * ../build"代表把所有内容复制到上一层目录的 build 子目录下;

③ "cd.."表示退回上一层目录;

④ "cd build"代表转到 build 目录下;

⑤ "cs-make makefile clea"代表执行 ARM GCC 的 cs-make 编译命令,按该目录下的编译控制文件 makefile 里的内容进行处理,处理入口处是 clean,该处放有清除旧编译文件的代码;

⑥ "cs-make makefile all"代表从 makefile 文件的 all 入口处执行,即完成编译工作;

⑦ 最后一行有一个"echo",代表不执行,直接显示出来,如果要执行它,就去掉这个词,这一行是调用 boot 下载程序,实现 ISP 功能。

第 5 章

STM32F2 的启动原理及时钟控制

5.1 STM32F2 启动原理

5.1.1 STM32F2 启动过程分析

1. 启动过程

STM32F2 的启动模式与 STM32F1 一样,STM32F2 也是通过 BOOT[1∶0]引脚的配置来选择启动模式。用户可以根需要选择主闪存存储器、系统存储器或 SRAM 这 3 种启动模式之中的一种。启动模式如表 5 - 1 所列。

表 5 - 1   BOOT[1∶0]引脚选择

启动模式选择引脚		启动模式
BOOT1(I/O PB2)	BOOT0(I)	
X	0	从片上用户闪存启动
0	1	从片上系统闪存启动,运行 bootloader
1	1	从片上 SRAM 启动

注:① 把 BOOT 电平配置好,复位系统,则可以激活启动代码的运行。

② 复位后第 4 个 SYSCLK 时钟的上升沿时刻,锁存两个 BOOT 引脚的电平,由此进入相应的启动空间。

(1) 启动过程

STM32F2 系统复位后,SYSCLK 的第 4 个上升沿,BOOT 引脚的值将被锁存。用户可以通过设置 BOOT1 和 BOOT0 引脚的状态来选择在复位后的启动模式。

从待机模式退出时,BOOT 引脚的值将被重新锁存;因此,在待机模式下 BOOT 引脚应保持为需要的启动配置。在启动延时之后,CPU 从地址 0x0000 0000 获取堆栈顶的地址,并从启动存储器的 0x0000 0004 指示的地址开始执行代码。存储器的 0x0000 0004 地址处保存的不是程序代码,而是向量表的一部分,是一个入口地址,即指向系统复位后第一段需要执行的程序的地址。

虽然有不同的启动模式,但 STM32F2 具有存储器映像的功能,因此代码区始终从地址 0x0000 0000 开始(通过 ICode 和 DCode 总线访问),而数据区(SRAM)始终从地址 0x2000 0000 开始(通过系统总线访问)。Cortex-M3 的 CPU 始终从 ICode 总线获取复位向量,即启动仅适合于从代码区开始(典型地从 Flash 启动)。可见,

141

STM32F2 微控制器实现了一个特殊的机制,系统不仅可以从 Flash 存储器或系统存储器启动,也可以从内置 SRAM 启动。

(2) 启动模式设置

STM32F2 根据选定的启动模式,系统可以按用户闪存存储器、系统存储器或 SRAM 这 3 种启动方式之一启动。3 种启动方式的特点如下。

- ➢ 从用户闪存存储器启动:用户闪存存储器被映射到启动空间(0x0000 0000),但仍然能够在它原有的地址(0x0800 0000)访问它,即闪存存储器的内容可以在 0x0000 0000 或 0x0800 0000 两个地址区域访问;
- ➢ 从系统存储器启动:系统存储器被映射到启动空间(0x0000 0000),但仍然能够在它原有的地址(0x1FFF F000)访问它;
- ➢ 从内置 SRAM 启动:只能在 0x2000 0000 开始的地址区访问 SRAM。

(3) 启动时钟的选择

STM32F2 系统时钟的选择是在启动时进行,复位时内部 16 MHz 的 RC 振荡器被选为默认的 CPU 时钟。也就是说,不管 STM32F2 是否连接有外部晶振,它都是使用内部 16 MHz 的 RC 振荡器时钟启动。

随后在程序中,可以选择外部的、具有失效监控的 4～26 MHz 时钟;当检测到外部时钟失效时,它将被隔离,系统自动切换到内部的 RC 振荡器,如果使能了中断,软件可以接收到相应的中断。

同样,在需要时可以采取对 PLL 时钟完全的中断管理,例如当一个间接使用的外部振荡器失效时。

多个预分频器用于配置 AHB 的频率、高速 APB(APB2)和低速 APB(APB1)区域。AHB 最高 120 MHz,APB1 最高 30 MHz,APB2 最高 60 MHz。

当从内置 SRAM 启动,在应用程序的初始化代码中,必须使用 NVIC 的异常表和偏移寄存器,重新映射向量表到 SRAM 中。

(4) 内嵌的自举程序

STM32F2 内嵌的自举程序用于通过 USART1 串行接口对闪存存储器进行重新编程。这个程序位于系统存储器中,由 ST 在生产线上写入。

2. SYSCFG 寄存器

SYSCFG 内存重映射寄存器(SYSCFG_MEMRMP),该寄存器用于内存重映射的具体配置:

- ➢ 两个位用于配置不同的存储器可以从 0X0000 0000 地址访问,该位用于通过 BOOT 引脚重新映射物理地址;
- ➢ 复位后这些位的值等于 BOOT 引脚的状态。当需要从主闪存启动时 BOOT 引脚设置为 10[(BOOT1,BOOT0)=(1,0)],该寄存器的值为 0x00。

当 FSMC 重映射成地址 0x0000 0000 时,只有前两个区块内存控制器(BANK1 NOR/PSRAM 的 1 和 NOR/PSRAM 的 2)可以重新分配。在重新映射模式下,CPU

可以通过 ICODE 总线,而不是系统总线访问外部存储器,使性能得到提升。

SYSCFG 寄存器内部结构参见本章后面的系统配置控制器一节。

5.1.2　STM32F2 物理重新映射

1. STM32F2 物理重新映射

物理重新映射是 STM32F2 新增的功能,如表 5 - 2 所列。一旦启动引脚选择,应用软件可以修改内存中的代码区(这样,代码可以通过 ICODE 总线执行)的访问。这一修改是在 SYSCFG 控制器编程 SYSCFG 内存重映射寄存器(SYSCFG_MEM-RMP)。

下面的存储器可以被重新映射:

➢ 主要 Flash 存储器;

➢ 系统内存;

➢ 嵌入式 SRAM1(112 KB);

➢ FSMC 的 Bank1(NOR/PSRAM 1 和 2)。

表 5 - 2　内存映射与引导模式/重新映射物理

地址	在主闪存中启动/重新映射	在嵌入式 SRAM 中启动/重新映射	在系统存在存储器中启动/重新映射	在 FSMC 中启动/重新映射
0x2001 C000—0x2001 FFFF	SRAM2(16 KB)	SRAM2(16 KB)	SRAM2(16 KB)	SRAM2(16 KB)
0x2000 0000—0x2001 BFFF	SRAM1(112 KB)	SRAM1(112 KB)	SRAM1(112 KB)	SRAM1(112 KB)
0x1FFF 0000—0x1FFF 77FF	系统存储器	系统存储器	系统存储器	系统存储器
0x0810 0000—0x0FFF FFFF	预留	预留	预留	预留
0x0800 0000—0x080F FFFF	Flash 存储器	Flash 存储器	Flash 存储器	Flash 存储器
0x4000 0000—0x07FF FFFF	预留	预留	预留	FSMC Bank1 NOR/PSRAM 2(别名)
0x0000 0000—0x03FF FFFF	Flash(1MB)别名	SRAM1 (112kB)别名	系统存储器(30kB)别名	FSMC Bank1 NOR/PSRAM 1(别名)

可由 BOOT 引脚以及重映射寄存器配置　　　只能由重映射寄存器配置　

2. 重新映射过程

复位之后,通常情况下,BOOT 引脚的值被复制到该寄存器。唯一例外的情况是当 BOOT1＝1/BOOT0＝0 从片上闪存启动时，寄存器值＝0x00。

要让 FSMC 的地址映射到 0x0000 0000，只能通过软件来使能，并且只有前两个区块内存控制器（BANK1 NOR/PSRAM 1 和 NOR/PSRAM 2）重新映射可以重新分配。FSMC 的映射的特点如下：

➤ 通过 Icode 总线执行代码比映射前使用 System 总线效率更高；

➤ 重映射后，FSMC 寄存器和外部存储器空间中未被重映射的区域就不能被访问了；退出重映射后，恢复访问允许。

5.1.3 STM32 软件复位与功耗控制

1. 软件复位

STM32 的软件复位主要由 Cortex-M3 内核实现。Cortex-M3 允许由软件触发复位序列，用于特殊的调试或维护目的。在 Cortex-M3 中，有两种方法可以执行自我复位：

➤ 第一种方法，通过置位 NVIC 中应用程序中断与复位控制寄存器（AIRCR）。

➤ 第二种方法，置位同一个寄存器中的 SYSRESETREQ 位。这种复位则会波及整个芯片上的电路，它会使 Cortex-M3 处理器把送往系统复位发生器的请求线置为有效。但是系统复位发生器不是 Cortex-M3 的一部分，而是由芯片厂商实现，因此不同的芯片对此复位的响应也不同。

应用程序中断及复位控制寄存器位功能如表 5-3 所列。

表 5-3 应用程序中断及复位控制寄存器（AIRCR）（地址：0xE000_ED00）

位 段	名 称	类 型	复位值	描 述
31：16	VECTKEY	RW	—	访问钥匙：任何对该寄存器的写操作，都必须同时把 0x05FA 写入此段，否则写操作被忽略。若要读取此寄存器，则必须同时把 0xFA05 写入此段
15	ENDIANESS	R	—	指示端设置。1＝大端（BE8），0＝小端。此值是在复位时确定的，不能更改
10：8	PRIGROUP	R/W	0	优先级分组
2	SYSRESETREQ	W	—	请求芯片控制逻辑产生一次复位

core_cm3.h 头文件中，提供了一个软件复位的函数 NVIC_SystemReset，虽然函数最后有一个无限循环程序："while(1){；}"，但并不会影响到复位的功能，只是在等待系统复位功能的完成，以避免系统在复位完成之前执行预想外的功能。

NVIC_SystemReset 函数实现代码如下：

```
static __INLINE void NVIC_SystemReset(void)
{
    SCB - >AIRCR = (NVIC_AIRCR_VECTKEY|
```

```
(SCB->AIRCR&(0x700))|(1<<NVIC_SYSRESETREQ));
```
/*优先级组不变*/
```
    __DSB();         /*确保完成内存访问*/
    while(1){;}       /*等待,直到复位*/
}
```

2. 功耗控制(PWR)

PWR 有多种用途,包括功耗管理和低功耗模式选择。在 STM32 固件库中包括了表 5-4 所列的 PWR 库函数,这个函数在头文件"stm32f10x_pwr. h"中声明。

表 5-4　PWR 库函数

函数名	描　述
PWR_DeInit	将外设 PWR 寄存器重设为默认值
PWR_BackupAccessCmd	使能或者失能 RTC 和后备寄存器访问
PWR_PVDCmd	使能或者失能可编程电压探测器(PVD)
PWR_PVDLevelConfig	设置 PVD 的探测电压阈值
PWR_WakeUpPinCmd	使能或者失能唤醒管脚功能
PWR_EnterSTOPMode	进入停止(STOP)模式
PWR_EnterSTANDBYMode	进入待命(STANDBY)模式
PWR_GetFlagStatus	检查指定 PWR 标志位设置与否
PWR_ClearFlag	清除 PWR 的待处理标志位

3. NVIC 中的系统复位函数

在 STM 固件 NVIC 部分,也包括了复位函数、提供 CPU 的 ID 号、内核复位(Core + NVIC)函数。它们的实现代码如下:

```
u32 NVIC_GetCPUID(void)
{
    return (SCB->CPUID);
}
void NVIC_GenerateSystemReset(void)
{
    SCB->AIRCR = AIRCR_VECTKEY_MASK | (u32)0x04;
}
void NVIC_GenerateCoreReset(void)
{
    SCB->AIRCR = AIRCR_VECTKEY_MASK | (u32)0x01;
}
```

4. 中断与复位的例子

下面是一个在本书配套资料中带有的中断与复位的例子,外部中断 I/O 口的映射按第 2 章所介绍的最小系统进行设置，如果是其他开发板，只要修改 io_map.h 文件中的 I/O 口映射即可，而无须修改其他程序代码。

下面程序主要功能是配置两个外部中断，外部中断输入引脚对应于最小系统板的 Key1、Key2。当按下 Key1 时，触发中断，然后执行 test1 函数，通过调用 NVIC_GenerateSystemReset 函数实现系统复位；当 Key2 按下时，触发中断，执行 test2 函数，通过调用 NVIC_SystemReset 函数实现系统复位。

项目名称为 stm32_C++_reset，程序代码如下：

```cpp
# include "include/bsp.h"
# include "include/led_key.h"
# include "include/exti.h"
# include "include/usart.h"
static CBsp bsp;
CUsart usart1(USART1,57600);
#define AIRCR_VECTKEY_MASK    ((uint32_t)0x05FA0000)
void NVIC_GenerateSystemReset(void)
{
  SCB->AIRCR = AIRCR_VECTKEY_MASK | (u32)0x04;
}
void test1(int)
{
    CLed led1(LED2);
    led1.isOn()? led1.Off():led1.On();
    printf("\r\n NVIC_GenerateSystemReset():系统准备重新启动! \r\n");
    NVIC_GenerateSystemReset();
}
void test2(int)
{
    CLed led1(LED3);
    led1.isOn()? led1.Off():led1.On();
    printf("\r\n NVIC_SystemReset():系统准备重新启动! \r\n");
    NVIC_SystemReset();
}
int main()
{
    bsp.Init();
    CLed led1(LED1);
    CExti exti1(EXTI1,test1);
    CExti exti2(EXTI2,test2);
    usart1.start();
    printf("\r\n 系统启动完成! \r\n");
```

```
int i = 0;
while(1)
{
    led1.isOn()? led1.Off():led1.On();
    printf("i = % d",i);
    bsp.delay(2000);
    if( + + i>25)
    {
        i = 0;
        printf("\r\n");
        bsp.delay(1000);
    }
}
return 0;
}
```

5.2 STM32F2 时钟控制(RCC)

5.2.1 STM32F2 时钟树

1. 时钟树

STM32F2 的时钟树如图 5-1 所示。由于 STM32 系统时钟来源种类很多,包括高速外部时钟信号(HSE)、16 MHz 高速内部 RC 振荡器信号(HIS)、PLL 时钟信号倍频、32.768 kHz 低速度外部时钟信号(LSE)、低速内部 RC 振荡器信号(LSI)等。

同时,STM32 内部不同的模块需要不同频率的时钟驱动信号,例如系统时钟、RTC 时钟、看门狗时钟、USB 时钟、ADC 时钟、Flash 时钟等。

上述这些时钟都是可以根据需要由用户选择的设置,因此在 STM32 程序中,需要对这些时钟进行配置。

2. STM32 时钟种类

在 STM32 中,有 5 个时钟源,包括 HSI、HSE、LSI、LSE 和 PLL。

① HSI 是高速内部时钟,RC 振荡器,频率为 16 MHz。

② HSE 是高速外部时钟,可接石英/陶瓷谐振器,或者接外部时钟源,频率范围为 4～26 MHz,一般选择 25 MHz。

③ LSI 是低速内部时钟,RC 振荡器,频率为 40 kHz。

④ LSE 是低速外部时钟,接频率为 32.768 kHz 的石英晶体。

⑤ PLL 为锁相环倍频输出,其时钟输入源可选择为 HSI/2、HSE 或者 HSE/2。倍频可选择为 2～16 倍,但是其输出频率最大不得超过 120 MHz。

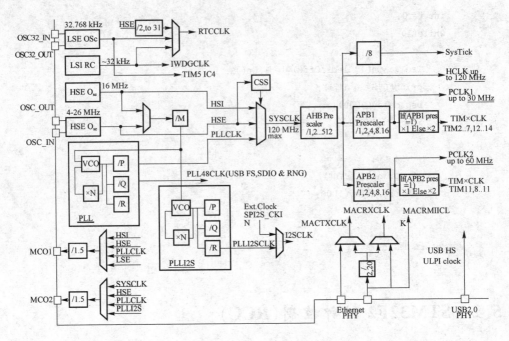

图 5-1　STM32F2 的时钟树

其中 40 kHz 的 LSI 供独立看门狗 IWDG 使用，另外它还可以被选择为 RTC 的时钟源。另外，实时时钟 RTC 的时钟源还可以选择 LSE，或者是 HSE 的 128 分频。RTC 的时钟源通过 RTCSEL[1：0]来选择。

STM32 中有一个全速功能的 USB 模块，其串行接口引擎需要一个频率为 48 MHz 的时钟源。

另外，STM32 还可以选择一个时钟信号输出到 MCO 脚（PA8）上，可以选择为 PLL 输出的 2 分频、HSI、HSE 或者系统时钟。

3. STM32 的时钟分配

系统时钟 SYSCLK 是供 STM32 中绝大部分部件工作的时钟源。系统时钟可选择为 PLL 输出、HSI 或者 HSE。系统时钟最大频率为 120 MHz，它通过 AHB 分频器分频后送给各模块使用，AHB 分频器可选择 1、2、4、8、16、64、128、256、512 分频。其中 AHB 分频器输出的时钟送给 5 大模块使用：

① 送给 AHB 总线、内核、内存和 DMA 使用的 HCLK 时钟。

② 通过 8 分频后送给 Cortex 的系统定时器时钟。

③ 直接送给 Cortex 的空闲运行时钟 FCLK。

④ 送给 APB1 分频器。APB1 分频器可选择 1、2、4、8、16 分频，其输出一路供 APB1 外设使用（PCLK1，最大频率 36 MHz），另一路送给定时器（Timer）2、3、4 倍频器使用。该倍频器可选择 1 或者 2 倍频，时钟输出供定时器 2、3、4 使用。

⑤ 送给 APB2 分频器。APB2 分频器可选择 1、2、4、8、16 分频，其输出一路供

APB2 外设使用(PCLK2,最大频率 60 MHz),另一路送给定时器(Timer)1 倍频器使用。该倍频器可选择 1 或者 2 倍频,时钟输出供定时器 1 使用。另外,APB2 分频器还有一路输出供 ADC 分频器使用,分频后送给 ADC 模块使用。ADC 分频器可选择为 2、4、6、8 分频。

在以上的时钟输出中,有很多是带使能控制的,例如 AHB 总线时钟、内核时钟、各种 APB1 外设、APB2 外设等。当需要使用某模块时,要先使能对应的时钟。

需要注意的是定时器的倍频器,当 APB 的分频为 1 时,它的倍频值为 1,否则它的倍频值就为 2。

连接在 APB1(低速外设)上的设备有:电源接口、备份接口、CAN、USB、I2C1、I2C2、UART2、UART3、SPI2、窗口看门狗、Timer2、Timer3、Timer4。注意 USB 模块虽然需要一个单独的 48 MHz 时钟信号,但它不是供 USB 模块工作的时钟,而只是提供给串行接口引擎(SIE)使用的时钟。USB 模块工作的时钟应该是由 APB1 提供的。

连接在 APB2(高速外设)上的设备有:UART1、SPI1、Timer1、ADC1、ADC2、所有普通 I/O 口(PA～PE)、第二功能 I/O 口。

5.2.2　F2 与 F1 系列 RCC 主要区别

STM32F2 系列与 STM32F1 系列相关的 RCC(复位和时钟控制器)的主要区别如表 5-5 所列。

表 5-5　STM32F1 和 F2 系列 RCC 之间的差异

RCC	STM32F1 系列	STM32F2 系列	说　明
HSI	8MHz RCfactory-trimmed	16 MHz 的 RCfactory-trimmed	到 SW 配置没有变化: ① 启用/禁用 RCC_CR [HSION] ② 状态标志 RCC_CR [HSIRDY]
LSI	40 kHz 的 RC	32 kHz 的 RC	到 SW 配置没有变化: ① 启用/禁用 RCC_CSR [LSION] ② 状态标志 RCC_CSR [LSIRDY]
HSE	3～25 MHz,取决于所使用的产品系列	4～26 MHz	到 SW 的配置没有变化: ① 启用/禁用 RCC_CR [HSEON] ② 状态标志 RCC_CR [HSERDY]
LSE	32.768 kHz	32.768 kHz	到 SW 配置没有变化: ① 启用/禁用 RCC_BDCR [LSEON] ② 状态标志 RCC_BDCR [LSERDY]

RCC	STM32F1 系列	STM32F2 系列	说　明
PLL	① 网络系列：主 PLL+2 PLL 用于 I²S、以太网和 OTG FS 时钟。② 其他系列：主 PLL	① 主 PLL 系统，OTG FS、SDIO 和 RNG 的时钟 ② 专用的 PLL 用于 I²S 时钟	PLL 使能/禁止 RCC_CR [PLLON] 和状态标志 RCC_CR [PLLRDY] 没有变化。然而，PLL 配置（时钟源选择、乘法/除法因素）是不同的。在 F2 系列有一个专用寄存器 RCC_PLLCFGR，用于配置 PLL 参数
系统时钟源	HSI，HSE 或 PLL	HSI，HSE 或 PLL	到 SW 配置的变化：① 选择位 RCC_CFGR [SW] ② 状态标志 RCC_CFGR [SW]
系统时钟频率	高达 72 MHz	最高 120 MHz	对于 STM32 F2，复位后使用 HSI，闪存等待状态，必须适应系统频率，取决于电源电压范围
AHB 频率	高达 72 MHz	最多至 120 MHz	到 SW 配置：配置位 RCC_CFGR [HPRE]
APB1 频率	最多至 36 MHz	高达 30 MHz	到 SW 配置的变化：配置位 RCC_CFGR [PPRE1]。在 F2 系列 PPRE1 位占据位 [10：12]，而不是 F1 系列位[8：10]
APB2 频率	最多至 72 MHz	高达 60 MHz	到 SW 配置：配置位 RCC_CFGR [PPRE2]。在 F2 系列 PPRE2 位占据[13：15]位的寄存器，而不是 F1 系列位[11：13]
RTC 时钟源	LSI，LSE 或 HSE 时钟除以 128	LSI，LSE 或 HSE 时钟除以 2~31	RTC 时钟源配置是通过同位 RCC_BDCR [RTCSEL]和 RCC_BDCR [RTCEN]。然而，在 F2 系列 HSE 作为 RTC 时钟源选择时，其他位用于 CFGR 寄存器，RCC_CFGR [RTCPRE]，选择应用 HSE 时钟的分频因子
MCO 时钟源	① MCO 引脚(PA8) ② 网络系列：HSI，HSE，PLL/2，SYSCLK/12，PLL2，PLL3 或 XT1 ③ 其他系列：HSI，HSE，锁相环/ 2 或 SYSCLK	① MCO1 引脚(PA8)：HSI，HSE，LSE 或 PLL ② MCO2 针（PC9）：PLLI2S，PLL HSE 或 SYSCLK ③ 具有可配置的预分频器，从 1 到 5，对于每个输出	MCO F2 系列的配置与 F1 不同：① MCO1 的配置，预分频器的配置是通过位 RCC_CFGR [MCO1PRE]，并通过位选择的时钟输出 RCC_CFGR [MCO1] ② MCO2 的配置，预分频器是通过位配置 RCC_CFGR [MCO2PRE]和通过位选择的时钟输出 RCC_CFGR [MCO2]
内部振荡器测量	LSI 连接到 TIM5 CH4 IC：可以测量 LSI W/HIS/HSE 时钟	LS 连接到 TIM5 CH4 IC：可以测量 LSI W/HIS/HSE 时钟	有没有在 RCC 寄存器执行的配置

RCC	STM32 的 F1 系列	STM32 F2 系列	说　明
中断	① CSS（NMI 中断的 IRQ） ② LSIRDY, LSERDY, HSIRDY, HSERDY, PLLRDY,PLL2RDY 和 PLL3RDY(连接到 RCC 全局 IRQ)	① CSS(链接到 IRQ) ② LSIRDY, LSERDY, HSIRDY, HSERDY, PLLRDY 和 PLLI2SRDY（连接到 RCC 全局 IRQ)	SW 配置上没有变化:中断启用、禁用和待清零寄存器 RCC_CIR

除了表 5 - 5 中所描述的差异,在移植过程中还需要执行系统时钟配置。从 F1 系列到 F2 系列,系统时钟配置代码只有少数几个设置需要更新;主 Flash 设置(系统频率配置正确的等待状态,预取启用/禁用⋯⋯)或/和 PLL 参数配置:

① 如果 HSE 或 HSI 直接用作系统时钟源,在这种情况下,只有 Flash 参数应修改;

② 如果 PLL(主频的 HSE 或 HSI)作为系统时钟源,在这种情况下,Flash 参数和 PLL 配置需要更新。

下面提供了一个从 F1 到 F2 系列移植一个系统时钟配置的范例。

① STM32F105/7 系列,以最高性能运行:系统时钟在 72 MHz(PLL,由 HSE 时钟作为系统时钟源),2 个等待状态和 Flash 预取队列启用 Flash。

② STM32F2 系列,最高性能运行:系统时钟在 120 MHz(PLL,由 HSE 时钟作为系统时钟源),3 个等待状态,闪存预取队列和分支缓存启用 Flash。

F2 系列上运行只需要重写 Flash 设置 PLL 参数(黑斜体代码),如表 5 - 6 所列。然而,HSE、AHB 的预分频器和系统时钟源配置保持不变,而 APB 的预分频器在 F2 系列适应 APB 的最大频率。

表 5 - 6　从 F1 到 F2 系列系统时钟配置代码迁移的范例

STM32F105/7 运行于 72 MHz(PLL 作为 时钟源),2 个等待状态	STM32F2xx 运行于 120MHz (PLL 作为时钟源),3 个等待状态

/* 启用 HSE----------- */
RCC - >CR | = ((uint32_t)RCC_CR_HSEON);
/* 等待,直到 HSE 的准备好 */
while((RCC - >CR & RCC_CR_HSERDY) == 0)
{
}
/* *Flash* 配置----- */
/* 预取模式打开,*Flash* 等待 2 个状态 */
FLASH - >ACR | = FLASH_ACR_PRFTBE |
FLASH_ACR_LATENCY_2;
/* AHB and APBs prescaler configuration -- */
	/* 启用 HSE----------- */
	RCC - >CR | = ((uint32_t)RCC_CR_HSEON);
	/* 等待,直到 HSE 的准备好 */
	while((RCC - >CR & RCC_CR_HSERDY) == 0)
	{
	}
	/* *Flash* 配置------ */
	/* 闪存预取和缓存模式打开,闪存等待 3 个状态 */
	FLASH - >ACR = FLASH_ACR_PRFTEN |
	FLASH_ACR_ICEN |
	FLASH_ACR_DCEN |

STM32F105/7 运行于 72 MHz(PLL 作为时钟源),2 个等待状态	STM32F2xx 运行于 120MHz (PLL 作为时钟源),3 个等待状态

```/* HCLK = SYSCLK */```
```RCC->CFGR |= RCC_CFGR_HPRE_DIV1;```
```/* PCLK2 = HCLK */```
```RCC->CFGR |= RCC_CFGR_PPRE2_DIV1;```
```/* PCLK1 = HCLK */```
```RCC->CFGR |= RCC_CFGR_PPRE1_DIV2;```
```/* PLLs 配置 ------ */```
```/* PLL2CLK = (HSE/5) * 8 = 40 MHz```
```PREDIV1CLK = PLL2/5 = 8 MHz */```
```RCC->CFGR2 |= RCC_CFGR2_PREDIV2_DIV5 |```
```RCC_CFGR2_PLL2MUL8 |```
```RCC_CFGR2_PREDIV1SRC_PLL2 |```
```RCC_CFGR2_PREDIV1_DIV5;```
```/* Enable PLL2 */```
```RCC->CR |= RCC_CR_PLL2ON;```
```/* Wait till PLL2 is ready */```
```while((RCC->CR & RCC_CR_PLL2RDY) == 0)```
```{```
```}```
```/* PLLCLK = PREDIV1 * 9 = 72 MHz */```
```RCC->CFGR |= RCC_CFGR_PLLXTPRE_PREDIV1 |```
```RCC_CFGR_PLLSRC_PREDIV1 |```
```RCC_CFGR_PLLMULL9;```
```/* 使能主 PLL */```
```RCC->CR |= RCC_CR_PLLON;```
```/* 等待,直到主 PLL 准备好 */```
```while((RCC->CR & RCC_CR_PLLRDY) == 0)```
```{```
```}```
```/* 主 PLL 作为系统时钟源 -* /```
```RCC->CFGR |= RCC_CFGR_SW_PLL;```
```/* 等待,直到主 PLL 作为系统时钟源 */```
```while ((RCC->CFGR & RCC_CFGR_SWS) !=```
```RCC_CFGR_SWS_PLL)```
```{```
```}```
	```FLASH_ACR_LATENCY_3WS;```
	```/* AHB and APBs prescaler configuration -- */```
	```/* HCLK = SYSCLK */```
	```RCC->CFGR |= RCC_CFGR_HPRE_DIV1;```
	```/* PCLK2 = HCLK/2 */```
	```RCC->CFGR |= RCC_CFGR_PPRE2_DIV2;```
	```/* PCLK1 = HCLK/4 */```
	```RCC->CFGR |= RCC_CFGR_PPRE1_DIV4;```
	```/* PLL 配置 ------ */```
	```/* PLLCLK = ((HSE/PLL_M) * PLL_N)/PLL_P```
	```= ((25 MHz/25) * 240)/2```
	```= 120 MHz */```
	``RCC->PLLCFGR = PLL_M
		(PLL_N << 6) |```
		```(((PLL_P >> 1) - 1) << 16) |```
		```(RCC_PLLCFGR_PLLSRC_HSE) |```
		```(PLL_Q << 24);```
		
		```/* 使能主 PLL */```
		```RCC->CR |= RCC_CR_PLLON;```
		```/* 等待,直到主 PLL 准备好 */```
		```while((RCC->CR & RCC_CR_PLLRDY) == 0)```
		```{```
		```}```
		```/* 主 PLL 作为系统时钟源 -* /```
		```RCC->CFGR |= RCC_CFGR_SW_PLL;```
		```/* 等待,直到主 PLL 作为系统时钟源 */```
		```while ((RCC->CFGR & RCC_CFGR_SWS) !=```
		```RCC_CFGR_SWS_PLL);```
		```{```
		```}```

注:① 表中的源代码是有意简化(删除了等待、循环、超时等代码),假设它们是在复位值的基础上进行处理。

② 对于 STM32F2xx 应用程序,可以使用时钟配置工具 STM32F2xx_Clock_ Configuration. xls,生成一个定制 system_stm32f2xx. c 的文件,其中包含一个系统时钟常规配置,以适应应用程序的需求。

5.2.3　RCC PLL 配置寄存器与 RCC 时钟配置寄存器

1. RCC PLL

RCC PLL 由两个 PLL 组成,一个是主 PLL,一个是音频专用 PLL,如图 5 - 2 所示。其中主 PLL 又有两个时钟输出。

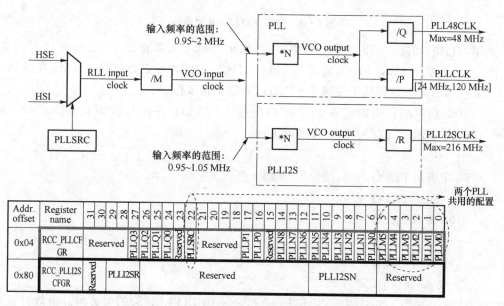

图 5 - 2　PLL 的配置和使用

➢ 输出 1:PLLCLK,(SYSCLK 的 3 个备选之一,24~120 MHz);

➢ 输出 2:PLL48CK(供 USB FS、SDIO 和 RNG 使用的 48 MHz)。

音频专用的 PLL 是 PLLI2S,输出时钟为 PLLI2SCLK。

两个 PLL 时钟源相同,均来自 HSI 或者 HSE。进入低功耗模式或者 HSE 失效,要在使能 PLL 之前配置两个 PLL 自动关闭 PLL 的倍频、分频因子。

2. RCC_PLLCFGR 寄存器的配置

RCC_PLLCFGR 寄存器地址偏移:0x04。复位值:0x24003010,如图 5 - 3 所示。没有等待状态,可以字、半字和字节访问。这个寄存器是用来配置 PLL 时钟输出,根据公式:

$$f(\text{VCO clock}) = f(\text{PLL clock input}) \times (\text{PLLN/PLLM})$$

$$f(\text{PLL general clock output}) = f(\text{VCO clock})/\text{PLLP}$$

$$f(\text{USB OTG FS, SDIO, RNG clock output}) = f(\text{VCO clock})/\text{PLLQ}$$

① 位 31:28 保留,始终为 0。

② 位 27:24 PLLQ:主锁相环(PLL)的 USB OTG FS、SDIO 和随机数发生器时钟的分频因子。设置和控制 USB OTG FS 时钟、随机数发生器时钟和 SDIO 时钟

31	30	29	28	27	26	25	24	23	22	21	20	19	18	17	16
Reserved				PLLQ3	PLLQ2	PLLQ1	PLLQ0	Reserved	PLLSRC	Reserved				PLLP1	PLLP0
				rw	rw	rw	rw		rw					rw	rw

15	14	13	12	11	10	9	8	7	6	5	4	3	2	1	0
Reserved	PLLN8	PLLN7	PLLN6	PLLN5	PLLN4	PLLN3	PLLN2	PLLN1	PLLN0	PLLM5	PLLM4	PLLM3	PLLM2	PLLM1	PLLM0
	rw	rw	rw	rw	rw	rw	rw	rw	rw	rw	rw	rw	rw	rw	rw

图 5 - 3 RCC_PLLCFGR 寄存器

频率,由软件清零。平时这些位可以写入,除非当 PLL 被禁止。

注意:USB OTG 的 FS 需要一个 48 MHz 的时钟才能正常工作。SDIO 和随机数发生器的频率需要低于或等于 48 MHz 才能正常工作。

USB OTG 的 FS 时钟频率 = VCO 的频率 / PLLQ,并且 $4 \leqslant PLLQ \leqslant 15$。

0000 表示 PLLQ = 0,错误的配置;

… …

0011 表示 PLLQ = 3,错误的配置;

0100 表示 PLLQ = 4;

0101 表示 PLLQ = 5;

… …

1111 表示 PLLQ = 15。

③ 位 23 保留,始终为 0。

④ 22 位,PLLSRC:主锁相环(PLL)和音频 PLL(PLLI2S)的时钟源。由软件设置和清除,选择 PLL 和 PLLI2S 时钟源。平时该位可以写入,除非当 PLL 和 PLLI2S 被禁用。

0 表示恒定时钟,PLL 和 PLLI2S 时钟输入选择;

1 表示 HSE 振荡器时钟,PLL 和 PLLI2S 时钟输入选择。

⑤ 位 21:18,保留,始终为 0。

⑥ 位 17:16,PLLP:主锁相环(PLL)的主系统时钟因子,设置和控制一般的 PLL 输出时钟频率,由软件清零。这些位可写,除非当 PLL 被禁止。

注意:当软件已正确设置这些位,不超过此域上的 120 MHz。PLL 输出时钟频率 = VCO 的频率/PLLP,其中 PLLP = 2、4、6 或 8。

00 表示 PLLP = 2 ;

01 表示 PLLP = 4 ;

10 表示 PLLP = 6 ;

11 表示 PLLP = 8 。

⑦ 位 14:6,PLLN:主锁相环(PLL)的 VCO 乘法因子。由软件设置和清除,控制 VCO 乘法因子。这些位可写,除非当 PLL 被禁止。只有半字和字访问可以写这些位。

注意:软件应该已正确设置这些位,以确保 VCO 的输出频率是 192～43 MHz 之间。

VCO 输出频率＝ VCO 输入频率×PLLN,其中 192≤PLLN≤432。

000000000 表示 PLLN ＝ 0,错误的配置;

000000001 表示 PLLN ＝ 1,错误的配置;

…… ……

011000000 表示 PLLN ＝ 192;

011000001 表示 PLLN ＝ 193;

011000010 表示 PLLN ＝ 194;

…… ……

110110000 表示 PLLN ＝ 432;

110110000 表示 PLLN ＝ 433,错误的配置;

…… ……

111111111 表示 PLLN ＝ 511,错误的配置。

⑧ 位 5:0 PLLM:主锁相环(PLL)和音频锁相环(PLLI2S)输入时钟的因素。设置和分频前 VCO 的 PLL 和 PLLI2S 输入时钟由软件清零。这些位可写,除非当 PLL 和 PLLI2S 被禁用。

注意:软件正确设置这些位,以确保 VCO 的输入频率范围从 1～2 MHz。建议选择为 2 MHz 的频率,限制 PLL 抖动。

VCO 输入频率＝ PLL 输入时钟频率/PLLM,其中 2≤PLLM≤63。

000000 表示 PLLM ＝ 0,错误的配置;

000001 表示 PLLM ＝ 1,错误的配置;

000010 表示 PLLM ＝ 2;

000011 表示 PLLM ＝ 3;

000100 表示 PLLM ＝ 4;

…… ……

111110 表示 PLLM ＝ 62;

111111 表示 PLLM ＝ 63。

3. RCC 的时钟配置寄存器(RCC_CFGR)

RCC 的时钟配置寄存器(RCC_CFGR)地址偏移为 0x08,复位值为 0X0000 0000,如图 5 - 4 所示。访问:0≤等待状态≤2,按字、半字和字节访问。当访问发生在一个时钟源切换时,插入 1 或 2 个等待状态。

① 位 31:30,MCO2 [1:0]:微控制器时钟输出 2。由软件设置和清除。MCO2 时钟源选择可能产生毛刺。强烈建议只有配置好振荡器和锁相环之后才改变这些位。

00 表示系统时钟(SYSCLK)选定;

31	30	29	28	27	26	25	24	23	22	21	20	19	18	17	16
MCO2		MCO2 PRE[2:0]			MCO1 PRE[2:0]			I2SSCR	MCO1		RTCPRE[4:0]				
rw	rw	rw	rw	rw	rw	rw	rw	rw	rw	rw	rw	rw	rw	rw	rw

15	14	13	12	11	10	9	8	7	6	5	4	3	2	1	0
PPRE2[2:0]			PPRE1[2:0]			Reserved		HPRE[3:0]				SWS1	SWS0	SW1	SW0
rw	rw	rw	rw	rw	rw			rw	rw	rw	rw	r	r	rw	rw

图 5-4　RCC 的时钟配置寄存器（RCC_CFGR）

01 表示 PLLI2S 时钟选择；

10 表示 HSE 振荡器时钟选择；

11 表示 PLL 时钟选定。

② 位 27：29，MCO2PRE：MCO2 预分频器。由软件设置和清除，配置 MCO2 的预分频器。MCO2 预分频器的修改可能会产生毛刺。强烈建议只有使能外部振荡器和锁相环之后才改变这一预分频器。

0xX 表示没有分频；

100 表示除以 2；

101 表示除以 3；

110 表示除以 4；

111 表示除以 5。

③ 位 24：26，MCO1PRE：MCO1 预分频器。由软件设置和清除配置，MCO1 的预分频器。MCO1 修改这个预分频器可能产生的毛刺，强烈建议只有使能外部振荡器和锁相环之后才改变这一预分频器。

0xX 表示没有分频；

100 表示除以 2；

101 表示除以 3；

110 表示除以 4；

111 表示除以 5。

④ 位 23 I2SSRC：I²S 的时钟选择。由软件设置和清除。该位允许选择 I²S 时钟源之间的 PLLI2S 时钟和外部时钟。强烈建议只有启用 I²S 模块之后才改变这一个位。

0 表示 PLLI2S，I²S 时钟源的时钟；

1 表示 I2S_CKIN 引脚映射外部时钟作为 I²S 时钟源。

⑤ 位 22：21，MCO1：微控制器时钟输出 1，由软件设置和清除。MCO1 时钟源选择可能产生的毛刺，强烈建议配置外部振荡器和 PLL 之后，才使这些位复位。

00 表示 HSI 时钟选择；

01 表示 LSE 振荡器选定；

10 表示 HSE 振荡器时钟选择；

11 表示 PLL 时钟选定。

⑥ 位 20,16 RTCPRE：HSE RTC 时钟分频因子。由软件设置和清除,用来为 RTC 划分 HSE 时钟输入时钟,产生 1 MHz 的时钟。

注意：该软件已正确设置这些位,以确保提供的 RTC 时钟为 1 MHz。在需要选择 RTC 时钟源之前,必须配置这些位。

00000 表示没有时钟;

00001 表示没有时钟;

00010 表示 HSE/2;

00011 表示 HSE/3;

00100 表示 HSE/4;

…　…

11110 表示 HSE/30;

11111 表示 HSE/31。

⑦ 位 15,13 PPRE2：APB 高速预分频器(APB2)。软件设置和清除来控制 APB 高速时钟分频因子。

注意：该软件已正确设置这些位不超过此域上的 60 MHz。时钟分频为从 1 到 16 的 AHB,PPRE2 写周期后的新预分频因子。

0xX 表示 AHB 时钟未分频;

100 表示 AHB 时钟除以 2;

101 表示 AHB 时钟除以 4;

110 表示 AHB 时钟除以 8;

111 表示 AHB 时钟除以 16。

⑧ 位 12,10 PPRE1：APB 低速预分频器(APB1)。通过软件设置和清除来控制 APB 低速时钟分频系数。

注意：应该保证软件已正确设置这些位不超过此域上的 30 MHz。时钟分频为从 1 到 16 的 AHB,PPRE1 写周期后新的预分频因子。

0xX 表示 AHB 时钟未分频;

100 表示 AHB 时钟除以 2;

101 表示 AHB 时钟除以 4;

110 表示 AHB 时钟除以 8;

111 表示 AHB 时钟除以 16。

⑨ 位 9：8 保留。

⑩ 位 7：4 HPRE：AHB 的预分频器。通过软件设置和清除来控制 AHB 时钟分频系数。

注意：使用以太网时,AHB 时钟频率必须至少有 25 MHz。

0xxx 表示系统时钟未分频;

1000 表示系统时钟 2 分频;

1001 表示系统时钟 4 分频；

1010 表示系统时钟 8 分频；

1011 表示系统时钟 16 分频；

1100 表示系统时钟 64 分频；

1101 表示系统时钟 128 分频；

1110 表示系统时钟 256 分频；

1111 表示系统时钟 512 分频。

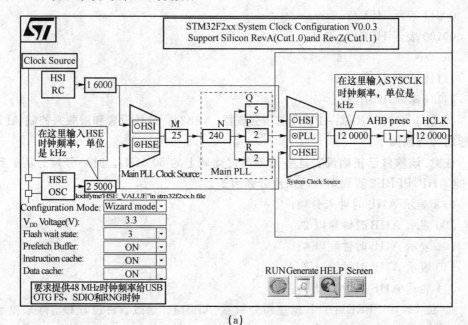

(a)

(b)

图 5 - 5　STM32F2xx－RevA－Z_Clock_Configuration 时钟配置图

⑪ 位 3：2,SWS:系统时钟切换状态。设置和硬件清零,表明所选择的时钟源作为系统时钟。

00 表示 HSI 振荡器作为系统时钟;

01 表示 HSE 振荡器作为系统时钟;

10 表示 PLL 作为系统时钟;

11 表示不适用。

⑫ 位 1：0,SW:系统时钟切换。由软件设置和清除,选择系统时钟源。由硬件设置为强制离开时的停机或待机模式,在 HSE 振荡器故障的情况下,HSI 或直接或间接选择用作系统时钟。

00 表示 HSI 振荡器作为系统时钟选择;

01 表示 HSE 振荡器作为系统时钟选择;

10 表示 PLL 作为系统时钟选择;

11 表示不允许。

5.2.4　采用 STM32F2xx-RevA-Z_Clock_Configuration 进行时钟配置

打开 STM32F2xx-RevA-Z_Clock_Configuration_V0.0.3.xls 文件,选择菜单"工具 → 宏 → 安全性",把安全级别设置为低,关闭 Excel。然后重新打开 STM32F2xx-RevA-Z_Clock_Configuration_V0.0.3.xls 文件,可以看到图 5-5 所示的配置结构图。

5.3　RCC 的应用

5.3.1　RCC 的配置方法

1. 系统时钟配置

STM32 F2 和 F1 系列的 RCC 具有相同的时钟源和配置过程。不过,也有一些相关的 PLL 配置、最大频率和 Flash 等待状态配置的差异。这些差异可以在应用程序代码 CMSIS 层中隐藏,在用户应用程序中只需要把 system_stm32f10x.c 文件更换成 system_stm32f2xx.c 文件即可。该文件提供了 SystemInit()函数,在 main()函数中,在启动分支程序之前调用,完成 RCC 配置功能。

注意:对于 STM32F2xx 可以使用时钟配置工具 STM32F2xx _Clock_Configuration.xls,根据应用需求生成一个定制的 SystemInit()函数。

2. 外设访问配置

在需要调用不同的功能启用/禁用或进入/退出外设时钟或复位模式等,都应该使能该设备的时钟。例如,F2 系列 GPIOA 映射 AHB1 总线上(F1 系列是 APB2 总线上),要启用它的时钟,必须使用 RCC_AHB1PeriphClockCmd 函数来配置:

RCC_AHB1PeriphClockCmd(RCC_AHB1Periph_GPIOA,ENABLE);

以便代替 F1 系列中的 RCC_APB2PeriphClockCmd 函数:

RCC_APB2PeriphClockCmd(RCC_APB2Periph_GPIOA,ENABLE);

3. 外设时钟配置

(1) I²S 时钟

STM32 F2 系列的 I²S 时钟可以是从一个特定的 PLL(PLLI2S)或从外部时钟上的 I2S_CKIN 引脚映射生成。

在这两种情况下,实现的代码如下:

```
/ ********************************************************** /
/ * PLLI2S 作为 I²S 时钟源使用 * /
/ ********************************************************** /
/ *选择 PLLI2S 作为 I²S 时钟源使用 * /
RCC_I2SCLKConfig(RCC_I2S2CLKSource_PLLI2S);
/ *配置 PLLI2S 时钟乘法和除法因子
注:PLLI2S 时钟源是常见的主要 PLL(在 RCC_PLLConfig 功能配置) * /
RCC_PLLI2SConfig(PLLI2SN, PLLI2SR);
/ * 使能 PLLI2S * /
RCC_PLLI2SCmd(ENABLE);
/ * 等待,直到 PLLI2S 准备好 * /
while(RCC_GetFlagStatus(RCC_FLAG_PLLI2SRDY) == 0)
{
}
/ *启用 I2Sx 的 APB 接口时钟(I2S2/3 是 SPI2 的/3 的外围设备的子集) * /
RCC_APB1PeriphClockCmd(RCC_APB1Periph_SPIx, ENABLE);
/ ********************************************************** /
/ * 外部时钟作为 I²S 时钟源 * /
/ ********************************************************** /
/ *选择外部时钟上 I²S 时钟源 I2S_CKIN 引脚映射 * /
RCC_I2SCLKConfig(RCC_I2S2CLKSource_Ext);
/ *启用 I2Sx 的 APB 接口时钟(I2S2/3 是 SPI2 的/3 的外围设备的子集) * /
RCC_APB1PeriphClockCmd(RCC_APB1Periph_SPIx, ENABLE);
```

(2) USB OTG FS 和 SDIO 时钟

STM32 F2 系列的 USB OTG FS 需要 48 MHz 的频率才正常工作,而上述设备则要求小于或等于 48 MHz 的频率才能正常工作。

下面是一个主要 PLL 配置的例子,以获取 120 MHz 的系统时钟频率和 48MHz 的 OTG FS 和 SDIO 频率,实现代码如下:

```
/* PLL_VCO = (HSE_VALUE/PLL_M) * PLL_N = 240 MHz */
#define PLL_M 25
#define PLL_N 240
/* SYSCLK = PLL_VCO/PLL_P = 120 MHz */
#define PLL_P 2
/* USB OTG FS, SDIO and RNG Clock = PLL_VCO/PLLQ = 48 MHz */
#define PLL_Q 5
...
/* 配置主 PLL */
RCC_PLLConfig(RCC_PLLSource_HSE, PLL_M, PLL_N, PLL_P, PLL_Q, 0);
/* 等待,直到 PLL 准备好 */
while(RCC_GetFlagStatus(RCC_FLAG_PLLRDY) == 0)
{
}
...
/* 启用的 USB OTG FS 的 AHB 接口的时钟 */
RCC_AHB2PeriphClockCmd(RCC_AHB2Periph_OTG_FS,ENABLE);
/* 启用的 SDIO 的 APB 接口时钟 */
RCC_APB2PeriphClockCmd(RCC_APB2Periph_SDIO, ENABLE);
```

(3) ADC 时钟

STM32F2 系列 ADC 具有两个时钟。

① 模拟电路时钟:ADCCLK 是所有 ADC 共同的时钟,该时钟由一个可编程的分频器从 APB2 分频生成,ADC 允许的工作时钟为 $f_{PCLK2}/2/4/6/8$。APB2 时钟在 60 MHz 时,使用 ADC 寄存器配置,ADCCLK 最高是 30 MHz。

② 数字接口的时钟(寄存器读/写访问):该时钟等于 APB2 时钟。通过 RCC APB2 外设时钟使能寄存器(RCC_APB2ENR),每一个 ADC 的数字接口时钟可以单独启用/禁用。

ADC 时钟的配置方法如下:

```
/* 为 ADC1、ADC2 和 ADC3 使能 APB 接口时钟 */
RCC_APB2PeriphClockCmd(RCC_APB2Periph_ADC1 | RCC_APB2Periph_ADC2 |
RCC_APB2Periph_ADC3, ENABLE);
/* 复位 ADC1, ADC2 和 ADC3 */
RCC_APB2PeriphResetCmd(RCC_APB2Periph_ADC, ENABLE);
RCC_APB2PeriphResetCmd(RCC_APB2Periph_ADC, DISABLE);
```

5.3.2　STM32F2 固件库中的时钟初始化的实现

1. SystemInit 函数

SystemInit 函数用于初始化 STM32 系统的各种时钟,初始化嵌入式闪存接口、

PLL 和更新 SystemFrequency 等变量。需要注意的是此功能应该只有复位后使用。

SystemInit 函数在 system_stm32f2xx.c 文件中定义,实现代码如下:

```
void SystemInit (void)
{
/* RCC 时钟配置重置到默认复位状态(用于调试目的) */
  /* HSION 位 */
  RCC - >CR| = (uint32_t)0x00000001;
  /* 复位 CFGR 寄存器 */
  RCC - >CFGR = 0X00000000;
  /* 复位 HSEON,CSSON 和 PLLON 位 */
  RCC - >CR& = (uint32_t)0xFEF6FFFF;
  /* 复位 PLLCFGR 寄存器 */
  RCC - >PLLCFGR = 0X00000000;
  /* 复位 HSEBYP 位 */
  RCC - >CR& = (uint32_t)0xFFFBFFFF;
  /* 禁止所有中断 */
  RCC - >CIR = 0X00000000;

  /* 配置系统时钟频率,HCLK PCLK2 PCLK1 分频器 */
  /* 配置闪存的延迟周期,使能预取缓冲器 */
  SetSysClock();

#ifdef VECT_TAB_SRAM
  SCB - >VTOR = SRAM_BASE|VECT_TAB_OFFSET;      /* 在内部 SRAM 矢量表搬迁 */
#else
  SCB - >VTOR = FLASH_BASE|VECT_TAB_OFFSET;     /* 在内部 FLASH 矢量表搬迁 */
#endif
}
```

2. SetSysClock 函数

SetSysClock 函数用于配置系统时钟频率,包括 HCLK、PCLK2 和 PCLK1 预分频器等。

SetSysClock 函数在 system_stm32f2xx.c 文件中定义,实现代码如下:

```
static void SetSysClock(void)
{
  __IO uint32_t StartUpCounter = 0, HSEStatus = 0;
  /* 启用 HSE */
  RCC - >CR | = ((uint32_t)RCC_CR_HSEON);
  /* 等待,直到 HSE 的准备,如果达到超时退出 */
  do
  {
```

```
  HSEStatus = RCC - >CR & RCC_CR_HSERDY;
  StartUpCounter + + ;
} while((HSEStatus == 0) && (StartUpCounter != HSE_STARTUP_TIMEOUT));
if ((RCC - >CR & RCC_CR_HSERDY) != RESET)
{
  HSEStatus = (uint32_t)0x01;
}
else
{
  HSEStatus = (uint32_t)0x00;
}
if (HSEStatus == (uint32_t)0x01)
{
  /* HCLK = SYSCLK */
  RCC - >CFGR |= (uint32_t)RCC_CFGR_HPRE_DIV1;
  /* PCLK2 = HCLK/2 */
  RCC - >CFGR |= (uint32_t)RCC_CFGR_PPRE2_DIV2;
  /* PCLK1 = HCLK/4 */
  RCC - >CFGR |= (uint32_t)RCC_CFGR_PPRE1_DIV4;
  /* 选择 HSE 作为 PLL 时钟源 */
  RCC - >PLLCFGR = PLL_M|(PLL_N<<6)|(((PLL_P>>1) - 1)<<16)
|(RCC_PLLCFGR_PLLSRC_HSE)|(PLL_Q<<24)|(PLL_R<<28);
/* 使能 PLL */
  RCC - >CR |= ((uint32_t)RCC_CR_PLLON);
  /* 等待,直到 PLL 准备好 */
  while((RCC - >CR & RCC_CR_PLLRDY) == 0)
  {
  }
  /* 启用闪存预取指令缓存和数据缓存为最大性能,并设置 Flash 等待状态 */
  FLASH - >ACR = FLASH_ACR_PRFTEN|FLASH_ACR_ICEN|FLASH_ACR_DCEN|0x03;
/* 选择 PLL 作为系统时钟源 */
RCC - >CFGR &= (uint32_t)((uint32_t)~(RCC_CFGR_SW));
  RCC - >CFGR |= ((uint32_t)RCC_CFGR_SW_PLL);
  /* 等待,直到锁相环被用作系统时钟源 */
  while((RCC - >CFGR&(uint32_t)RCC_CFGR_SWS)
        != (uint32_t)RCC_CFGR_SWS_PLL)
  {
  }
}
 else
{ /* 如果 HSE 未能启动,应用程序将有错误的时钟配置。 */
/* 用户可以在这里添加一些代码来处理这个错误 */
```

163

```
    }
  }
```

3. HSE_VALUE 宏定义

HSE_VALUE 是一个宏定义,在 stm32f2xx.h 中定义。HSE_VALUE 定义了外部高速振荡器(HSE)的值,用于所有需要的固件库函数中。为了避免每次使用不同的 HSE 时需要修改该文件,可以在工具链的编译器预处理器定义的 HSE 值。HSE_VALUE 宏定义如下:

```
#define HSE_VALUE((uint32_t)25000000)       //以 Hz 为单位的外部振荡器的值
```

4. PLL 配置参数的计算

在 system_stm32f2xx.c 文件中,定义了 PLL 配置参数的计算宏定义。PLL 配置参数的计算宏定义实现代码如下:

```
/* PLLVCO = (HSE_VALUE/PLL_M) * PLL_N */
#define PLL_M    (HSE_VALUE/1000000)        /* 取值范围 0~63 */
#define PLL_N    240                        /* 取值范围 192~432 */

/* SYSCLK = PLLVCO/PLL_P !!!! 不要超过 120 MHz */
#define PLL_P    2   /* 取值范围 2, 4, 6, or 8 */
/* OTGFS, SDIO and RNG Clock =  PLLVCO/PLLQ */
#define PLL_Q    5   /* 取值范围 4~15 */
/* I2SCLK =  PLLVCO/PLLR */
#define PLL_R    2     /* 取值范围 2~7 */
/* ex. to have SYSCLK @   120 MHz */
      SYSCLK = PLLVCO/PLL_P
            = ((HSE_VALUE/PLL_M) * PLL_N)/PLL_P
            = ((25 MHz/25) * 240 )/2 = 120 MHz
/*  时钟定义 */
  uint32_t SystemCoreClock = ((HSE_VALUE/PLL_M) * PLL_N)/PLL_P;
/*!<系统时钟频率(核心时钟) */
```

在上述 SetSysClock 函数中,通过如下程序来配置 PLLCFGR 寄存器,选择 HSE 作为 PLL 的时钟源,以完成 HSE 时钟的配置与选择:

```
RCC->PLLCFGR = PLL_M|(PLL_N<<6)|(((PLL_P>>1)-1)<<16)|RCC_PLLCFGR_PLLSRC_
HSE)|(PLL_Q<<24)|(PLL_R<<28);
```

5.3.3 在主程序中调用 STM32F2 固件库时钟初始化函数

在主程序的 main 函数中,在进行其他处理之前,首先调用 STM32F2 固件库时钟初始化函数 SystemInit 即可完成对 STM32F2 的时钟初始化工作。例如:

```
#include  "stm32f2xx.h"
int  main()
{
  volatile  long  i;
  GPIO_InitTypeDef  GPIO_InitStruct;
  SystemInit();
  RCC_AHB1PeriphClockCmd(RCC_AHB1Periph_GPIOC,  ENABLE);
  GPIO_InitStruct.GPIO_Pin = GPIO_Pin_13;
  GPIO_InitStruct.GPIO_Mode = GPIO_Mode_OUT;
  GPIO_InitStruct.GPIO_Speed = GPIO_Speed_50MHz;
  GPIO_InitStruct.GPIO_OType = GPIO_OType_PP;
  GPIO_InitStruct.GPIO_PuPd = GPIO_PuPd_UP;
  GPIO_Init(GPIOC,&GPIO_InitStruct);
  while(1)
  {
  GPIO_ToggleBits(GPIOC,GPIO_Pin_13);
  for(i = 0;i<6000000;i + +);
  }
}
```

5.4　系统配置控制器(SYSCFG)

系统配置控制器(SYSCFG)主要用于重新映射内存在代码区访问、选择以太网 PHY 接口以及管理外部中断的线路连接到 GPIO(例如 ADC)。

1. I/O 补偿单元

STM32F2 默认不使用 I/O 补偿单元,然而,当配置的 I/O 输出缓冲速度是 50 MHz 或 100 MHz 模式,就推荐使用的 I/O $t_{f(IO)}$ / $t_{r(IO)}$ 输出整流摆率控制补偿单元,以减少 I/O 上的电源噪声。

当补偿单元启用时,应该预先设置好标志位,使补偿单元准备就绪,即可以使用,只有当电源电压范围从 2.4~3.6 V 时,I/O 补偿单元才可用。

2. SYSCFG 内存重映射寄存器(SYSCFG_MEMRMP)

该寄存器用于内存重映射的具体配置:

➤ 两位被用来把内存配置到 0x00000000 地址进行访问。这些位可以用于绕过 BOOT 引脚,选择软件的方式进行物理重新映射。

➤ 复位后,这些位等于 BOOT 引脚选择的值,如果从主 Flash 存储器启动, BOOT 引脚设置为 10(BOOT1,BOOT0)=(1,0)],则该寄存器的值等于 0x00。

当 FSMC 重新映射到 0x00000000 地址时,只有 Bank1 的 NOR/PSRAM 1 和

NOR/PSRAM 2 前面这两个存储器区域可以重新分配。在重映射模式下，CPU 可以通过 lcode 总线来代替系统总线进行外部存储器的访问，提高了性能。然而，在重新映射模下，FSMC 只能重映射 Bank1 的 NOR/RSRAM 1 和 NOR/PSRAM 2 两个固定的地址区域。并且 FSMC 控制寄存器也无法访问。在使用 FSMC 的重映射功能时，必须禁止 FSMC 使用其他存储设备和访问 FSMC 控制寄存器。

SYSCFG 内存重映射寄存器（SYSCFG_MEMRMP）地址偏移为 0x00，复位值 0X0000000X（X 是由 BOOT 引脚选择的内存模式）。

SYSCFG 寄存器内容结构如图 5-6 所示。

31	30	29	28	27	26	25	24	23	22	21	20	19	18	17	16
Reserved															

15	14	13	12	11	10	9	8	7	6	5	4	3	2	1	0
Reserved														MEM_MODE	
														rw	rw

图 5-6 SYSCFG 寄存器内部结构

① 位 31：2，保留。

② 位 1：0，MEM_MODE：内存映射选择。由软件设置和清除。该位控制内部映射内存地址 0x0000 0000。复位后这些位等于内存映射选择引脚 BOOT 的值。

➤ 00 表示主要存储器映射为 0x0000 0000；

➤ 01 表示系统存储器映射为 0x0000 0000；

➤ 10 表示 Bank1 的 FSMC(NOR/PSRAM 1 和 2)映射为 0x0000 0000；

➤ 11 表示嵌入式 SRAM(112 KB)映射为 0x0000 0000。

3. SYSCFG 外设模式配置寄存器(SYSCFG_PMC)

SYSCFG 外设模式配置寄存器（SYSCFG_PMC）的地址偏移 0x04，复位值 0x0000 0000，各位的功能如下。

① 位 31：24，保留。

② 23 位，MII_RMII_SEL：以太网 PHY 接口选择，该位通过软件设置和清除，该位控制以太网 MAC PHY 接口：

➤ 0 表示选择 MII 接口；

➤ 1 表示选择 RMII 接口。

注：当 MAC 处于复位并且在 MAC 时钟使能之前需要先进行该配置。

③ 位 22：0，保留。

4. SYSCFG 外部中断配置寄存器 1(SYSCFG_EXTICR1)

SYSCFG 外部中断配置寄存器 1（SYSCFG_EXTICR1）的地址偏移 0x08，复位值 0x0000，各位的功能如下。

① 位 31：16，保留。

② 位 15：0 EXTIx[3：0]：EXTI 配置 X(X=0~3)。

以下这些位是通过软件来选择退出外部中断源输入。

0000：PA[x]引脚，0001：PB[x]引脚，0010：PC[x]引脚，0011：PD[x]引脚，0100：PE[x]引脚，0101：PF[x]引脚，0110：PG[x]引脚，0111：PH[x]引脚，1000：PI[x]引脚。

5. SYSCFG 外部中断配置寄存器 2(SYSCFG_EXTICR2)

SYSCFG 外部中断配置寄存器 2(SYSCFG_EXTICR2)的地址偏移 0x0C，复位值 0X0000，各位的功能如下。

① 位 31：16，保留。

② 位 15：0，EXTIx[3：0]：EXTI 配置 X(X=4~7 位)。

以下这些位是通过软件来选择退出外部中断源输入。

0000：PA[x]引脚，0001：PB[x]引脚，0010：PC[x]引脚，0011：PD[x]引脚，0100：PE[x]引脚，0101：PF[x]引脚，0110：PG[x]引脚，0111：PH[x]引脚，1000：PI[x]引脚。

6. SYSCFG 外部中断配置寄存器 3(SYSCFG_EXTICR3)

SYSCFG 外部中断配置寄存器 3(SYSCFG_EXTICR3)的地址偏移 0x10，复位值 0x0000，各位的功能如下。

① 位 31：16，保留。

② 位 15：0，EXTIx[3：0]：EXTI 配置 X(X=8~11 位)。

以下这些位是通过软件来选择退出外部中断源输入。

0000：PA[x]引脚，0001：PB[x]引脚，0010：PC[x]引脚，0011：PD[x]引脚，0100：PE[x]引脚，0101：PF[x]引脚，0110：PG[x]引脚，0111：PH[x]引脚，1000：PI[x]引脚。

7. SYSCFG 外部中断配置寄存器 4(SYSCFG_EXTICR4)

SYSCFG 外部中断配置寄存器 4(SYSCFG_EXTICR4)的地址偏移 0x14，复位值 0x0000，各位的功能如下。

① 位 31：16，保留。

② 位 15：0，EXTIx[3：0]：EXTI 配置 X(X=12~15 位)。

以下这些位是通过软件来选择 EXTIx 外部中断源输入。

0000：PA[x]引脚，0001：PB[x]引脚，0010：PC[x]引脚，0011：PD[x]引脚，0100：PE[x]引脚，0101：PF[x]引脚，0110：PG[x]引脚，0111：PH[x]引脚。注：PI[15：12]没有用到。

8. 补偿单元控制寄存器(SYSCFG_CMPCR)

补偿单元控制寄存器(SYSCFG_CMPCR)的地址偏移 0x20，复位值 0x0000 0000，各位的功能如下：

① 31：9，保留位。

② 第 8 位：补偿单元准备好标志。

➢ 0 表示 I/O 的补偿单元没有准备好；

➢ 1 表示 I/O 补偿单元准备好。

③ 位 7：2,保留。

④ 位 0,CMP_PD：掉电补偿单元。

➢ 0 表示 I/O 补偿单元掉电模式；

➢ 1 表示 I/O 补偿单元启用。

第 **6** 章

STM32F2 新增的 FSMC
接口及 LCD 屏控制

6.1 STM32F2 新增的 FSMC 接口

6.1.1 STM32F1 与 STM32F2 的 FSMC 接口比较

1. STM32F1 对 FSMC 接口的支持情况

在 STM32F1 中,FSMC 接口只适用于大容量产品,小容量、中容量以及互联型产品都不支持 FSMC 接口。特别是互联型产品不支持 FSMC 接口,两个非常重要的功能不可兼得,使得 STM32F1 微控制器的应用受到了一定的影响。STM32F1 的分类方式如下:

- ➤ 小容量产品是指闪存存储器容量在 16~32 KB 之间的 STM32F101xx、STM32F102xx 和 STM32F103xx 微控制器;
- ➤ 中容量产品是指闪存存储器容量在 64~128 KB 之间的 STM32F101xx、STM32F102xx 和 STM32F103xx 微控制器;
- ➤ 大容量产品是指闪存存储器容量在 256~512 KB 之间的 STM32F101xx 和 STM32F103xx 微控制器;
- ➤ 互联型产品是指 STM32F105xx 和 STM32F107xx 微控制器。

2. STM32F2 对 FSMC 接口的支持情况

与 STM32F1 中的互联型处理器(STM32F107)相比,STM32F207 既具有互联型处理的以太网控制器功能,又新增了对 FSMC 接口的支持。

STM32F2 系列产品中只有 100 引脚以及以上的封装才有 FSMC 模块。STM32F2 中,100 引脚以上的封装支持全功能的 FSMC 接口,而 100 引脚的封装只支持如下部分功能的 FSMC 接口:

① 100 引脚封装的 FSMC 只有 Bank1 的 region1 或 Bank2 可以使用,不能同时使用。

② 100 引脚封装的 FSMC 地址低 16 位和数据线复用,即 AD[0~15],A[16~23]单独,没有 A[24:25],即可以访问的 NOR/PSRAM 最大容量为 16 MB。数据地址复用时,通过 NL 来控制地址和数据的区分。

3. FSMC 接口的功能

FSMC(Flexihie Static Memory Controller,可变静态存储控制器)是 STM32 系列中内部集成 256 KB 以上 Flash,后缀为 xC、xD 和 xE 的高存储密度微控制器特有的存储控制机制。在 STM32F2 系列微控制器中,也保持了对 FSMC 的支持。

FSMC 之所以称为"可变",是由于通过对特殊功能寄存器的设置,能够根据不同的外部存储器类型,发出相应的数据/地址/控制信号类型以匹配信号的速度,从而使得 STM32 系列微控制器不仅能够应用各种不同类型、不同速度的外部静态存储器,而且能够在不增加外部器件的情况下同时扩展多种不同类型的静态存储器,满足系统设计对存储容量、产品体积以及成本的综合要求。

FSMC 模块能够与同步或异步的存储器和 16 位的 PC 存储器卡接口,它的主要作用一是将 AHB 传输信号转换到适当的外部设备协议,二是满足访问外部设备的时序要求。

所有的外部存储器共享控制器输出的地址、数据和控制信号,每个外部设备可以通过一个唯一的片选信号加以区分。FSMC 在任一时刻只访问一个外部设备。

FSMC 模块主要功能如下:

① 具有静态存储器接口的器件。

➢ 静态随机存储器(SRAM);

➢ 只读存储器(ROM);

➢ NOR 闪存;

➢ PSRAM(4 个存储器块)。

② 两个 NAND 闪存块,支持硬件 ECC 并可检测多达 8 KB 数据。

③ 16 位的 PC 卡。

④ 支持对同步器件的成组(Burst)访问模式,如 NOR 闪存和 PSRAM。

⑤ 8 或 16 位数据总线。

⑥ 每一个存储器块都有独立的片选控制。

⑦ 时序可编程以支持各种不同的器件:

➢ 等待周期可编程(多达 15 个周期);

➢ 总线恢复周期可编程(多达 15 个周期);

➢ 输出使能和写使能延迟可编程(多达 15 周期);

➢ 独立的读/写时序和协议,可支持宽范围的存储器和时序。

⑧ PSRAM 和 SRAM 器件使用的写使能和字节选择输出。

⑨ 将 32 位的 AHB 访问请求,转换到连续的 16 位或 8 位的,对外部 16 位或 8 位器件的访问。

⑩ 具有 16 个字,每个字 32 位宽的写入 FIFO,允许在写入较慢存储器时释放 AHB 进行其他操作。在开始一次新的 FSMC 操作前,FIFO 要先被清空。

6.1.2　AHB 总线接口

1. AHB 总线接口

AHB 总线接口主要功能如下：

① AHB 接口为内部 CPU 和其他总线控制设备访问外部静态存储器提供了通道。

② AHB 操作被转换到外部设备的操作。当选择的外部存储器的数据通道是 16 或 8 位时，在 AHB 上的 32 位数据会被分割成连续的 16 或 8 位的操作。

③ AHB 时钟（HCLK）是 FSMC 的参考时钟。

2. 支持的存储器和操作

AHB 接口一般的操作规则是，请求 AHB 操作的数据宽度可以是 8 位、16 位或 32 位，而外部设备则是固定的数据宽度，此时需要保障实现数据传输的一致性。因此，FSMC 执行下述操作规则。

① AHB 操作的数据宽度与存储器数据宽度相同：无数据传输一致性的问题。

② AHB 操作的数据宽度大于存储器的数据宽度：此时 FSMC 将 AHB 操作分割成几个连续的较小数据宽度的存储器操作，以适应外部设备的数据宽度。

③ AHB 操作的数据宽度小于存储器的数据宽度：依据外部设备的类型，异步的数据传输有可能不一致。

> 与具有字节选择功能的存储器（SRAM、ROM、PSRAM 等）进行异步传输时，FSMC 执行读/写操作并通过它的字节通道 BL[1：0]访问正确的数据；

> 与不具有字节选择功能的存储器（NOR 和 16 位 NAND 等）进行异步传输时，即需要对 16 位宽的闪存存储器进行字节访问；显然不能对存储器进行字节模式访问（只允许 16 位的数据传输），因此要注意如下两点：

☆ 不允许进行写操作；

☆ 可以进行读操作（控制器读出完整的 16 位存储器数据，只使用需要的字节）。

6.2　LCD 驱动芯片

6.2.1　LCD 接口

彩色 LCD 的连接方式，目前常见的有 MCU 模式、RGB 模式、SPI 模式、VSYNC 模式和 MDDI 模式等几种。

1. MCU 模式

目前最常用的 MCU 模式连接模式，一般是 80 系统模式（还有 M68 系统模式，但现在已经较少使用）。数据位传输有 8 位、9 位、16 位和 18 位。连线分为：$\overline{CS}$、RS（寄存器选择）、$\overline{RD}$、$\overline{WR}$ 以及数据线。MCU 模式的优点是：控制简单方便，无需时钟和同步信号。缺点是：要耗费 GRAM,所以难以做到大屏(QVGA 以上)。

MCU 模式(即 CPU 模式)分成为 3 种子模式:i80 模式、M68 模式和 VSYNC＋CPU 模式。

(1)i80 模式

i80 模式的信号线主要有片选信号 CS、读信号 $\overline{RD}$、写信号 $\overline{WR}$、数据命令区分信号 RS,以及数据线(可根据实际情况进行宽度的选择),再加上一个复位 REST 信号。

(2)M68 模式

M68 模式支持可选择的总线宽度 8/9/16/18 bit(默认为 8 位),其设计思想与 i80 模式的思想一样,与 i80 模式主要区别是:

➢ M68 模式总线控制读写信号组合在一个引脚上($\overline{WR}$);

➢ 增加了一个锁存信号(E)。

(3)VSYNC＋CPU 模式

VSYNC＋CPU 模式是在上述两个接口模式的基础上增加一个 VSYNC 信号,这样就与上述两个接口有很大的区别。该模式支持直接进行动画显示的功能,它提供了一个对 CPU 接口最小的改动,实现动画显示的解决方案。

2. RGB 模式

大屏采用较多的模式,数据位传输也有 6 位、16 位和 18 位之分。连线一般有:VSYNC、HSYNC、DOTCLK、VLD、ENABLE,剩下就是数据线。它的优缺点正好和 MCU 模式相反。

3. SPI 模式

采用较少,连线为 $\overline{CS}$、SLK、SDI 和 SDO 这 4 根线,连线少但是软件控制比较复杂。

4. MDDI 模式

高通公司于 2004 年提出的接口 MDDI(Mobile Display Digital Interface),通过减少连线可提高移动电话的可靠性并降低功耗,这将取代 SPI 模式而成为移动领域的高速串行接口。连线主要是 host_data、host_strobe、client_data、client_strobe、power、GND 等几根线。

6.2.2 Ili9xxx 系列 TFT 驱动芯片

1. Ili9xxx 系列 TFT 驱动芯片介绍

奕力科技 2004 年 7 月在中国台湾创立,目前产品专注于各式中小尺寸 a－TFT LCD 及 LTPS LCD 面板驱动 IC,终端产品则涵盖手机、MP3、数字相机、PDA、GPS、PMP、学习机及游戏机等应用。该公司主要的 LCD 驱动 IC 如表 6－1 所列。

表 6-1　常见奕力科技 LCD 驱动 IC

芯片类型	分辨率	RAM 大小	颜　色
ILI7096(EOL product)	96RGB×64(LTPS)	13 824 B	262 k
ILI9132(EOL product)	128RGB×128	36 864 B	262 k
ILI9160	128RGB×160	46 080 B	262 k
ILI9161	128RGB×160	46 080 B	262 k
ILI9162	128RGB×160	46 080 B	262 k
ILI9220	176RGB×220	87 120 B	262 k
ILI9221	176RGB×220	87 120 B	262 k
ILI9222	176RGB×220	87 120 B	262 k
ILI9320	240RGB×320	172 800 B	262 k
ILI9321(EOL product)	240RGB×320	RAM-less	262 k
ILI9325	240RGB×320	172 800 B	262 k
ILI9326	240RGB×432	233 280 B	262 k

2. i80/16 bit 系统接口

Ili9xxx 系列提供了多种系统接口模式,包括:

➢ i80 系统接口,8/9/16/18 bit 总线宽度;

➢ 串行外设接口(SPI);

➢ RGB 接口与 6/16/18 bit 总线宽度(垂直同步,HSYNC,DOTCLK,启用数据线[17:0]);

➢ 垂直同步接口(系统界面＋垂直同步)。

i80/16 bit 系统接口通过将 IM[3:0]引脚设置为"0010",其他的数据模式的选择如表 6-2 所列。可以通过 16 位微处理器的接口。

表 6-2　数据模式选择

IM3	IM2	IM1	IM0	MPU 接口、模式以及引脚应用
0	0	0	0	设置无效
0	0	0	1	设置无效
0	0	1	0	i80 系统,16 bit 接口,DB[17:10],DB[8:1]
0	0	1	1	i808 系统,8 bit 接口,DB[17:10]
0	1	0	1	串行外设接口 (SPI)SDI,SDO
0	1	1	*	设置无效
1	0	0	0	设置无效
1	0	0	1	设置无效
1	0	1	0	80 系统,18 bit 接口,DB[17:0]
1	0	1	1	i80 系统,9 bit 接口,DB[17:9]
1	1	*	*	设置无效

3. i80/16 bit 模式下与 MCU 的连接

在 i80/16 bit 模式下与 MCU 的连接如图 6 - 1 所示,需要把 DB[8：1]连接到 MCU 的[7：0]数据线上,把 DB[17：10]连接到 MCU 的[15：8]数据线上。

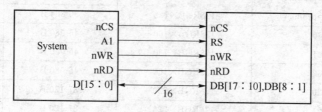

图 6 - 1 i80/16 bit 模式下与 MCU 的连接图

(1)nCS

片选信号,作为输入引脚,由 MCU 输出控制,不用时可连接高电平 IOVcc 或低电平 DGND。

➢ Low:ILI9xxx 选中,可访问;

➢ High:ILI9xxx 未选中,不能访问。

(2)RS

寄存器选择信号,作为输入引脚,由 MCU 输出控制,无用时可连接高电平 IOVcc 或低电平 DGND。

➢ Low:选择一个索引或状态寄存器;

➢ High:选择一个控制寄存器。

(3)nWR /SCL

数据写使能信号,作为输入引脚,由 MCU 输出控制,低电平有效,无用时可连接高电平 IOVcc 或低电平 DGND。在 SPI Mode 下,作用同步时钟信号(SCL)。

(4)nRD

数据读取使能信号,作为输入引脚,由 MCU 输出控制,低电平有效,无用时可连接高电平 IOVcc 或低电平 DGND。

(5)nRESET

复位信号,作为输入引脚,由 MCU 输出控制,低电平有效。

(6)DB[17：0]

数据接口,双向 I/O,18 位并行接口。不同数据线宽度模式下的选择如下。

➢ 8 bit I/F:DB[17：10]使用;

➢ 9 bit I/F:DB[17：9]使用;

➢ 16 bit I/F:DB[17：10]和 DB[8：1]使用;

➢ 18 bit I/F:DB[17：0]使用;

➢ 18 bit 并行双向数据总线 RGB 接口操作:DB[17：0]使用;

➢ 6 bit RGB I/F:DB[17：12]使用;

➤ 16 bit RGB I/F：DB[17：13]和 DB[11：1]使用；

➤ 18 bit RGB I/F：DB[17：1]使用；

➤ 未使用的管脚必须固定连接 IOVcc 或 DGND 电平。

i80/M68 16 bit 模式下，数据总线的连接方式如图 6-2 所列。

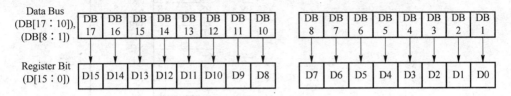

图 6-2　数据总线的连接方式

i80/M68 16 bit 模式下的写寄存器时序如图 6-3 所示，读寄存器时序如图 6-4 所示。

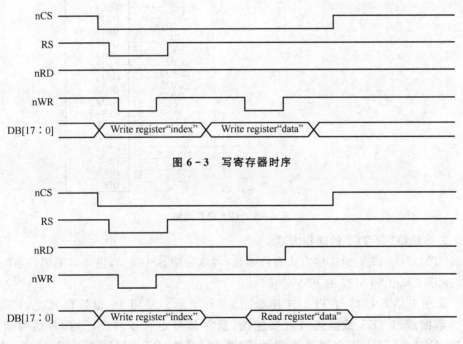

图 6-3　写寄存器时序

图 6-4　读寄存器时序

4. TFT 接口电路

TFT 接口电路如图 6-5 所示，包括片选信号 nCS、寄存器选择信号 RS、数据写使能信号 nWR、数据读取使能信号 nRD、复位信号 nRESET、数据接口 DB[17：0]等基本的 TFT 接口，同时还包括了 4 个背光控制信号和 4 个触摸屏接口信号。

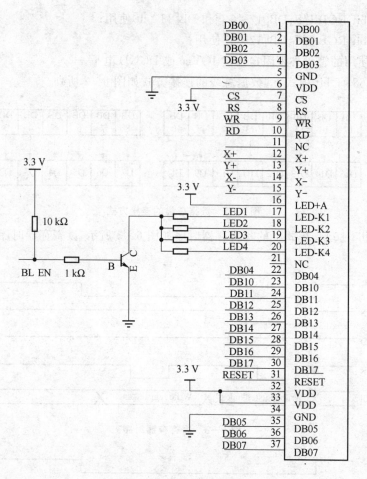

图 6 – 5　TFT 接口电路

5. STM32 与 TFT 的连接方式

STM32 与 TFT 的连接方式有许多种,可以采用 SPI 接口,也可以采用普通的端口,还可以采用 STM32 的 FSMC 接口。

采用 FSMC 接口与 TFT 连接如图 6 – 6 所示。采用 16 位数据宽度,FSMC 接口数据线与 TFT 数据接口直接连接,读写信号也可以与 TFT 读写信号直接连接,NE1 与 TFT 寄存器选择信号 CS 连接,即选择了 FSMC 第一个 Bank 空间来与 TFT 屏连接。另外,FSMC 的 A16 与 TFT 寄存器 RS 信号连接,这样可以根据地址来选择读写的数据是寄存器的数据还是显示缓冲区的数据。

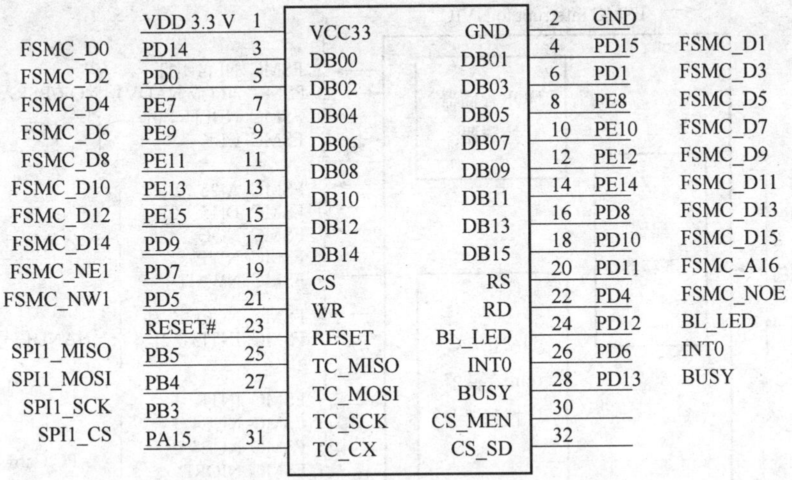

FSMC_D0	PD14	3	VCC33	GND	2	GND	
FSMC_D2	PD0	5	DB00	DB01	4	PD15	FSMC_D1
FSMC_D4	PE7	7	DB02	DB03	6	PD1	FSMC_D3
FSMC_D6	PE9	9	DB04	DB05	8	PE8	FSMC_D5
FSMC_D8	PE11	11	DB06	DB07	10	PE10	FSMC_D7
FSMC_D10	PE13	13	DB08	DB09	12	PE12	FSMC_D9
FSMC_D12	PE15	15	DB10	DB11	14	PE14	FSMC_D11
FSMC_D14	PD9	17	DB12	DB13	16	PD8	FSMC_D13
FSMC_NE1	PD7	19	DB14	DB15	18	PD10	FSMC_D15
FSMC_NW1	PD5	21	CS	RS	20	PD11	FSMC_A16
	RESET#	23	WR	RD	22	PD4	FSMC_NOE
SPI1_MISO	PB5	25	RESET	BL_LED	24	PD12	BL_LED
SPI1_MOSI	PB4	27	TC_MISO	INT0	26	PD6	INT0
SPI1_SCK	PB3		TC_MOSI	BUSY	28	PD13	BUSY
SPI1_CS	PA15	31	TC_SCK	CS_MEN	30		
			TC_CX	CS_SD	32		

VDD 3.3 V　1

图 6 - 6　采用 FSMC 接口

6.3　基于 FSMC 的 TFT 驱动程序设计

6.3.1　FSMC 与 TFT 端口连接与端口映射

1. FSMC 与 TFT 端口连接

STM32 的 FSMC 接口如图 6 - 7 所示,包括了 NOR/PSRAM 信号、NAND 信号、PC Card 信号以及这些接口的共享信号等。

STM32 的 FSMC 的信号名称与功能如表 6 - 3 所列。

表 6 - 3　STM32 的 FSMC 信号功能

信号名称	信号方向	功　　能
CLK	输出	时钟(同步突发模式使用)
A[25:0]	输出	地址总线
D[15:0]	输入/输出	双向数据总线
NE[x]	输出	片选,x=1...4(PSRAM 称其为 NCE(Cellular RAM,即 CRAM))
NOE	输出	输出使能
NWE	输出	写使能
NL(=NADV)	输出	地址有效(存储器信号名称为:NADV)
NWAIT	输入	PSRAM 要求 FSMC 等待的信号
NBL[1]	输出	高字节使能(存储器信号名称为:NUB)
NBL[0]	输出	低字节使能(存储器信号名称为:NLB)

177

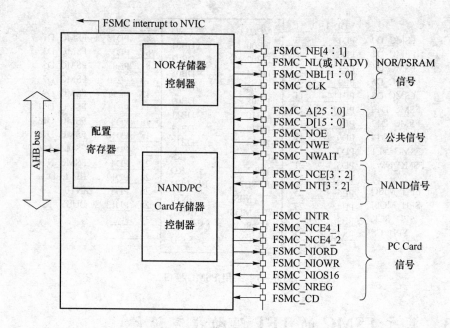

图 6 - 7　STM32 的 FSMC 接口

FSMC 与 TFT 端口连接的引脚安排如下：

➢ CS-PD7-FSMC_NE1；

➢ RS-PD11-FSMC_A16；

➢ WR-PD5-FSMC_NWE；

➢ RD-PD4-FSMC_NOE。

2. FSMC 与 TFT 端口连接与端口映射

为了方便 STM32 FSMC 的编程，也为了使程序更容易移植到不同的 STM32 系统板上，可在 io_map.h 文件中声明其宏定义，内容如下：

```
#define UP_PP_100 GPIO_PuPd_NOPULL,GPIO_OType_PP,GPIO_Speed_50MHz
#define SI_GPIO(m,n,k) RCC_AHB1Periph_GPIO##m,GPIO##m,GPIO_Pin_##n,\
GPIO_Mode_##k,UP_PP_100
#define AF_GPIO(m,n,t) RCC_AHB1Periph_GPIO##m,GPIO##m,GPIO_Pin_##n,\
        GPIO_Mode_AF,UP_PP_100,GPIO_PinSource##n,GPIO_AF_##t


//FSMC_TFT 摄像头端口映射
#define FSMC_D0    AF_GPIO(D,14,FSMC)
#define FSMC_D1    AF_GPIO(D,15,FSMC)
#define FSMC_D2    AF_GPIO(D,0,FSMC)
#define FSMC_D3    AF_GPIO(D,1,FSMC)
#define FSMC_D4    AF_GPIO(E,7,FSMC)
#define FSMC_D5    AF_GPIO(E,8,FSMC)
```

```
#define FSMC_D6   AF_GPIO(E,9,FSMC)
#define FSMC_D7   AF_GPIO(E,10,FSMC)
#define FSMC_D8   AF_GPIO(E,11,FSMC)
#define FSMC_D9   AF_GPIO(E,12,FSMC)
#define FSMC_D10  AF_GPIO(E,13,FSMC)
#define FSMC_D11  AF_GPIO(E,14,FSMC)
#define FSMC_D12  AF_GPIO(E,15,FSMC)
#define FSMC_D13  AF_GPIO(D,8,FSMC)
#define FSMC_D14  AF_GPIO(D,9,FSMC)
#define FSMC_D15  AF_GPIO(D,10,FSMC)
#define FSMC_NE1  AF_GPIO(D,7,FSMC)
#define FSMC_A16  AF_GPIO(D,11,FSMC)
#define FSMC_NW1  AF_GPIO(D,5,FSMC)
#define FSMC_NOE  AF_GPIO(D,4,FSMC)
#define TFT_BL_LED SI_GPIO(D,12,OUT)
```

6.3.2　FSMC 与 TFT 的内存空间映射与操作

1. FSMC 与 TFT 的内存空间映射

在 FSMC 中，将 NOR/PSRAM 第 1 片选信号的地址空间映射在 0X60000000 开始的 16 MB 空间内，如图 6-8 所示。

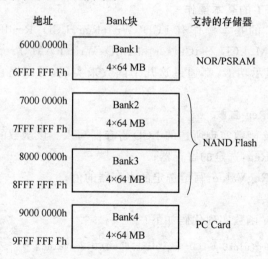

图 6-8　FSMC 与 TFT 的内存空间映射

另外，FSMC 的 A16 与 TFT 寄存器 RS 信号连接，这样可以根据地址来选择读写的数据是寄存器的数据还是显示缓冲区的数据。

因此，FSMC 与 TFT 的内存空间映射可以采用如下的宏定义：

```
/ * A16 = 1 -- data */
```

179

```
#define Bank1_LCD_D      ((uint32_t)0x60020000)      //disp Data ADDR
/* A16 = 0 -- cmd */
#define Bank1_LCD_C      ((uint32_t)0x60000000)      //disp Reg ADDR
```

如果某一个 TFT 接口连接的是 FSMC 的 bank1 NE4 和 A0 地址线,那么对 TFT 寄存器和对 TFT RAM 的内存空间映射可以采用如下的宏定义:

```
/* A0 = 0 -- cmd */
#define LCD_Command   *((volatile unsigned char * )0x6c000000)
/* A0 = 1 -- data */
#define LCD_Data   *((volatile unsigned char * )0x6c000001)
/* Private typedef ----------------------------- */
```

大多情况下 LCD 的信号读写都是控制寄存器与数据寄存器成对出现的,即先写一次控制寄存器马上又写一次数据寄存器,看起来像往某个地址写入数据一样,因此采用一个结构来描述这两个寄存可让程序更具有可读性,该结构定义如下:

```
typedef struct
{
    __IO uint16_t LCD_REG;
    __IO uint16_t LCD_RAM;
} LCD_TypeDef;
```

2. FSMC 与 TFT 的基本操作

FSMC 与 TFT 的基本操作有 LCD_WriteReg、LCD_ReadReg、LCD_WriteR-AM、LCD_ReadRAM、LCD_SetCursor 和 LCD_WriteRAM_Prepare 等 6 个核心函数。大部的 TFT 显示功能,都通过这几个函数来实现,可以把它们看成一个 TFT 驱动程序的接口。

(1)LCD_WriteReg 函数

LCD_WriteReg 函数实现所选的 LCD 寄存器写入。该函数的参数如下。

➤ 参数 LCD_Reg:选定的寄存器;

➤ 参数 LCD_RegValue:写给选定的寄存器的值;

➤ 无返回参数。

LCD_WriteReg 函数实现代码如下:

```
void LCD_WriteReg(uint8_t LCD_Reg, uint16_t LCD_RegValue)
{
    *(__IO uint16_t * )(Bank1_LCD_C) =   LCD_Reg;
    *(__IO uint16_t * )(Bank1_LCD_D) =   LCD_RegValue;
}
```

(2)LCD_ReadReg 函数

LCD_ReadReg 函数读取所选的 LCD 寄存器。该函数的参数如下。

➢ 参数 LCD_Reg:选定的要读的寄存器;
➢ 返回 LCD 寄存器的值。

LCD_ReadReg 函数实现代码如下:

```
uint16_t LCD_ReadReg(uint8_t LCD_Reg)
{
    * (__IO uint16_t * ) (Bank1_LCD_C) =   LCD_Reg;
    return ( * (__IO uint16_t * ) (Bank1_LCD_D));
}
```

(3)LCD_WriteRAM_Prepare 函数

LCD_WriteRAM_Prepare 函数实现液晶的 RAM 写入准备。该函数的参数如下。

➢ 参数没有;
➢ 无返回参数。

LCD_WriteRAM_Prepare 函数实现代码如下:

```
void LCD_WriteRAM_Prepare(void)
{
    * (__IO uint16_t * ) (Bank1_LCD_C) = LCD_REG_34;
}
```

(4)LCD_WriteRAM 函数

LCD_WriteRAM 函数实现液晶 RAM 写入。该函数的参数如下。

➢ 参数 RGB_Code:在 RGB 模式(5-6-5)像素的颜色;
➢ 无返回参数。

LCD_WriteRAM 函数实现代码如下:

```
void LCD_WriteRAM(uint16_t RGB_Code)
{
    * (__IO uint16_t * ) (Bank1_LCD_D) = RGB_Code;
}
```

(5)LCD_ReadRAM 函数

LCD_ReadRAM 函数读取 LCD RAM。该函数的参数如下。

➢ 没有参数;
➢ 无返 LCD RAM 的值。

LCD_ReadRAM 函数实现代码如下:

```
uint16_t LCD_ReadRAM(void)
{
    * (__IO uint16_t * ) (Bank1_LCD_C) = LCD_REG_34   ;
    return * (__IO uint16_t * ) (Bank1_LCD_D);
```

}

(6)LCD_SetCursor 函数

LCD_SetCursor 函数简述设置光标的位置。该函数的参数如下。

➢ 参数 Xpos:指定的 X 位置;

➢ 参数 Ypos:指定 Y 位置;

➢ 无返回参数。

LCD_SetCursor 函数实现代码如下:

```
void CTft_Fsmc::LCD_SetCursor(uint8_t Xpos, uint16_t Ypos)
{
  LCD_WriteReg(LCD_REG_32, Xpos);
  LCD_WriteReg(LCD_REG_33, Ypos);
}
```

6.3.3 FSMC 初始化

1. STM32 FSMC 端口初始化

STM32 FSMC 端口初始化主要包括以下内容:

➢ 设置 FSMC_NE1(D,7) 为推挽式输出;

➢ 设置 FSMC_A16(D,11) 为推挽式输出;

➢ 设置 FSMC_NW1(D,5) 为推挽式输出;

➢ 设置 FSMC_NOE(D,4) 为推挽式输出;

➢ 设置 FSMC_D0(D,14)、FSMC_D1(D,15)、FSMC_D2(D,0)、FSMC_D3(D, 1)、FSMC_D4(E,7)、FSMC_D5(E,8)、FSMC_D6(E,9)、FSMC_D7(E,10)、FSMC_D8(E,11)、FSMC_D9(E,12)、FSMC_D10(E,13)、FSMC_D11(E, 14)、FSMC_D12(E,15)、FSMC_D13(D,8)、FSMC_D14(D,9)、FSMC_D15 (D,10)为推挽式输出。

STM32 FSMC 端口初始化实现代码如下:

```
void STM3220F_LCD_Init(void)
{
  LCD_CtrlLinesConfig();
  LCD_FSMCConfig();

  _delay_(5); /* delay 50 ms */
}
//配置LCD控制线(FSMC引脚)备用功能模式
void LCD_CtrlLinesConfig(void)
{
        af_init(FSMC_D0);        af_init(FSMC_D1);
```

```
        af_init(FSMC_D2);        af_init(FSMC_D3);
        af_init(FSMC_D4);        af_init(FSMC_D5);
        af_init(FSMC_D6);        af_init(FSMC_D7);
        af_init(FSMC_D8);        af_init(FSMC_D9);
        af_init(FSMC_D10);       af_init(FSMC_D11);
        af_init(FSMC_D12);       af_init(FSMC_D13);
        af_init(FSMC_D14);       af_init(FSMC_D15);
        af_init(FSMC_NE1);       af_init(FSMC_A16);
        af_init(FSMC_NW1);       af_init(FSMC_NOE);
        init(TFT_BL_LED);
        for(volatile int i = 0;i<60000;i++);
        GPIO_SetBits(GPIOD, GPIO_Pin_12);
    }
```

2. FSMC 初始化

FSMC 初始化主要包括 FSMC 配置、SRAM 的 Bank 4 配置、FSMC_Bank1_
NORSRAM4 配置等,FSMC 配置内容如下。

> 数据/地址多路复用:禁用;

> 内存类型:SRAM;

> 数据宽度:16 位;

> 写操作:启用;

> 扩展模式:启用;

> 异步等待:禁用。

FSMC 初始化的实现代码如下:

```
void CTft_Driver::LCD_FSMCConfig(void)
{
    FSMC_NORSRAMInitTypeDef   FSMC_NORSRAMInitStructure;
    FSMC_NORSRAMTimingInitTypeDef   p;
    p.FSMC_AddressSetupTime = 1;              //设置地址建立时间
    p.FSMC_AddressHoldTime = 0;               //设置地址保持时间
    p.FSMC_DataSetupTime = 9;                 //设置数据建立时间
    p.FSMC_BusTurnAroundDuration = 0;         //总线翻转时间
    p.FSMC_CLKDivision = 0;                   //时钟分频
    p.FSMC_DataLatency = 0;                   //数据保持时间
    p.FSMC_AccessMode = FSMC_AccessMode_A;    //设置 FSMC 访问模式

    FSMC_NORSRAMInitStructure.FSMC_Bank = FSMC_Bank1_NORSRAM1; //选择设置的 BANK 以
//及片选信号(BANK1 中的第一个 block)
    FSMC_NORSRAMInitStructure.FSMC_DataAddressMux =
```

183

```
        FSMC_DataAddressMux_Disable;                    //设置是否数据地址总线时分复用(No)
        FSMC_NORSRAMInitStructure.FSMC_MemoryType = FSMC_MemoryType_SRAM; //设置存储器
//类型
        FSMC_NORSRAMInitStructure.FSMC_MemoryDataWidth =
        FSMC_MemoryDataWidth_16b;                       //设置数据宽度(16bit)
        FSMC_NORSRAMInitStructure.FSMC_BurstAccessMode =
        FSMC_BurstAccessMode_Disable;                   //设置是否使用并发访问模式(连续读写模
//式)(No)
        FSMC_NORSRAMInitStructure.FSMC_WaitSignalPolarity =
        FSMC_WaitSignalPolarity_Low;                    //设置 WAIT 信号的有效电平(低电平有效)
        FSMC_NORSRAMInitStructure.FSMC_WrapMode = FSMC_WrapMode_Disable; //设置是否使用
//还回模式(No)
        FSMC_NORSRAMInitStructure.FSMC_WaitSignalActive =
        FSMC_WaitSignalActive_BeforeWaitState;          //设置 WAIT 信号有效时机(在 wait 状态之
//前)
        FSMC_NORSRAMInitStructure.FSMC_WriteOperation =
        FSMC_WriteOperation_Enable;     //设置是否使能写操作(Yes)
        FSMC_NORSRAMInitStructure.FSMC_WaitSignal = FSMC_WaitSignal_Disable; //设置是否
//使用 WAIT 信号(No)
        FSMC_NORSRAMInitStructure.FSMC_ExtendedMode =
        FSMC_ExtendedMode_Disable;      //设置是否使用扩展模式(读写时序相互独立)(No)
        FSMC_NORSRAMInitStructure.FSMC_WriteBurst = FSMC_WriteBurst_Disable; //设置是否
//使用并发写模式(No)
        FSMC_NORSRAMInitStructure.FSMC_ReadWriteTimingStruct = &p; //设定读写时序
        FSMC_NORSRAMInitStructure.FSMC_WriteTimingStruct = &p; //设定写时序
        FSMC_NORSRAMInit(&FSMC_NORSRAMInitStructure);
        /* BANK 1 (of NOR/SRAM Bank 1~4) is enabled */
        FSMC_NORSRAMCmd(FSMC_Bank1_NORSRAM1, ENABLE);
    }
```

(1) 异步静态存储器(NOR 闪存和 PSRAM)方式

TFT 采用的是异步静态存储器(NOR 闪存和 PSRAM)方式的模式 A,在该方式下,所有信号由内部时钟 HCLK 保持同步,但时钟不会输出到存储器;FSMC 始终在片选信号 NE 失效前对数据线采样,这样能够保证符合存储器的数据保持时序(片选失效至数据失效的间隔,通常最小为 0 ns);当设置了扩展模式,可以在读和写时混合使用模式 A、B、C 和 D(例如,允许以模式 A 进行读,而以模式 B 进行写)。

模式 A 为 SRAM/PSRAM(CRAM) OE 翻转,模式 A 读操作时序如图 6-9 所示。

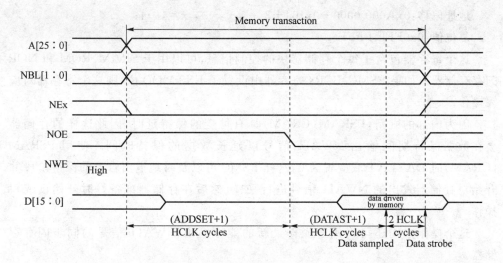

图 6 - 9　模式 A 读操作

模式 A 写操作时序如图 6 - 10 所示。

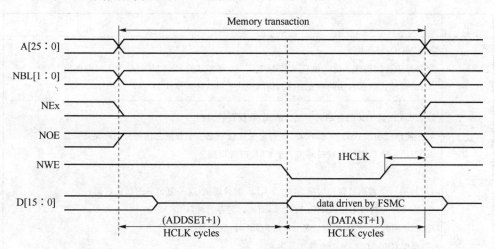

图 6 - 10　模式 A 写操作

(2)闪存片选时序寄存器与写时序寄存器

SRAM/NOR 闪存片选时序寄存器 1…4（FSMC_BTR1…4）。

地址偏移:0xA000 0000＋0x04＋8 ＊（x－1），x＝1…4;

复位值:0x0FFF FFFF。

这个寄存器包含了每个存储器块的控制信息,可以用于 SRAM、ROM 和 NOR 闪存存储器。如果 FSMC_BCRx 寄存器中设置了 EXTMOD 位,则有两个时序寄存器分别对应读(本寄存器)和写操作(FSMC_BWTRx 寄存器)。

SRAM/NOR 闪存写时序寄存器 1…4(FSMC_BWTR1…4)。

地址偏移:0xA000 0000+0x104+8 ＊（x−1），x＝1···4；

复位值:0x0FFF FFFF。

这个寄存器包含了每个存储器块的控制信息,可以用于 SRAM、ROM 和 NOR 闪存存储器。如果 FSMC_BCRx 寄存器中设置了 EXTMOD 位,则这个寄存器对应写操作。

因为内部的刷新,PSRAM(CRAM)具有可变的保持延时,因此这样的存储器会在数据保持期间输出 NWAIT 信号以延长数据的保持时间。使用 PSRAM(CRAM)时 DATLAT 域应置为 0,这样 FSMC 可以及时地退出自己的保持阶段并开始对存储器发出的 NWAIT 信号进行采样,然后在存储器准备好时开始读或写操作。

这个操作方式还可以用于操作最新的能够输出 NWAIT 信号的同步闪存存储器。

闪存片选时序寄存器与写时序寄存器配置功能如表 6－4 所列。

表 6－4　闪存片选时序寄存器与写时序寄存器配置功能表

位	说明
位 29：28	ACCMOD:访问模式 定义异步访问模式。这 2 位只在 FSMC_BCRx 寄存器的 EXTMOD 位为 1 时起作用 00:访问模式 A;01:访问模式 B;10:访问模式 C;11:访问模式 D
位 27：24	DATLAT:(NOR 闪存的同步成组模式)数据保持时间 处于同步成组模式的 NOR 闪存,需要定义在读取第一个数据之前等待的存储器周期数目 0000:第一个数据的保持时间为 2 个 CLK 时钟周期 …… 1111:第一个数据的保持时间为 17 个 CLK 时钟周期(这是复位后的默认数值) ① 这个时间参数不是以 HCLK 表示,而是以闪存时钟(CLK)表示 ② 在访问异步 NOR 闪存、SRAM 或 ROM 时,这个参数不起作用 ③ 操作 CRAM 时,这个参数必须为 0
位 23：20	CLKDIV:时钟分频比(CLK 信号) 定义 CLK 时钟输出信号的周期,以 HCLK 周期数表示 0000:保留 0001:1 个 CLK 周期＝2 个 HCLK 周期 0010:1 个 CLK 周期＝3 个 HCLK 周期 …… 1111:1 个 CLK 周期＝16 个 HCLK 周期(这是复位后的默认数值) 在访问异步 NOR 闪存、SRAM 或 ROM 时,这个参数不起作用

续表 6 - 4

位	说明
位 19：16	保留
位 15：8	DATAST：数据保持时间 这些位定义数据的保持时间，适用于 SRAM、ROM 和异步总线复用模式的 NOR 闪存操作 0000 0000：DATAST 保持时间＝1 个 HCLK 时钟周期 …… 0000 1111：DATAST 保持时间＝16 个 HCLK 时钟周期(这是复位后的默认数值)
位 7：4	ADDHLD：地址保持时间 这些位定义地址的保持时间，适用于 SRAM、ROM 和异步总线复用模式的 NOR 闪存操作 0000：ADDHLD 保持时间＝1 个 HCLK 时钟周期 …… 1111：ADDHLD 保持时间＝16 个 HCLK 时钟周期(这是复位后的默认数值) 注：在同步 NOR 闪存操作中，这个参数不起作用，地址保持时间始终是 1 个闪存时钟周期
位 3：0	ADDSET：地址建立时间 这些位以 HCLK 周期数定义地址的建立时间，适用于 SRAM、ROM 和异步总线复用模式的 NOR 闪存操作 0000：ADDSET 建立时间＝1 个 HCLK 时钟周期 …… 1111：ADDSET 建立时间＝16 个 HCLK 时钟周期(这是复位后的默认数值) 注：在同步 NOR 闪存操作中，这个参数不起作用，地址建立时间始终是 1 个闪存时钟周期

6.3.4　TFT 初始化

1. TFT 扫描方式

扫描方式在 03 寄存器中配置，03 寄存器结构如图 6 - 11 所示。

D15	D14	D13	D12	D11	D10	D9	D8	D7	D6	D5	D4	D3	D2	D1	D0
TRI	DFM	0	BGR	0	DACKE	HWM	0	0	0	I/D1	I/D0	AM	0	0	0

图 6 - 11　03 寄存器结构

(1)AM 位

AM 位用于控制 GRAM 更新的方向。

➤ 当 AM＝"0"，地址的写入为水平方向的更新；

➤ 当 AM＝"1"，地址的写入为垂直方向的更新。

当窗口区域由寄存器的 R16h 和 R17h 设置，只有 GRAM 区更新基于 I/ D 转换 [1：0]和 AM 位的设置。

(2)I/D[1：0]位

I/D[1：0]位用于转换控制地址计数器(AC)，在一个像素更新时，自动增加或减少 1。扫描方式如图 6 - 12 所示。

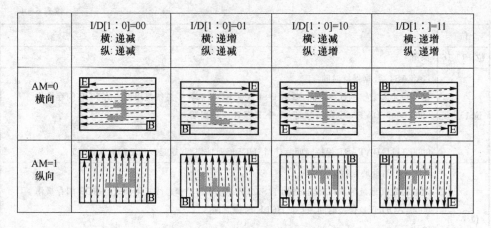

图 6 - 12　扫描方式

(3)ORG 位

当一个窗口地址区域生产时,根据 ID 设置来移动原点地址,当为窗口地址使用高速 RAM 写入数据时,这功能处于开启状态。

➢ ORG="0":起源地址不被移动。在这种情况下,根据窗口内的地址区域的 GRAM 地址范围,指定的地址开始写操作;

➢ ORG="1":原地址"00000h"转换为 I/D [1:0]设定。

注:当 ORG=1,只有原地地址 "00000h"可以设置,在 RAM 地址设置之时。寄存器 R20h 和 R21h。在 RAM 的读操作时,请确保设置 ORG=0。

(4)BGR 位

BGR 位是交换 R 和 B 数据写入的顺序。

➢ BGR 的="0":按照顺序写 RGB 像素数据;

➢ BGR 的="1":在写入 GRAM 时将 RGB 数据交换成 .BGR 数据。

2. 彩色模式

可以选择不同的彩色模式,例如 262 k 或 65 k 彩色显示屏,通过 TRI 和 DFM 进行设置,同时需要注意 16 线与 RGB 三色数据之间的分配情况,如图 6 - 13 所示,这点与驱动程序中的颜色配置直接相关,需要特别注意。

颜色模式由 03 寄存器里 TRI 和 DFM 设置,在驱动程序中用"LCD_WriteReg(0x03,0x1018);"的方式进行设置。0x1018 对应的二进制为"1000000011000",TRI=0,DFM=0,也就是设置为 65 k 颜色模式。RGB 按 5-6-5 位进行填充。

在 LCD 驱动芯片内部,R 和 G 中分别抽取第 5 位和第 4 位来填充最低位,变成 6-6-6 位进行,由于低位对整个色彩的影响不大,所以在 65 k 色彩模式下可以不用考虑这两个低位的影响,在编程时完全按 5-6-5 位的形式处理即可。

3. TFT 初始化程序

TFT 初始化需要在 FSMC 初始化基础上进行,需要把 TFT 配置数据写入 TFT

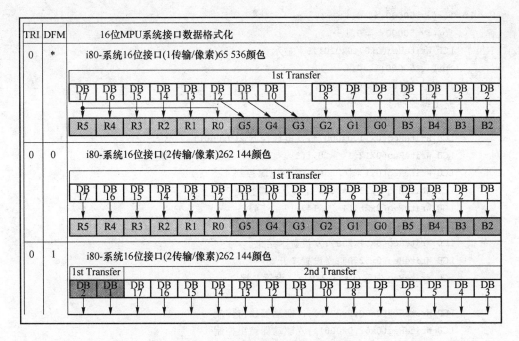

TRI	DFM	16位MPU系统接口数据格式化

图 6 - 13　16 位系统接口数据格式

的寄存器中,包括 TFT 的扫描方式、彩色模式等。不同的 TFT 控制芯片,其初始化代码也有所不同。

Ili9xx 系列 TFT 初始化代码如下:

```
void TFT_Initializtion(unsigned int DeviceCode)
{
    u16 i;
    if(DeviceCode == 0x9300||DeviceCode == 0x8300)
    {
        LCD_WriteReg(0x00,0x0000);
        LCD_WriteReg(0x01,0x0100); //驱动器输出
        LCD_WriteReg(0X02,0x0700); //LCD 驱动波形
        LCD_WriteReg(0x0003,(1<<12)|(0<<5)|(0<<4)|(1<<3)); //65K
        LCD_WriteReg(0x04,0x0000); //标度
        LCD_WriteReg(0x08,0x0202); //显示 2(0x0207)
        LCD_WriteReg(0X09,0x0000); //显示 3。(0X0000)
        LCD_WriteReg(0x0A,0x0000); //帧周期 Co ntal。(0X0000)
        //外接显示接口 1(0X0000)
        LCD_WriteReg(0x0c,(1<<0));
        LCD_WriteReg(0X0D,0x0000); //帧
        LCD_WriteReg(0x0F,0x0000); //外接显示接口 2
```

189

```
    for(i = 50000;i>0;i-- );
    for(i = 50000;i>0;i-- );
    LCD_WriteReg(0x07,0x0101);//显示
    for(i = 50000;i>0;i-- );
    for(i = 50000;i>0;i-- );
    //电源控制 1。(0x16b0)
    LCD_WriteReg(0x10,(1<<12)|(0<<8)|(1<<7)|(1<<6)|(0<<4));
    LCD_WriteReg(0x11,0x0007);//电源控制 2(0x0001)
    LCD_WriteReg(0X12(1<<8)|(1<<4)|(0<<0));//功率控制(0x0138)
    LCD_WriteReg(0x13 中,0x0b00);//电源控制 4
    LCD_WriteReg(0x29,0x0000 处);//电源控制 7
    LCD_WriteReg(0x2b,(1<<14)|(1<<4));
    LCD_WriteReg(0x50,0);//设置 X 启动
    LCD_WriteReg(0x51,239);//设置 X 结束
    LCD_WriteReg(0x52,0);//设置 Y 开始
    LCD_WriteReg 内容(0x53,319);//设置 Y 端

    LCD_WriteReg(0x60,0x2700);//驱动器输出控制
    LCD_WriteReg(0x61,0x0001);//驱动器输出控制
    LCD_WriteReg(0x6a,0x0000);//垂直控制

    LCD_WriteReg(0x80,0x0000);//显示位置,部分显示 1
    LCD_WriteReg(0x81,0x0000);//RAM 地址开始,部分显示 1
    LCD_WriteReg(0X82,0x0000);//RAM 地址结尾部分显示 1
    LCD_WriteReg(0X83,0x0000);//显示位置,部分显示 2
    LCD_WriteReg(0x84,0x0000);//RAM 地址开始,部分显示 2
    LCD_WriteReg(0x85,0x0000);//RAM 结束地址,部分显示 2

    LCD_WriteReg(0x90,(0<<7)|(0)<<16);//帧周期(0x0013)
    LCD_WriteReg(0x92,0x0000);//面板接口(0X0000)
    LCD_WriteReg(0x93,0x0001);//面板接口 3
    LCD_WriteReg(0x95,0x0110);//帧周期(0x0110)
    LCD_WriteReg(0x97<<8)(0);
    LCD_WriteReg(0x98,0x0000);//帧周期
LCD_WriteReg(0x07,0x0173);//(0x0173)
    }
  ……(其他的省略)
}
```

6.3.5 TFT 基本显示函数的实现

1. 画线函数(LCD_DrawLine)

LCD_DrawLine 函数用于显示一条线。该函数的参数如下。

➢ 参数 Xpos：指定的 X 位置；

➢ 参数 Ypos：指定 Y 位置；

➢ 参数 Length：线的长度；

➢ 参数 Direction：这个参数可以是垂直或水平值之一；

➢ 无返值。

画线函数 LCD_DrawLine 实现代码如下：

```
void LCD_DrawLine(uint8_t Xpos, uint16_t Ypos, uint16_t Length, uint8_t Direction)
{
  uint32_t i = 0;
  LCD_SetCursor(Xpos, Ypos);
  if(Direction == LCD_DIR_HORIZONTAL)
  {
    LCD_WriteRAM_Prepare();            /* 准备写入 GRAM */
    for(i = 0; i < Length; i++)
    {
      LCD_WriteRAM(TextColor);
    }
  }
  else
  {
    for(i = 0; i < Length; i++)
    {
      LCD_WriteRAM_Prepare();          /* 准备写入 GRAM */
      LCD_WriteRAM(TextColor);
      Xpos++;
      LCD_SetCursor(Xpos, Ypos);
    }
  }
}
```

2. 画点函数（PutPixel）

PutPixel 函数用于显示一个像素。该函数参数如下。

➢ 参数 X：像素 X；

➢ 参数 Y：像素 Y；

➢ 无返值。

画点函数 PutPixel 实现代码如下：

```
void CTft_Fsmc::PutPixel(int16_t x, int16_t y)
{
  if(x < 0 || x > 239 || y < 0 || y > 319)
  {
```

```
    return;
  }
  LCD_DrawLine(x, y, 1, LCD_DIR_HORIZONTAL);
}
```

3. 显示一个字符函数(LCD_DrawChar)

LCD_DrawChar 函数用于绘制 LCD 上的字符。该函数参数如下。

➤ 参数 Xpos:起始行地址;

➤ 参数 Ypos:起始列地址;

➤ 参数 c:字符数据的指针;

➤ 无返回值。

LCD_DrawChar 函数实现代码如下:

```
void CTft_Fsmc::LCD_DrawChar(uint8_t Xpos, uint16_t Ypos, const uint16_t * c)
{
  uint32_t index = 0, i = 0;
  uint8_t   Xaddress = 0;
  Xaddress = Xpos;
  GPIO_ResetBits(GPIOD, GPIO_Pin_11);
  LCD_SetCursor(Xaddress, Ypos);
  for(index = 0; index < LCD_Currentfonts->Height; index++)
  {
    LCD_WriteRAM_Prepare(); /* 准备写 GRAM */
     GPIO_SetBits(GPIOD, GPIO_Pin_11);
    for(i = 0; i < LCD_Currentfonts->Width; i++)
    {
      if(((((c[index]&((0x80<<((LCD_Currentfonts->Width/12) * 8)) >> i))
        == 0x00) &&(LCD_Currentfonts->Width <= 12))||((((c[index] &
        (0x1 << i)) == 0x00)&&(LCD_Currentfonts->Width > 12 )))
      {
        LCD_WriteRAM(BackColor);
      }
      else
      {
        LCD_WriteRAM(TextColor);
      }
    }
    Xaddress++;
    LCD_SetCursor(Xaddress, Ypos);
  }
}
```

4. 显示一行字符串函数(LCD_DisplayStringLine)

LCD_DisplayStringLine 函数在 LCD 上显示最多 20 个字符。该函数的参数如下。

> 参数 Line:行显示的字符形状。这个参数可以是下列值之一,LineX,其中 X 可以是 0…9;

> 参数 ptr:指针字符串显示在 LCD 上;

> 无返回值。

LCD_DisplayStringLine 函数实现代码如下:

```
void CTft_Fsmc::LCD_DisplayStringLine(uint8_t Line, uint8_t * ptr)
{
  uint16_t refcolumn = LCD_PIXEL_WIDTH - 1;

  /* 发送字符串中的字符到 LCD 上 */
  while (( * ptr != 0) & (((refcolumn + 1) & 0xFFFF) > =
          LCD_Currentfonts - >Width))
  {
    /* 在 LCD 上上显示一个字符 */
    LCD_DisplayChar(Line, refcolumn, * ptr);
    /* 递减 16 列的位置 */
    refcolumn - = LCD_Currentfonts - >Width;
    /* 指针指向下一个字符 */
    ptr ++ ;
  }
}
```

5. 测试程序

在测试程序中,先调用 STM3220F_LCD_Init 函数初始化 STM32F207 的 FSMC 接口以及配置 TFT 屏工作方式,再调用 LCD_Clear 函数设置 TFT 屏背景颜色,再调用 LCD_SetTextColor 函数设置显示文字颜色,最后调用 LCD_DisplayStringLine 函数显示字符串"LCD Init.."。

测试程序可以从本书配套资料中获得,在资料中的项目名称为"STM32F2_TFT_new1",测试程序主文件 main.cpp 代码如下:

```
# include "include/bsp.h"
# include "include/gpio.h"
# include "include/led_key.h"
# include "stm3220f_lcd.h"
static CBsp bsp;
static CTft_Fsmc tft;
void LCD_Init()
```

```
{
    tft.STM3220F_LCD_Init();

    tft.LCD_Clear(LCD_COLOR_WHITE);
    tft.LCD_SetTextColor(LCD_COLOR_BLUE);
    tft.LCD_DisplayStringLine(LINE(0), (uint8_t *)"  LCD Init..");
}
int main(void)
{
    SystemInit();
    bsp.init();
    CLed led1(LED1);
    LCD_Init();
    while(1)
  {
    bsp.delay(4000);
        led1.isOn()? led1.Off():led1.On();
  }
}
```

第 **7** 章

STM32F2 新增的日历功能及应用

7.1 STM32F2 实时时钟

7.1.1 RTC 简介

STM32F2 的实时时钟(RTC)是一个独立的 BCD 定时器/计数器,提供了一个包括时间与日期的时钟/日历功能,两个可编程的闹钟中断,具有一个可编程定期唤醒标志中断功能。RTC 包括一个自动唤醒单位管理的低功耗模式。

STM32F2 实时时钟(RTC)具有如下特点:

> * RTC 包括 2 个 32 位寄存器,包含秒、分钟、小时(12 或 24 h 格式)、日(星期)、日期(月日)、月和年,二进制编码表示的十进制格式(BCD);
> * 自动执行月天数 28 、29(闰年)、30 和 31 天的时间调整;
> * 夏令时也可以进行调整;
> * 32 位的寄存器包含可编程闹钟秒、分钟、小时、天和日期;
> * RTC 具有数字校准功能,可调整晶体振荡器精度的任何偏差;
> * 上电后复位,所有的 RTC 寄存器都受到保护,以防止可能的寄生写访问;
> * 只要电源电压保持在正常工作范围内,RTC 就永远不会停止,而不管设备的状态(运行模式、低功耗模式以及复位)。

7.1.2 STM32F2 与 STM32F1 在 RTC 上的区别

与 STM32F1 系列相比,F2 系列嵌入了一个新的 RTC 外设功能,编程接口也有所不同,STM32F2 和 STM32F1 的 RTC 比较如表 7-1 所列。F2 RTC 的编程寄存器不同于 F1 系列,即任何使用 RTC 都需要重写 F1 的代码才能在 F2 上运行。STM32 F2 新增的 RTC 功能如下:

> * BCD 定时器/计数器;
> * 日期、时间调整,夏令时调整,可编程时钟/日历;
> * 两个可编程闹钟中断;
> * 数字校准电路;
> * 事件节能功能的时间戳;
> * 具有中断功能的定期可编程唤醒标志;

> ➤ 自动唤醒单元来管理低功耗模式;
> ➤ 20 个备份寄存器(80 B),复位时篡改检测事件发生。

表 7 - 1　STM32F2 和 STM32F1 的 RTC 比较

	STM32F2	STM32F1
计数器	以日历形式表达	简单 32 位计数器
定时唤醒	16 位自装载计数器	
参考时钟源	50/60 Hz 以提高日历精度	
中断/事件	周期唤醒/报警/入侵检测/时间戳中断	周期/报警/溢出/入侵检测中断
闹钟信号	AlarmA、AlarmB	AlarmA
备份寄存器	80 B	20 B/84 B
GPIO 输出	报警/校准时钟/唤醒输出	校准时钟输出
GPIO 输入	入侵/时间戳检测	入侵检测
复位后访问	复位后 RTC 寄存器都写保护,但不同解锁序列	

7.1.3　STM32F2 实时时钟结构

STM32F2 实时时钟结构如图 7 - 1 所示,包括了 RTC 时钟源、RTC 时钟分频器、闹钟 A、闹钟 B、日历、唤醒器以及 RTC 中断管理等几个模块。

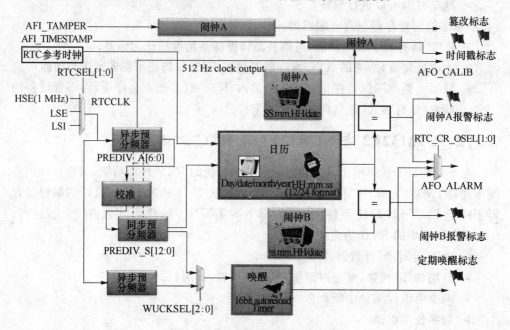

图 7 - 1　STM32F2 实时时钟结构

RTC 主要特点如下。

① 日历功能,包括了秒、分钟、小时(12 或 24 h 格式)、日(星期)、日期(月日)、月、年。

② 夏令时功能,通过软件编程的调整。

③ 中断功能,可编程报警。日历字段可任意组合来触发报警。

④ 自动生成一个定期的标志,具有触发自动唤醒中断的唤醒单元。

⑤ 参考时钟检测:一个更精确的第二个时钟源(50 或 60 Hz)可用于增强日历精度。

⑥ 可屏蔽中断/事件有以下几种。

➤ 闹钟 A;

➤ 闹钟 B;

➤ 唤醒中断;

➤ 时间戳;

➤ 篡改检测。

⑦ 数字校准电路(定期计数器校正)。

➤ 5 ppm 的准确度(中等密度的设备上)。

⑧ 事件节省时间戳的功能(1 个事件)。

⑨ 篡改检测有:

➤ 边缘检测篡改事件。

⑩ 20 个备份寄存器(80 B),复位时的篡改检测事件发生。

⑪ RTC 备用功能输出(RTC_AFO)有以下两种。

➤ AFO_CALIB:512 Hz 的时钟输出(一个 32.768 kHz 的分频频率),连接 RTC_AF1 引脚;

➤ AFO_ALARM:闹钟 A、闹钟 B 唤醒(只有一个可以选择),连接 RTC_AF1 引脚。

⑫ RTC 备用功能输入(RTC_AFI)。

➤ AFI_TIMESTAMP 时间戳事件检测。连接 RTC_AF1、RTC_AF2 引脚。

7.1.4　STM32F2 实时时钟固件库

STM32F2 实时时钟固件库函数在头文件 stm32f2xx_rtc.h 之中声明,在 stm32f2xx_rtc.c 文件之中定义。STM32F2 实时时钟固件库函数如表 7-2 所列。

表 7-2　STM32F2 实时时钟固件库函数

返回类型	函数原型	说　明
static uint8_t	RTC_ByteToBcd2(uint8_t Value)	二进制转换为 2 位数 BCD 格式
static uint8_t	RTC_Bcd2ToByte(uint8_t Value)	从 2 位 BCD 码转换为二进制

返回类型	函数原型	说　　明
ErrorStatus	RTC_DeInit(void)	恢复 RTC 寄存器的默认复位值
ErrorStatus	RTC_Init（RTC_InitTypeDef ＊ RTC_InitStruct)	根据 RTC_InitStruct 指定的参数初始化 RTC 寄存器
void	RTC_StructInit（RTC_InitTypeDef ＊ RTC_InitStruct)	根据其默认值填充每个 RTC_InitStruct 成员
void	RTC_WriteProtectionCmd（FunctionalState NewState)	启用或禁用 RTC 寄存器写保护
ErrorStatus	RTC_EnterInitMode(void)	进入 RTC 初始化模式
void	RTC_ExitInitMode(void)	退出 RTC 初始化模式
ErrorStatus	RTC_WaitForSynchro(void)	等待到 RTC 的时间和日期寄存器（RTC_TR 和 RTC_DR)RTC APB 时钟的同步
ErrorStatus	RTC_RefClockCmd（FunctionalState NewState)	启用或禁用 RTC 的参考时钟检测
ErrorStatus	RTC_SetTime（uint32_t RTC_Format, RTC_TimeTypeDef ＊ RTC_TimeStruct)	设置 RTC 的当前时间
void	RTC_TimeStructInit(RTC_TimeTypeDef ＊ RTC_TimeStruct)	填充每个 RTC_TimeStruct 成员的默认值（时间＝00H:00min:00sec)
void	RTC_GetTime（uint32_t RTC_Format, RTC_TimeTypeDef ＊ RTC_TimeStruct)	获取 RTC 的当前时间
ErrorStatus	RTC_SetDate（uint32_t RTC_Format, RTC_DateTypeDef ＊ RTC_DateStruct)	设置 RTC 的当前日期
void	RTC_DateStructInit（RTC_DateTypeDef ＊ RTC_DateStruct)	填充每个 RTC_DateStruct 成员为其默认值（星期一,01 月 01 日 XX00)
void	RTC_GetDate（uint32_t RTC_Format, RTC_DateTypeDef ＊ RTC_DateStruct)	获取 RTC 的当前日期
void	RTC_SetAlarm(RTC_Format uint32_t, uint32_t RTC_Alarm, RTC_AlarmTypeDef ＊ RTC_AlarmStruct)	设置指定的 RTC 报警
void	RTC_AlarmStructInit（RTC_AlarmTypeDef ＊ RTC_AlarmStruct)	为每个 RTC_AlarmStruct 成员填充其默认值
void	RTC_GetAlarm(RTC_Format uint32_t, uint32_t RTC_Alarm, RTC_AlarmTypeDef ＊ RTC_AlarmStruct)	获取 RTC 报警值
ErrorStatus	RTC_AlarmCmd(uint32_t RTC_Alarm, FunctionalState NewState)	启用或禁用指定的 RTC 报警

返回类型	函数原型	说　明
void	RTC _ WakeUpClockConfig（uint32 _ t RTC_WakeUpClock）	配置 RTC 唤醒时钟源
void	RTC _ SetWakeUpCounter（uint32 _ t RTC_WakeUpCounter）	配置 RTC 唤醒计数器
uint32_t	RTC_GetWakeUpCounter(void)	返回 RTC 唤醒定时器计数器的值
ErrorStatus	RTC_ WakeUpCmd（FunctionalState NewState）	启用或禁用 RTC 唤醒定时器
void	RTC _ DayLightSavingConfig（uint32 _ t RTC _ DayLightSaving，uint32 _ t RTC _ StoreOperation）	添加或从当前时间减去 1 h
uint32_t	RTC_GetStoreOperation(void)	返回 RTC 时间存储操作
void	RTC_OutputConfig（RTC_Output uint32 _ t，uint32_t RTC_OutputPolarity）	配置 RTC 输出源（AFO_ALARM）
ErrorStatus	RTC_CoarseCalibConfig（RTC_CalibSign uint32_t，uint32_t Value）	配置粗的校准参数
ErrorStatus	RTC _ CoarseCalibCmd（FunctionalState NewState）	启用或禁用粗校准过程
void	RTC _ CalibOutputCmd（FunctionalState NewState）	启用或禁用通过相对引脚输出的 RTC 时钟
void	RTC _ TimeStampCmd（uint32 _ t RTC _ TimeStampEdge，FunctionalState NewState）	启用或禁用指定的时间戳边缘触发方式,启用 RTC 时间戳功能
void	RTC_GetTimeStamp(uint32_t RTC_Format，RTC_TimeTypeDef * RTC_Stamp-TimeStruct，RTC_DateTypeDef * RTC_StampDateStruct)	获取 RTC 的时间戳值
void	RTC _ TamperTriggerConfig（uint32 _ t RTC_Tamper，uint32 _ t RTC_Tamper-Trigger）	配置选择篡改针边缘
void	RTC _ TamperCmd（uint32 _ t RTC _ Tamper，FunctionalState NewState）	启用或禁用篡改检测
void	RTC_WriteBackupRegister（RTC_BKP_DR uint32_t，uint32_t 数据）	在指定的 RTC 备份数据寄存器中写入数据
uint32_t	RTC _ ReadBackupRegister（uint32 _ t RTC_BKP_DR）	从指定的 RTC 备份数据寄存器中读取数据

返回类型	函数原型	说　明
void	RTC_TamperPinSelection（uint32_t RTC_TamperPin)	选择 RTC 的篡改脚
void	RTC_TimeStampPinSelection（uint32_t RTC_TimeStampPin)	选择 RTC 的时间戳脚
void	RTC_OutputTypeConfig(uint32_t RTC_OutputType)	配置 RTC 的输出引脚模式
void	RTC_ITConfig(uint32_t RTC_IT,FunctionalState NewState)	启用或禁用指定的 RTC 中断
FlagStatus	RTC_GetFlagStatus（uint32_t RTC_FLAG)	检查指定的 RTC 标志状态(看是否挂起)
void	RTC_ClearFlag(uint32_t RTC_FLAG)	清除 RTC 的挂起标志位
ITStatus	RTC_GetITStatus(uint32_t RTC_IT)	检查是否已经发生指定的 RTC 中断
void	RTC_ClearITPendingBit（uint32_t RTC_IT)	清除 RTC 的中断挂起位

7.2　日历功能测试程序

RTC 日历的时间和日期寄存器访问，是通过 PCLK1（APB1 时钟）同步的影子寄存器实现：

> 时间 RTC_TR；
> 日期 RTC_DR。

每两个 RTCCLK 时钟周期期间，当前日历值复制到影子寄存器，并且 RTC_ISR 的 RSF 位被置位。在停机和待机模式下不执行复制。退出这些模式时，影子寄存器的更新速度高达 2 RTCCLK 周期。

当应用程序读取日历寄存器时，将访问影子寄存器的内容。

读 RTC_TR 或 RTC_DR 寄存器时，APB 时钟频率（f_{APB}）必须至少有 7 次 RTC 时钟频率（f_{RTCCLK}），系统复位时影子寄存器复位。

7.2.1　日历功能测试程序

1. 创建一个 RTC 测试程序

创建一个 RTC 测试程序的方法如下：

① 在第 6 章有关 FSMC 接口及 LCD 屏控制例子的基本上，添加 RTC 测试程序代码；

② 根据 STM32F2 固件库 STM32F2xx_StdPeriph_Lib_V1.0.0 版本提供的

HW_Calendar 例子进行移植；

　　③ 从本书配套资料中的源程序中复制一份 STM32F2_TFT_RTC_Calendar 项目。

　　2. 在 main.cpp 中添加 RTC 测试功能

　　在 main.cpp 文件的 main 函数里，配置 RTC 并启用 RTC 功能。在第一次上电时（根据备份寄存器中的值进行判断），调用 RTC_Config 函数配置 RTC；调用 RTC_Init_LSE 初始化 LSE 时钟；调用 Set_Date_Time 函数设置时间。然后，通过一个无限循环，不断进读取当前 RTC 时间，并通过 LCD 显示出来。

　　RTC 测试程序中，完整的 main 函数代码如下：

```
int main()
{
  bsp.init();
    CLed led1(LED1);

    STM3220F_LCD_Init();
    LCD_Clear(LCD_COLOR_WHITE);
    LCD_SetTextColor(LCD_COLOR_BLUE);
  if(RTC_ReadBackupRegister(RTC_BKP_DR0) != FIRST_DATA)
  {
        RTC_Config();
        RTC_Init_LSE();
        Set_Date_Time();
  }
  while(1)
  {
      bsp.delay(4000);
        led1.isOn()? led1.Off():led1.On();
        Time_Display();
        Date_Display();
  }
}
```

　　3. 编译、下载、运行与监测

　　采用 GCC 进行编译并下载到 STM32F207 系统板上运行，从开发板上的 LCD 屏幕可以看到日历的显示，可以看到秒时间在不断地递增。

7.2.2　日历时钟源

　　1. RTC 时钟源

　　RTC 时钟源可以是 HSE_RTC 时钟、LSE 时钟以及 LSI 时钟。使用不同时钟源产生 1 Hz 信号给日历模块,预分频因子如表 7-3 所列。

表 7-3 预分频因子

RTCCLK 时钟源	预分频因子		Ck_spre
	PREDIV_A[6:0]	PREDIV_S[12:0]	
HSE_RTC=1 MHz	124 (div 125)	7999 (div 8 000)	1 Hz
LSE=32.768 kHz	127 (div 128)	255 (div 256)	1 Hz
LSI=32 kHz	127 (div 128)	249 (div 250)	1 Hz

2. HSE_RTC 时钟

HSE_RTC 时钟(max=1 MHz),通过 HSE 时钟分频调节(/2 ~ /31)得到 HSE_RTC。

HSE 高速外部时钟信号(HSE)由以下两种时钟源产生:

➢ HSE 外部晶体/陶瓷谐振器;

➢ HSE 用户外部时钟。为了减少时钟输出的失真和缩短启动稳定时间,晶体/陶瓷谐振器和负载电容器必须尽可能地靠近振荡器引脚。负载电容值必须根据所选择的振荡器来调整。

3. LSE 时钟

LSE 属于备份域,即使系统供电消失,只要备份域供电 RTC 仍可工作。LSE 晶体是一个 32.768 kHz 的低速外部晶体或陶瓷谐振器。它为实时时钟或者其他定时功能提供一个低功耗且精确的时钟源。LSE 晶体通过在备份域控制寄存器(RCC_BDCR)里的 LSEON 位启动和关闭。

在备份域控制寄存器(RCC_BDCR)里的 LSERDY 指示 LSE 晶体振荡是否稳定。在启动阶段,直到这个位被硬件置"1"后,LSE 时钟信号才被释放出来。如果在时钟中断寄存器里被允许,可产生中断申请。

在这个模式里必须提供一个 32.768 kHz 频率的外部时钟源。可以通过设置在备份域控制寄存器(RCC_BDCR)里的 LSEBYP 和 LSEON 位来选择这个模式。具有 50% 占空比的外部时钟信号(方波、正弦波或三角波)必须连到 OSC32_IN 引脚,同时保证 OSC32_OUT 引脚悬空。

4. LSI 时钟

LSI RC 担当一个低功耗时钟源的角色,可以在停机和待机模式下保持运行,为独立看门狗和自动唤醒单元提供时钟。LSI 时钟频率大约 40 kHz(在 30~60 kHz)。

LSI RC 可以通过控制/状态寄存器(RCC_CSR)里的 LSION 位来启动或关闭。在控制/状态寄存器(RCC_CSR)里的 LSIRDY 位指示低速内部振荡器是否稳定。在启动阶段,直到这个位被硬件设置为"1"后,此时钟才被释放。如果在时钟中断寄存器(RCC_CIR)里被允许,将产生 LSI 中断申请。

5. 硬件日历初始化的实现

硬件日历初始化流程如表 7-4 所列,包括关闭 RTC 寄存器的写保护、进入初始化模式、等待进入初始化模式的确认、对预分频因子编程、装载时间和日期值、配置时间格式(12/24 h)、退出初始化模式、使能 RTC 寄存器写保护等几个过程。

表 7-4　硬件日历初始化流程

	内　容	配置方法	说　明
1	关闭 RTC 寄存器的写保护	先后往 RTC_WRP 写入 0xCA 和 0x53	RTC 寄存器可以被修改了
2	进入初始化模式	置位 INIT@RTC_ISR	日历计数器停止以便于修改
3	等待进入初始化模式的确认	查询 INITF@RTC_ISR 直到它置位	
4	对预分频因子编程	编程寄存器 RTC_PRER:先写同步分频因子,再写异步因子	RTCCLK=32.768 kHz 时,预分频因子默认产生 1 Hz 时钟
5	装载时间和日期值	编程 RTC_TR 和 RTC_DR	
6	配置时间格式(12/24 h)	置位或复位 FMT@RTC_CR	FMT=0:24 小时制 FMT=1:AM/PM 制
7	退出初始化模式	清零 INIT@RTC_ISR	自动载入当前日历计数器值,4 个 RTCCLK 后开始计数
8	使能 RTC 寄存器写保护	往 RTC_WPR 写入 0xFF	RTC 寄存器不能被修改

6. RTC 的外围设备时钟源选择

硬件日历初始化函数 RTC_Config 主要实现 RTC 的外围设备时钟源选择。RTC_Config 函数实现代码如下:

```
void RTC_Config()
{
  /* 启用 PWR 时钟 */
  RCC_APB1PeriphClockCmd(RCC_APB1Periph_PWR,ENABLE);
  /* 允许访问到 RTC */
  PWR_BackupAccessCmd(ENABLE);
  #define       RTC_CLOCK_SOURCE_LSI
  #if defined (RTC_CLOCK_SOURCE_LSI)           /* LSI 作为 RTC 时钟源 */
  /* RTC 时钟可以不同,由于 LSI 频散。*/
  /* 使 LSI 的振荡 */
  RCC_LSICmd(ENABLE);
  /* 等待,直到 LSI 已准备就绪 */
  while(RCC_GetFlagStatus(RCC_FLAG_LSIRDY) == RESET){ }
  /* 选择 RTC 时钟源 */
  RCC_RTCCLKConfig(RCC_RTCCLKSource_LSI);
```

```
#elif define(RTC_CLOCK_SOURCE_LSE)              /* LSE 作为 RTC 时钟源 */
  /* 使能 LSE 振荡 */
  RCC_LSEConfig(RCC_LSE_ON);
  /* 等待,直到 LSE 已准?? 备就绪 */
  while(RCC_GetFlagStatus(RCC_FLAG_LSERDY) == RESET){ }
  /* 选择 RTC 时钟源 */
  RCC_RTCCLKConfig(RCC_RTCCLKSource_LSE);

#else
  #error Please select the RTC Clock source inside the main.c file
#endif          /* RTC_CLOCK_SOURCE_LSI */
  /* 使能 RTC 时钟 */
  RCC_RTCCLKCmd(ENABLE);
  /* 为 RTC 建立同步寄存器等待 */
  RTC_WaitForSynchro();
}
```

7.2.3 日历配置

STM32F2 日历的配置,主要通过 RTC 控制寄存器(RTC_CR)、RTC 预分频寄存器(RTC_PRER)两个寄存器实现。

1. RTC 控制寄存器(RTC_CR)

RTC 控制寄存器(RTC_CR)地址偏移为 0x08,上电值为 0x0000 0000,复位时没有影响。RTC 控制寄存器(RTC_CR)内部结构如图 7-2 所示。

31	30	29	28	27	26	25	24	23	22	21	20	19	18	17	16
			Reserved					COE	OSEL[1:0]		POL	Reserved	BKP	SUBIH	ADDIH
								rw	rw	rw	rw		rw	rw	rw

15	14	13	12	11	10	9	8	7	6	5	4	3	2	1	0
TSIE	WUTIE	ALRBIE	ALRAIE	TSE	WUTE	ALRBE	ALRAE	DCE	FMT	Reserved	REFCKON	TSEDGE	WUCKSEL[2:0]		
rw	rw	rw	rw	rw	rw	rw	rw	rw	rw		rw	rw	rw	rw	rw

图 7-2 RTC 控制寄存器(RTC_CR)内部结构

① 位 31:24,预留。

② 23 位,COE:校准输出使能,该位使能 RTC 的输出 AFO_CALIB。

➢ 0 表示禁用校准输出;

➢ 1 表示校准输出使能。

③ 位 22:21 OSEL[1:0]:输出选择,这些位用于选择的标志,被连接(路由)到 AFO_ALARM RTC 的输出。

➢ 00 表示禁止输出;

➢ 01 表示闹钟 A 输出使能;

➢ 10 表示闹钟 B 输出使能；

➢ 11 表示唤醒输出启用。

④ 20 位，POL：输出极性，此位是用来配置 AFO_ALARM RTC 的输出极性。

➢ 0 表示当 ALRAF / ALRBF / WUTF 有效（取决于 OSEL［1：0］），AFO_A-LARM RTC 的输出引脚为高电平；

➢ 1 表示当 ALRAF / ALRBF / WUTF 有效（取决于 OSEL［1：0］），AFO_A-LARM RTC 的输出引脚为低电平。

⑤ 位 19，保留，始终读为 0。

⑥ 位 18，BKP：备份，该位可以由用户写入是否执行夏令时。

⑦ 位 17，SUB1H：减去 1 h（冬季时间的变化），当此位被设置初始化模式，如果当前小时不为 0，就减去 1 个小时的日历时间。此位总是读为 0。设置此位时，如果当前的小时 0，将没有任何效果。

➢ 0 表示无影响；

➢ 1 表示当前时间减去 1 h。这可用于冬季时间的变化。

⑧ 位 16，ADD1H：添加 1 h（夏令时间的变化），当此位被设置初始化模式外，添加到日历时间 1 h。该位总是为 0。

➢ 0 表示无影响；

➢ 1 表示添加到当前的时间 1 h，这可用于夏令时间的变化。

⑨ 位 15，TSIE：时间戳中断使能。

➢ 0 表示时间戳中断禁用；

➢ 1 表示时间戳中断使能。

⑩ 位 14，WUTIE：唤醒定时器中断使能。

➢ 0 表示唤醒定时器中断禁止；

➢ 1 表示唤醒定时器中断启用。

⑪ 位 13，ALRBIE：闹钟 B 中断使能。

➢ 0 表示闹钟 B 中断禁用；

➢ 1 表示闹钟 B 中断使能 。

⑫ 位 12，ALRAIE：A 中断使能报警。

➢ 0 表示报警禁用一个中断；

➢ 1 表示报警启用一个中断。

⑬ 位 11：时间戳启用。

➢ 0 表示时间戳禁用；

➢ 1 表示时间戳启用。

⑭ 位 10，WUTE：唤醒定时器使能。

➢ 0 表示禁用唤醒定时器；

➢ 1 表示唤醒定时器使能。

⑮ 位 9,ALRBE:闹钟 B 启用。

➢ 0 表示禁用闹钟 B;

➢ 1 表示启用闹钟 B。

⑯ 位 8,ALRAE:警钟启用。

➢ 0 表示报警被禁用;

➢ 1 表示报警启用。

⑰ 位 7,DCE:数字校准启用。

➢ 0 表示禁用数字校准;

➢ 1 表示启用数字校准。

PREDIV_A 必须是 6 或更高。

⑱ 位 6,FMT:小时格式。

➢ 0 表示 24 小时/日的格式;

➢ 1 表示 AM / PM 小时格式。

⑲ 位 5,保留,始终读为 0。

⑳ 位 4,REFCKON:参考时钟检测启用(50 或 60 Hz)。

➢ 0 表示参考时钟检测禁用;

➢ 1 表示参考时钟检测启用。

注:PREDIV_S 必须是 0x00FF。

㉑ 位 3,TSEDGE:时间戳事件的有效边沿。

➢ 0 表示 TIMESTAMP 的上升沿产生一个时间戳事件;

➢ 1 表示 TIMESTAMP 的下降沿产生一个时间戳事件。

复位时必须改变 TSEDGE,以避免不必要的 TSF 设置。

㉒ 位 2:0,WUCKSEL[2:0]:唤醒时钟选择。

➢ 000 表示 RTC/16 时钟选择;

➢ 001 表示被选中的 RTC/8 时钟;

➢ 010 表示 RTC / 4 时钟选择;

➢ 011 表示 RTC / 2 的时钟选择;

➢ 10X 表示 ck_spre(通常为 1 Hz)时钟选择;

➢ 11X 表示 ck_spre(通常为 1 Hz)时钟选择和 2^{16} 添加到 WUT 的计数器值。

注:

a. WUT=唤醒单元计数器的值。当 WUCKSEL[2:1]=11,WUT=(0x0000～0xFFFF)+0x10000;

b. 只在初始化模式(RTC_ISR/INITF=1),该寄存器位 7、6 和 4 可写;

c. 只有当 RTC_CR WUTE 位 = 0 和 RTC_ISR 的 WUTWF 位 = 1 时,这个寄存器位[2:0]才能写入;

d. 在日历小时增加期间,建议不要修改小时数值;

e. ADD1H 和 SUB1H 的改变,将在第 2 秒后生效;

f. 该寄存器是写保护。详情可以参考 ST 官方数据手册的 RTC 寄存器的写保护部分。

2. RTC 预分频寄存器(RTC_PRER)

RTC_PRER 地址偏移为 0x10,上电复位值:0x007F,00FF,系统复位不影响其值。RTC_PRER 结构如图 7 - 3 所示。

31	30	29	28	27	26	25	24	23	22	21	20	19	18	17	16
Reserved									PREDIV_A[6:0]						
									rw	rw	rw	rw	rw	rw	rw

15	14	13	12	11	10	9	8	7	6	5	4	3	2	1	0
Reserved			PREDIV_S[12:0]												
			rw	rw	rw	rw	rw	rw	rw	rw	rw	rw	rw	rw	rw

图 7 - 3　RTC_PRER 结构

① 位 31：24,预留。

② 位 23,保留,始终读为 0。

③ 位 22：16 ,PREDIV_A [6：0]:异步预分频因子,这是异步的分频因子。ck_apre 频率= RTCCLK 频率/(PREDIV_A 1)。

注:PREDIV_A [6：0]=000000 是被禁止的。

④ 位 15：13,保留,始终读为 0。

⑤ 位 12：0 ,PREDIV_S [12：8]:同步预分频因子,这是同步的分频因子。ck_spre 频率= ck_apre 频率/(PREDIV_S 1)。

注:

a. 该寄存器可以只在初始化模式(RTC_ISR/INITF=1);

b. 该寄存器是写保护。

3. 日历配置函数 RTC_Init 的实现

日历配置函数 RTC_Init 用于初始化 RTC 寄存器,它根据 RTC_InitStruct 指定的参数进行配置。参数 RTC_InitStruct 是一个 RTC_InitTypeDef 结构类型的变量,RTC_InitTypeDef 结构由 3 个 uint32_t 类型的数据组成,分别是:

➢ RTC_HourFormat,指定 RTC 小时格式,该参数可以是一个 RTC_Hour_Formats 类型的值;

➢ RTC_AsynchPrediv,指定 RTC 异步预分频器的值,此参数必须设置为一个小于 0x7F 的值;

➢ RTC_SynchPrediv,指定的 RTC 同步预分频器的值,此参数必须设置为一个小于 0x1FFF 的值。

如果 RTC_Init 函数返回值为"true"表示 RTC 寄存器初始化成功,如果返回值为"false",表示未能初始化 RTC 寄存器。

日历配置函数 RTC_Init 的实现代码如下：

```
ErrorStatus RTC_Init(RTC_InitTypeDef * RTC_InitStruct)
{
  ErrorStatus status = ERROR;
  / * 检查参数 * /
  assert_param(IS_RTC_HOUR_FORMAT(RTC_InitStruct - > RTC_HourFormat));
  assert_param(IS_RTC_ASYNCH_PREDIV(RTC_InitStruct - > RTC_AsynchPrediv));
  assert_param(IS_RTC_SYNCH_PREDIV(RTC_InitStruct - > RTC_SynchPrediv));
  / * 禁用 RTC 写保护寄存器 * /
  RTC - > WPR = 0xCA;
  RTC - WPR = 0x53;
  / * 设置初始化模式 * /
  if(RTC_EnterInitMode() = = ERROR)
  {
    status = false;
  }
  else
  {
    / * 清除 RTC CR FMT 位 * /
    RTC - > CR& = ((uint32_t)~(RTC_CR_FMT));
    / * 设置 RTC_CR 寄存器 * /
    RTC - > CR | = ((uint32_t)(RTC_InitStruct> RTC_HourFormat));
    / * 配置的 RTC PRER * /
    RTC - > PRER = (uint32_t)(RTC_InitStruct> RTC_SynchPrediv);
    RTC - > PRER | = (uint32_t)(RTC_InitStruct> RTC_AsynchPrediv << 16);
    / * 退出初始化模式 * /
    RTC_ExitInitMode();
    status = true;
  }
  / * 使能 RTC 寄存器的写保护 * /
  RTC - WPR = 0XFF;
  return status;
}
```

4. 日历配置函数 RTC_Init 的使用

在使用日历功能时，需要调用 RTC_Init 函数来指定 RTC 异步预分频器的值、RTC 同步预分频器的值和 RTC 小时格式。例如在上述日历测试程序中调用的 RTC_Init_LSE 函数，实现了 LSE 时钟下的分频器和小时格式的配置。

日历配置函数 RTC_Init 实现代码如下：

```
void RTC_Init_LSE()
{
```

```
RTC_InitTypeDef    RTC_InitStructure;
/* 配置 RTC 数据寄存器和 RTC 预分频器 */
RTC_InitStructure.RTC_AsynchPrediv = 0x7F;
RTC_InitStructure.RTC_SynchPrediv = 0xFF;
RTC_InitStructure.RTC_HourFormat = RTC_HourFormat_24;
/* RTC 初始化 */
if (RTC_Init(&RTC_InitStructure) == ERROR)
{
  printf("\n\r /! \\ *** RTC Prescaler Config failed *** /! \\ \n");
}
}
```

RTC 小时格式可以是 RTC_HourFormat_24 或 RTC_HourFormat_12,其宏定义如下:

```
# define RTC_HourFormat_24              ((uint32_t)0x00000000)
# define RTC_HourFormat_12              ((uint32_t)0x00000040)
```

7.2.4　日历值的写入与读取

1. 重新设定日历值

在需要重新设定日历值时,需要日历值的写入功能,该功能可以通过固件库函数 RTC_SetTime 及 RTC_SetDate 实现。

例如在 Set_Date_Time 函数中,时间重新设定成 23 点 58 分 23 秒,日期重新设定成 2011 年 8 月 9 日星期二,实现代码如下:

```
void Set_Date_Time(void)
{
  /* 写第一 RTC 备份数据寄存器 */
  RTC_WriteBackupRegister(RTC_BKP_DR0, FIRST_DATA);
  RTC_TimeStructure.RTC_Hours = 23;
  RTC_TimeStructure.RTC_Minutes = 58;
  RTC_TimeStructure.RTC_Seconds = 59;
  RTC_SetTime(RTC_Format_BIN, &RTC_TimeStructure);
  RTC_DateStructure.RTC_WeekDay = 2;
  RTC_DateStructure.RTC_Date = 9;
  RTC_DateStructure.RTC_Month = 8;
  RTC_DateStructure.RTC_Year = 11;
  RTC_SetDate(RTC_Format_BIN, &RTC_DateStructure);
}
```

在上述 RTC_SetTime 及 RTC_SetDate 两个函数调用时,第一个参数是数据的格式,可以选择 RTC_Format_BIN(二进制数据格式)或者 RTC_Format_BCD(BCD

数据格式)之中的一种,RTC_Format_BIN 和 RTC_Format_BCD 的宏定义如下:

```
#define RTC_Format_BIN  ((uint32_t)0x000000000)
#define RTC_Format_BCD  ((uint32_t)0x000000001)
```

时间和日期的写入,需要两个数据结构,一个是 RTC_TimeTypeDef,另一个是
RTC_DateTypeDef,可使用这两个结构来定义用于保存时间和日期的对象:

```
RTC_TimeTypeDef    RTC_TimeStructure;
RTC_DateTypeDef    RTC_DateStructure;
```

RTC_TimeTypeDef 结构的定义如下:

```
Typedef struct
{
  uint8_t RTC_Hours;
  uint8_t RTC_Minutes;
  uint8_t RTC_Seconds;
  uint8_t RTC_H12;
} RTC_TimeTypeDef;
```

① RTC_Hours 指定 RTC 小时的时间,如果选择 RTC_HourFormat_12,必须设置
该参数值在 0~11 范围内。如果 RTC_HourFormat_24 被选中,是 0~23 范围内。

② RTC_Minutes 指定 RTC 分钟的时间,必须设置这个参数值在 0~59 范
围内。

③ RTC_Seconds 指定 RTC 秒时间,这个参数值必须设置在 0~59 范围内。

④ RTC_H12 指定 RTC 的上午/下午时间,这个参数可以是一个 RTC_AM_
PM_Definitions 的值。

RTC_DateTypeDef 结构定义如下:

```
typedef struct
{
  uint8_t RTC_WeekDay;
  uint8_t RTC_Month;
  uint8_t RTC_Date;
  uint8_t RTC_Year;
}RTC_DateTypeDef;
```

① RTC_WeekDay 指定 RTC 的星期,这个参数可以是一个 RTC_WeekDay_
Definitions 的值。

② RTC_Month 指定 RTC 的月份(BCD 格式)。这个参数可以是一个 RTC_
Month_Date_Definitions 的值。

③ RTC_Date 指定 RTC 的日期,这个参数值必须设置在 1~31 范围内。

④ RTC_Year 指定 RTC 的年份,这个参数值必须设置在 0~99 范围内。

2. 时间的读取与显示

可以通过调用 STM32F2 固件库中的 RTC_GetTime 函数来读取时间，读取到的时间数据保存在 RTC_TimeTypeDef 结构类型的 RTC_TimeStructure 对象中。通过 LCD 液晶屏驱动函数 LCD_DisplayChar 可以把时间输出到 LCD 上显示。

时间的读取与显示程序代码如下：

```
void Time_Display(void)
{
    /* 清除 Line13 */
    LCD_ClearLine(LCD_LINE_13);
    /* 显示时间分隔符":"Line4 */
    LCD_DisplayChar(LCD_LINE_13,212,':');
    LCD_DisplayChar(LCD_LINE_13,166,':');
    /* 获取当前时间 */
    RTC_GetTime(RTC_Format_BIN ,&RTC_TimeStructure);
    /* 显示小时的时间 */
    LCD_DisplayChar(LCD_LINE_13,244,((RTC_TimeStructure.RTC_Hours/ 10) + 0x30));
    LCD_DisplayChar(LCD_LINE_13,228,((RTC_TimeStructure.RTC_Hours10 % ) + 0x30));

    /* 显示分钟的时间 */
    LCD_DisplayChar(LCD_LINE_13,196,((RTC_TimeStructure.RTC_Minutes/ 10) + 0x30));
    LCD_DisplayChar(LCD_LINE_13,182,((RTC_TimeStructure.RTC_Minutes10 % ) + 0x30));

    /* 显示秒的时间 */
    LCD_DisplayChar(LCD_LINE_13,150,((RTC_TimeStructure.RTC_Seconds/ 10) + 0x30));
    LCD_DisplayChar(LCD_LINE_13,134,((RTC_TimeStructure.RTC_Seconds10 % ) + 0x30));
}
```

函数 RTC_GetTime 的声明原型如下：

```
void RTC_GetTime(uint32_t RTC_Format, RTC_TimeTypeDef * RTC_TimeStruct)
```

① 参数 RTC_Format：指定返回的参数的格式。这个参数可以是以下值之一。

➤ RTC_Format_BIN 返回二进制数据格式；

➤ RTC_Format_BCD 返回 BCD 数据格式。

② 参数 RTC_TimeStruc：指针结构，将一个 RTC_TimeTypeDef 返回，包含当前时间的配置。

3. 日期的读取与显示

可以通过调用 STM32F2 固件库中的 RTC_ GetDate 函数来读取时间，读取到的时间数据保存在 RTC_ DateTypeDef 结构类型的 RTC_DateStructure 对象之中。通过 LCD 液晶屏驱动函数 LCD_DisplayChar 可以把时间输出到 LCD 上显示。

日期的读取与显示程序代码如下：

```
void Date_Display(void)
{
    /* 清除第 16 行 */
    LCD_ClearLine(LCD_LINE_16);

    /* 在第 16 行显示 "/" */
    LCD_DisplayChar(LCD_LINE_16, 260, '/');
    LCD_DisplayChar(LCD_LINE_16, 212, '/');
    LCD_DisplayChar(LCD_LINE_16, 166, '/');

    /* 读取当前日期 */
    RTC_GetDate(RTC_Format_BIN, &RTC_DateStructure);

    /* 显示日期的星期 */
    LCD_DisplayChar(LCD_LINE_16, 276,((RTC_DateStructure.RTC_WeekDay) + 0x30));

    /* 显示日期的天数 */
    LCD_DisplayChar(LCD_LINE_16, 244,((RTC_DateStructure.RTC_Date /10) + 0x30));
    LCD_DisplayChar(LCD_LINE_16, 228,((RTC_DateStructure.RTC_Date % 10) + 0x30));

    /* 显示日期的月份 */
    LCD_DisplayChar(LCD_LINE_16, 196,((RTC_DateStructure.RTC_Month / 10) + 0x30));
    LCD_DisplayChar(LCD_LINE_16, 182,((RTC_DateStructure.RTC_Month % 10) + 0x30));

    /* 显示日期的年份 */
    LCD_DisplayChar(LCD_LINE_16, 150, '2');
    LCD_DisplayChar(LCD_LINE_16, 134, '0');
    LCD_DisplayChar(LCD_LINE_16, 118,((RTC_DateStructure.RTC_Year / 10) + 0x30));
    LCD_DisplayChar(LCD_LINE_16, 102,((RTC_DateStructure.RTC_Year % 10) + 0x30));
}
```

函数 RTC_GetDate 的声明原型如下：

```
void RTC_GetDate(uint32_t RTC_Format, RTC_DateTypeDef * RTC_DateStruct)
```

① 参数 RTC_Format：指定返回的参数的格式。这个参数可以是以下值之一。

➤ 参数 RTC_Format_BIN 返回二进制数据格式；

➤ 参数 RTC_Format_BCD 返回 BCD 数据格式。

② 参数 RTC_DateStruct：指针结构，将一个 RTC_DateTypeDef 返回，包含当前日期的配置。

第 **8** 章

STM32F2 中断及 SysTick 应用

8.1 STM32F2 中断

1. Cortex-M3 内核所定义的中断向量

STM32 产品的向量表最前面部分如表 8 – 1 所列，该表中只列出了向量表前面的一小部分，是 Cortex-M3 内核所定义的中断向量。由于是 Cortex-M3 内核所定义的，是 Cortex-M3 处理共同的部分，因此 STM32F1 和 STM32F2 系列在这部分的中断向量是完全相同的。

表 8 – 1 Cortex-M3 内核所定义的中断向量

优先级	优先级类型	名　称	说　明	地　址
—	—	—	保留	0x0000_0000
−3	固定	Reset	复位	0x0000_0004
−2	固定	NMI	不可屏蔽中断。RCC 时钟安全系统（CSS）连接到 NMI 向量	0x0000_0008
−1	固定	硬件失效	所有类型的失效	0x0000_000C
0	可设置	存储管理	存储器管理	0x0000_0010
1	可设置	总线错误	预取指失败，存储器访问失败	0x0000_0014
2	可设置	错误应用	未定义的指令或非法状态	0x0000_0018
—	—	—	保留	0x0000_001C～0x0000_002B
3	可设置	SVCall	通过 SWI 指令的系统服务调用	0x0000_002C
4	可设置	调试监控	调试监控器	0x0000_0030
—	—	—	保留	0x0000_0034
5	可设置	PendSV	可挂起的系统服务	0x0000_0038
6	可设置	SysTick	系统嘀嗒定时器	0x0000_003C

从表 8 – 1 中可以看出，复位后系统来向量表中的 0x0000_0004 位置找程序入口地址。

STM32 向量表并未固化在芯片内部，而是作为用户程序最开头的数据部分，由编译器生成该向量表并由用户包含在程序中一起下载到芯片的存储器中。

2. STM32F1 和 STM32F2 中断向量差异

在 STM32F2 之中，中断向量表大部分与 STM32F1 相同，有少部分有所变动。并且，在中断向量表的最后新增加了 13 个中断向量入口地址的使用。

STM32 F1 系列和 STM32 F2 系列之间的中断向量差异如表 8-2 所列，中断向量地址为：0x0000_0040～0x0000_01800。

表 8-2　STM32F1 系列和 STM32F2 系列之间的中断向量差异

位　置	STM32F1 系列	STM32F2 系列
0	WWDG	WWDG
1	PVD	PVD
2	TAMPER	TAMP_STAMP
3	RTC	RTC_WKUP
4	FLASH	FLASH
5	RCC	RCC
6	EXTI0	EXTI0
7	EXTI1	EXTI1
8	EXTI2	EXTI2
9	EXTI3	EXTI3
10	EXTI4	EXTI4
11	DMA1_Channel1	DMA1_Stream0
12	DMA1_Channel2	DMA1_Stream1
13	DMA1_Channel3	DMA1_Stream2
14	DMA1_Channel4	DMA1_Stream3
15	DMA1_Channel5	DMA1_Stream4
16	DMA1_Channel6	DMA1_Stream5
17	DMA1_Channel7	DMA1_Stream6
18	ADC1_2	ADC
19	CAN1_TX/USB_HP_CAN_TX(1)	CAN1_TX
20	CAN1_RX0/USB_LP_CAN_RX0(1)	CAN1_RX0
21	CAN1_RX1	CAN1_RX1
22	CAN1_SCE	CAN1_SCE
23	EXTI9_5	EXTI9_5
24	TIM1_BRK/TIM1_BRK_TIM9(1)	TIM1_BRK_TIM9
25	TIM1_UP/TIM1_UP_TIM10(1)	TIM1_UP_TIM10
26	TIM1_TRG_COM/TIM1_TRG_COM_TIM11(1)	TIM1_TRG_COM_TIM11

续表 8 - 2

位　置	STM32F1 系列	STM32F2 系列
27	TIM1_CC	TIM1_CC
28	TIM2	TIM2
29	TIM3	TIM3
30	TIM4	TIM4
31	I2C1_EV	I2C1_EV
32	I2C1_ER	I2C1_ER
33	I2C2_EV	I2C2_EV
34	I2C2_ER	I2C2_ER
35	SPI1	SPI1
36	SPI2	SPI2
37	USART1	USART1
38	USART2	USART2
39	USART3	USART3
40	EXTI15_10	EXTI15_10
41	RTC_Alarm	RTC_Alarm
42	OTG_FS_WKUP/USBWakeUp	OTG_FS_WKUP
43	TIM8_BRK/TIM8_BRK_TIM12(1)	TIM8_BRK_TIM12
44	TIM8_UP/TIM8_UP_TIM13(1)	TIM8_UP_TIM13
45	TIM8_TRG_COM/TIM8_TRG_COM_TIM14(1)	TIM8_TRG_COM_TIM14
46	TIM8_CC	TIM8_CC
47	ADC3	DMA1_Stream7
48	FSMC	FSMC
49	SDIO	SDIO
50	TIM5	TIM5
51	SPI3	SPI3
52	UART4	UART4
53	UART5	UART5
54	TIM6/TIM6_DAC(1)	TIM6_DAC
55	TIM7	TIM7
56	DMA2_Channel1	DMA2_Stream0
57	DMA2_Channel2	DMA2_Stream1
58	DMA2_Channel3	DMA2_Stream2
59	DMA2_Channel4/DMA2_Channel4_5(1)	DMA2_Stream3

位 置	STM32F1 系列	STM32F2 系列
60	DMA2_Channel5	DMA2_Stream4
61	ETH	ETH
62	ETH_WKUP	ETH_WKUP
63	CAN2_TX	CAN2_TX
64	CAN2_RX0	CAN2_RX0
65	CAN2_RX1	CAN2_RX1
66	CAN2_SCE	CAN2_SCE
67	OTG_FS	OTG_FS
68	NA	DMA2_Stream5
69	NA	DMA2_Stream6
70	NA	DMA2_Stream7
71	NA	USART6
72	NA	I2C3_EV
73	NA	I2C3_ER
74	NA	OTG_HS_EP1_OUT
75	NA	OTG_HS_EP1_IN
76	NA	OTG_HS_WKUP
77	NA	OTG_HS
78	NA	DCMI
79	NA	CRYP
80	NA	HASH_RNG

8.2　STM32F2 用户程序中断向量表

　　STM32F2 中断向量表是程序的一部分,对于前面所介绍过的几个 STM32F2 程序,向量表就放在项目所在目录的\build\lib 目录下的 startup_stm32f20x_md_mthomas.c 文件之中,从扩展名可以看出它是一个 C 语言程序的文件。由于该向量表绝大多数情况下都是一样的,即不管在什么应用项目之中,startup_stm32f20x_md_mthomas.c 里的程序都是一样的,所以就预先编译成目标文件放在\build\lib\obj\目录之下,目标文件名是 startup_stm32f20x_md_mthomas.o,编译项目时会自动链接上该目标文件。

　　下面摘录 startup_stm32f10x_md_mthomas.c 中的部分关键代码出来进行分析，其他未列出部分读者可以直接查看项目中的文件。把 startup_stm32f20x_md_mthomas.c 分解成几个小部分，并把非关键部分代码省略掉，下面重点介绍核心代码和编程思路。

1. 变量和函数定义

变量和函数定义部分代码如下：

```
typedef void( * const intfunc)(void);
#define WEAK__attribute__((weak))
extern unsigned long__etext;
extern unsigned long__sidata;
extern unsigned long__sdata;
extern unsigned long__edata;
extern unsigned long__sbss;
extern unsigned long__ebss;
extern unsigned long__estack;
/* 私有函数原型 ---------- */
void Reset_Handler(void)__attribute__((__interrupt__));
void__Init_Data(void);
void Default_Handler(void);
/* 外部函数原型 -------------------- */
extern int main(void);/* 就用的主要函数 */
extern void __libc_init_array(void);/* 调用静态对象的构造函数 */
```

上述程序大致有以下 4 个重要内容：

  ➤ "typedef void(* const intfunc)(void);"一行程序定义一个名为 intfunc 的函数指针类型；
  ➤ 宏定义 WEAK 为__attribute__ ((weak))；
  ➤ _etext 是指向数据部分初始值起始地址，在链接描述文件中定义；
  ➤ _estack 是初始化堆栈指针值，在链接描述文件中定义。

2. 函数指针

函数指针是指向函数的指针变量。函数指针的声明方法为

　　　　　　　　数据类型标志符（指针变量名）（形参列表）；

"函数类型"说明函数的返回类型，由于"（ ）"的优先级高于" * "，所以指针变量名外的括号必不可少，后面的"形参列表"表示指针变量指向的函数所带的参数列表。例如：

```
int func(int x);          /* 声明一个函数 */
int ( * f) (int x);        /* 声明一个函数指针 */
```

```
    f = func;                        /* 将 func 函数的首地址赋给指针 f */
```

赋值时函数 func 不带括号,也不带参数,由于 func 代表函数的首地址,因此经过赋值以后,指针 f 就指向函数 func(x)的代码的首地址。

函数括号中的形参可有可无,视情况而定。下面的程序说明了函数指针调用函数的方法:

```
# include<stdio.h>
int max(int x,int y){ return(x>y? x:y); }
void main()
{
    int ( * ptr)(int, int);
    int a,b,c;
    ptr = max;
    scanf("% d, % d",&a,&b);
    c = ( * ptr)(a,b);
    printf("a = % d,b = % d,max = % d",a,b,c);
}
```

ptr 是指向函数的指针变量,所以可把函数 max( )赋给 ptr 作为 ptr 的值,即把max( )的入口地址赋给 ptr,以后就可以用 ptr 来调用该函数,实际上 ptr 和 max 都指向同一个入口地址,不同就是 ptr 是一个指针变量,不像函数名称那样是死的,它可以指向任何函数。在程序中把哪个函数的地址赋给它,它就指向哪个函数。而后用指针变量调用它,因此可以先后指向不同的函数。

3. 弱符号与强符号

(1)弱符号与强符号

在编程中经常碰到这样一种情况,叫符号重复定义。多个目标文件中含有相同名字全局符号的定义,那么这些目标文件链接的时候将会出现符号重复定义的错误。比如在目标文件 A 和目标文件 B 都定义了一个全局整数变量 global,并将它们都初始化,那么链接器将 A 和 B 进行链接时会报如下错误消息:

```
b.o:(.data + 0x0):multiple definition of 'global'a.o:(.data + 0x0):first defined here
```

这种符号的定义可以称为强符号(Strong Symbol)。有些符号的定义可以称为弱符号(Weak Symbol)。对于 C/C++语言来说,编译器默认函数和初始化了的全局变量为强符号,未初始化的全局变量为弱符号。它们也可以通过 GCC 的__attribute__((weak))来定义任何一个强符号为弱符号。注意,强符号和弱符号都是针对定义来说的,不是针对符号的引用。比如有下面这段程序:

```
extern int ext;
int weak; int strong = 1;__attribute__((weak)) weak2 = 2;
int main(){return 0;}
```

上面这段程序中，weak 和 weak2 是弱符号，strong 和 main 是强符号，而 ext 既非强符号也非弱符号，因为它是一个外部变量的引用。针对强弱符号的概念，链接器就会按如下规则处理与选择被多次定义的全局符号。

规则 1：不允许强符号被多次定义（即不同的目标文件中不能有同名的强符号）；如果有多个强符号定义，则链接器报符号重复定义错误。

规则 2：如果一个符号在某个目标文件中是强符号，在其他文件中都是弱符号，那么选择强符号。

规则 3：如果一个符号在所有目标文件中都是弱符号，那么选择其中占用空间最大的一个。比如目标文件 A 定义全局变量 global 为 int 型，占 4 个字节；目标文件 B 定义 global 为 double 型，占 8 个字节，那么目标文件 A 和 B 链接后，符号 global 占 8 个字节（尽量不要使用多个不同类型的弱符号，否则容易导致很难发现的程序错误）。

（2）弱引用和强引用

目前所看到的对外部目标文件的符号引用在目标文件被最终链接成可执行文件时，它们需要被正确决议，如果没有找到该符号的定义，链接器就会报符号未定义错误，这种被称为强引用（Strong Reference）。

与之相对应还有一种弱引用（Weak Reference），在处理弱引用时，如果该符号有定义，则链接器将该符号的引用决议；如果该符号未被定义，则链接器对于该引用不报错。链接器处理强引用和弱引用的过程几乎一样，只是对于未定义的弱引用，链接器不认为它是一个错误。

一般对于未定义的弱引用，链接器默认其为 0，或者是一个特殊的值，以便于程序代码能够识别。弱引用和弱符号主要用于库的链接过程。

在 GCC 中，可以通过使用 __attribute__((weakref)) 这个扩展关键字来声明对一个外部函数的引用为弱引用，比如下面这段代码：

```
__attribute__ ((weakref)) void foo();
int main(){foo();}
```

可以将它编译成一个可执行文件，GCC 并不会报链接错误。但是运行这个可执行文件时，会发生运行错误。因为 main 函数试图调用 foo 函数时，foo 函数的地址为 0，于是发生了非法地址访问的错误。一个改进的例子是：

```
__attribute__ ((weakref)) void foo();
int main(){if(foo) foo();}
```

这种弱符号和弱引用对于库来说十分有用，例如：
➤ 库中定义的弱符号可以被用户定义的强符号所覆盖，从而使得程序可以使用自定义版本的库函数；
➤ 或者程序可以对某些扩展功能模块的引用定义为弱引用，将扩展模块与程序

　　链接在一起时,功能模块就可以正常使用;

➤ 如果去掉了某些功能模块,那么程序也可以正常链接,只是缺少了相应的功能,这使得程序的功能更加容易裁减和组合。

4. 前向声明

前向声明默认的异常处理函数,采用 WEAK 关键词实现,即 __attribute__ ((weak))。如果用户程序中没有重新定义这些函数,那么就编译时就采用这里定义的这个函数,否则采用用户新定义的函数。在本书大部分的例子中,中断向量表的函数都采用了如下的前向声明:

```
/ *******************************************************************
* 前向声明的默认异常处理.
*******************************************************************
// void WEAK Reset_Handler(void);
void WEAK NMI_Handler(void);
void WEAK HardFault_Handler(void);
void WEAK MemManage_Handler(void);
void WEAK BusFault_Handler(void);
void WEAK UsageFault_Handler(void);
// void WEAK MemManage_Handler(void);
void WEAK SVC_Handler(void);
void WEAK DebugMon_Handler(void);
void WEAK PendSV_Handler(void);
void WEAK SysTick_Handler(void);
/ * 外部中断 * /
void WEAK WWDG_IRQHandler(void);
void WEAK PVD_IRQHandler(void);
void WEAK TAMPER_IRQHandler(void);
void WEAK RTC_IRQHandler(void);
(其他的省略)
```

5. STM32F2 向量表的定义

向量表的定义方式比较简单,就是定义了一个数组,而数据的内容是指向各中断或异常处理函数的地址。向量表的定义代码如下:

```
# ifdef VECT_TAB_RAM
__attribute__ ((section(".isr_vectorsflash")))
void ( * const g_pfnVectorsStartup[])(void) =
{   / * 在启动过程中的初始堆栈指针 * /
    (intfunc)((unsigned long)&_estack),
    Reset_Handler,      / * 在启动期间的复位处理程序 * /
};
__attribute__ ((section(".isr_vectorsram")))
```

```
void ( * g_pfnVectors[])(void) =
#else /* VECT_TAB_RAM */
__attribute__ ((section(".isr_vectorsflash")))
void ( * const g_pfnVectors[])(void) =
#endif /* VECT_TAB_RAM */
{
(intfunc)((unsigned long)&_estack),   /* 搬迁后的堆栈指针 */
      Reset_Handler,                   /* 复位处理程序 */
      NMI_Handler,                     /* NMI 处理程序 */
      HardFault_Handler,               /* 硬盘异常处理 */
      MemManage_Handler,               /* 主机异常处理 */
      BusFault_Handler,                /* 总线异常处理 */
      UsageFault_Handler,              /* 使用异常处理 */
      0,/* 保留 */
      0,/* 保留 */
      0,/* 保留 */
      0,/* 保留 */
      SVC_Handler,                     /* SVCall 处理程序 */
      DebugMon_Handler,                /* 调试监视器处理程序 */
      0,/* 保留 */
      PendSV_Handler,                  /* PendSV 处理程序 */
      SysTick_Handler,                 /* SysTick 处理程序 */
      /* 外部中断 */
WWDG_IRQHandler,
PVD_IRQHandler,
TAMP_STAMP_IRQHandler,
RTC_WKUP_IRQHandler,
FLASH_IRQHandler,
RCC_IRQHandler,
EXTI0_IRQHandler,
EXTI1_IRQHandler,
EXTI2_IRQHandler,
EXTI3_IRQHandler,
EXTI4_IRQHandler,
DMA1_Stream0_IRQHandler,
DMA1_Stream1_IRQHandler,
DMA1_Stream2_IRQHandler,
DMA1_Stream3_IRQHandler,
DMA1_Stream4_IRQHandler,
DMA1_Stream5_IRQHandler,
DMA1_Stream6_IRQHandler,
ADC_IRQHandler,
```

```
CAN1_TX_IRQHandler,
CAN1_RX0_IRQHandler,
CAN1_RX1_IRQHandler,
CAN1_SCE_IRQHandler,
EXTI9_5_IRQHandler,
TIM1_BRK_TIM9_IRQHandler,
TIM1_UP_TIM10_IRQHandler,
TIM1_TRG_COM_TIM11_IRQHandler,
TIM1_CC_IRQHandler,
TIM2_IRQHandler,
TIM3_IRQHandler,
TIM4_IRQHandler,
I2C1_EV_IRQHandler,
I2C1_ER_IRQHandler,
I2C2_EV_IRQHandler,
I2C2_ER_IRQHandler,
SPI1_IRQHandler,
SPI2_IRQHandler,
USART1_IRQHandler,
USART2_IRQHandler,
USART3_IRQHandler,
EXTI15_10_IRQHandler,
RTC_Alarm_IRQHandler,
OTG_FS_WKUP_IRQHandler,
TIM8_BRK_TIM12_IRQHandler,
TIM8_UP_TIM13_IRQHandler,
TIM8_TRG_COM_TIM14_IRQHandler,
TIM8_CC_IRQHandler,
DMA1_Stream7_IRQHandler,
FSMC_IRQHandler,
SDIO_IRQHandler,
TIM5_IRQHandler,
SPI3_IRQHandler,
UART4_IRQHandler,
UART5_IRQHandler,
TIM6_DAC_IRQHandler,
TIM7_IRQHandler,
DMA2_Stream0_IRQHandler,
DMA2_Stream1_IRQHandler,
DMA2_Stream2_IRQHandler,
DMA2_Stream3_IRQHandler,
DMA2_Stream4_IRQHandler,
```

```
    ETH_IRQHandler,
    ETH_WKUP_IRQHandler,
    CAN2_TX_IRQHandler,
    CAN2_RX0_IRQHandler,
    CAN2_RX1_IRQHandler,
    CAN2_SCE_IRQHandler,
    OTG_FS_IRQHandler,
    DMA2_Stream5_IRQHandler,
    DMA2_Stream6_IRQHandler,
    DMA2_Stream7_IRQHandler,
    USART6_IRQHandler,
    I2C3_EV_IRQHandler,
    I2C3_ER_IRQHandler,
    OTG_HS_EP1_OUT_IRQHandler,
    OTG_HS_EP1_IN_IRQHandler,
    OTG_HS_WKUP_IRQHandler,
    OTG_HS_IRQHandler,
    DCMI_IRQHandler,
    CRYP_IRQHandler,
    HASH_RNG_IRQHandler
    };
```

虽然看起来比较简单,但有一些地方却不太容易理解,下面将进一步解释。

6. __attribute__ 的用法

上面的代码中有 3 个地方用到了关键词__attribute__。

➢ __attribute__ ((section(".isr_vectorsflash"))),代表把后面的数组放入.isr _vectorsflash 数据段中;

➢ __attribute__ ((section(".isr_vectorsram"))),代表把后面的数组放入.isr_ vectorsram 段数据中。

__attribute__ 的 section 子项的使用格式为

```
            __attribute__((section("section_name")))
```

其作用是将作用的函数或数据放入指定名为"section_name"的数据段。section 选项用来控制数据区的基地址。例如:

```
    int var __attribute__((section(".xdata"))) = 0;
```

这样定义的变量 var 将被放入名为.xdata 的数据段,(注意:__attribute__这种 用法中的括号很严格,这里的几个括号一个也不能少。)

又例如:

```
    static int __attribute__((section(".xinit"))) functionA(void)
```

```
{
    .....
}
```

这个例子将使函数 functionA 被放入名叫 .xinit 的数据段。

需要着重注意的是,__attribute__ 的 section 属性只指定对象的数据段,它并不能影响所指定对象最终会放在可执行文件的什么段。

7. 定义数组

其实,向量表就是一个数组,用各种中断和异常处理函数的地址来初始化该数组即可得到想要的向量表了。数组的名字写法比较古怪,写成"void (* const g_pfn-Vectors[ ])(void)",实际上其意思是定义一个名字为 g_pfnVectors 的数组,数组的类型为 void (* const)(void),似乎是很复杂的数据类型,但如果认真与前面 8.2 节介绍的函数指针进行对比就发现,它们的结构是一样的,所以它就是一个函数指针数据类型。这样,该数组就可以用于保存函数的指针了。

8. 转换成函数指针

在上述程序中,还有一个不容易理解的代码 (intfunc) ((unsigned long) & _es-tack),它其实就是把 _estack (初始化堆栈指针值,在链接描述文件中定义) 转换成 (unsigned long) 类型,然后再转换成 intfunc 类型,即 void(* const intfunc)(void) 类型的函数指针。

_estack 并不在 C 或 C++ 程序中定义,而是在链接脚本中定义,在前面介绍的 STM32 项目之中,有一个名为 STM32F10x_128k_20k_flash.ld 的链接脚本程序文件,里边包括对 _estack 的定义 "_estack = ORIGIN(RAM) + LENGTH(RAM);"。可见 _estack 指向 RAM 最高地址处。

9. 复位中断函数

向量表中的第 2 个位置保存着系统复位的函数入口地址,这个入口函数即 Re-set_Handler 函数。当复位事件发生时,这是处理器最先调用的函数,在这个函数里再调用了用户主函数 main 函数。可见,用户程序中的 main 函数,原来是被这个函数调用了,这个函数才是真实最原始的用户程序入口函数。复位中断函数函数代码如下:

```
void Reset_Handler(void)
{
# ifdef STARTUP_DELAY
    volatile unsigned long i;
    for (i = 0;i<500000;i++) { ; }
# endif
    __Init_Data();                  /* 初始化 DATA 和 BSS 段 */
    __libc_init_array();            /* 调用静态对象的构造函数 */
    main();                         /* 调用应用程序的入口点。*/
```

```
    while(1) { ; }
}
```

10. 初始化 DATA 和 BBS 段

在复位中断函数中,如果是延时启动模式,就通过一个循环来延时,否则直接启动。然后调用__Init_Data 函数来初始化 DATA 和 BBS 段。程序中,各程序和数据段的功能如下:

> TEXT 段是程序代码段,它是由编译器在编译连接时自动计算的,在链接定位文件中将该符号放置在代码段后,那么该符号表示的值就是代码段大小,编译连接时,该符号所代表的值会自动代入到源程序中。

> DATA 段的起始位置也是由连接定位文件所确定,大小在编译连接时自动分配,它和程序大小没有关系,但和程序使用到的全局变量、常量数量相关;

> BSS 段(bss segment)通常是指用来存放程序中未初始化的全局变量的一块内存区域。BSS 是英文 Block Started by Symbol 的简称。BSS 段属于静态内存分配。BSS 的初始值也是由用户自己定义的连接定位文件所确定,用户应该将它定义在可读写的 RAM 区内,源程序中使用 malloc 分配的内存就是这一块,它不是根据 data 大小确定,主要由程序中同时分配内存最大值所确定,不过如果超出了范围,也就是分配失败,可以等空间释放之后再分配。

DSTACK 的顶部在可读写的 RAM 区的最后。

所有以上这些程序和数据段,用户可以非常灵活地定义其起点和大小,但对大部分用户来说,程序区在 ROM 或 Flash 中,可读写区域在 SRAM 或 DRAM 中,考虑一下自己程序规模、函数调用规模、内存使用大小然后参照一个连接定位文件稍加修改即可。

11. 调用静态对象构造函数

通过__libc_init_array 函数调用静态对象构造函数。库函数__libc_init_array 调用所有 C++(见链接脚本)静态构造函数。此函数调用 BX 指令,允许变换到 Thumb 状态。

12. __Init_Data 函数

__Init_Data 函数实现初始化 DATA 和 BBS 段,它的作用在上面已经介绍,其实现代码如下:

```
void __Init_Data(void)
{
    unsigned long * pulSrc, * pulDest;
    pulSrc = & _sidata; // 从闪存到 SRAM 复制初始化数据段
    pulDest = & _sdata;
    if ( pulSrc != pulDest )
    {
```

```
        for(; pulDest < &_edata; ) * (pulDest + + ) = * (pulSrc + + );
    }
/ * 用零填充 BSS 段 * /
    for(pulDest = &_sbss; pulDest < &_ebss;){ * (pulDest + + ) = 0;}
}
```

13. 默认中断和异常处理函数

把每个异常处理程序都声明成弱别名函数,并且指向默认函数 Default_Handler。由于它们是弱别名,因此任何具有相同名字的函数定义将覆盖这个弱别名。

Default_Handler 函数代码如下:

```
# pragma weak MMI_Handler = Default_Handler
# pragma weak MemManage_Handler = Default_Handler
# pragma weak BusFault_Handler = Default_Handler
# pragma weak UsageFault_Handler = Default_Handler
# pragma weak SVC_Handler = Default_Handler
# pragma weak DebugMon_Handler = Default_Handler
# pragma weak PendSV_Handler = Default_Handler
# pragma weak SysTick_Handler = Default_Handler
# pragma weak WWDG_IRQHandler = Default_Handler
(其他的省略)
void Default_Handler(void)
{
    while(1){ }/ * 进入一个无限循环 * /
}
```

默认函数 Default_Handler 是一个空的无限循环函数。在开始时应该特别注意,在开通某个中断之后,应该编写新的中断处理函数,否则发现中断后会运行到该默认中断函数之中而跳转不出来。当然,如果想避免这样的情况,可以修改该函数,去掉无限循环的部分。

8.3 SysTick 时钟及中断处理

8.3.1 关于 SysTick

Cortex-M3 处理器内部集成了一个 24 位的系统递减计数嘀哒(SysTick)定时器,它定时产生中断,提供理想的时钟来驱动实时操作系统或其他预定的任务。

在许多操作系统中,硬件定时器被用于产生中断,以便 OS 可以执行任务切换。这样,可以确保在系统上可以运行多个任务,以及避免出现单个任务占用太多资源的情况。SysTick 定时器专门用于实现这一功能,它使 OS 在基于 Cortex-M3 处理器的 MCU 器件之间的移植变得更加简单,OS 移植时无需针对某一种芯片的某个特别定时器进行配置,也无需进行定时器中断代码修改,因为 Cortex-M3 处理器都采用了一个统一的定时器——SysTick 定时器。

1. 什么是 SysTick 定时器

SysTick 是一个简单的系统时钟节拍计数器,属于 ARM Cortex-M3 内核嵌套向量中断控制器 NVIC 里的一个功能单元,而非片内外设。SysTick 常用于操作系统(如 μC/OS-Ⅱ、FreeRTOS 等)的系统节拍定时。

由于 SysTick 属于 ARM Cortex-M3 内核里的一个功能单元,因此使用 SysTick 作为操作系统节拍定时,使得操作系统代码在不同厂家的 ARM Cortex-M3 内核芯片上都能够方便移植。当然,在不采用操作系统的场合下 SysTick 完全可以作为一般的定时/计数器来使用。

SysTick 是一个 24 位的计数器,采用倒计时方式。SysTick 设定初值并使能后,每经过 1 个系统时钟周期,计数值就减 1。计数到 0 时,SysTick 计数器自动重装初值并继续计数,同时内部的 COUNTFLAG 标志会置位(可以用来触发中断)以通知系统下一步做何动作。

当计到 0 时,将从 RELOAD 寄存器中自动重装载定时初值。只要不把它在 SysTick 控制及状态寄存器中的使能位清除,就永远处于可循环的计数状态。

2. 为什么要设置 SysTick 定时器

(1)产生操作系统的时钟节拍

SysTick 定时器被捆绑在 NVIC 中,用于产生 SysTick 异常(异常号:15)。大多操作系统需要一个硬件定时器来产生操作系统需要的滴答中断,作为整个系统的时基。因此,需要一个定时器来产生周期性的中断,而且最好还让用户程序不能随意访问它的寄存器,以维持操作系统"心跳"的节律。

(2)便于在不同处理器之间程序移植

Cortex-M3 处理器内部包含了一个简单的 SysTick 定时器,由于所有的 CM3 芯片都带有这个定时器,所以软件在不同 Cortex-M3 器件间的移植工作得以简化。该定时器的时钟源可以是内部时钟(FCLK,Cortex-M3 上的自由运行时钟),或者是外部时钟(CM3 处理器上的 STCLK 信号)。

不过,STCLK 的具体来源则由芯片设计者决定,因此不同产品之间的时钟频率可能会大不相同,设计人员需要检视芯片的器件手册来决定选择什么作为时钟源。SysTick 定时器能产生中断,Cortex-M3 为它专门开出一个异常类型,并且在向量表中有它的一席之地。它使操作系统和其他系统软件在 CM3 器件间的移植变得简单多了,因为在所有 Cortex-M3 产品间对其处理都是相同的。

(3)作为一个闹铃测量时间

SysTick 定时器除了能服务于操作系统之外,还能用于其他目的,如作为一个闹铃,用于测量时间等。要注意的是,当处理器在调试期间被喊停(halt)时,SysTick 定时器就会暂停运作。

3. SysTick 库函数

在新版本的 STM32F2 固件库中,包括了一个 SysTick 库函数 SysTick_Config,该初始化并启动了 SysTick 计数器和它的中断,失败返回 1,成功返回 0。

SysTick_Config 函数在头文件"core_cm3.h"之中声明和定义,源程序如下:

```
static __INLINE uint32_t SysTick_Config(uint32_t ticks)
{
    /*重载值是不可能的 */
    if (ticks > SysTick_LOAD_RELOAD_Msk)  return (1);
    /*设置重载寄存器 */
    SysTick-> LOAD = (ticks&SysTick_LOAD_RELOAD_Msk) - 1;
    /* Cortex - M0 的系统中断优先级 */
    NVIC_SetPriority(SysTick_IRQn,(<<__NVIC_PRIO_BITS) - 1);
    SysTick 的 - > VAL = 0;/* 装载了 SysTick 计数器值 */
    SysTick 的 - > CTRL = SysTick_CTRL_CLKSOURCE_Msk|
                        SysTick_CTRL_TICKINT_Msk|
                        SysTick_CTRL_ENABLE_Msk;
                        /* 使能 SysTick 的 IRQ 和 SysTick 定时器 */
    return(0);       /* 函数 */
}
```

8.3.2 SysTick 测试程序

本小节所述的 SysTick 程序是在 STM32F2_KEY_LED 程序的基础上实现,其功能是采用系统时钟 SysTick 定时器产生一个 1 ms 的精确时间,再以该 1 ms 时间为基准产生延时,控制 LED2 闪烁。

把 STM32F2_KEY_LED 项目整个目录复制一份,然后把复制过来的新目录更名为 STM32F2_systick,把目录下的项目文件 STM32F2_KEY_LED.prj 更名为 STM32F2_systick.prj。最后在 Obtain_Studio 集成开发环境打开项目,修改程序并编译。

1. SysTick 定时器的本质

SysTick 定时器的本质是一个 24 位的自动重装倒计时计数器。就像一个心脏跳动一样,它不断地跟着时钟脉搏(AHB)在跳动,每跳动一次"能量"(计数值)减一,"能量"耗完后,会发出一个"嚎叫声"(SysTick 中断),并自动补充预设数量的"能量"。

要使用 SysTick 定时器,只要做下面两个工作即可。

➤ 设置好自动装载的初值;

➤ 编写中断处理函数。

如果需要选择非默认的时钟源,则在使用前再多加 SysTick 时钟源的设置。

2. SysTick 定时器配置

SysTick 测试程序的实现方法是在 main. cpp 文件 main 函数之中的 while(1)循环之前,加入 SysTick 定时器配置,其方法是调用 STM32 固件中的 SysTick_Config 函数实现来进行配置,初始值为 RCC_Clocks. HCLK_Frequency /1000,意思是采用系统时间除以 1 000 作为初值,表示每 1 ms 就会产生一次 SysTick 中断。实现代码如下:

```
SysTick_Config(RCC_Clocks.HCLK_Frequency / 1000); //(系统时钟分频)
```

3. SysTick 定时器中断处理函数

SysTick 定时器中断处理函数名为 SysTick_Handler,该函数名在 startup_stm32f10x_md_mthomas.c 文件中声明并在该文件的中断向量表 g_pfnVectors 中引用。在 main. cpp 文件里添加 SysTick 定时器中断处理函数,当中断次数 cnt 到达 500 次时,就让 LED1 状态翻转一次,并让中断次数变量 cnt 为 0。中断处理函数的实现代码如下:

```
CLed led2(LED2);
extern "C"  void SysTick_Handler(void)
{
    static uint16_t cnt = 0;
    if( cnt ++ > = 500 ) {
        cnt = 0;
        led2.isOn()? led2.Off():led2.On();
    }
}
```

io_map.h 头文件里有 LED2 的宏定义:"# define LED2　GPIOF,GPIO_Pin_7",如果用户的 LED 所连接的端口和引脚不是 GPIOF 和 GPIO_Pin_7,则根据需要进行修改即可。

4. 编译与运行

本书配套资料里,还有一个采用上述配置和中断处理函数的 STM32 SysTick 项目,目录名为 STM32F2_systick,读者也可以直接复制该项目的整个目录到硬盘上进行编译。

编译方法和下载方式与前几章相同,编译器采用 GCC,下载完成后复位或上电,可以看到 LED 按半秒钟的时间间隔闪烁(即半秒钟亮灭状态翻转一次)。

5. 完整的 SysTick 测试程序

本书配套资料中带有一个 SysTick 测试程序,在 STM32F2 的固件库中也有这样的例子。对于不同的开发板,配套资料中带有一个 SysTick 测试程序仅仅需要修改 I/O 端口映射头文件 io_map.h 中 LED2 一项的宏定义即可。SysTick_Handler

是 SysTick 中断响应函数。完整的 SysTick 测试程序代码如下：

```cpp
# include "include/bsp. h"
# include "include/gpio. h"
# include "include/led_key. h"
static CBsp bsp;
CLed led2(LED2);
extern "C"  void SysTick_Handler(void)
{
   static uint16_t cnt = 0;
   if( cnt++ > = 500 ) {
       cnt = 0;
       led2. isOn()? led2. Off():led2. On();
   }
}


int main()
{
    bsp. init();
    CLed led1(LED1);


    RCC_ClocksTypeDef RCC_Clocks;
    RCC_GetClocksFreq(&RCC_Clocks);
    SysTick_Config(RCC_Clocks. HCLK_Frequency / 1000);

    while(1)
    {
     bsp. delay(4000);
       led1. isOn()? led1. Off():led1. On();
   }
}
```

8.3.3 SysTick 程序分析

1. SysTick 相关寄存器

Systick 部分内容属于 NVIC 控制部分，一共有如下 4 个寄存器。

➢ SysTick_CTRL，地址为 0xE000E010，控制寄存器，默认值为 0x0000 0004；

➢ SysTick_LOAD，地址为 0xE000E014，重载寄存器，默认值为 0x0000 0000；

➢ SysTick_VAL，地址为 0xE000E018，当前值寄存器，默认值为 0x0000 0000；

➢ SysTick _ CALIB，地址为 0xE000E01C，校准值寄存器，默认值为 0x0002328。

SysTick_CTRL 寄存器内有 4 个位具有意义。

➤ 第 0 位:ENABLE,Systick 使能位(0 表示关闭 Systick 功能;1 表示开启 Systick 功能);

➤ 第 1 位:TICKINT,Systick 中断使能位(0 表示关闭 Systick 中断;1 表示开启 Systick 中断);

➤ 第 2 位:CLKSOURCE,Systick 时钟源选择(0 表示使用 HCLK/8 作为 Systick 时钟;1 表示使用 HCLK 作为系统时钟);

➤ 第 16 位:COUNTFLAG,Systick 计数比较标志。

2. STM 固件中 SysTick 配置函数

SysTick_CLKSourceConfig 函数用于配置 SysTick 时钟源。其中参数 SysTick_CLKSource 指定 SysTick 时钟源。

SysTick_CLKSourceConfig 函数代码如下:

```
void SysTick_CLKSourceConfig(uint32_t SysTick_CLKSource)
{
  / * 检查参数 * /
  assert_param(IS_SYSTICK_CLK_SOURCE(SysTick_CLKSource));
  if(SysTick_CLKSource == SysTick_CLKSource_HCLK)
  {
    SysTick 的 - > CTRL | = SysTick_CLKSource_HCLK;
  }
  else
  {
    SysTick 的 - > CTRL = SysTick_CLKSource_HCLK_Div8;
  }
}
```

SysTick_CLKSourceConfig 函数有两个可选择的参数。

➤ SysTick_CLKSource_HCLK_Div8:AHB 时钟除以 8 作为 SysTick 时钟源选择;

➤ 参数 SysTick_CLKSource_HCLK:AHB 时钟作为 SysTick 时钟源选择。

3. RCC_GetClocksFreq 函数

RCC_GetClocksFreq 函数返回不同的芯片的时钟频率;时钟源可以是 SYSCLK、HCLK、PCLK1 或者 PCLK2。该函数计算系统的频率,而不是返回芯片中的实际频率。计算方法是基于预定义的常量和选定的时钟源:

➤ 如果 SYSCLK 的时钟源是 HSI,函数的返回值基于 HSI_VALUE。HSI_VALUE 是一个定义在 stm32f2xx.h 文件(默认值为 16 MHz)的宏定义,但真正的值可能会有所不同,它是随电压和温度的变化而定的常数。

➤ 如果 SYSCLK 的时钟源是 HSE,函数的返回值基于 HSE_VALUE。HSE_

VALUE 是一个定义于 stm32f2xx.h 文件(默认值为 25 MHz)的一个常量, 用户应该确保 HSE_VALUE 的值与真正使用的晶体频率相同。否则,此函数可能有错误的结果。

> 如果 SYSCLK 的时钟源是 PLL,函数的返回值基于 HSE_VALUE 或 HSI_VALUE,再乘以/除以 PLL 因子。当 HSE 时钟使用分数值时,该函数的结果可能是不正确的。

参数 RCC_Clocks:指向一个 RCC_ClocksTypeDef 结构将持有的时钟频率。此功能可以由用户应用程序用于计算外设波通信特率或配置其他参数。

每个 SYSCLK、HCLK、PCLK1 或 PCLK2 时钟发生改变时,这个函数必须被调用来更新结构字段的时间。否则,基于此功能的任何配置将是不正确的。

RCC_GetClocksFreq 函数的实现代码如下:

```
void RCC_GetClocksFreq(RCC_ClocksTypeDef * RCC_Clocks)
{
    uint32_t tmp = 0,presc = 0,pllvco = 0,pllp = 2,pllsource = 0,pllm = 2;
    /* 获取 SYSCLK 时钟源 ------------------- */
    tmp = RCC - >CFGR & RCC_CFGR_SWS;
    switch (tmp)
    {
        case 0x00: /* HSI 作为系统时钟源 */
            RCC_Clocks - >SYSCLK_Frequency = HSI_VALUE;
            break;
        case 0x04: /* HSE 作为系统时钟源 */
            RCC_Clocks - >SYSCLK_Frequency = HSE_VALUE;
            break;
        case 0x08: /* PLL 作为系统时钟源 */
            /* PLL_VCO = (HSE_VALUE or HSI_VALUE / PLLM) * PLLN
               SYSCLK = PLL_VCO / PLLP
            */
            pllsource = (RCC - >PLLCFGR & RCC_PLLCFGR_PLLSRC) >> 22;
            pllm = RCC - >PLLCFGR & RCC_PLLCFGR_PLLM;
            if (pllsource != 0)
            {
                /* HSE 作为 PLL 时钟源 */
                pllvco = (HSE_VALUE/pllm) * ((RCC - >PLLCFGR&RCC_PLLCFGR_PLLN)>>6);
            }
            else
            {
                /* HSI 作为 PLL 时钟源 */
                pllvco = (HSI_VALUE/pllm) * ((RCC - >PLLCFGR&RCC_PLLCFGR_PLLN)>>6);
```

```
        }
        pllp = (((RCC - >PLLCFGR & RCC_PLLCFGR_PLLP) >>16) + 1 ) * 2;
        RCC_Clocks - >SYSCLK_Frequency = pllvco/pllp;
        break;
    default:
        RCC_Clocks - >SYSCLK_Frequency = HSI_VALUE;
        break;
    }
    /* 计算的 HCLK、PCLK1 和 PCLK2 时钟频率 ----- */
    /* 获取 HCLK 的预分频 */
    tmp = RCC - >CFGR & RCC_CFGR_HPRE;
    tmp = tmp >> 4;
    presc = APBAHBPrescTable[tmp];
    /* HCLK 时钟频率 */
RCC_Clocks - >HCLK_Frequency = RCC_Clocks - >SYSCLK_Frequency>>presc;
    /* 获取 PCLK1 预分频 */
    tmp = RCC - >CFGR & RCC_CFGR_PPRE1;
    tmp = tmp >> 10;
    presc = APBAHBPrescTable[tmp];
    /* PCLK1 时钟频率 */
    RCC_Clocks - >PCLK1_Frequency = RCC_Clocks - >HCLK_Frequency >> presc;
    /* 获取 PCLK2 预分频 */
    tmp = RCC - >CFGR & RCC_CFGR_PPRE2;
    tmp = tmp >> 13;
    presc = APBAHBPrescTable[tmp];
    /* PCLK2 时钟频率 */
    RCC_Clocks - >PCLK2_Frequency = RCC_Clocks - >HCLK_Frequency>>presc;
}
```

4. SysTick 定时器中断处理函数

在 8.3.3 小节的 SysTick 定时器中断处理函数中,用到了 extern、RAMFUNC 等关键词,下面将进行简单介绍。

(1) SysTick 定时器中断处理函数为何是 SysTick_Handler

这个中断函数是在 STM32 中断向量的定义时声明,并已经加入到中断向量表之中,在中断向量声明的时候也定义了一个 SysTick_Handler 函数,但那里用的是弱符号定义,因此编译器发现上面新定义了一个 SysTick_Handler 函数,那么编译器最终将使用这个强符号定义的新函数。详细说明可参考第 9 章中有关中断向量表的说明部分。

(2) extern、RAMFUNC、static 等关键词

extern "C"代表该函数采用 C 语言的方式连接。

RAMFUNC 代表把该函数代码复制到 RAM 中运行,这样可以加快中断处理速度。因为 SysTick 定时器被设置为 1 ms 中断一次,这样的中断速度算是比较频繁了,如果该函数处理时间过长,将严重影响整个系统的运行速度。

关于 static,回顾一下在 C/C++ 里的常识,C/C++ 局部变量按照存储形式可分为 auto、static、register 共 3 种,与 auto 类型(普通)局部变量相比,static 局部变量有以下 3 点不同:

➤ 存储空间分配不同。auto 类型分配在栈上,属于动态存储类别,占动态存储区空间,函数调用结束后自动释放,而 static 分配在静态存储区,在程序整个运行期间都不释放,两者之间的作用域相同,但生存期不同。

➤ static 局部变量在所处模块在初次运行时进行初始化工作,且只操作一次。

➤ 对于局部静态变量,如果不赋初值,编译期会自动赋初值 0 或空字符,而 auto 类型的初值是不确定的(对于 C++ 中的 class 对象例外,class 的对象实例如果不初始化,则会自动调用默认构造函数,不管是否是 static 类型)。

static 局部变量的"记忆性"与生存期的"全局性",所谓"记忆性"是指在两次函数调用时,在第二次调用进入时,能保持第一次调用退出时的值。因此在 SysTick_Handler 函数中,虽然 cnt 和 flip 是函数内的局部变量,但它却像全局变量一样使用,可以记忆中断的次数和记忆 LED 闪烁的状态。这种记忆只限制在 SysTick_Handler 函数内部使用,这样就可以避免像全局变量那样被其他程序模块"不小心"修改了它们的值。

8.4 STM32F2 中断向量管理器

8.4.1 NVIC 嵌套中断向量控制器

1. NVIC 嵌套中断向量控制器介绍

NVIC 即嵌套中断向量控制器(Nested Vectored Interrupt Controller),支持 240 个优先级可动态配置的中断,每个中断的优先级有 256 个选择。低延迟的中断处理可以通过紧耦合的 NVIC 和处理器内核接口来实现,让新进的中断可以得到有效的处理。NVIC 通过时刻关注压栈(嵌套)中断来实现中断的末尾连锁(tail-chaining),访问地址是 0xE000_E000。所有 NVIC 的中断控制/状态寄存器都只能在特权级下访问。不过有一个例外,软件触发中断寄存器可以在用户级下访问以产生软件中断。所有的中断控制/状态寄存器均可按字/半字/字节的方式访问。

NVIC 有多种用途,如使能或者失能 IRQ 中断,使能或者失能单独的 IRQ 通道,改变 IRQ 通道的优先级等。

STM32F2 固件库中带有 NVIC 库函数的声明与定义,在 misc.h 头文件之中进行声明,在 misc.c 文件之中进行定义。

2. CBsp 类的 NVIC 配置

在用户程序之中,在 main 函数里首先要做的是系统时钟配置,接下来的一个要做的工作是配置向量表,其工作主要是通过 NVIC 实现。例如在前面例子中 CBsp 类的 NVIC 配置函数 NVIC_Configuration,其代码如下:

```
void CBsp::NVIC_Configuration(void)
{
  NVIC_InitTypeDef NVIC_InitStructure;
// #ifdef   VECT_TAB_RAM
# if defined (VECT_TAB_RAM)
  /* 设置矢量表基地址位置为 0x20000000 */
  NVIC_SetVectorTable(NVIC_VectTab_RAM, 0x0);
# elif defined(VECT_TAB_FLASH_IAP)
  NVIC_SetVectorTable(NVIC_VectTab_FLASH, 0x2000);
# else  /* VECT_TAB_FLASH */
  /* 设置矢量表基地址位置为 0x08000000 */
  NVIC_SetVectorTable(NVIC_VectTab_FLASH, 0x0);
# endif
  /* 配置 NVIC 抢占优先级位 */
  NVIC_PriorityGroupConfig(NVIC_PriorityGroup_0);
}
```

3. 设置 NVIC 的向量表偏移寄存器

通过 NVIC_SetVectorTable 函数来设置 NVIC 的向量表偏移寄存器。用向量表偏移寄存器以判断矢量表是放在 RAM 之中还是在代码存储中,不同的类型其偏移量也不同,因为可以用该向量表偏移寄存器的值来设置偏移到哪个位置。

```
void NVIC_SetVectorTable(uint32_t NVIC_VectTab, uint32_t Offset)
{
  SCB->VTOR = NVIC_VectTab | (Offset & (uint32_t)0x1FFFFF80);
}
```

4. 系统控制寄存器(SCB)

在 NVIC_SetVectorTable 函数中,用到了一个 SCB 指针,并对该对象的 VTOR 寄存器进行偏移量的设置,为了理解上述代码,得先清楚 SCB 和 VTOR 是什么东西,把代码中的定义展开来分析,在固件头文件里有如下宏定义:

```
/* Cortex-M3 的硬件存储器映射 */
# define SCS_BASE(0xE000E000)            /*! <系统控制空间的基地址 */
# define ITM_BASE(0xE0000000)            /*! <ITM 的基址 */
# define CoreDebug_BASE(0xE000EDF0)      /*! <内核调试基址 */
# define SysTick_BASE(SCS_BASE + 0x0010) /* <SysTick 的基址 */
# define NVIC_BASE(SCS_BASE + 0x0100)    /* <NVIC 基址 */
```

```
#define SCB_BASE(SCS_BASE + 0x0D00)              /* <系统控制块的基本地址 */

#define InterruptType((InterruptType_Type *)SCS_BASE)/* <中断类型注册 */
#define SCB((SCB_Type *)SCB_BASE)                /* <SCB 配置结构 */
#define SysTick 的((SysTick_Type *)SysTick_BASE)/* <SysTick 的配置结构 */
#define NVIC((NVIC_Type *)NVIC_BASE)             /* <NVIC 的配置结构 */
#define ITM((ITM_Type *)ITM_BASE)                /* <ITM 的配置结构 */
#define CoreDebug((CoreDebug_Type *)CoreDebug_BASE)/* <核心调试配置结构 */
```

可见，SCB 指向了 0xE000ED00 这个存储空间。从 Cortex-M3 存储器映射关系中可以知道，0xE000E000 是 NVIC 的起始地址，准确地讲是 SCS 起始地址，而 NVIC 是其中的一部分(从 SCS 之后的 0x0100 开始)。

NVIC 空间还用来实现系统控制寄存器。NVIC 空间分成以下部分(详细内容可参见 Cortex－M3 技术参考手册，表 8－1 NVIC 寄存器)。

➤ 0xE000E000～0xE000E00F:中断类型寄存器;
➤ 0xE000E010～0xE000E0FF:系统定时器;
➤ 0xE000E100～0xE000ECFF:NVIC;
➤ 0xE000ED00～0xE000ED8F:系统控制模块,包括:
☆ CPUID;
☆ 系统控制、配置和状态;
☆ 故障报告。
➤ 0xE000EF00～0xE000EF0F:软件触发异常寄存器;
➤ 0xE000EFD0～0xE000EFFF:ID 空间。

SCB 是 SCB_Type 结构类型指针，而 SCB_Type 结构在固件中的定义如下所示:

```
typedef struct
{
__I uint32_t CPUID;              /* CPU ID基址寄存器 */
__IO uint32_t ICSR;              /* 中断控制状态寄存器 */
__IO uint32_t VTOR;              /* 矢量表偏移寄存器 */
__IO uint32_t AIRCR;             /* 应用中断/复位控制寄存器 */
__IO uint32_t SCR                /* 系统控制寄存器 */
__IO uint32_t CCR                /* 配置控制寄存器 */
__IO uint8_t SHP[12];            /* 系统处理程序优先级寄存器(4-7,8-11,12-15) */
__IO uint32_t SHCSR;             /* 系统处理程序的控制和状态寄存器 */
__IO uint32_t CFSR;              /* 配置故障状态寄存器 */
__IO uint32_t HFSR;              /* 硬故障状态寄存器 */
__IO uint32_t DFSR;              /* 调试故障状态寄存器 */
__IO uint32_t MMFAR;             /* 管理地址寄存器 */
```

```
__IO uint32_t BFAR;              /* 总线故障地址寄存器 */
__IO uint32_t AFSR;              /* 辅助故障状态寄存器 */
__I uint32_t PFR[2];             /* 处理器功能寄存器 */
__I uint32_t DFR;                /* 调试功能寄存器 */
__I uint32_t ADR;                /* 辅助功能寄存器 */
__I uint32_t MMFR[4];            /* 内存模型功能寄存器 */
__I uint32_t ISAR[5];            /* ISA 功能寄存器 */
} SCB_Type;
```

从上述 SCB_Type 结构的定义可以看出 VTOR 即向量表偏移量寄存器。

5. 设置 NVIC 优先级分组

设置 NVIC 优先级通过 NVIC_PriorityGroupConfig 函数完成。设置 NVIC 优先级分组方式,一共 16 个优先级,分为抢占式和响应式。两种优先级所占的数量由此代码确定,NVIC_PriorityGroup_x 可以是 0、1、2、3、4,分别代表抢占优先级有 1、2、4、8、16 个和响应优先级有 16、8、4、2、1 个。规定两种优先级的数量后,所有的中断级别必须在其中选择,抢占级别高的会打断其他中断优先执行,而响应级别高的会在其他中断执行完优先执行。

NVIC_PriorityGroupConfig 函数代码如下:

```
void NVIC_PriorityGroupConfig(uint32_t NVIC_PriorityGroup)
{
    /* 为 NVIC_PriorityGroup 设置 PRIGROUP[10:8]位 */
    SCB->AIRCR = AIRCR_VECTKEY_MASK | NVIC_PriorityGroup;
}
```

NVIC_PriorityGroupConfig 函数可选择的参数有 NVIC_PriorityGroup_0、NVIC_PriorityGroup_1、NVIC_PriorityGroup_2、NVIC_PriorityGroup_3、NVIC_PriorityGroup_4 共 5 种,它们的定义如下:

```
#define NVIC_PriorityGroup_0 ((uint32_t)0x700)
/*!< 0 位主优先级,4 位次优先级 */
#define NVIC_PriorityGroup_1 ((uint32_t)0x600)
/*!< 1 位主优先级,3 位次优先级 */
#define NVIC_PriorityGroup_2 ((uint32_t)0x500)
/*!< 2 位主优先级,2 位次优先级 */
#define NVIC_PriorityGroup_3 ((uint32_t)0x400)
/*!< 3 位主优先级,1 位次优先级 */
#define NVIC_PriorityGroup_4 ((uint32_t)0x300)
/*!< 4 位主优先级,0 位次优先级 */
```

8.4.2　深入了解 STM32F2 的 NVIC 优先级

1. NVIC 优先级分组原理

上面介绍了设置 NVIC 优先级分组配置方法,那么它的原理是什么呢? 其实,NVIC 支持由软件指定的优先级。通过对中断优先级寄存器的 8 位 PRI_N 区执行写操作,来将中断的优先级指定为 0~255,见中断优先级寄存器。硬件优先级随着中断号的增加而降低。0 优先级最高,255 优先级最低。指定软件优先级后,硬件优先级无效。例如,如果将 INTISR[0]指定为优先级 1,INTISR[31]指定为优先级 0,则 INTISR[31]的优先级比 INTISR[0]高。

软件优先级的设置对复位、NMI 和硬故障无效。它们的优先级始终比外部中断要高。如果两个或更多的中断指定了相同的优先级,则由它们的硬件优先级来决定处理器对它们进行处理时的顺序。例如,如果 INTISR[0]和 INTISR[1]优先级都为 1,则 INTISR[0]的优先级比 INTISR[1]要高。

2. 优先级分组

为了对具有大量中断的系统加强优先级控制,NVIC 支持优先级分组机制。可以使用应用中断和复位控制寄存器中的 PRIGROUP 区来将每个 PRI_N 中的值分为占先优先级区和次优先级区。将占先优先级称为组优先级。

如果有多个挂起异常共用相同的组优先级,则需使用次优先级区来决定同组中的异常的优先级,这就是同组内的次优先级。组优先级和次优先级的结合就是通常所说的优先级。

如果两个挂起异常具有相同的优先级,则挂起异常的编号越低优先级越高。这与优先级机制是一致的。优先级分组如表 8-3 所列。

表 8-3　优先级分组

PRIGROUP [2:0]	中断优先级区,PRI_N[7:0]				
	二进制点的位置	占先区	次优先级区	占先优先级的数目	次优先级的数目
b000	bxxxxxxx. y[7:1]	[0]	128	2	0
b001	bxxxxxx. yy	[7:2]	[1:0]	64	4
b010	bxxxxx. yyy	[7:3]	[2:0]	32	8
b011	bxxxx. yyyy	[7:4]	[3:0]	16	16
b100	bxxx. yyyyy	[7:5]	[4:0]	8	32
b101	bxx. yyyyyy	[7:6]	[5:0]	4	64
b110	bx. yyyyyyy	[7]	[6:0]	2	128
b111	b. yyyyyyyy	无	[7:0]	0	256

3. NVIC 初始化函数 NVIC_Init

在 NVIC_Init 函数里做了哪些处理呢? 下面从 STM32F2 固件库中 NVIC_Init

函数的代码入手进行分析。NVIC_Init 函数的代码如下：

```
void NVIC_Init(NVIC_InitTypeDef * NVIC_InitStruct)
{
    uint32_t tmppriority = 0x00, tmppre = 0x00, tmpsub = 0x0F;
    /* 时钟参数 */
    assert_param(IS_FUNCTIONAL_STATE(NVIC_InitStruct - >NVIC_IRQChannelCmd));
    assert_param(IS_NVIC_PREEMPTION_PRIORITY(NVIC_InitStruct - >
                    NVIC_IRQChannelPreemptionPriority));
    assert_param(IS_NVIC_SUB_PRIORITY(NVIC_InitStruct - >
                    NVIC_IRQChannelSubPriority));
    if (NVIC_InitStruct - >NVIC_IRQChannelCmd != DISABLE)
    {
        /* 计算相应的 IRQ 优先级 ---------------------- */
        tmppriority = (0x700 - ((SCB - >AIRCR) & (uint32_t)0x700)) >> 0x08;
        tmppre = (0x4 - tmppriority);
        tmpsub = tmpsub >> tmppriority;
tmppriority = (uint32_t)NVIC_InitStruct
            - >NVIC_IRQChannelPreemptionPriority << tmppre;
        tmppriority |= NVIC_InitStruct - >NVIC_IRQChannelSubPriority & tmpsub;
        tmppriority = tmppriority << 0x04;
        NVIC - >IP[NVIC_InitStruct - >NVIC_IRQChannel] = tmppriority;

        /* 使能选定的 IRQ 通道 ------------------------ */
        NVIC - >ISER[NVIC_InitStruct - >NVIC_IRQChannel >> 0x05] =
            (uint32_t)0x01 << (NVIC_InitStruct - >NVIC_IRQChannel & (uint8_t)0x1F);
    }
    else
    {
        /* 禁用选定的 IRQ 通道 ------------------------ */
        NVIC - >ICER[NVIC_InitStruct - >NVIC_IRQChannel >> 0x05] =
            (uint32_t)0x01 << (NVIC_InitStruct - >NVIC_IRQChannel & (uint8_t)0x1F);
    }
}
```

上面程序最主要的工作是计算 NVIC 结构的 IPR 变量配置值,计算过程如下。
① 计算响应优先级的位数占 4 位中的几位：

```
tmppriority = (0x700 - ((SCB - >AIRCR) & (uint32_t)0x700)) >> 0x08;
```

② 输入到包含该通道中断响应优先级寄存器寄存器中,是一个"读→修改→写"的过程：

```
NVIC - >IP[NVIC_InitStruct - >NVIC_IRQChannel] = tmppriority;
```

③ 使能所选择的 IRQ 通道：

NVNVIC ->ISER[NVIC_InitStruct ->NVIC_IRQChannel>>0x05] = (uint32_t)0x01<<
(NVIC_InitStruct ->NVIC_IRQChannel&(uint8_t)0x1F);

4. NVIC_TypeDef 结构

STM32F2 的中断在这些寄存器的控制下有序地执行。了解这些中断寄存器，才能方便地使用 STM32F2 的中断。这些寄存器在 VIC_TypeDef 结构里进行定义。NVIC_TypeDef 结构的定义如下：

```
typedef struct
{
    __IO    uint32_t  ISER[8];/* <偏移量:0x000 中断设置启用寄存器 */
    uint32_t  RESERVED0[24];
    __IO uint32_t 的 ICER[8];/* <偏移量:0x080 中断使能寄存器 */
    uint32_t  RSERVED1[24];
    __IO    uint32_t  ISPR[8];/* <偏移量:0x100 的中断为挂起寄存器 */
    uint32_t  RESERVED2[24];
    __IO    uint32_t  ICPR[8];/* <偏移量:0x180 中断挂起寄存器 */
    uint32_t  RESERVED3[24];
    __IO uint32_t 的 IABR[8];/* <偏移量:为 0x200 中断主动位寄存器 */
    uint32_t  RESERVED4[56];
    __IO uint8_t IP[240];   /* <偏移量:0x300 到中断优先级寄存器(8 位宽) */
    uint32_t  RESERVED5[644];
    __O    uint32_t  STIR;/* <偏移:0xE00 软件触发中断寄存器 */
} NVIC_Type;
```

(1) ISER

ISER 全称是 Interrupt Set - Enable Registers，这是一个中断使能寄存器组。要使能某个中断，必须设置相应的 ISER 位为 1，使该中断被使能（这里仅仅是使能，还要配合中断分组、屏蔽、I/O 口映射等设置才算是一个完整的中断设置）。

(2) ICER

全称是 Interrupt Clear - Enable Registers，是一个中断失能寄存器组。该寄存器组与 ISER 的作用恰好相反，是用来清除某个中断的使能的。其对应位的功能，也和 ICER 一样。这里要专门设置一个 ICER 来清除中断位，而不是向 ISER 写 0 来清除，是因为 NVIC 的这些寄存器都是写 1 有效的，写 0 是无效的。

(3) ISPR

全称是 Interrupt Set - Pending Registers，是一个中断挂起控制寄存器组。每个位对应的中断和 ISER 是一样的。通过置 1，可以将正在进行的中断挂起，而执行同级或更高级别的中断。写 0 是无效的。

（4）ICPR

全称是 Interrupt Clear – Pending Registers，是一个中断解挂控制寄存器组。其作用与 ISPR 相反，对应位也和 ISER 是一样的。通过设置 1，可以将挂起的中断接挂。写 0 无效。

（5）IABR

全称是 Interrupt Active Bit Registers，是一个中断激活标志位寄存器组。对应位所代表的中断和 ISER 一样，如果为 1，则表示该位所对应的中断正在被执行。这是一个只读寄存器，通过它可以知道当前在执行的中断是哪一个。在中断执行完了由硬件自动清零。

（6）IP

全称是 Interrupt Priority Registers，是一个中断优先级控制的寄存器组。这个寄存器组相当重要，STM32 的中断分组与这个寄存器组密切相关。

第9章
STM32F2 增强的闹钟、时间戳与篡改检测

9.1 STM32F2 闹钟功能

9.1.1 概述

1. STM32F2 的 RTC 闹钟结构

STM32F2 的 RTC 单元提供了可编程的闹钟,包括闹钟 A 和闹钟 B。STM32F2 的闹钟内部结构如图 9－1 所示。

可编程闹钟功能是通过 RTC_CR 寄存器 ALRAE 和 ALRBE 位启用。如果日历模块的秒、分钟、小时、日期或天与闹钟设定寄存器 RTC_ALRMAR 和 RTC_AL-RMBR 的值相匹配,就分别设置 ALRAF 和 ALRBF 标志为 1。每个日历字段可以独立地通过 MSKx 位选择 RTC_ALRMAR 和 RTC_ALRMBR 寄存器。通过 RTC_CR 寄存器的 ALRAIE 和 ALRBIE 位使能闹钟中断。

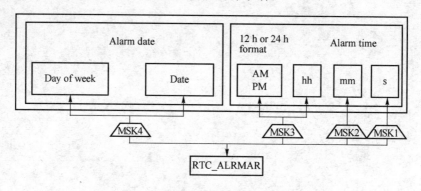

图 9－1　STM32F2 的闹钟内部结构

闹钟 A 和闹钟 B(如果寄存器 RTC_CR 的 OSEL[0：1]位启用),可以被连接到 AFO_ALARM 输出。AFO_ALARM 极性可以通过 RTC_CR 寄存器的 POL 位配置。

注意:如果秒字段选择(RTC_ALRMAR 或 RTC_ALRMBR 的 MSK0 位复位),在 RTC_PRER 寄存器设置同步预分频器分频系数必须至少为 3,以确保正确的

行为。

2. RTC 中断

所有的 RTC 中断连接到 EXTI 控制器。

① 为了让 RTC 报警中断,需要进行如下配置:
➢ 在中断模式配置并启用 EXTI 第 17 线,并选择上升沿触发;
➢ 配置并启用 NVIC 的 RTC_Alarm IRQ 通道;
➢ 配置 RTC 产生 RTC 报警(闹钟 A 或闹钟 B)。

② 为了让 RTC 唤醒中断,需要进行如下配置:
➢ 在中断模式配置并启用 EXTI 第 22 线,并选择上升沿触发;
➢ 配置并启用 NVIC 的 RTC_WKUP IRQ 通道;
➢ 配置 RTC 产生 RTC 唤醒定时器事件。

③ 为了让 RTC 篡改中断,需要进行如下配置:
➢ 配置和启用中断模式 EXTI 第 21 线,并选择上升沿触发;
➢ 配置并启用 TAMP_STAMP NVIC 的 IRQ 通道;
➢ 配置 RTC 检测 RTC 篡改事件。

④ 要启用 RTC 的时间戳中断,需要进行如下配置:
➢ 配置和启用中断模式 EXTI 第 21 行,并选择上升沿触发;
➢ 配置并启用 TAMP_STAMP NVIC 的 IRQ 通道;
➢ 配置 RTC 检测 RTC 的时间戳事件。

3. RTC 闹钟寄存器 A(RTC_ALRMAR)

RTC 闹钟寄存器 A(RTC_ALRMAR)地址偏移为 0x1C。上电复位值为 0x0000 0000,系统复位时该值不受影响。RTC 闹钟寄存器 A(RTC_ALRMAR)结构如图 9-2 所示。

31	30	29	28	27	26	25	24	23	22	21	20	19	18	17	16
MSK4	WDSEL	DT[1:0]		DU[3:0]				MSK3	PM	HT[1:0]		HU[3:0]			
rw	rw	rw	rw	rw	rw	rw	rw	rw	rw	rw	rw	rw	rw	rw	rw
15	14	13	12	11	10	9	8	7	6	5	4	3	2	1	0
MSK2	MNT[2:0]			MNU[3:0]				MSK1	ST[2:0]			SU[3:0]			
rw	rw	rw	rw	rw	rw	rw	rw	rw	rw	rw	rw	rw	rw	rw	rw

图 9-2　RTC 闹钟寄存器 A(RTC_ALRMAR)结构

① 位 31,MSK4:警报的日期掩码。
➢ 0:警报器 A 与日期/天比较;
➢ 1:警报器 A 不与日期/天比较。

② 30 位,WDSEL:周/日选择。
➢ 0:DU[3:0]表示日期单位;
➢ 1:DU[3:0]代表一周中的一天。

③位 29:28,DT[1:0]:BCD 格式的日期。

④位 27：24,DU[3：0]:日期或天为 BCD 格式。

⑤位 23,MSK3:报警器小时掩码。

➢ 0:警报器 A 与小时比较；

➢ 1:警报器 A 不与小时比较。

⑥位 22,PW:AM/PM 符号。

➢ 0:AM 或 24 h 格式；

➢ 1:PM 。

⑦位 21：20,HT[1：0]:小时为 BCD 格式。

⑧位 19：16,HU[3：0]:BCD 格式的小时。

⑨位 15,MSK2:报警器分钟掩码。

➢ 0:警报器 A 与分钟比较；

➢ 1:警报器 A 不与分钟比较。

⑩位 14：12,MNT[2：0]:BCD 格式的分钟。

⑪位 11：8,MNU[3：0]:分钟为 BCD 格式。

⑫第 7 位,MSK1:报警秒掩码。

➢ 0:警报器 A 与秒比较；

➢ 1:警报器 A 不与秒比较。

⑬位 6：4,ST[2：0]:秒为 BCD 格式。

⑭位 3：0,SU[3：0]:BCD 格式的秒。

注:① 只有当 RTC_ISR 寄存器的 ALRAWF 位为 1 时,该寄存器才能写入,或在初始化模式;

②该寄存器是写保护。

例 1:每个周一的 23：15：07 产生闹钟。

>> WDSEL = 1

>> MSKx = 0000b

>> s = 7 (ST = 0b,SU = 0111b)

>> mm = 15 (MT = 01b,MU = 0101b)

>> hh = 23 (HT = 10b,HU = 11b)

>> AM/PM = 0 (24 小时制)

>> D = 1

例 2:每个月 1 号的 23：15：07 产生闹钟。

>> WDSEL = 0

>> 其余设置都与例 1 一样

4. 固件库中的 RTC 函数定义

(1) RTC_GetFlagStatus 函数

RTC_GetFlagStatus 函数检查是否设置或指定 RTC 标志。参数 RTC_FLAG

用于指定要检查的标志,返回 RETVALRTC_FLAG(SET 或 RESET)状态。参数
RTC_FLAG 可以是下列值之一。

> 参数 RTC_FLAG_TAMPF:篡改事件标志;
> 参数 RTC_FLAG_TSOVF:时间戳溢出标志;
> 参数 RTC_FLAG_TSF:时间戳事件标志;
> 参数 RTC_FLAG_WUTF:唤醒定时器标志;
> 参数 RTC_FLAG_ALRBF:报警 B 标志;
> 参数 RTC_FLAG_ALRAF:警报 A 标志;
> 参数 RTC_FLAG_INITF:初始化模式标志;
> 参数 RTC_FLAG_RSF:寄存器同步标志;
> 参数 RTC_FLAG_INITS:寄存器配置标志;
> 参数 RTC_FLAG_WUTWF:WakUp 定时器写标志;
> 参数 RTC_FLAG_ALRBWF:报警 B 写标志;
> 参数 RTC_FLAG_ALRAWF:报警 A 写标志。

RTC_GetFlagStatus 函数原代码如下:

```
FlagStatus RTC_GetFlagStatus(uint32_t RTC_FLAG)
{
    FlagStatus bitstatus = RESET;
    uint32_t tmpreg = 0;
    /* 检查参数 */
    assert_param(IS_RTC_GET_FLAG(RTC_FLAG));
    /* 获得所有标志 */
    tmpreg = (uint32_t)(RTC->ISR & RTC_FLAGS_MASK);
    /* 返回标志的状态 */
    if ((tmpreg & RTC_FLAG) != (uint32_t)RESET)
    {
        bitstatus = SET;
    }
    else
    {
        bitstatus = RESET;
    }
    return bitstatus;
}
```

(2) RTC_ClearFlag 函数

RTC_ClearFlag 函数清除 RTC 的标志,参数 RTC_FLAG 指定清除 RTC 的标
志,这个参数可以是下列值的任意组合。

> 参数 RTC_FLAG_TAMPF:篡改事件标志;

> 参数 RTC_FLAG_TSOVF:时间戳溢出标志;
> 参数 RTC_FLAG_TSF:时间戳事件标志;
> 参数 RTC_FLAG_WUTF:唤醒定时器标志;
> 参数 RTC_FLAG_ALRBF:报警 B 标志;
> 参数 RTC_FLAG_ALRAF:警报 A 标志;
> 参数 RTC_FLAG_RSF:寄存器同步标志。

RTC_ClearFlag 函数实现代码如下:

```
void RTC_ClearFlag(uint32_t RTC_FLAG)
{
    /* 检查参数 */
    assert_param(IS_RTC_CLEAR_FLAG(RTC_FLAG));
    /* 清除在 RTC_ISR 寄存器的标志 */
    RTC->ISR = (uint32_t)~(RTC_FLAG) & (uint32_t)~(RTC_ISR_INIT);
}
```

(3) RTC_GetITStatus 函数

RTC_GetITStatus 函数检查是否已经发生指定的 RTC 中断。RTC_GetITStatus 函数返回 RETVALRTC_IT(SET 或 RESET)状态。参数 RTC_IT 指定 RTC 中断源检查,这个参数可以是下列值之一。

> 参数 RTC_IT_TS:时间戳中断;
> 参数 RTC_IT_WUT:唤醒定时器中断;
> 参数 RTC_IT_ALRB:报警 B 中断;
> 参数 RTC_IT_ALRA:报警 A 中断;
> 参数 RTC_IT_TAMP:篡改事件中断。

RTC_GetITStatus 函数代码如下:

```
ITStatus RTC_GetITStatus(uint32_t RTC_IT)
{
    ITStatus bitstatus = RESET;
    uint32_t tmpreg = 0, enablestatus = 0;

    /* 检查参数 */
    assert_param(IS_RTC_GET_IT(RTC_IT));

    /* 篡改中断使能位,挂起位 */
    tmpreg = (uint32_t)(RTC->TAFCR & (RTC_TAFCR_TAMPIE));

    /* 获取中断使能状态 */
    enablestatus = (uint32_t)((RTC->CR & RTC_IT) | (tmpreg & RTC_IT));
```

```
/* 获取中断挂起位 */
tmpreg = (uint32_t)((RTC->ISR & (uint32_t)(RTC_IT >> 4)));
tmpreg |= (uint32_t)(RTC->ISR & (uint32_t)(RTC_IT << 11));
/* 获取中断状态 */
if ((enablestatus != (uint32_t)RESET) && ((tmpreg & 0x0000FFFF) != (uint32_t)RE-
SET))
  {
    bitstatus = SET;
  }
  else
  {
    bitstatus = RESET;
  }
  return bitstatus;
}
```

(4) RTC_ClearITPendingBit 函数

RTC_ClearITPendingBit 函数清除 RTC 的中断挂起位。参数 RTC_IT 指定 RTC 中断挂起位清除,这个参数可以是下列值的任意组合。

➢ 参数 RTC_IT_TS:时间戳中断;
➢ 参数 RTC_IT_WUT:唤醒定时器中断;
➢ 参数 RTC_IT_ALRB:报警 B 中断;
➢ 参数 RTC_IT_ALRA:报警 A 中断;
➢ 参数 RTC_IT_TAMP:篡改事件中断。

RTC_ClearITPendingBit 函数代码如下:

```
void RTC_ClearITPendingBit(uint32_t RTC_IT)
{
  uint32_t tmpreg = 0;
  /* 检查参数 */
  assert_param(IS_RTC_CLEAR_IT(RTC_IT));
  /* 获得 RTC_ISR 中断挂起位掩码 */
  tmpreg = (uint32_t)(RTC_IT >> 4) | (uint32_t)(RTC_IT << 11);
  /* 清除在 RTC_ISR 寄存器的中断挂起位 */
  RTC->ISR = (uint32_t)~(tmpreg & 0x0000FFFF);
}
```

9.1.2　闹钟测试程序的实现

1. 闹钟功能的配置步骤
闹钟功能的配置步骤如下:

247

① 关闭 RTC 寄存器的写保护,先后往 RTC_WRP 写入 0xCA 和 0x53,这样 RTC 寄存器就可以被修改了;

② 关闭警报 A,复位 ALRAE－RTC_CR;

③ 等待访问允许的确认,查询 ALRAWF－RTC_ISR 直到它置位;

④ 设置闹钟,设置 RTC_ALRMAR、FMT 格式要和日历一致;

⑤ 重新使能警报 A,置位 ALRAE－RTC_CR;

⑥ 使能 RTC 寄存器写保护,往 RTC_WPR 写入 0xFF,RTC 寄存器不能被修改。

闹钟配置实现代码如下:

```
void Set_the_Alarm_A()
{
    RTC_AlarmTypeDef   RTC_AlarmStructure;
    /* 禁用闹钟 A */
    RTC_AlarmCmd(RTC_Alarm_A, DISABLE);

    RTC_AlarmStructure.RTC_AlarmTime.RTC_H12 = RTC_H12_AM;

    RTC_AlarmStructure.RTC_AlarmTime.RTC_Hours = 23;
    RTC_AlarmStructure.RTC_AlarmTime.RTC_Minutes = 58;
    RTC_AlarmStructure.RTC_AlarmTime.RTC_Seconds = 40;

    /* 设置闹钟 A */
    RTC_AlarmStructure.RTC_AlarmDateWeekDay = 9;
    RTC_AlarmStructure.RTC_AlarmDateWeekDaySel =
    RTC_AlarmDateWeekDaySel_Date;
    RTC_AlarmStructure.RTC_AlarmMask =
    RTC_AlarmMask_Hours; // RTC_AlarmMask_DateWeekDay;
    /* 配置闹钟 A 的 RTC 寄存器 */
    RTC_SetAlarm(RTC_Format_BIN, RTC_Alarm_A, &RTC_AlarmStructure);

    /* 使能 RTC 的闹钟 A 中断 */
    RTC_ITConfig(RTC_IT_ALRA, ENABLE);

    /* 使能闹钟 A */
    RTC_AlarmCmd(RTC_Alarm_A, ENABLE);
}
```

上述程序使用到了固件库中的一些宏定义,与闹钟配置相关的宏定义代码如下:

```
/** @定义组 RTC_AlarmDateWeekDay_Definitions
#define RTC_AlarmDateWeekDaySel_Date        ((uint32_t)0x00000000)
```

```
# define RTC_AlarmDateWeekDaySel_WeekDay    ((uint32_t)0x40000000)
# define IS_RTC_ALARM_DATE_WEEKDAY_SEL(SEL) (((SEL) == RTC_AlarmDate\
WeekDaySel_Date)||((SEL) == RTC_AlarmDateWeekDaySel_WeekDay))
/ ** @定义组 RTC_AlarmMask_Definitions
# define RTC_AlarmMask_None              ((uint32_t)0x00000000)
# define RTC_AlarmMask_DateWeekDay       ((uint32_t)0x80000000)
# define RTC_AlarmMask_Hours             ((uint32_t)0x00800000)
# define RTC_AlarmMask_Minutes           ((uint32_t)0x00008000)
# define RTC_AlarmMask_Seconds           ((uint32_t)0x00000080)
# define RTC_AlarmMask_All               ((uint32_t)0x80808080)
# define IS_ALARM_MASK(MASK)   (((MASK) & 0x7F7F7F7F) == (uint32_t)RESET)
```

2. 闹钟中断向量配置

为了让 RTC 报警中断,需要进行如下配置:

➤ 在中断模式配置并启用 EXTI 第 17 线,并选择上升沿触发;

➤ 配置并启用了 NVIC 的 RTC_Alarm IRQ 通道;

➤ 配置 RTC 产生 RTC 报警(闹钟 A 或闹钟 B)。

闹钟中断向量配置函数的实现代码如下:

```
void RTC_AlarmA_Interrupt_Configuration()
{
  NVIC_InitTypeDef   NVIC_InitStructure;
  EXTI_InitTypeDef   EXTI_InitStructure;
  / * RTC 闹钟 A 中断配置 * /
  / * EXTI 配置 ******************** /
  EXTI_ClearITPendingBit(EXTI_Line17);
  EXTI_InitStructure.EXTI_Line = EXTI_Line17;
  EXTI_InitStructure.EXTI_Mode = EXTI_Mode_Interrupt;
  EXTI_InitStructure.EXTI_Trigger = EXTI_Trigger_Rising;
  EXTI_InitStructure.EXTI_LineCmd = ENABLE;
  EXTI_Init(&EXTI_InitStructure);

  / * 使能 RTC 的闹钟中断 * /
  NVIC_InitStructure.NVIC_IRQChannel = RTC_Alarm_IRQn;
  NVIC_InitStructure.NVIC_IRQChannelPreemptionPriority = 0;
  NVIC_InitStructure.NVIC_IRQChannelSubPriority = 0;
  NVIC_InitStructure.NVIC_IRQChannelCmd = ENABLE;
  NVIC_Init(&NVIC_InitStructure);
}
```

3. 闹钟中断响应函数

RTC 的闹钟中断响应入口函数是 RTCAlarm_IRQHandler,在该函数中调用

RTC_GetITStatus 函数来判断是否发生 RTC_IT_ALRA(闹钟)中断,如果是闹钟中断,则进行闹钟相关的处理。最后调用 RTC_ClearITPendingBit 函数清除闹钟中断标志,调用 EXTI_ClearITPendingBit 函数清除 EXTI_Line17 中断标志。

闹钟中断响应函数测试代码如下:

```
extern "C" void RTCAlarm_IRQHandler(void)
{
    // RTC 发生了中断()
    if(RTC_GetITStatus(RTC_IT_ALRA) != RESET)
    {
        led2.isOn()? led2.Off():led2.On();
        LCD_DrawChar(30,150,(const uint16_t *)"RTCCAlarm_ALRA");
        LCD_DisplayChar(LCD_LINE_18, 150, '3');
        RTC_ClearITPendingBit(RTC_IT_ALRA);
        EXTI_ClearITPendingBit(EXTI_Line17);
    }
}
```

4. 闹钟测试主程序

在闹钟测试主程序 main 函数中,需要完成时钟配置、LCD 初始化、闹钟配置等工作,这些工作都通过调用固件库提供的相关的配置函数来实现。与闹钟配置直接相关的函数有 RTC_Config、Set_the_Alarm_A、RTC_AlarmA_Interrupt _Configuration 和 Set_Date_Time 共 4 个函数,功能如下:

➤ RTC_Config 函数用于配置 STM32F2 的 RTC 时钟源;

➤ Set_Date_Time 函数用于初始化系统的日期和时间;

➤ Set_the_Alarm_A 函数用于配置闹钟 A;

➤ RTC_AlarmA_Interrupt_Configuration 函数用于配置闹钟 A 的中断功能。

闹钟测试主程序 main 函数的实现代码如下:

```
int main()
{
  bsp.init();
    STM3220F_LCD_Init();
    LCD_Clear(LCD_COLOR_WHITE);
    LCD_SetTextColor(LCD_COLOR_BLUE);

    if(RTC_ReadBackupRegister(RTC_BKP_DR0) != FIRST_DATA)
    {
        RTC_Config();
        Set_Date_Time();
    }
```

```
    Set_the_Alarm_A();
RTC_AlarmA_Interrupt_Configuration();
while(1)
{
    bsp.delay(4000);
        Time_Display();
        Date_Display();
    }
    }
```

9.2　STM32F2 唤醒功能

9.2.1　STM32F2 定期唤醒定时器

1. 唤醒功能

STM32F2 定期唤醒定时器内部结构如图 9 - 3 所示，一个周期唤醒标志是由 16 位可编程的自动重载向下计数器来实现，唤醒定时器的范围可以扩展到 17 位。它是通过 RTC_CR 寄存器 WUTE 位启用。唤醒定时器时钟输入可以是 RTC 时钟或者 ck_spre 时钟的一种。

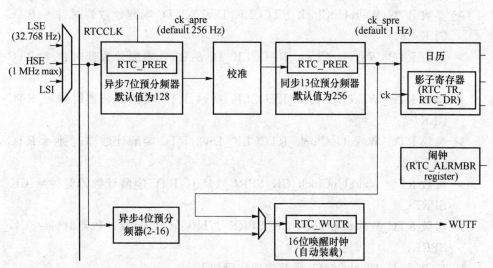

图 9 - 3　STM32F2 定期唤醒定时器内部结构

（1）RTC 时钟（RTCCLK）除以 2、4、8 或 16。当 RTCCLK 是 LSE（32.768 kHz 的），唤醒中断期间，可以配置从 122 μs 到 32 s，一项精度，下降到 61 μs。

（2）ck_spre（通常为 1 Hz 的内部时钟）。设置为 1 Hz ck_spre 的频率，用一秒钟的精度，可以实现唤醒时间从 1 s 到 36 h。这种广泛的可编程的时间范围分为 2

251

个部分：

> 从 1 s～18 h，当 WUCKSEL[2：1]＝10 时；
> 从约 18 h 至 36 h，当 WUCKSEL[2：1]＝11 时。2^{16} 在这种情况下被添加到 16 位的计数器的当前值。

当初始化序列完成（唤醒定时器编程），计时器开始倒计时。如果定期唤醒功能被启用，降序仍然活跃在低功耗模式。当计时器到达 0 时，RTC_ISR 寄存器 WUTF 标志位被设置，并唤醒计数器自动重载与重载值（RTC_WUTR 寄存器的值）。WUTF 标志位被设置后，必须由应用程序清除。

定期唤醒中断通过设置 RTC_CR 寄存器的 WUTIE 位启用。当启用时，这个设备从低功耗模式中断退出。

通过启用 RTC_CR 寄存器的 OSEL[0：1]位，定期唤醒标志可以被 AFO_A-LARM 输出。AFO_ALARM 极性可通过 RTC_CR 寄存器的 POL 位配置。

系统复位以及低功耗模式（睡眠、停机和待机）唤醒定时器没有影响。

2. 固件库中的唤醒功能函数

（1）RTC_WakeUpClockConfig 函数

RTC_WakeUpClockConfig 函数配置 RTC 唤醒时钟源。只有当 RTC 唤醒时被禁用（使用 RTC_WakeUpCmd(DISABLE)）时，唤醒时钟源才能被改变。参数 RTC_WakeUpClock 指定唤醒时钟源，这个参数可以是下列值之一。

> 参数 RTC_WakeUpClock_RTCCLK_Div16：RTC 唤醒计数器时钟 ＝ RTC-CLK/16；
> 参数 RTC_WakeUpClock_RTCCLK_Div8：RTC 唤醒计数器时钟 ＝ RTC-CLK/ 8；
> 参数 RTC_WakeUpClock_RTCCLK_Div4：RTC 唤醒计数器时钟 ＝ RTC-CLK/ 4；
> 参数 RTC_WakeUpClock_RTCCLK_Div2：RTC 唤醒计数器时钟 ＝ RTC-CLK/ 2；
> 参数 RTC_WakeUpClock_CK_SPRE_16bits：RTC 唤醒计数器时钟 ＝ CK_SPRE；
> 参数 RTC_WakeUpClock_CK_SPRE_17bits：RTC 唤醒计数器时钟 ＝ CK_SPRE。

RTC_WakeUpClockConfig 函数实现代码如下：

```
void RTC_WakeUpClockConfig(uint32_t RTC_WakeUpClock)
{
    /*检查参数*/
    assert_param(IS_RTC_WAKEUP_CLOCK(RTC_WakeUpClock));
    /* 禁用 RTC 寄存器的写保护 */
```

```
RTC - >WPR = 0xCA;
RTC - >WPR = 0x53;
/* 清除唤醒定时器 CR 寄存器的时钟源位 */
RTC - >CR &= (uint32_t)~RTC_CR_WUCKSEL;
/* 配置时钟源 */
RTC - >CR |= (uint32_t)RTC_WakeUpClock;
/* 使能 RTC 寄存器的写保护 */
RTC - >WPR = 0xFF;
}
```

唤醒时钟源宏定义如下：

```
#define RTC_WakeUpClock_RTCCLK_Div16      ((uint32_t)0x00000000)
#define RTC_WakeUpClock_RTCCLK_Div8       ((uint32_t)0x00000001)
#define RTC_WakeUpClock_RTCCLK_Div4       ((uint32_t)0x00000002)
#define RTC_WakeUpClock_RTCCLK_Div2       ((uint32_t)0x00000003)
#define RTC_WakeUpClock_CK_SPRE_16bits    ((uint32_t)0x00000004)
#define RTC_WakeUpClock_CK_SPRE_17bits    ((uint32_t)0x00000006)
```

（2）RTC_SetWakeUpCounter 函数

RTC_SetWakeUpCounter 函数用于 RTC 唤醒计数器的配置。只有当 RTC 唤醒功能被禁用（使用 RTC_WakeUpCmd(DISABLE)）时，RTC 唤醒计数器才能被改变。参数 RTC_WakeUpCounter 用于指定唤醒计数器，这个参数可以是一个从 0x0000 到 0xFFFF 的值。

RTC_SetWakeUpCounter 函数的实现代码如下：

```
void RTC_SetWakeUpCounter(uint32_t RTC_WakeUpCounter)
{
  /* 检查参数 */
  assert_param(IS_RTC_WAKEUP_COUNTER(RTC_WakeUpCounter));
  /* 禁用 RTC 寄存器的写保护 */
  RTC - >WPR = 0xCA;
  RTC - >WPR = 0x53;
  /* 配置唤醒定时器计数器 */
  RTC - >WUTR = (uint32_t)RTC_WakeUpCounter;
  /* 使能 RTC 寄存器的写保护 */
  RTC - >WPR = 0xFF;
}
```

（3）RTC_GetWakeUpCounter 函数

RTC_GetWakeUpCounter 函数返回 RTC 唤醒定时器计数器的值。RTC_GetWakeUpCounter 函数实现代码如下：

```
uint32_t RTC_GetWakeUpCounter(void)
```

```
{
  /*获取计数器的值*/
  return ((uint32_t)(RTC->WUTR & RTC_WUTR_WUT));
}
```

(4) RTC_WakeUpCmd 函数

RTC_WakeUpCmd 函数启用或禁用 RTC 唤醒定时器。参数 NewState 用于唤醒定时器的新状态,这个参数可以是 ENABLE 或 DISABLE。RTC_WakeUpCmd 函数实现代码如下:

```
ErrorStatus RTC_WakeUpCmd(FunctionalState NewState)
{
  __IO uint32_t wutcounter = 0x00;
  uint32_t wutwfstatus = 0x00;
  ErrorStatus status = ERROR;
  /*检查参数*/
  assert_param(IS_FUNCTIONAL_STATE(NewState));

  /*禁用 RTC 寄存器的写保护*/
  RTC->WPR = 0xCA;
  RTC->WPR = 0x53;
  if (NewState != DISABLE)
  {
    /*启用唤醒定时器*/
    RTC->CR |= (uint32_t)RTC_CR_WUTE;
    status = SUCCESS;
  }
  else
  {
    /* 禁用唤醒定时器 */
    RTC->CR &= (uint32_t)~RTC_CR_WUTE;
    /*等到 RTC WUTWF 标志设置,如果达到超时退出*/
    do
    {
      wutwfstatus = RTC->ISR & RTC_ISR_WUTWF;
      wutcounter++;
    } while((wutcounter != INITMODE_TIMEOUT) && (wutwfstatus == 0x00));

    if ((RTC->ISR & RTC_ISR_WUTWF) == RESET)
    {
      status = ERROR;
    }
```

```
      else
      {
        status = SUCCESS;
      }
  }
  /* 使能 RTC 寄存器的写保护 */
  RTC - >WPR = 0xFF;
  return status;
}
```

9.2.2　唤醒功能测试程序

1. 唤醒配置函数

RTC 唤醒配置过程如下：

➤ 使用 RTC_WakeUpClockConfig 函数配置 RTC 唤醒时钟源；
➤ 使用 RTC_SetWakeUpCounter 函数配置 RTC 唤醒计数器；
➤ 使用 RTC_WakeUpCmd 函数允许 RTC 唤醒；
➤ 要读 RTC 唤醒计数器寄存器，使用 RTC_GetWakeUpCounter 函数。

下面是唤醒配置测试程序代码，使用 RTC_WakeUpClockConfig 函数配置 RTC 唤醒时钟源和使用 RTC_SetWakeUpCounter 函数设置计数器，使用 RTC_ITConfig 函数允许唤醒中断，使用 RTC_WakeUpCmd 启动唤醒功能。唤醒配置测试程序代码如下：

```
void RTC_WakeUpConfig()
{
  RTC_WakeUpClockConfig(RTC_WakeUpClock_CK_SPRE_16bits);
  RTC_SetWakeUpCounter(0x5);
  /使能唤醒中断 */
  RTC_ITConfig(RTC_IT_WUT, ENABLE);
  /* 启动唤醒功能 */
  RTC_WakeUpCmd(ENABLE);
}
```

2. 唤醒中断向量配置

为了让 RTC 唤醒中断，需要进行如下配置：

➤ 配置和启用在中断模式 EXTI 第 22 线，并选择使用 EXTI_Init 函数的上升沿触发；
➤ 配置并启用 NVIC_Init 函数使用的 NVIC 的 RTC_WKUP IRQ 通道；
➤ 配置 RTC 生成 RTC_SetWakeUpCounter 和 RTC_WakeUpCmd 函数使用 RTC_WakeUpClockConfig，RTC 唤醒定时器事件。

唤醒中断向量配置实现代码如下：

```
void RTC_WKUP_Interrupt_Config()
{
  NVIC_InitTypeDef   NVIC_InitStructure;
  EXTI_InitTypeDef   EXTI_InitStructure;
/* 使能 RTC 中断 */
  NVIC_InitStructure.NVIC_IRQChannel = RTC_WKUP_IRQn;
  NVIC_InitStructure.NVIC_IRQChannelPreemptionPriority = 1;
  NVIC_InitStructure.NVIC_IRQChannelSubPriority = 0;
  NVIC_InitStructure.NVIC_IRQChannelCmd = ENABLE;
  NVIC_Init(&NVIC_InitStructure);
  /* 退出配置 **************************** */
  EXTI_ClearITPendingBit(EXTI_Line22);
  EXTI_InitStructure.EXTI_Line = EXTI_Line22;
  EXTI_InitStructure.EXTI_Mode = EXTI_Mode_Interrupt;
  EXTI_InitStructure.EXTI_Trigger = EXTI_Trigger_Rising;
  EXTI_InitStructure.EXTI_LineCmd = ENABLE;
  EXTI_Init(&EXTI_InitStructure);
}
```

3. 唤醒中断响应置函数

RTC 的唤醒中断响应入口函数是 RTC_IRQHandler,在该函数中调用 RTC_ GetITStatus 函数来判断是否发生 RTC_IT_WUT(唤醒)中断,如果是闹钟中断,则进行唤醒相关的处理。最后调用 RTC_ClearITPendingBit 函数清除唤醒中断标志,调用 EXTI_ClearITPendingBit 函数清除 EXTI_Line22 中断标志。

唤醒中断响应函数测试代码如下:

```
extern "C" void RTC_IRQHandler(void)
{    //RTC 发生了中断
    if(RTC_GetITStatus(RTC_IT_WUT) != RESET)
    {
        led2.isOn()? led2.Off():led2.On();
        LCD_DrawChar(30,150,(const uint16_t *)"RTC_ALRA");
        LCD_DisplayChar(LCD_LINE_18, 50, ´1´);
        RTC_ClearITPendingBit(RTC_IT_WUT);
        EXTI_ClearITPendingBit(EXTI_Line22);
    }
}
```

4. 唤醒测试主程序

在唤醒测试主程序 main 函数中,需要完成时钟配置、LCD 初始化、唤醒配置等工作,这些工作都通过调用相关的配置函数来实现。与闹钟配置直接相关的函数有 RTC_Config、RTC_WakeUpConfig、RTC_WKUP_Interrupt_Config 和 Set_Date_

Time 共 4 个函数,功能如下:

➤ RTC_Config 函数用于配置 STM32F2 的 RTC 时钟源;
➤ Set_Date_Time 函数用于初始化系统的日期和时间;
➤ RTC_WakeUpConfig 函数用于配置唤醒功能;
➤ RTC_WKUP_Interrupt_Config 函数用于配置唤醒中断功能。

唤醒测试主程序 main 函数的实现代码如下:

```
int main()
{
  bsp.init();
    STM3220F_LCD_Init();
    LCD_Clear(LCD_COLOR_WHITE);
    LCD_SetTextColor(LCD_COLOR_BLUE);
  if(RTC_ReadBackupRegister(RTC_BKP_DR0) != FIRST_DATA)
  {
        RTC_Config();
        Set_Date_Time();
}
RTC_WakeUpConfig();
RTC_WKUP_Interrupt_Config();
  while(1)
  {
    bsp.delay(4000);
        Time_Display();
        Date_Display();
  }
}
```

9.3 时间戳功能

9.3.1 概述

1. 时间戳介绍

时间戳的启用是通过把 RTC_CR 寄存器的 TSE 位设置为 1 实现。时间戳引脚可以用 PI8 或 PC13,取决于 RTC_TCR 寄存器 TSINSEL 位的值。

在 TIMESTAMP 备用功能的映射引脚上检测到一个时间戳事件发生时。当时间戳事件发生时,日历保存到时间戳寄存器(RTC_TSTR,RTC_TSDR)中,RTC_ISR 寄存器的时间戳的标志位(TSF)被置位。

通过设置 RTC_CR 寄存器的 TSIE 位,当一个时间戳事件发生,就产生一个中断。

257

如果一个新的时间戳事件被检测到,并且时间戳溢出标志(TSF)已经置位,那么时间戳寄存器(RTC_TSTR 和 RTC_TSDR)TSOVF 标志位维持以前的事件状态。

2. TIMESTAMP 的备用功能

TIMESTAMP 备用功能可以映射到 RTC_AF1 或 RTC_AF2,取决于 RTC_TAFCR 寄存器 TSINSEL 位的值。

3. 时间戳事件

(1) 当 TSINSEL 指定的引脚上检测到 time-stamp 事件

➤ 当前日历信息保存到 RTC_TSTR 和 RTC_TSDR;

➤ 标志 TSF 置位;

➤ 由于同步的原因,延迟 2 个 ck_apre 时钟周期置位标志;

➤ TSF 置位的情况下,又检测到 time-stamp 事件;

➤ TSOVF 标志置位,置位无延迟;

➤ 如果使能了中断(TSIE),还触发对应中断。

(2) 当 TAMP1INSEL 指定引脚上检测到入侵事件

➤ 复位所有备份寄存器:RTC_BKPxR;

➤ 标志 TAMP1F 置位;如果设置了 TAMP1E 位还会触发中断;

➤ 入侵检测功能在 V_{DD} 关闭情况下仍然有效;

➤ RTC_AFIO 属于电池供电域;

➤ V_{DD} 上电或掉电情况下,入侵检测引脚上电平要保持一致。

4. 时间戳功能的使用步骤

时间戳功能的使用步骤如表 9-1 所列,包括使能时间戳、选择有效边沿、把该功能映射到某个引脚(PC13 或者 PI8)、中断检测时间戳事件、轮询检测时间戳事件以及检测时间戳溢出事件等步骤。

表 9-1　时间戳功能的使用

	步　　骤	设　　置	说　　明
1	使能时间戳	置位 TSE@RTC_CR	
2	选择有效边沿	设置 TSEDGE@RTC_CR	
3	把该功能映射到某个引脚(PC13 或者 PI8)	设置 TSINSEL@RTC_TAFCR	
4	中断检测时间戳事件	置位 TSIE@RTC_CR	时间戳事件产生中断
5	轮询检测时间戳事件	查询 TSF@RTC_ISR[①]	给 TSF 写 0 来清除标志[②]
6	检测时间戳溢出事件[③]	查询 TSOVF@RTC_ISR[④]	给 TSOVF 写 0 来清除标志　时间戳寄存器还保持着之前事件对应的时间信息

注:① 由于同步过程,时间戳事件发生后 2 个 ck_apre 周期后才置位 TSF。

② 为避免屏蔽掉同时发生的时间戳事件,用户必须在读到 TSF 为 1 后再写 0 清除该标志。

③ 时间戳溢出事件不和任何中断相连。

④ TSOVF 的置位没有任何延迟。如果两个事件间隔太近,会看到 TSF 还是 0 时 TSOVF 已经置位。因此推荐用户在 TSF 置位后再去查询 TSOVF。

5. 入侵检测注意事项

① 用于入侵检测的引脚无需进行 GPIO 配置,只要做如下操作:

➢ 配置好具体的引脚(PC13 或 PI8);

➢ 配置好检测的边沿(上升沿或下降沿);

➢ 使能入侵检测功能。

② 入侵事件的检测,按下面方法进行:

➢ 使能之后,引脚上有设定的边沿变化,就能监测到该入侵事件(边沿检测);

➢ 使能之前,如果已经达到非法电平,使能后立刻触发入侵事件;

➢ 如果在入侵检测的 ISR 中重新写入备份寄存器,必须在之前先关闭再使能该入侵检测功能,这样可以保证一直处在非法电平的情况下,即使写进去也会被立马清除掉,相当于电平检测。

9.3.2　时间戳测试程序

1. 固件库中的时间戳函数

(1) RTC_TimeStampCmd 函数

RTC_TimeStampCmd 函数启用或禁用 RTC 的时间戳功能,根据指定的时间戳引脚边缘触发。参数 RTC_TimeStampEdge 指定引脚的边沿上的时间戳被激活,这个参数可以是以下之一。

➢ RTC_TimeStampEdge_Rising:时间戳事件发生的相关引脚上升沿触发方式;

➢ RTC_TimeStampEdge_Falling:时间戳事件发生的相关引脚下降沿触发方式;

➢ NewState:时间戳的新状态,此参数可以为 ENABLE 或 DISABLE。

RTC_TimeStampCmd 函数实现代码如下:

```
void RTC_TimeStampCmd(uint32_t RTC_TimeStampEdge,FunctionalState NewState)
{
    uint32_t tmpreg = 0;
    /*检查参数*/
    assert_param(IS_RTC_TIMESTAMP_EDGE(RTC_TimeStampEdge));
    assert_param(IS_FUNCTIONAL_STATE(NewState));
    /*获取的 RTC_CR 寄存器进行配置和清除位*/
    tmpreg = (uint32_t)(RTC->CR&(uint32_t)~(RTC_CR_TSEDGE|RTC_CR_TSE));
    /*获取新的配置*/
    if(NewState! = DISABLE)
```

```
    {
      tmpreg | = (uint32_t)(RTC_TimeStampEdge | RTC_CR_TSE);
    }
    else
    {
      tmpreg | = (uint32_t)(RTC_TimeStampEdge);
    }
    /* 禁用 RTC 写保护寄存器 */
    RTC - > WPR = 0xCA;
    RTC - WPR = 0x53;
    /* 配置的时间戳 TSEDGE,并允许位 */
    RTC - > CR = (uint32_t)tmpreg;
    /* 使能 RTC 寄存器的写保护 */
    RTC - WPR = 0XFF;
}
```

（2）RTC_GetTimeStamp 函数

RTC_GetTimeStamp 函数获取 RTC 的时间戳值。参数 RTC_Format 用于指定输出参数的格式,这个参数可以是以下值之一。

➢ RTC_Format_BIN:二进制数据格式;

➢ RTC_Format_BCD:BCD 数据格式。

参数 RTC_StampTimeStruct 属于一个 RTC_TimeTypeDef 结构,将包含时间戳的时间值指针。参数 RTC_StampDateStruct 属于一个 RTC_DateTypeDef 结构,将包含时间戳的日期值指针。

RTC_GetTimeStamp 函数实现代码如下:

```
void RTC_GetTimeStamp(uint32_t RTC_Format,RTC_TimeTypeDef * RTC_StampTimeStruct
RTC_DateTypeDef * RTC_StampDateStruct)
{
  uint32_t tmptime = 0,tmpdate = 0;
  /* 检查参数 */
  assert_param(IS_RTC_FORMAT(RTC_Format));
  /* 获取的时间戳的日期和时间寄存器的值 */
  tmptime = (uint32_t)(RTC - > TSTR RTC_TR_RESERVED_MASK);
  tmpdate = (uint32_t)(RTC - > TSDR RTC_DR_RESERVED_MASK);
  /* 填写时间结构域与读取参数 */
  RTC_StampTimeStruct - > RTC_Hours = (uint8_t)((tmptime 及(RTC_TR_HT | RTC_TR_HU))
>> 16);
  RTC_StampTimeStruct - > RTC_Minutes = (uint8_t)((tmptime 及(RTC_TR_MNT | RTC_TR_
MNU))>> 8);
  RTC_StampTimeStruct> RTC_Seconds = (uint8_t)(tmptime(RTC_TR_ST | RTC_TR_SU));
```

```
RTC_StampTimeStruct> RTC_H12 =(uint8_t)((tmptime(RTC_TR_PM))>> 16);
/*读取参数填充日期结构字段*/
RTC_StampDateStruct -> RTC_Year = 0;
RTC_StampDateStruct -> RTC_Month =(uint8_t)((tmpdate 及(RTC_DR_MT | RTC_DR_MU))
>> 8);
RTC_StampDateStruct -> RTC_Date =(uint8_t)(tmpdate(RTC_DR_DT | RTC_DR_DU));
RTC_StampDateStruct> RTC_WeekDay =(uint8_t)((tmpdate(RTC_DR_WDU))>> 13);

/*检查输入参数的格式*/
if(RTC_Format == RTC_Format_BIN)
{
    /*二进制格式转换时间结构参数*/
    RTC_StampTimeStruct> RTC_Hours =(uint8_t)RTC_Bcd2ToByte(RTC_StampTime
Struct> RTC_Hours);
    RTC_StampTimeStruct -> RTC_Minutes =(uint8_t)RTC_Bcd2ToByte(RTC_StampTime-
Struct> RTC_Minutes);
    RTC_StampTimeStruct> RTC_Seconds =(uint8_t)RTC_Bcd2ToByte(RTC_StampTime-
Struct> RTC_Seconds);
    /*二进制格式转换日期的结构参数*/
    RTC_StampDateStruct -> RTC_Month =(uint8_t)RTC_Bcd2ToByte(RTC_StampDat-
eStruct -> RTC_Month);
    RTC_StampDateStruct -> RTC_Date =(uint8_t)RTC_Bcd2ToByte(RTC_StampDate
Struct -> RTC_Date);
    RTC_StampDateStruct> RTC_WeekDay =(uint8_t)RTC_Bcd2ToByte(RTC_StampDat-
eStruct> RTC_WeekDay);
    }
}
```

2. 时间戳配置函数

在时间戳配置函数 RTC_TimeStamp_setup 之中,将调用固件库函数 RTC_TimeStampCmd,第 1 个参数参数为 RTC_TimeStampEdge_Falling,把时间戳事件发生的相关引脚下降沿触发方式,第 2 个参数为 ENABLE,使能时间戳功能。时间戳配置函数 RTC_TimeStamp_setup 代码如下:

```
void RTC_TimeStamp_setup()
{
    /* 使能时间戳功能 */
    RTC_TimeStampCmd(RTC_TimeStampEdge_Falling, ENABLE);
}
```

3. 时间戳显示函数

为了方便于测试时间戳功能,在带有 LCD 显示模块的开发板上,通过可以用一个时间戳显示函数来显示时间戳的处理过程。下面的 RTC_TimeStampShow 函数是一个典型的时间戳显示函数,代码如下:

```
void RTC_TimeStampShow(void)
{
  /* 获取当前时间戳 */
  RTC_GetTimeStamp(RTC_Format_BIN, &RTC_TimeStampStructure,
                   &RTC_TimeStampDateStructure);
  /* 清除第 18 行 */
  LCD_ClearLine(LCD_LINE_18);
  /* 显示 ":" */
  LCD_DisplayChar(LCD_LINE_18, 212, ´:´);
  LCD_DisplayChar(LCD_LINE_18, 166, ´:´);
  /* 显示小时 */
  LCD_DisplayChar(LCD_LINE_18, 244,((RTC_TimeStampStructure.RTC_Hours / 10) +
0x30));
  LCD_DisplayChar(LCD_LINE_18, 228,((RTC_TimeStampStructure.RTC_Hours % 10) +
0x30));
  /* 显示分钟 */
  LCD_DisplayChar(LCD_LINE_18, 196,((RTC_TimeStampStructure.RTC_Minutes /10) +
0x30));
  LCD_DisplayChar(LCD_LINE_18, 182,((RTC_TimeStampStructure.RTC_Minutes % 10) +
0x30));
}
```

4. 时间戳测试主程序

时间戳测试主程序主要实现的功能是:

① 配置系统时钟及初始化 LCD 屏;

② 在 LCD 屏上显示当前时间;

③ 当有连接 Tamper 端口(PC13 引脚)的按钮被按下时,Tamper 端口产生一个下降沿触发信号,时间戳模块将把此时的日期和时间保存到时间戳寄存器中;

④ 读取时间戳数据,在 LCD 屏上显示出来。

时间戳功能的启动通过调用 RTC_TimeStamp_setup 函数实现,时间戳数值的显示通过调用 RTC_TimeStampShow 函数实现。

时间戳测试主程序的 main 函数实现代码如下:

```
int main()
{
  bsp. init();
  STM3220F_LCD_Init();
  LCD_Clear(LCD_COLOR_WHITE);
  LCD_SetTextColor(LCD_COLOR_BLUE);
```

```
        if(RTC_ReadBackupRegister(RTC_BKP_DR0) != FIRST_DATA)
    {
            RTC_Config();
            Set_Date_Time();
            RTC_TimeStamp_setup();
        }
    while(1)
    {
        bsp.delay(4000);
            Time_Display();
            Date_Display();
            RTC_TimeStampShow();
    }
}
```

9.4　STM32F2 与 STM32F1 在备份寄存器上的区别

1. RTC 的备份寄存器

备份寄存器(RTC_BKPxR)是 20 个 32 位的数据寄存器,用于存储 80 B 的用户应用数据。备份寄存器处在备份域里,当 V_{DD} 电源被切断,它们仍然由电池(V_{BAT})维持供电。当系统在待机模式下被唤醒,或系统复位或电源复位时,它们也不会被复位。此外,BKP 控制寄存器用来管理入侵检测和 RTC 校准功能。复位后,对备份寄存器和 RTC 的访问被禁止,并且备份域被保护以防止可能存在的意外的写操作。

2. STM32F2 与 STM32F1 在备份寄存器上的区别

在 STM32F1 系列的备份数据寄存器是通过 BKP 外设管理,而在 F2 系列,他们是 RTC 外设(没有 BKP 外设)的一部分。在 F2 系列与 F1 的源代码中的主要变化如下:

➤ 没有 BKP 外设;
➤ 写入到/从备份数据寄存器中读取都通过 RTC 的驱动程序;
➤ 备份数据寄存器从 BKP_DRx,RTC_BKP_DRx 命名改变,编号从 0 而不是 1 开始。
➤ 容量上的变化,STM32F1 系列的备份数据寄存器是 20 或 84 个字节,而 STM32F2 系列是 80 个字节。

(1) STM32F1 系列备份数据

下面的例子演示了 STM32 的 F1 系列如何写/从备份数据读取寄存器:

```
uint16_t BKPdata = 0;
```
......

```
/* 启用 APB2 的 RCC 和 BKP 接口的时钟 */
RCC_APB1PeriphClockCmd(RCC_APB1Periph_PWR | RCC_APB1Periph_BKP,ENABLE);
/* 允许写访问备份域 */
PWR_BackupAccessCmd(ENABLE);
/* 写数据到备份数据寄存器 1 */
BKP_WriteBackupRegister(BKP_DR1,0x3210);
/* 从备份数据中读取数据寄存器 1 */
BKPdata = BKP_ReadBackupRegister(BKP_DR1);
```

(2) STM32F2 系列备份数据

在 F2 系列中,必须更新成如下代码:

```
uint16_t BKPdata = 0;
... ...
/* RCC 的时钟使能 */
RCC_APB1PeriphClockCmd(RCC_APB1Periph_PWR,ENABLE);
/* 允许写访问备份域 */
PWR_RTCAccessCmd(ENABLEE);
/* 写数据到备份数据寄存器 1 */
RTC_WriteBackupRegister(RTC_BKP_DR1,0x3220);
/* 从备份数据中读取数据寄存器 1 */
BKPdata = RTC_ReadBackupRegister(RTC_BKP_DR1);
```

9.5 篡改检测

9.5.1 概述

篡改检测的启用是通过设置 RTC_TAFCR 寄存器 TAMP1E 位为 1 来实现。TAMPER1 备用功能触发篡改检测事件(AFI_TAMPER1),即引脚信号从低到高或从高向低变化,取决于 RTC_TAFCR 寄存器 TAMP1TRG 位。

在 RTC_TAFCR 寄存器位 TAMP1F 设置为 1 时发生篡改事件。篡改检测事件重置所有备份寄存器(RTC_BKPxR)。

通过设置 RTC_TAFCR 寄存器 TAMPIE 位,篡改检测事件发生时,会产生一个中断。

注意:为了避免丢失篡改检测事件,用于边缘检测的信号是逻辑与 TAMP1E,应该保证在篡改检测事件发生前 TAMPER1 引脚已经启用。

① 当 TAMP1TRG =0:上升沿触发篡改事件;

② 当 TAMP1TRG =1:下降沿触发篡改事件。

注:当 V_{DD} 电源被切断,篡改检测仍处于活动状态。为了避免不必要的备份寄存

器复位,TAMPER1 备用功能映射的引脚应外部连接到正确的电平。

根据 RTC_TAFCR 寄存器 TAMP1INSEL 位的值,TAMPER1 备用功能可以映射到 RTC_AF1(PC13)或 RTC_AF2(PI8)引脚。

9.5.2　备份寄存器与篡改检测测试程序

1. 篡改中断配置

为了使用 RTC 篡改中断,需要进行如下配置:

➢ 配置和启用中断模式 EXTI 第 21 线,并选择上升沿触发;

➢ 配置并启用 TAMP_STAMP NVIC 的 IRQ 通道;

➢ 配置 RTC 检测 RTC 篡改事件。

篡改中断的 EXTI 及 NVIC 配置函数 RTC_TAMPER_interrupt_Config 实现代码如下:

```
void RTC_TAMPER_interrupt_Config()
{
  NVIC_InitTypeDef   NVIC_InitStructure;
  EXTI_InitTypeDef   EXTI_InitStructure;
  /* 使能 line21 外部中断 */
  EXTI_ClearITPendingBit(EXTI_Line21);
  EXTI_InitStructure.EXTI_Line = EXTI_Line21;
  EXTI_InitStructure.EXTI_Mode = EXTI_Mode_Interrupt;
  EXTI_InitStructure.EXTI_Trigger = EXTI_Trigger_Rising;
  EXTI_InitStructure.EXTI_LineCmd = ENABLE;
  EXTI_Init(&EXTI_InitStructure);
  /* 配置 TAMPER IRQ 通道 */
  NVIC_InitStructure.NVIC_IRQChannel = TAMP_STAMP_IRQn;
  NVIC_InitStructure.NVIC_IRQChannelPreemptionPriority = 0;
  NVIC_InitStructure.NVIC_IRQChannelSubPriority = 0;
  NVIC_InitStructure.NVIC_IRQChannelCmd = ENABLE;
  NVIC_Init(&NVIC_InitStructure);
}
```

2. 篡改检测配置

篡改检测配置过程如下。

① 调用 RTC_TamperCmd 函数禁用篡改检测,采用参数 RTC_Tamper 1,其值为 RTC_TAFCR_TAMP1E 即(uint32_t)0x00000001,该值在 stm32f2xx. h 文件中定义。

RTC_TamperCmd 函数启用或禁用篡改检测,参数 RTC_Tamper 选择篡改针,此参数为 RTC_Tamper_1;参数 NewState 是篡改的新状态,参数可以是 ENABLE 或 DISABLE。

② 清除篡改事件(TAMP1F)标志,调用 RTC_ClearFlag 函数来实现,参数采用 RTC_FLAG_TAMP1F。

③ 配置篡改触发。调用 RTC_TamperTriggerConfi 函数来配置,选择篡改引脚边缘,第 1 个参数 RTC_Tamper 选择篡改引脚,此参数是 RTC_Tamper_1;第 2 个参数 RTC_TamperTrigger 指定触发篡改引脚针触发篡改事件,这个参数可以是下列值之一。

➤ RTC_TamperTrigger_RisingEdge:篡改引脚上升沿触发篡改事件;

➤ RTC_TamperTrigger_FallingEdge:篡改引脚下降沿触发篡改事件。

④ 允许篡改中断,调用 RTC_ITConfig 函数实现,第 1 个参数为 RTC_IT_TAMP;第 2 个参数为 ENABLE。

⑤ 清除篡改 1 引脚中断挂起位,调用 RTC_ClearITPendingBit 函数实现,参数采用 RTC_IT_TAMP1。

⑥ 启用篡改检测,调用 RTC_TamperCmd 函数实现,第 1 个参数为 RTC_Tamper_1,第 2 个参数为 ENABLE。

篡改检测配置函数实现代码如下:

```
void RTC_Tamper_setup()
{
    /* 禁用篡改检测 */
    RTC_TamperCmd(RTC_Tamper_1,DISABLE);
    /* 清除篡改事件(TAMP1F)1 针待标志 */
    RTC_ClearFlag(RTC_FLAG_TAMP1F);
    /* 配置篡改 1 触发 */
    RTC_TamperTriggerConfi(RTC_Tamper_1,RTC_TamperTrigger_FallingEdge);
    /* 允许篡改中断 */
    RTC_ITConfig(RTC_IT_TAMP,ENABLE);
    /* 清除篡改 1 引脚中断挂起位 */
    RTC_ClearITPendingBit(RTC_IT_TAMP1);
    /* 启用篡改检测 */
    RTC_TamperCmd(RTC_Tamper_1,ENABLE);
}
```

3. 备份寄存器复位检查

IsBackupRegReset 函数可实现备份寄存器复位检查功能,如果该函数返回 0,则表示所有 RTC 备份 DRX 寄存器复位;如果返回值不为 0,则表示有备份寄存器的值不为 0,该返回值是第 1 个其实值不为 0 的备份寄存器序号。

备份寄存器复位检查函数 IsBackupRegReset 实现代码如下:

```
uint32_t RTC_BKP_DR[RTC_BKP_DR_NUMBER] =
{
```

```
    RTC_BKP_DR0, RTC_BKP_DR1, RTC_BKP_DR2, RTC_BKP_DR3,
    RTC_BKP_DR4, RTC_BKP_DR5, RTC_BKP_DR6, RTC_BKP_DR7,
    RTC_BKP_DR8, RTC_BKP_DR9, RTC_BKP_DR10, RTC_BKP_DR11,
    RTC_BKP_DR12, RTC_BKP_DR13, RTC_BKP_DR14, RTC_BKP_DR15,
    RTC_BKP_DR16, RTC_BKP_DR17, RTC_BKP_DR18, RTC_BKP_DR19
};

uint32_t IsBackupRegReset(void)
{
    uint32_t index = 0;
    for (index = 0; index < RTC_BKP_DR_NUMBER; index ++)
    {
        /*读 BKP 数据寄存器*/
        if (RTC_ReadBackupRegister(RTC_BKP_DR[index]) != 0x0)
        {
            return (index + 1);
        }
    }
    return 0;
}
```

4. 备份寄存器写入数据

WriteToRTC_BKP_DR 函数用于向备份寄存器写入一组测试数据,在实现应用中可以根据需要修改该测试数据值。备份寄存器的写入通过调用 RTC_WriteBackupRegister 函数来实现,该函数的第外参数是备份寄存器序号,第 2 个参数是写入的数值。

备份寄存器写入数据函数 WriteToRTC_BKP_DR 实现代码如下:

```
void WriteToRTC_BKP_DR(uint32_t FirstRTCBackupData)
{
    uint32_t index = 0;
    for(index = 0; index<RTC_BKP_DR_NUMBER; index +)
    {
        /*写 BKP 数据寄存器*/
        RTC_WriteBackupRegister(RTC_BKP_DR[index],FirstRTCBackupData + (index * 0x5A));
    }
}
```

5. 篡改中断响应函数

篡改中断入口函数是 TAMPER_IRQHandler,处理 RTC 的篡改和时间戳中断请求。在 TAMPER_IRQHandler 函数中,检测 RTC_FLAG_TAMP1F 标志是否为 RESET 来测试篡改检测事件是否已经发生。

TAMPER_IRQHandler 函数测试代码如下:

```
extern"C" void TAMPER_IRQHandler(void)
{
    if(RTC_GetFlagStatus(RTC_FLAG_TAMP1F) == RESET)
    {
        /* 1 篡改检测事件发生 */
        /* 检查 RTC 备份数据寄存器清零 */
        if(IsBackupRegReset() == 0)
        {
            /* OK,RTC 备份数据寄存器被复位为预计 */
            /* 切换 LED3 */
            led3.isOn()? led3.Off():led3.On();
        }
        else
        {
            /* RTC 备份数据寄存器不复位 */
            /* 切换 LED2 */
            Led2.isOn()? Led2.Off():Led2.On();
        }
        /* 清除篡改事件(TAMP1F)1 针待标志 */
        RTC_ClearFlag(RTC_FLAG_TAMP1F);
        /* 禁用防拆针 1 */
        RTC_TamperCmd(RTC_Tamper_1,禁止);
        /* 允许篡改引脚 */
        RTC_TamperCmd(RTC_Tamper_1,ENABLE);
    }
}
```

6. 篡改测试主程序

篡改配置基本内容如下：

➢ 使用 RTC_TamperConfig 函数配置 RTC 篡改触发；

➢ 使用 RTC_TamperCmd 函数启用 RTC 的篡改功能；

➢ TIMESTAMP 备用功能可以映射到 RTC_AF1 或 RTC_AF2,取决于 TSIN-SEL 位的值；

➢ RTC_TAFCR 注册,可以使用 RTC_TimeStampPinSelection 函数来选择相应的引脚。

在篡改测试主程序 main 函数中,调用 WriteToRTC_BKP_DR 函数把数据写入备份寄存器,调用 RTC_Tamper_setup 函数配置和启用篡改功能。

main 函数测试代码如下：

```
int main()
{
```

```
  bsp.init();
  STM3220F_LCD_Init();
  LCD_Clear(LCD_COLOR_WHITE);
  LCD_SetTextColor(LCD_COLOR_BLUE);

  if(RTC_ReadBackupRegister(RTC_BKP_DR0) != FIRST_DATA)
  {
      RTC_Config();
      Set_Date_Time();
      /* 写入 RTC 备份数据寄存器 */
      WriteToRTC_BKP_DR(FIRST_DATA);
      RTC_TAMPER_interrupt_Config();
      RTC_Tamper_setup();
  }
  while(1)
  {
      bsp.delay(4000);
      Time_Display();
      Date_Display();
      if(IsBackupRegReset() == 0)
  {
      /* RTC(备份数据寄存器按预期复位)*/
      led3.isOn()? led3.Off():led3.On();
  }
      else
  {
      /* RTC 备份数据寄存器没有复位 */
      led2.isOn()? led2.Off():led2.On();
  }
  }
}
```

9.6　STM32F2 RTC 的数字校准

　　STM32F2 RTC 的数字校准模块的内部结构如图 9 - 4 所示。RTC 的数字校准功能是通过正校准或屏蔽(负校准)异步预分频器(ck_apre)的输出时钟周期,以达到 5 ppm 的准确度,用于数字校准。

　　正和负的校准通过 RTC_CALIBR 寄存器的 DCS 位设置为"0"和"1"来选择。

　　当正校准启用(DCS="0"),每 2×DC 分钟(约 15 360 ck_apre 周期)添加 2 ck_apre 周期。这将导致早点更新日历,从而调整有效 RTC 频率变高一点。

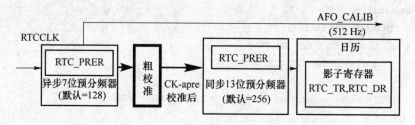

图 9 - 4　STM32F2 RTC 的数字校准模块的内部结构

当负校准启用（DCS＝"1"），每 $2 \times$ DC 分钟（约 15 360 ck_apre 周期）被删除 1 ck_apre 周期。这会导致往后更新日历，从而调整有效的 RTC 频率要低一点。

DC 通过 RTC_CALIBR 寄存器 DC[4∶0]位配置。这个数字范围为 0～31，对应的时间间隔（$2 \times$ DC）为 0～62 min。

粗的数字校准配置仅在初始化模式时发生，并从 init 位被清零开始。完整的校准周期持续 64 min。负校准可进行约 2 ppm 的精度，正校准可进行约 4 ppm 的精度。最大校准范围为－63～126 ppm。无论是在 LSE 或 HSE 时钟，校准都可以执行。

STM32F2 RTC 校准原理如下：

➤ 每分钟往 ck_apre 输出到时钟脉冲序列中；

➤ 增加 2 个脉冲（DCS=0），调快 RTC 晶振；

➤ 减少 1 个脉冲（DCS=1），调慢 RTC 晶振；

➤ 该调整过程持续 $2 \times$ DC min；

➤ DC 值是 RTC_CALIBR 寄存器的 DC[4∶0]位；

➤ 最短调整时间为 2 min；

➤ 最长调整时间为 62 min；

➤ 整个校准周期持续 64 min。

注意：如果 PREDIV_A＜6，数字校准可能无法正常工作。

RTCCLK 周期＝ 32.768 kHz，PREDIV_A ＋1＝128

下面的说明假定，ck_apre 频率是 256 Hz 与 HSI 时钟的标称频率 32.768 kHz 取得，PREDIV_A 设置为 127（默认值）。

ck_spre 时钟频率只有修改，在第一 $2 \times$ DC 分钟的 64 min 的周期。例如，DC 等于 1 时，仅前 2 min 被修改。这意味着，每 64 min 为一周期的第一 $2 \times$ DC 分钟，每分钟一次，一秒钟缩短了 256 或加长 128 个 RTCCLK 周期，给定的每个 ck_apre 周期代表 128 个 RTCCLK 周期（PREDIV_A ＋1＝128）。

STM32F2 RTC 校准数据（假设 RTCCLK＝32.768 kHz，PREDIV＝127）如下。

（1）调整精度

➤ 正向调整：$4/(64 \times 15\ 360)=+4.069$ ppm；

➤ 负向调整：$2/(64 \times 15\ 360)=-2.035$ ppm；

➤ 精度：一个月调快 10.5 s；或调慢 5.27 s；

- ➢ 调整范围：[－63 ppm，126 ppm]；
- ➢ 正向调整：126 ppm；
- ➢ 负向调整：63 ppm；
- ➢ 范围：一个月可以调快 327 s；调慢 163 s；
- ➢ 调整周期：64 min；
- ➢ 注意事项：进行校准时，必须保证 PREDIV_A≥6。

因此，每个校准步骤中，每个 RTCCLK 周期 125 829120(64 min × 60 s /min× 32 768 r/s)增加 512 或减去 256 个振荡周期的影响。这相当于 4.069 ppm 或 2.035 ppm的校准步骤的。校准结果是每月 10.5 s 或－5.27 s，总的校准范围为 5.45～－2.72 min/mon。

(2) 参考时钟检测

- ➢ 参考时钟输入引脚：PB.15；
- ➢ 更高精度的时钟(通常 50 Hz 或 60 Hz)；
- ➢ 该引脚配置成浮空输入模式：input floating；
- ➢ 如果检测到参考时钟，则以此校准 ck_spre；参考时钟停止或消失，则继续由 LSE 来更新日历模块；
- ➢ 使能控制：RTC_CR 寄存器的 REFCKON 位；
- ➢ 分频因子必须设置到它们的默认值；
- ➢ PREDIV_A＝0×7F & PREDIV_S＝0×FF。

第 **10** 章

STM32F2 增强的定时器

10.1 STM32F2 定时器的种类

STM32F2 定时器的种类非常多,除了前面介绍的 SysTick 定时器、RTC 定时器之外,还包括通用定时器 TIMx(TIM2~TIM5、TIM9~TIM14)、高级定时器(TIM1 和 TIM8)以及基本定时器(TIM6 和 TIM7)等。实际上,看门狗也可以看作一种定时器。

与 STM32F1 系列比较,STM32F2 系列定时器作了如下增强:

➢ TIM2 和 TIM5 定时器从 16 位扩展为 32 位;

➢ 增加了 TIM9~TIM14 共 6 个 16 位定时器;

➢ 增强的可编程死区时间的互补输出;

➢ 支持增量(正交)编码器和霍尔传感器电路定位。

10.1.1 SysTick 定时器

STM32F2 的 SysTick 定时器在第 8 章已经详细介绍过,SysTick 是一个简单的系统时钟节拍计数器,属于 ARM Cortex-M3 内核嵌套向量中断控制器 NVIC 里的一个功能单元,而非片内外设。SysTick 常用于操作系统(如 μC/OS-Ⅱ、FreeRTOS 等)的系统节拍定时。

由于 SysTick 是属于 ARM Cortex-M3 内核里的一个功能单元,因此使用 SysTick 作为操作系统节拍定时,使得操作系统代码在不同厂家的 ARM Cortex-M3 内核芯片上都能够方便地进行移植。

SysTick 是一个 24 位的倒计数定时器,当计到 0 时,将从 RELOAD 寄存器中自动重装载定时初值。只要不把它在 SysTick 控制及状态寄存器中的使能位清除,SysTick 定时器就永不停息地计数。

10.1.2 RTC 定时器

STM32F2 的 RTC 定时器在第 7 章已经详细介绍过,是一个独立的 BCD 定时器/计数器。RTC 提供了一个包括时间与日期的时钟/日历功能,两个可编程的闹钟中断,具有一个可编程定期唤醒标志中断功能。RTC 包括一个自动唤醒单位管理的低功耗模式。

272

　　STM32F2 实时时钟包括了 RTC 时钟源、RTC 时钟分频器、闹钟 A、闹钟 B、日历、唤醒器以及 RTC 中断管理等几个模块。

10.1.3　通用定时器(TIM2～TIM5)

1. TIM2～TIM5 介绍

　　通用定时器包括由一个可编程的分频器驱动一个 16 位或 32 位自动重载计数器。它们可用于多种用途,包括测量输入信号的脉冲长度(输入捕捉)或产生输出波形(输出比较和 PWM)。

　　从几微秒到几毫秒,使用定时器的预分频器和 RCC 时钟控制器预分频器可调制脉冲长度和波形周期。定时器是完全独立的,不共享任何资源。

2. TIM2～TIM5 主要特点

　　通用 TIMx 定时器功能包括以下 7 点。

　　① 16 位(TIM3 和 TIM4)或 32 位(TIM2 和 TIM5),上升、下降以及上升与下降组合的自动重载计数器。

　　② 16 位可编程预分频计数器的时钟频率,1～65 535 之间任何分频。

　　③ 具有如下 4 个独立的通道。

➢ 输入捕捉;

➢ 输出比较;

➢ PWM 生成(边缘和中心对齐模式);

➢ 单脉冲模式输出。

　　④ 同步电路与外部信号来控制定时器和几个定时器互连。

　　⑤ 中断/DMA 生成以下事件。

➢ 更新:计数器溢出/下溢,计数器初始化(软件或内部/外部触发);

➢ 触发事件(计数器开始、停止、初始化或内部/外部触发计数);

➢ 输入捕捉;

➢ 输出比较。

　　⑥ 支持为定位的目的增量(正交)编码器和霍尔传感器电路。

　　⑦ 触发输入作为外部时钟或者按周期的电流管理。

10.1.4　通用定时器(TIM9～TIM14)

1. 通用定时器(TIM9～TIM14)简介

　　TIM9～TIM14 通用定时器(适用于整个 STM32F20x、STM32F21x 家族)是一个 16 位自动重载计数器,由一个可编程的分频器驱动。

　　它们可用于多种用途,包括测量输入信号的脉冲长度(输入捕捉)或产生输出波形(输出比较,PWM)。

　　从几微秒到几毫秒,使用定时器的预分频器和 RCC 时钟控制器预分频器可调制脉冲长度和波形周期。

TIM9～TIM14 定时器是完全独立的,不共享任何资源。

2. TIM9/TIM12 主要特点

TIM9/TIM12 通用定时器的功能包括以下 5 点。

① 16 位自动重装。

② 16 位可编程预分频计数器的时钟频率除以 1～65 535 之间的任何因子。

③ 最多 2 个为独立的通道:

➤ 输入捕捉;

➤ 输出比较;

➤ PWM 产生(边沿对齐模式);

➤ 单脉冲模式输出。

④ 同步电路与外部信号来控制定时器和几个定时器互连在一起。

⑤ 以下事件时产生中断。

➤ 更新:计数器溢出,计数器初始化(软件或内部触发);

➤ 触发事件(计数器的启动、停止、初始化或由内部触发计数);

➤ 输入捕捉;

➤ 输出比较。

10.1.5　基本定时器(TIM6、TIM7)

1. TIM6、TIM7 介绍

TIM6 和 TIM7 基本定时器是一个 16 位自动重载计数器,由一个可编程的分频器驱动。它们可能用作通用定时器时基础,也专门用于驱动数字-模拟转换器(DAC)。事实上,定时器内部连接到 DAC,能够通过其触发输出驱动器。

定时器是完全独立的,不共享任何资源。

2. TIM6、TIM7 主要特点

基本定时器(TIM6 及 TIM7)的功能包括以下 4 点。

➤ 16 位自动重装 upcounter;

➤ 16 位可编程预分频器计数器的时钟频率,1～65 535 之间的分频;

➤ 同步电路触发 DAC;

➤ 中断/ DMA 代更新事件:计数器溢出。

10.1.6　高级控制定时器(TIM1 及 TIM8)

1. TIM1、TIM8 介绍

高级控制定时器(TIM1 和 TIM8)是一个 16 位的自动装载计数器,它由一个可编程的预分频器驱动,适合多种用途,包含测量输入信号的脉冲宽度(输入捕获),或者产生输出波形(输出比较、PWM、嵌入死区时间的互补 PWM 等)。

使用定时器预分频器和 RCC 时钟控制预分频器,可以实现脉冲宽度和波形周期从几个微秒到几个毫秒的调节。

高级控制定时器(TIM1 和 TIM8)和通用定时器(TIMx)是完全独立的,它们不共享任何资源。

2. TIM1/TIM8 主要特点

TIM1 和 TIM8 定时器功能包括以下 10 点。

① 16 位向上、向下、向上/下自动装载计数器。

② 16 位可编程(可以实时修改)预分频器,计数器时钟频率的分频系数为 1~65 535 之间的任意数值。

③ 多达 4 个独立通道:

➢ 输入捕获;

➢ 输出比较;

➢ PWM 生成(边缘或中间对齐模式);

➢ 单脉冲模式输出。

④ 死区时间可编程的互补输出。

⑤ 使用外部信号控制定时器和定时器互连的同步电路。

⑥ 允许在指定数目的计数器周期之后更新定时器寄存器的重复计数器。

⑦ 输入信号可以将定时器输出信号置于复位状态或者一个已知状态。

⑧ 如下事件发生时产生中断/DMA:

➢ 更新:计数器向上溢出/向下溢出,计数器初始化(通过软件或者内部/外部触发);

➢ 触发事件(计数器启动、停止、初始化或者由内部/外部触发计数);

➢ 输入捕获;

➢ 输出比较;

➢ 刹车信号输入。

⑨ 支持针对定位的增量(正交)编码器和霍尔传感器电路。

⑩ 触发输入作为外部时钟或者按周期的电流管理。

10.1.7　独立看门狗

1. 独立看门狗(IWDG)

STM32F20x 和 STM32F21x 有两个嵌入式看门狗外设,提供了一个安全水平高、使用的计时精度和灵活性相结合嵌入式看门狗外设。两个看门狗外设(独立看门狗和窗口看门狗)用于发现和解决由于软件故障的故障,并当计数器达到给定的超时值时,触发系统复位或中断(仅窗口看门狗)。

独立看门狗(IWDG)主频具有自己专用的低速时钟(LSI),从而即使在主时钟出现故障时,仍然可保持其活动状态。窗口看门狗(WWDG)主频从 APB1 时钟和时钟预分频得到；具有一个可配置的时间窗口，可以通过编程来检测异常后期或早期的应用程序的行为。

IWDG 最适合应用于那些需要看门狗作为一个在主程序之外，能够完全独立工作，并且对时间精度要求较低的场合。WWDG 最适合那些要求看门狗在精确计时窗口起作用的应用程序。

2. IWDG 的主要特点

➢ 自由运行的递减计数器；

➢ 时钟由独立的 RC 振荡器提供(可在停止和待机模式下工作)；

➢ 看门狗被激活后，则在计数器计数至 0x000 时产生复位。

3. IWDG 功能描述

在键寄存器(IWDG_KR)中写入 0xCCCC，开始启用独立看门狗；此时计数器开始从其复位值 0xFFF 递减计数。当计数器计数到末尾 0x000 时，会产生一个复位信号(IWDG_RESET)。

无论何时，只要在键寄存器 IWDG_KR 中写入 0xAAAA，IWDG_RLR 中的值就会被重新加载到计数器，从而避免产生看门狗复位。

10.1.8 窗口看门狗

1. 窗口看门狗(WWDG)简介

窗口看门狗是用来检测软件故障的发生，通常是由外部干扰或产生不可预见的逻辑条件，这会导致应用程序放弃其正常顺序。看门狗电路产生一个设定的时间期，时间满后 MCU 复位，除非程序刷新递减计数器的内容之前的 T6 位变为清零。MCU 复位也产生了 7 位的递减计数器值(控制寄存器)刷新前的递减计数器已达到窗口寄存器的值，这意味着必须在一个有限的窗口刷新的计数器。

2. WWDG 的主要特点

① 可编程自由运行的递减计数器。

② 有条件的复位。

➢ 当递减计数器的值变为 40 H，MCU 复位(如果看门狗被激活)；

➢ 如果递减计数器是窗外重载，MCU 复位(如果看门狗被激活)。

③ 早期唤醒中断(EWI)：触发(如果启用和激活看门狗)当递减计数器等于 40 H。可用于重载计数器和防止 WWDG 复位。

3. WWDG 功能描述

如果看门狗被启动(WWDG_CR 寄存器中的 WDGA 位被置"1")，并且当 7 位(T[6：0])递减计数器从 0x40 翻转到 0x3F(T6 位清零)时，则产生一个复位。如果软件在计数器值大于窗口寄存器中的数值时重新装载计数器，将产生一个复位。

10.2　STM32F2 通用定时器计数模式

10.2.1　时基单元

可编程通用定时器的主要部分是一个 16 位计数器和与其相关的自动装载寄存器。这个计数器可以向上计数、向下计数或者向上向下双向计数。此计数器时钟由预分频器分频得到。

计数器、自动装载寄存器和预分频器寄存器可以由软件读写，在计数器运行时仍可以读写。时基单元包含：

- 计数器寄存器（TIMx_CNT）；
- 预分频器寄存器（TIMx_PSC）；
- 自动装载寄存器（TIMx_ARR）。

自动装载寄存器是预先装载的，写或读自动重装载寄存器将访问预装载寄存器。根据在 TIMx_CR1 寄存器中的自动装载预装载使能位（ARPE）的设置，预装载寄存器的内容被立即或在每次的更新事件 UEV 时传送到影子寄存器。当计数器达到溢出条件（向下计数时的下溢条件）并当 TIMx_CR1 寄存器中的 UDIS 位等于"0"时，产生更新事件。更新事件也可以由软件产生。随后会详细描述每一种配置下更新事件的产生。

计数器由预分频器的时钟输出 CK_CNT 驱动，仅当设置了计数器 TIMx_CR1 寄存器中的计数器使能位（CEN）时，CK_CNT 才有效。

注：真正的计数器使能信号 CNT_EN 是在 CEN 的一个时钟周期后被设置。

10.2.2　计数器模式-向上计数模式

在向上计数模式中，计数器从 0 计数到自动加载值（TIMx_ARR 计数器的内容），然后重新从 0 开始计数并且产生一个计数器溢出事件。

每次计数器溢出时可以产生更新事件，在 TIMx_EGR 寄存器中（通过软件方式或者使用从模式控制器）设置 UG 位也同样可以产生一个更新事件。

设置 TIMx_CR1 寄存器中的 UDIS 位，可以禁止更新事件；这样可以避免在向预装载寄存器中写入新值时更新影子寄存器。在 UDIS 位被清"0"之前，将不产生更新事件。但是在应该产生更新事件时，计数器仍会被清"0"，同时预分频器的计数也被清 0（但预分频系数不变）。此外，如果设置了 TIMx_CR1 寄存器中的 URS 位（选择更新请求），设置 UG 位将产生一个更新事件 UEV，但硬件不设置 UIF 标志（即不产生中断或 DMA 请求）；这是为了避免在捕获模式下清除计数器时，同时产生更新和捕获中断。

当发生一个更新事件时，所有的寄存器都被更新，硬件同时（依据 URS 位）设置更新标志位(TIMx_SR 寄存器中的 UIF 位)。

➤ 预分频器的缓冲区被置入预装载寄存器的值(TIMx_PSC 寄存器的内容)。

➤ 自动装载影子寄存器被重新置入预装载寄存器的值(TIMx_ARR)。

10.2.3 计数器模式-向下计数模式

计数器从自动装入的值(TIMx_ARR 计数器的值)开始向下计数到 0,然后自动装入预设值,当向下计数到重复计数寄存器(TIMx_RCR)中设定的次数后产生更新事件(UEV),否则每次计数器向下溢出时才产生更新事件。在 TIMx_EGR 寄存器中(通过软件方式或者使用从模式控制器)设置 UG 位,也同样可以产生一个更新事件。注:自动装载在向下模式中,计数器装入的值重新开始并且产生一个计数器向下溢出事件。

每次计数器溢出时可以产生更新事件,在 TIMx_EGR 寄存制器设置 UG 位,也同样可以产生一个更新事件。

设置 TIMx_CR1 寄存器的 UDIS 位可以禁止 UEV 事件时更新影子寄存器。因此 UDIS 位被清为"0"之前不会产生更新事件。然而,计数器仍会从当前自动加载值重新开始计数,同时预分频器的计数器重新从 0 开始(但预分频系数不变)。

此外,如果设置了 TIMx_CR1 寄存器中的 URS 位(选择更新请求),设置 UG 位将产生事件 UEV 但不设置 UIF 标志(因此不产生中断和 DMA 请求),这是为了避免在发生捕获事件并清除计数器时,同时产生更新和捕获中断。当发生更新事件时,所有的寄存器中的 UIF 位也被设置。

➤ 预装载寄存器的值(TIMx_PSC 寄存器的值)。寄存器中的 UIF 位也被设置。

➤ 当前的自动加载寄存器被更新为预装载值(TIMx_ARR 寄存器中的内容)。

计数器重载入之前被更新,因此下一个周期将是预期的值。

10.2.4 计数器模式-中心对齐模式(向上/向下计数)

在中央对齐模式,计数器从 0 开始计数到自动加载的值(TIMx_ARR 寄存器)—1,产生一个计数器溢出事件,然后向下计数到 1 并且产生一个计数器下溢事件;然后再从 0 开始重新计数。

在这个模式,不能写入 TIMx_CR1 中的 DIR 方向位。它由硬件更新并指示当前的计数方向。可以在每次计数上溢和每次计数下溢时产生更新事件;也可以通过(软件或者使用从模式控制器)设置 TIMx_EGR 寄存器中的 UG 位产生更新事件。然后,计数器重新从 0 开始计数,预分频器也重新从 0 开始计数。

设置 TIMx_CR1 寄存器中的 UDIS 位可以禁止 UEV 事件,这样可以避免在向预装载寄存器中写入新值时更新影子寄存器。因此 UDIS 位被清为"0"之前不会产生更新事件。然而,计数器仍会根据当前自动重加载的值,继续向上或向下计数。

此外,如果设置了 TIMx_CR1 寄存器中的 URS 位(选择更新请求),设置 UG

位将产生一个更新事件 UEV 但不设置 UIF 标志(因此不产生中断和 DMA 请求),这是为了避免在发生捕获事件并清除计数器时,同时产生更新和捕获中断。

当发生更新事件时,所有的寄存器都被更新,并且(根据 URS 位的设置)更新标志位(TIMx_SR 寄存器中的 UIF 位)也被设置。

➤ 预分频器的缓存器被加载为预装载(TIMx_PSC 寄存器)的值。

➤ 当前的自动加载寄存器被更新为预装载值(TIMx_ARR 寄存器中的内容)。

注:如果因为计数器溢出而产生更新,自动重装载将在计数器重载入之前被更新,因此下一个周期将是预期的值(计数器被装载为新的值)。

10.3　STM32F2 通用定时器基本应用

基本应用就是只用到了它的计数功能和中断功能,没用到外部输入功能和 PWM 输出功能。

1. 定时器 2 测试主程序

通用定时器基本应用程序可以在第 9 章的例子基础上进行扩展。主要功能一是增加定时器 2(TIM2)的配置;二是在定时器中断中让 LED2 亮灭状态翻转,产生闪烁的效果;三是通过修改 TIM2 的预置值来改变定时的时间,生产不同的闪烁速度。

通用定时器基本应用需要进行如下配置:

➤ 设置/获取预分频器;

➤ 设置/获取自动重;

➤ 配置计数器模式;

➤ 设置时钟分频;

➤ 选择一个脉冲模式;

➤ 更新请求配置;

➤ 更新禁用配置;

➤ 预装置自动配置;

➤ 启用/禁用计数器。

在主程序 main 函数中,调用函数 TIM_Config 来完成定时器 2(TIM2)的配置,其他代码与第 7 章的日历程序 main 函数完全相同。主程序 main 函数代码如下:

```
int main()
{
  bsp.init();
    CLed led1(LED1);

    STM3220F_LCD_Init();
    LCD_Clear(LCD_COLOR_WHITE);
    LCD_SetTextColor(LCD_COLOR_BLUE);
```

```
if(RTC_ReadBackupRegister(RTC_BKP_DR0) != FIRST_DATA)
{
        RTC_Config();
        RTC_Init_LSE();
        Set_Date_Time();
}
/* TIM 配置 */
TIM_Config();
while(1)
{
    bsp.delay(4000);
    led1.isOn()? led1.Off():led1.On();
    Time_Display();
    Date_Display();
}
}
```

2. 定时器 2 配置

通用定时器作为基本应用时,定时器的工作格式可设置为更新模式(TIM_IT_Update),其配置过程如下。

① 启用 TIM2 全局中断,通过 NVIC_Init 函数实现 NVIC 配置,其中:

➤ 参数 NVIC_IRQChannel 为中断通道,选择 TIM2_IRQn。

➤ 参数 NVIC_IRQChannelPreemptionPriority 设置 STM32 中断通道的先占优先级,它可以被设置为 NVIC_PriorityGroup_0~4,分别表示先占优先级是 0~4 位。先占优先级和从优先级之和必须是 4。当先占优先级设置为 NVIC_PriorityGroup_0 时,则参数 NVIC_IRQChannelPreemptionPriority 对中断通道的设置不产生影响;设置为 NVIC_PriorityGroup_4 时,则参数 NVIC_IRQChannelSubPriority(从优先级)对中断通道的设置不产生影响。

➤ 参数 NVIC_IRQChannelSubPriority 设置中断响应优先级。

➤ 参数 NVIC_IRQChannelCmd 设置中断使能。

② TIM2 时钟使能,调用 RCC_APB1PeriphClockCmd 函数实现,第 1 个参数选择 RCC_APB1Periph_TIM2。

③ 计算预分频值,可以采用系统时间频率数据 SystemCoreClock 为基准来进行计算预分频值。

④ 定时器基本配置,调用 TIM_TimeBaseInit 函数进行配置。其中计数模式参数选择上升计数模式(TIM_CounterMode_Up)。

⑤ TIM 中断使能,调用 TIM_ITConfig 函数实现,其中第 1 个参数选择定时器 2(TIM2);第 2 个参数选择更新模式(TIM_IT_Update)。

⑥ TIM2 计数器使能,调用 TIM_Cmd 函数实现。

定时器 2 配置函数代码如下：

```
TIM_TimeBaseInitTypeDef   TIM_TimeBaseStructure;
uint16_t PrescalerValue = 0;
void TIM_Config(void)
{
    NVIC_InitTypeDef NVIC_InitStructure;
    /* 启用 TIM2 的全局中断 */
    NVIC_InitStructure.NVIC_IRQChannel = TIM2_IRQn;
    NVIC_InitStructure.NVIC_IRQChannelPreemptionPriority = 0;
    NVIC_InitStructure.NVIC_IRQChannelSubPriority = 1;
    NVIC_InitStructure.NVIC_IRQChannelCmd = ENABLE;
    NVIC_Init(&NVIC_InitStructure);
    /* TIM2 时钟使能 */
    RCC_APB1PeriphClockCmd(RCC_APB1Periph_TIM2, ENABLE);
    /* 计算预分频值 */
    PrescalerValue = (uint16_t) (SystemCoreClock / 12000) - 1;
    /* 时基配置 */
    TIM_TimeBaseStructure.TIM_Period = 12000;
    TIM_TimeBaseStructure.TIM_Prescaler = PrescalerValue;
    TIM_TimeBaseStructure.TIM_ClockDivision = TIM_CKD_DIV1; // 0;
    TIM_TimeBaseStructure.TIM_CounterMode = TIM_CounterMode_Up;
    TIM_TimeBaseInit(TIM2, &TIM_TimeBaseStructure);
    /* TIM 中断使能 */
    TIM_ITConfig(TIM2, TIM_IT_Update, ENABLE);
    /* TIM2 计数器使能 */
    TIM_Cmd(TIM2, ENABLE);
}
```

在配置预分频值时，也可以在调用 TIM_TimeBaseInit 函数之后再调用专门的预分频值设置函数来进行配置，例如：

```
TIM_PrescalerConfig(TIM2, PrescalerValue,
TIM_PSCReloadMode_Immediate);
```

在上述定时器配置过程中，使用了一个 TIM_TimeBaseInitTypeDef 结构来转递配置参数，该结构定义 TIM 时间相应初始化结构，注意这种结构可用于除了 TIM6 和 TIM7 之外的其他全部 TIMx。

TIM_TimeBaseInitTypeDef 结构的定义如下：

```
typedef struct
{
  uint16_t TIM_Prescaler;
  uint16_t TIM_CounterMode;
```

```
    uint32_t TIM_Period;
    uint16_t TIM_ClockDivision;
    uint8_t TIM_RepetitionCounter;
} TIM_TimeBaseInitTypeDef;
```

① TIM_Prescaler 参数指定用于划分的 TIM 时钟预分频值。这个参数可以是 0x0000～0xFFFF 之间的数字。

② TIM_CounterMode 参数指定计数器模式。这个参数可以是一个 TIM_Counter_Mode 类型的值。

③ TIM_Period 参数指定加载到活动期间的值。该值在未来的更新事件中将自动重载到寄存器。此参数必须是 0x0000～0xFFFF 之间的数字。

④ TIM_ClockDivision 参数指定时钟的分频。这个参数可以是一个 TIM_Clock_Division_CKD 类型的值。

⑤ M_RepetitionCounter 参数指定重复计数器的值。每次 RCR 递减计数器达到 0，更新事件产生，计数从 RCR 值（N）重新启动。这意味着在 PWM 模式（$N+1$）对应：

➢ 在边沿对齐模式 PWM 周期；

➢ 在中心对齐模式下半 PWM 周期。

此参数必须是 0x00～0xFF 之间的数字。注意：此参数只适用于 TIM1 和 TIM8。

3. 定时器 2 中断

定时器 2 中断响应入口函数是 TIM2_IRQHandler，在该函数中调用 TIM_GetITStatus 函数来判断是否发生定时器 2 的 TIM_IT_Update 中断，如果是 TIM_IT_Update 中断，则进行相关的处理。最后调用 TIM_ClearITPendingBit 函数清除 TIMx 的中断挂起位，调用 TIM_ClearFlag 函数清除 TIMx 的挂起位。

在 TIM2_IRQHandler 函数中，如果是定时器 2 的 TIM_IT_Update 中断，就让 LED2 亮灭状态翻转一次。

闹钟中断响应函数测试代码如下：

```
extern "C"  void TIM2_IRQHandler(void)
{
  if (TIM_GetITStatus(TIM2, TIM_IT_Update) != RESET)
  {
    TIM_ClearITPendingBit(TIM2, TIM_FLAG_Update);
    TIM_ClearFlag(TIM2, TIM_FLAG_Update);

    led2.isOn()? led2.Off():led2.On();
  }
}
```

10.4　通用定时器工作模式

10.4.1　概述

1. 计数器模式

(1) 向上计数模式

在向上计数模式中,计数器从 0 计数到自动加载值(TIMx_ARR 计数器的内容),然后重新从 0 开始计数并且产生一个计数器溢出事件。每次计数器溢出时可以产生更新事件,在 TIMx_EGR 寄存器中设置 UG 位(通过软件方式或者使用从模式控制器)也同样可以产生一个更新事件。

(2) 向下计数模式

在向下模式中,计数器从自动装入的值(TIMx_ARR 计数器的值)开始向下计数到 0,然后从自动装入的值重新开始并且产生一个计数器向下溢出事件。每次计数器溢出时可以产生更新事件,在 TIMx_EGR 寄存器中设置 UG 位(通过软件方式或者使用从模式控制器)也同样可以产生一个更新事件。

(3) 中央对齐模式(向上/向下计数)

在中央对齐模式,计数器从 0 开始计数到自动加载的值(TIMx_ARR 寄存器)-1,产生一个计数器溢出事件,然后向下计数到 1 并且产生一个计数器下溢事件;然后再从 0 开始重新计数。在这个模式,不能写入 TIMx_CR1 中的 DIR 方向位。它由硬件更新并指示当前的计数方向。

2. 输入捕获模式

在输入捕获模式下,当检测到 ICx 信号上相应的边沿后,计数器的当前值被锁存到捕获/比较寄存器(TIMx_CCRx)中。当捕获事件发生时,相应的 CCxIF 标志(TIMx_SR 寄存器)被置 1,如果开放了中断或者 DMA 操作,则将产生中断或者 DMA 操作。如果捕获事件发生时 CCxIF 标志已经为高,那么重复捕获标志 CCxOF(TIMx_SR 寄存器)被置 1。写 CCxIF=0 可清除 CCxIF,或读取存储在 TIMx_CCRx 寄存器中的捕获数据也可清除 CCxIF;写 CCxOF=0 可清除 CCxOF。

3. PWM 输入模式

该模式是输入捕获模式的一个特例,除下列区别外,操作与输入捕获模式相同:

➢ 两个 ICx 信号被映射同一个 TIx 输入;

➢ 这 2 个 ICx 信号为边沿有效,但是极性相反。

其中一个 TIxFP 信号被作为触发输入信号,而从模式控制器被配置成复位模式。

4. 强置输出模式

在输出模式(TIMx_CCMRx 寄存器中 CCxS=00)下,输出比较信号(OCxREF

和相应的 OCx)能够直接由软件强置为有效或无效状态,而不依赖于输出比较寄存器和计数器间的比较结果。置 TIMx_CCMRx 寄存器中相应的 OCxM=101,即可强置输出比较信号(OCxREF/OCx)为有效状态。这样 OCxREF 被强置为高电平(OCxREF 始终为高电平有效),同时 OCx 得到 CCxP 极性位相反的值。

5. 输出比较模式

此项功能是用来控制一个输出波形或者指示何时一段给定的的时间已经到时。当计数器与捕获/比较寄存器的内容相同时,输出比较功能做如下操作:

➢ 将输出比较模式(TIMx_CCMRx 寄存器中的 OCxM 位)和输出极性(TIMx_CCER 寄存器中的 CCxP 位)定义的值输出到对应的引脚上,在比较匹配时,输出引脚可以保持它的电平(OCxM=000)、被设置成有效电平(OCxM=001)、被设置成无效电平(OCxM=010)或进行翻转(OCxM=011);

➢ 设置中断状态寄存器中的标志位(TIMx_SR 寄存器中的 CCxIF 位);

➢ 若设置了相应的中断屏蔽(TIMx_DIER 寄存器中的 CCXIE 位),则产生一个中断;

➢ 若设置了相应的使能位(TIMx_DIER 寄存器中的 CCxDE 位,TIMx_CR2 寄存器中的 CCDS 位选择 DMA 请求功能),则产生一个 DMA 请求。

6. PWM 模式

脉冲宽度调制模式可以产生一个由 TIMx_ARR 寄存器确定频率、由 TIMx_CCRx 寄存器确定占空比的信号。在 TIMx_CCMRx 寄存器中的 OCxM 位写入"110"(PWM 模式1)或"111"(PWM 模式2),能够独立地设置每个 OCx 输出通道产生一路 PWM。必须设置 TIMx_CCMRx 寄存器 OCxPE 位以使能相应的预装载寄存器,最后还要设置 TIMx_CR1 寄存器的 ARPE 位使能自动重装载的预装载寄存器(在向上计数或中心对称模式中)。

因为仅当发生一个更新事件的时候,预装载寄存器才能被传送到影子寄存器,因此在计数器开始计数之前,必须通过设置 TIMx_EGR 寄存器中的 UG 位来初始化所有的寄存器。

7. 单脉冲模式

单脉冲模式(OPM)是前述众多模式的一个特例,这种模式允许计数器响应一个激励,并在一个程序可控的延时之后产生一个脉宽可程序控制的脉冲。

可以通过从模式控制器启动计数器,在输出比较模式或者 PWM 模式下产生波形。设置 TIMx_CR1 寄存器中的 OPM 位将选择单脉冲模式,这样可以让计数器自动地在产生下一个更新事件 UEV 时停止。

8. 编码器接口模式

选择编码器接口模式的方法是:

➢ 如果计数器只在 TI2 的边沿计数,则置 TIMx_SMCR 寄存器中的 SMS=001;

➢ 如果只在 TI1 边沿计数,则置 SMS=010;

➢ 如果计数器同时在 TI1 和 TI2 边沿计数,则置 SMS=011。

通过设置 TIMx_CCER 寄存器中的 CC1P 和 CC2P 位,可以选择 TI1 和 TI2 极性;如果需要,还可以对输入滤波器编程。两个输入 TI1 和 TI2 被用来作为增量编码器的接口。

9. 定时器和外部触发的同步

TIMx 定时器能够在多种模式下和一个外部的触发同步:复位模式、门控模式和触发模式。

① 从模式:复位模式,在发生一个触发输入事件时,计数器和它的预分频器能够重新被初始化;同时,如果 TIMx_CR1 寄存器的 URS 位为低,还产生一个更新事件 UEV;然后所有的预装载寄存器(TIMx_ARR、TIMx_CCRx)都被更新了。

② 从模式:门控模式。计数器的使能依赖于选中的输入端的电平。

③ 从模式:触发模式。计数器的使能依赖于选中的输入端上的事件。

④ 从模式:外部时钟模式 2 ＋ 触发模式。外部时钟模式 2 可以与另一种从模式(外部时钟模式 1 和编码器模式除外)一起使用。这时,ETR 信号被用作外部时钟的输入,在复位模式、门控模式或触发模式时可以选择另一个输入作为触发输入。

10. 定时器同步

所有 TIMx 定时器在内部相连,用于定时器同步或链接。当一个定时器处于主模式时,它可以对另一个处于从模式的定时器的计数器进行复位、启动、停止或提供时钟等操作。

10.4.2　STM32F2 通用定时器模式举例

1. 添加输出模式测试函数

在 10.3 节项目的基础上,添加输出模式的测试代码。输出模式的配置函数为 TIM_Out_Test,首先配置输出 I/O 口,再把定时器配置为 PWM 模式,同时配置占空比、输出使能等功能。

完整的添加输出模式测试函数代码如下:

```
void TIM_Out_Test(void)
{
    GPIO_InitTypeDef GPIO_InitStructure;
    /* TIM3 时钟使能 */
    RCC_APB1PeriphClockCmd(RCC_APB1Periph_TIM3, ENABLE);
    /* GPIOC 时钟使能 */
    RCC_AHB1PeriphClockCmd(RCC_AHB1Periph_GPIOC, ENABLE);
    /* GPIOC 配置:TIM3 CH1 (PC6), TIM3 CH2 (PC7), TIM3 CH3 (PC8) and TIM3 CH4 (PC9) */
    GPIO_InitStructure.GPIO_Pin = GPIO_Pin_6 | GPIO_Pin_7 | GPIO_Pin_8 | GPIO_Pin_9;
    GPIO_InitStructure.GPIO_Mode = GPIO_Mode_AF;
```

```
GPIO_InitStructure.GPIO_Speed = GPIO_Speed_100MHz;
GPIO_InitStructure.GPIO_OType = GPIO_OType_PP;
GPIO_InitStructure.GPIO_PuPd = GPIO_PuPd_UP ;
GPIO_Init(GPIOC, &GPIO_InitStructure);
/* 连接 TIM3 引脚到 AF2 */
GPIO_PinAFConfig(GPIOC, GPIO_PinSource6, GPIO_AF_TIM3);
GPIO_PinAFConfig(GPIOC, GPIO_PinSource7, GPIO_AF_TIM3);
GPIO_PinAFConfig(GPIOC, GPIO_PinSource8, GPIO_AF_TIM3);
GPIO_PinAFConfig(GPIOC, GPIO_PinSource9, GPIO_AF_TIM3);

/* TIM3 配置:四种不同的占空比产生 4 PWM 信号:
/* TIM3CLK 频率设置为 SystemCoreClock / 2(Hz),在 20 MHz TIM3 计数器的时钟预分频器
的计算如下:
/* - Prescaler = (TIM3CLK / TIM3 counter clock) - 1
/* SystemCoreClock 设置为 120 MHz 的 STM32F2xx 设备时钟。TIM3 运行于 30 KHz:
/* TIM3 频率 = TIM3 计数器/(ARR + 1) = 20 MHz / 666 = 30 KHz
/* TIM3 通道 1 占空比 = (TIM3_CCR1/ TIM3_ARR) * 100 = 50 %
  /* TIM3 通道 2 占空比 = (TIM3_CCR2/ TIM3_ARR) * 100 = 37.5 %
  /* TIM3 通道 3 占空比 = (TIM3_CCR3/ TIM3_ARR) * 100 = 25 %
  /* TIM3 通道 4 占空比 = (TIM3_CCR4/ TIM3_ARR) * 100 = 12.5 %
  ------------------------ */
/* 计算预分频值 */
PrescalerValue = (uint16_t) ((SystemCoreClock /2) / 20000000) - 1;
/* 时钟基本配置 */
TIM_TimeBaseStructure.TIM_Period = 665;
TIM_TimeBaseStructure.TIM_Prescaler = PrescalerValue;
TIM_TimeBaseStructure.TIM_ClockDivision = 0;
TIM_TimeBaseStructure.TIM_CounterMode = TIM_CounterMode_Up;
TIM_TimeBaseInit(TIM3, &TIM_TimeBaseStructure);
/* PWM1 模式配置:Channel1 */
TIM_OCInitStructure.TIM_OCMode = TIM_OCMode_PWM1;
TIM_OCInitStructure.TIM_OutputState = TIM_OutputState_Enable;
TIM_OCInitStructure.TIM_Pulse = CCR1_Val;
TIM_OCInitStructure.TIM_OCPolarity = TIM_OCPolarity_High;
TIM_OC1Init(TIM3, &TIM_OCInitStructure);
TIM_OC1PreloadConfig(TIM3, TIM_OCPreload_Enable);
/* PWM1 模式配置:Channel2 */
TIM_OCInitStructure.TIM_OutputState = TIM_OutputState_Enable;
TIM_OCInitStructure.TIM_Pulse = CCR2_Val;
TIM_OC2Init(TIM3, &TIM_OCInitStructure);
TIM_OC2PreloadConfig(TIM3, TIM_OCPreload_Enable);
/* PWM1 模式配置:Channel3 */
```

```
TIM_OCInitStructure.TIM_OutputState = TIM_OutputState_Enable;
TIM_OCInitStructure.TIM_Pulse = CCR3_Val;
TIM_OC3Init(TIM3, &TIM_OCInitStructure);
TIM_OC3PreloadConfig(TIM3, TIM_OCPreload_Enable);
/* PWM1 M模式配置:Channel4 */
TIM_OCInitStructure.TIM_OutputState = TIM_OutputState_Enable;
TIM_OCInitStructure.TIM_Pulse = CCR4_Val;
TIM_OC4Init(TIM3, &TIM_OCInitStructure);
TIM_OC4PreloadConfig(TIM3, TIM_OCPreload_Enable);
TIM_ARRPreloadConfig(TIM3, ENABLE);
/* 使能 TIM3 计数器 */
TIM_Cmd(TIM3, ENABLE);
}
```

2. 在 main 函数中调用输出模式测试函数

这个例子显示了如何配置在 PWM TIM 外围设备（脉冲宽度调制）模式。TIM3CLK 频率设置为 SystemCoreClock / 2(Hz)，在 20 MHz TIM3 计数器的时钟预分频器的计算如下：

预分频比＝(TIM3CLK/TIM3 计数器的时钟)－1

SystemCoreClock 设置为 120 MHz（对于 STM32F2xx 设备 Reva、RevZ 和 RevB）。

TIM3 是运行在 30 kHz：

TIM3 频率＝TIM3 计数器的时钟/(ARR＋1)＝20 MHz/666＝30 kHz

① TIM3 CCR1 寄存器的值等于 500，所以 TIM3 通道 1 产生一个 PWM 信号频率等于到 30 kHz，占空比等于 50%：

TIM3 通道占空比＝(TIM3_CCR1 / TIM3_ARR ＋ 1)×100＝50%

② TIM3 CCR2 寄存器的值等于 375，所以 TIM3 通道 2 生成一个 PWM 信号的频率等于到 30 kHz，占空比等于 37.5%：

TIM3 通道 2 占空比＝(TIM3_CCR2 / TIM3_ARR ＋ 1)×100＝37.5%

③ TIM3 CCR3 寄存器的值等于 250，所以 TIM3 通道 3 产生一个 PWM 信号的频率等于到 30 kHz，占空比等于 25%：

TIM3 Channel3 占空比＝(TIM3_CCR3 / TIM3_ARR ＋ 1)×100＝25%

④ TIM3 CCR4 寄存器的值等于 125，所以 TIM3 4 通道生成一个 PWM 信号的频率等于到 30 kHz，占空比等于 12.5%：

TIM3 Channel4 占空比＝(TIM3_CCR4 / TIM3_ARR ＋ 1)×100＝12.5%

可以使用示波器显示的 PWM 波形。以下引脚连接到示波器监视不同的波形。

➢ PC.06:(TIM3_CH1);

➢ PC.07:(TIM3_CH2);

287

> PC. 08：(TIM3_CH3)；
> PC. 09：(TIM3_CH4)。

完整的 main 函数代码如下：

```
int main()
{
  bsp.init();
    CLed led1(LED1);
    STM3220F_LCD_Init();
    LCD_Clear(LCD_COLOR_WHITE);
    LCD_SetTextColor(LCD_COLOR_BLUE);
  if(RTC_ReadBackupRegister(RTC_BKP_DR0) != FIRST_DATA)
    {
        RTC_Config();
        RTC_Init_LSE();
        Set_Date_Time();
    }
    /* TIM 的配置 */
    TIM_Out_Test();
  while(1)
    {
      bsp.delay(4000);
        led1.isOn()? led1.Off():led1.On();
        Time_Display();
        Date_Display();
    }
}
```

第 **11** 章

STM32F2 新增的 ETH 以太网接口及 LwIP 应用

11.1 STM32F2 与 STM32F1 以太网模块的差异

1. STM32F2 以太网模块介绍

STM32F20x 和 STM32F21x 的以太网模块支持通过以太网收发数据,符合 IEEE 802.3—2002 标准。

STM32F20x 和 STM32F21x 以太网模块灵活可调,使之能适应各种不同的客户需求。该模块支持两种标准接口,连接到外接的物理层(PHY)模块:IEEE 802.3 协议定义的独立于介质的接口(MII)和简化的独立于介质的接口(RMII)。适用于各类应用,如交换机、网络接口卡等。

STM32F20x 和 STM32F21x 以太网模块符合以下标准:

> ➤ IEEE 802.3—2002 标准的以太网 MAC 协议;
> ➤ IEEE 1588—2002 的网路精确时钟同步标准;
> ➤ AMBA2.0 标准的 AHB 主/从端口;
> ➤ RMII 协会定义的 RMII 标准。

2. STM32F2 与 STM32F1 以太网模块的差异

在 STM32 的 F1 系列以太网 PHY 接口选择在 AFIO 外设,而在 F2 系列,则配置在 SYSCFG 公用外设。

(1) STM32 F1 系列

下面的例子显示了如何配置在 STM32 F1 系列以太网 PHY 接口:

```
/* 配置为一个 MII PHY 连接以太网 MAC */
GPIO_ETH_MediaInterfaceConfig(GPIO_ETH_MediaInterface_MII);
/* 配置与 RMII 的 PHY 连接以太网 MAC */
GPIO_ETH_MediaInterfaceConfig(GPIO_ETH_MediaInterface_RMII);
```

(2) STM32 F2 系列

在 F2 系列中,必须更新代码如下:

```
/* 配置为一个 MII PHY 连接以太网 MAC */
SYSCFG_ETH_MediaInterfaceConfig(SYSCFG_ETH_MediaInterface_MII);
```

/＊配置与 RMII 的 PHY 连接以太网 MAC＊/

SYSCFG_ETH_MediaInterfaceConfig(SYSCFG_ETH_MediaInterface_RMI);

3. 以太网模块 MAC 控制器功能

STM32F2 以太网模块 MAC 控制器功能如下。

① 通过外接的 PHY 接口,支持 10/100 Mbit/s 的数据传输速率。

② 通过兼容 IEEE 802.3 标准的 MII 接口,外接高速以太网 PHY。

③ 支持全双工和半双工操作:

➢ 支持符合 CSMA/CD 协议的半双工操作;

➢ 支持符合 IEEE 802.3 流控的全双工操作;

➢ 在全双工模式下,可以选择性地转发接收到的 PAUSE 控制帧到用户的应用程序;

➢ 支持背压流控的半双工操作;

➢ 在全双工模式下当输入流控信号失效时,会自动发送 PAUSE 帧。

④ 在发送时插入前导符和帧开始数据(SFD),在接收时去掉这些域。

⑤ 以帧为单位,自动计算 CRC 和产生可控制的填充位。

⑥ 在接收帧时,自动去除填充位/CRC 为可选项。

⑦ 可对帧长度进行编程,支持最长为 16 KB 的标准帧。

⑧ 可对帧间隙进行编程(40~96 位,以 8 位为单位改变)

⑨ 支持多种灵活的地址过滤模式:

➢ 多达 4 个 48 位的目的地址(DA)过滤器,可在比较时屏蔽任意字节;

➢ 多达 3 个 48 位源地址(SA)比较器,可在比较时屏蔽任意字节;

➢ 64 位 Hash 过滤器(可选的),用于多播和单播(目的)地址;

➢ 可选的令所有的多播地址帧通过;

➢ 混杂模式,支持在做网络监测时不过滤,允许所有的帧直接通过;

➢ 允许所有接收到的数据包通过,并附带其通过每个过滤器的结果报告。

⑩ 对于发送和接收的数据包,返回独立的 32 位状态信息。

⑪ 支持检测接收到帧的 IEEE 802.1Q VLAN 标签。

⑫ 应用程序有独立的发送、接收和控制接口。

⑬ 支持使用 RMON/MIB 计数器(RFC2819/RFC2665)进行强制性的网络统计。

⑭ 使用 MDIO 接口对 PHY 进行配置和管理。

⑮ 检测 LAN 唤醒帧和 AMD 的 Magic PacketTM 帧。

⑯ 对 IPv4 和由以太网帧封装的 TCP 数据包的接收校验和卸载分流功能。

⑰ 对 IPv4 报头校验和以及对 IPv4 或 IPv6 数据格式封装的 TCP、UDP 或 IC-MP 的校验和进行检查的高级接收功能。

⑱ 支持由 IEEE 1588—2002 标准定义的以太网帧时间戳,在每个帧的接收或发

送状态中加上 64 位的时间戳。

⑲ 两套 FIFO：一个 2 KB 的传输 FIFO，带可编程的发送阈值和一个 2 KB 的接收 FIFO，带可编程的接收阈值（默认值是 64 B）。

⑳ 在接收 FIFO 的 EOF 后插入接收状态信息，使得多个帧可以存储在同一个接收 FIFO 中，而不需要开辟另一个 FIFO 来储存这些帧的接收状态信息。

㉑ 可以滤掉接收到的错误帧，并在存储—转发模式下，不向应用程序转发错误的帧。

㉒ 可以转发"好"的短帧给应用程序。

㉓ 支持产生脉冲来统计在接收 FIFO 中丢失和破坏（由于溢出）的帧数目。

㉔ 对于 MAC 控制器的数据传输，支持存储—转发机制。

㉕ 根据接收 FIFO 的填充程度（阈值可编程），自动向 MAC 控制器产生 PAUSE 帧或背压信号。

㉖ 在发送时，如遇到冲突可以自动重发。

㉗ 在迟到冲突、冲突过多、顺延过多和欠载（underrun）情况下丢弃帧。

㉘ 软件控制清空发送 FIFO。

㉙ 在存储—转发模式下，在要发送的帧内，计算并插入 IPv4 的报头校验和及 TCP、UDP 或 ICMP 的校验和。

㉚ 支持 MII 接口的内循环，可用于调试。

4. 以太网模块 DMA 功能

STM32F2 以太网模块 DMA 功能如下。

① 在 AHB 从接口下，支持所有类型的 AHB 突发传输。

② 在 AHB 主接口下，软件可以选择 AHB 突发传输的类型（固定的或者不固定长度的突发）。

③ 可以选择来自 AHB 主接口的地址对齐的突发传输。

④ 优化的 DMA 传输，传输以帧分隔符为界的数据帧。

⑤ 支持以字节对齐的方式对数据缓存区寻址。

⑥ 双缓存区（环）或链表形式的描述符列表。

⑦ 描述符的架构，使得大量的数据传输仅需要最小量的 CPU 介入。

⑧ 每个描述符可以传输高达 8 KB 的数据。

⑨ 无论正常传输还是错误传输都有完整的状态信息报告。

⑩ 可配置地发送与接收 DMA 突发传输长度，优化总线使用。

⑪ 可以设置以不同的操作条件产生对应的中断。

⑫ 每个帧发送/接收完成时产生中断。

⑬ 用轮换或固定优先级方式，仲裁 DMA 发送和接收控制器的优先级。

⑭ 开始/停止模式。

⑮ 状态寄存器指向当前发送/接收缓存区。

11.2 LwIP

11.2.1 概述

LwIP(Light weight Internet Protocol,轻量级互联网协议)是瑞典计算机科学院的一个开源 TCP/IP 协议栈实现,主要关注的是怎样减少内存的使用和代码的大小,这样就可以让 LwIP 适用于资源有限的小型平台,例如嵌入式系统。为了简化处理过程和内存要求,LwIP 对 API 进行了裁减,去除一些不需要的数据和功能。

LwIP 是轻量级的 IP 协议,有或无操作系统的支持都可以运行。LwIP 实现的重点是在保持 TCP 协议主要功能的基础上减少对 RAM 的占用,一般它只需要几百字节的 RAM 和 40 KB 左右的 ROM 就可以运行,这使 LwIP 协议栈适合在低端的嵌入式系统中使用。

LwIP 主要特性如下:
➢ IP(因特网协议),包括多个网络接口的数据包转发;
➢ ICMP(Internet 控制消息协议)为网络的维护和调试;
➢ UDP(用户数据报协议),包括实验的 UDP-Lite 的扩展;
➢ TCP(传输控制协议),拥塞控制,RTT 估算和快速恢复/快速重传;
➢ 提供专门的内部回调接口(Raw API),用于提高应用程序性能;
➢ 可选择的 Berkeley 套接字接口 API(在多线程情况下使用);
➢ DHCP(动态主机配置协议);
➢ PPP(点对点协议);
➢ 用于以太网的 ARP(地址解析协议);
➢ 支持 IPv6。

11.2.2 LwIP 主要模块

LwIP 主要模块包括配置模块、初始化模块、NetIf 模块、Mem(memp)模块、Netarp 模块、IP 模块、UDP 模块、Icmp 模块、Dhcp 模块、Tcp 模块、Snmp 模块等。

1. LwIP 配置模块

配置模块通过各种宏定义的方式对系统、子系统进行配置。例如:通过宏定义的方式,配置了 Mem 管理模块的参数。该配置模块还通过宏定义,配置了协议栈所支持的协议簇,通过宏定制的方式,决定了支持哪些协议。

LwIP 配置模块的宏定义主要在 opt. h 和 lwipopts. h 两个头文件中定义。这两个文件里边都配置的选项,以后者为准,不是共有的选项以它们各自的配置为准。

(1) opt. h 文件

opt. h 的作者是瑞士科学院的 Adam 等人,是 LwIP"出厂"时原装的配置文件。

（2）lwipopts. h

lwipopts. h 的作者是 StellarisWare 的工程师,它集合了 opt. h 中常需要改动的部分和将针对 Stellaris 所特有的配置选项添加进来了。

lwipopts. h 文件部分重要代码如下:

```
/* ---------- DHCP options ---------- */
/* 下面这一行的宏定义,代表将编译成动态获取 IP 模式 */
#define LWIP_DHCP              1


/* ---------- UDP options ---------- */
/* 下面这一行的宏定义,代表将编译成 UDP 工作模式 */
#define LWIP_UDP               1
#define UDP_TTL                255


#define HOST_TMR_INTERVAL 100                    // 主机定时器间隔
// #define DHCP_EXPIRE_TIMER_MSECS (10 * 1000)            // DHCP 获取超时的毫秒数
// #define INCLUDE_HTTPD_SSI          // 在 HTTPD 中如果有含有 SSI 标签的网页存在,则
// 开启它,否则如果是普通的 html 网页,不需要开启
// #define INCLUDE_HTTPD_CGI          // 如果需要 CGI 的处理,则需要开启
// #define DYNAMIC_HTTP_HEADERS          // 如果要动态地添加 HTTP 首部则开启
// ---------- Platform specific locking ----------
#define SYS_LIGHTWEIGHT_PROT 1          // 默认为 0,针对 Stellaris 必须,主要是因
// 为在分配内存的时候,要确保总中断关闭。防止内存分配失败
#define NO_SYS 1          // 默认为 0,如果为 1,则表示不使用实时操作系统(RTOS)
// #define MEMCPY(dst,src,len) memcpy(dst,src,len) /* 该宏用来定义我们是否需要 C
语言标准库函数 memcpy(),如果有更有效的函数,该宏可以忽略,不适用 C 标准库    */
// #define SMEMCPY(dst,src,len) memcpy(dst,src,len)          // 同上
// ---------- Memory options ----------
// #define MEM_LIBC_MALLOC 0          // 如果为 1,就表示我们使用 c 库的 malloc/free/re
                                       // alloc,否则使用 Lwip 自带的函数
#define MEM_ALIGNMENT 4          // Stellaris 该值必须为,设置 CPU 的对齐方式
#define MEM_SIZE (12 * 1024)          // 默认为 1 600,该值在 ZI 中占了很大的份额
// #define MEMP_OVERFLOW_CHECK 0          // 是否开启内存 POOL 溢出检查,即是否使能堆
                                          // 内存溢出检查
// #define MEMP_SANITY_CHECK 0          // 设置为 1,表示在每次调用函数 memp_free()
                                        // 后,进行一次正常的检查,以确保链表队列没
                                        // 有循环
// #define MEM_USE_POOLS 0          // 是否使用 POOL 型内存来作为发送缓冲,而不是
                                    // heap 型,如果开启的话,可能还要创建头文件
                                    // Lwippool. h
// #define MEMP_USE_CUSTOM_POOLS 0          // 内存 Pool 是否使用固定大小的 POOL,开启
// 这个前提是要开启上面的宏
```

293

```
// ---------- Internal Memory Pool Sizes ----------
#define MEMP_NUM_PBUF 20          // 来自 memp 的 PBUF_ROM 和 PBUF_REF 类型的数目,如果
// 应用程有大量的数据来自 ROM 或者静态 mem 的数据要发送,此值要设大一些
// #define MEMP_NUM_RAW_PCB 4       // 原始连接(就是应用程不经过传输层直接到 IP
// 层获取数据)PCB 的数目,该项依赖 lwip_raw 项的开启
// #define MEMP_NUM_UDP_PCB 4       // UDP 的 PCB 数目,每一活动的 UDP "连接"需要一
// 个 PCB
#define MEMP_NUM_TCP_PCB 3         // 同时建立激活的 TCP 连接的数目
#define MEMP_NUM_TCP_PCB_LISTEN 1  /* 能够监听的 TCP 连接数目(要求参数 LWIP_TCP
                                      使能) */
#define MEMP_NUM_TCP_SEG 20        // 最多同时在队列的 TCP_SEG 的数目
// #define MEMP_NUM_REASSDATA 5       // 最多同时在队列等待重装的 IP 包数目,是整
// 个 IP 包,不是 IP 分片
// #define MEMP_NUM_ARP_QUEUE 30 //
// #define MEMP_NUM_IGMP_GROUP 8 //
// #define MEMP_NUM_SYS_TIMEOUT 3      // 能够同时激活的 timeout 的个数(要求 NO_
// SYS == 0)
// #define MEMP_NUM_NETBUF 2          // netbufs 结构的数目,仅当使用 sequential API
// 的时候需要
// #define MEMP_NUM_NETCONN 4         // netconns 结构的数目,仅当使用 sequential API
// 的时候需要
// #define MEMP_NUM_TCPIP_MSG_API 8     // tcpip_msg 结构的数目
// #define MEMP_NUM_TCPIP_MSG_INPKT 8    // 接收包时 tcpip_msg 结构体的数目
// ---------- ARP options ----------
// #define LWIP_ARP 1              // 开启 ARP
// #define ARP_TABLE_SIZE 10          // ARP 表项的大小。激活的 MAC-IP 地址对存储区
// 的数目
// #define ARP_QUEUEING 1           // 设置为 1,表示在硬件地址解析期间,将发送数据
// 包放入到队列中
// #define ETHARP_TRUST_IP_MAC 1
// ---------- IP options ----------
// #define IP_FORWARD 0
// #define IP_OPTIONS_ALLOWED 1
#define IP_REASSEMBLY 0           // 默认为 1,注意进来的 IP 分段包不会被重装
#define IP_FRAG 0                 // 默认为 1,这样从这里发送出去的包不会被分片
```

2. 初始化模块

对于 TCP 应用程序,其初始化模块入口的文件为 tcpip.c,其初始化入口函数为:

```
void tcpip_init(void ( * initfunc)(void * ),void * arg)
```

tcpip_init 函数实现代码如下:

```
void tcpip_init(void ( * initfunc)(void * ), void * arg)
{
  lwip_init();
  tcpip_init_done = initfunc;
  tcpip_init_done_arg = arg;
  mbox = sys_mbox_new(TCPIP_MBOX_SIZE);
#if LWIP_TCPIP_CORE_LOCKING
  lock_tcpip_core = sys_sem_new(1);
#endif / *          LWIP_TCPIP_CORE_LOCKING * /
  sys_thread_new(TCPIP_THREAD_NAME, tcpip_thread, NULL, TCPIP_THREAD_STACKSIZE,
TCPIP_THREAD_PRIO);
}
```

该入口通过调用 lwip_init 函数,初始化了所有的子模块,并启动了协议栈管理进程。同时,该函数还带有回调函数及其参数,可以在需要的地方进行调用。该函数一般在 netconf.c 文件中定义。

在 lwip_init 函数中,通过调用 netif_add 函数,向 netif_list 添加用户的网络接口,分配 netif 结构,作为第一个参数传递该指针。使用 DHCP 时,清除 ip_addr 结构的指针,或使用正确的数字填充它们。状态指针可以为 NULL。初始化函数指针必须指向为用户的以太网 netif 接口的初始化函数。

调用 netif_set_default 函数,注册寄存器的默认网络接口。

在 lwip_init 函数中,通过判断是否有宏定义"LWIP_DHCP"来指示编译器把代码编译成 DHCP 模式(动态 IP 模式)还是非 DHCP 模式(静态 IP 模式)。

如果是启用 DHCP 模式,则调用 dhcp_start 函数,启动 dhcp 模块功能。dhcp 模块用于获取设备 IP 地址的相关信息。在第一次调用时,为网络接口创建一个新的 DHCP 客户端。注意:在启动客户端之后,必须在预定义中设置成定期调用 dhcp_fine_tmr 和 dhcp_coarse_tmr 函数,通过 netif->DHCP 查看实际的 DHCP 结构的状态。

如果是静态定 IP 模式(即非 DHCP 模式),则调用 IP4_ADDR 宏定义来计算和配置 IP 地址以及网关。

IP4_ADDR 宏在 ip_addr.h 中定义,内容如下:

```
#define IP4_ADDR(ipaddr, a,b,c,d) \
        (ipaddr) ->addr = htonl(((u32_t)((a) & 0xff) << 24) | \
                          ((u32_t)((b) & 0xff) << 16) | \
                          ((u32_t)((c) & 0xff) << 8) | \
                          (u32_t)((d) & 0xff))
```

最后,调用 netif_set_up 函数,完成 netif 的完全配置。

下面是一个 lwip_init 函数的典型实现代码:

```
    void LwIP_Init(void)
    {
struct ip_addr ipaddr;
    struct ip_addr netmask;
    struct ip_addr gw;
    uint8_t macaddress[6] = {0,0,0,0,0,7};
    /* 根据 MEM_SIZE 宏定义来初始化动态因素 */
    mem_init();
    /* Initializes the memory pools defined by 根据 MEMP_NUM_x 宏定义来初始化内存
池. */
    memp_init();
    #if LWIP_DHCP
    ipaddr.addr = 0;
    netmask.addr = 0;
    gw.addr = 0;
    LCD_DisplayStringLine(Line5, (uint8_t *)"  Keep Key button  ");
    LCD_DisplayStringLine(Line6,(uint8_t *)"pressed to activate ");
    LCD_DisplayStringLine(Line7,(uint8_t *)"     the server     ");
    Delay(KEY_DELAY);
    if(! STM_EVAL_PBGetState(Button_KEY))
    {
    Server = SELECTED;
    LCD_DisplayStringLine(Line5,(uint8_t *)"                    ");
    LCD_DisplayStringLine(Line6,(uint8_t *)"  Server selected   ");
    LCD_DisplayStringLine(Line7,(uint8_t *)"                    ");
    Delay(LCD_DELAY);
    }
    else
    {
        macaddress[5] = CLIENTMAC6;
    Server = NOT_SELECTED;
    LCD_DisplayStringLine(Line5,(uint8_t *)"                    ");
    LCD_DisplayStringLine(Line6,(uint8_t *)"  Client selected   ");
    LCD_DisplayStringLine(Line7,(uint8_t *)"                    ");
    Delay(LCD_DELAY);
    }
    #else
    IP4_ADDR(&ipaddr, 192, 168, 0, 8);
    IP4_ADDR(&netmask, 255, 255, 255, 0);
    IP4_ADDR(&gw, 192, 168, 0, 1);
    #endif
    Set_MAC_Address(macaddress);
```

```
   netif_add(&netif, &ipaddr, &netmask, &gw, NULL, &ethernetif_init,
&ethernet_input);
   netif_set_default(&netif);
#if LWIP_DHCP
   dhcp_start(&netif);
#endif
   netif_set_up(&netif);
}
```

3. NetIf 模块

NetIf 模块为协议栈与底层驱动的接口模块,其将底层的一个网口设备描述成协议栈的一个接口设备(net interface)。该模块的主要文件为 netif.c,通过链表的方式描述了系统中的所有网口设备。

NetIf 的数据结构描述了网口的参数,包括 IP 地址、MAC 地址、Link 状态、网口号、收发函数等参数。一个网口设备的数据收发主要通过该结构进行。

在 netif.c 文件中,主要实现了添加一个 network 接口的 netif_add 函数。该函数的主要代码如下:

```
struct netif * netif_add(struct netif * netif, struct ip_addr * ipaddr, struct ip_ad-
dr * netmask,  struct ip_addr * gw,  void * state,  err_t ( * init)(struct netif * ne-
tif),
   err_t ( * input)(struct pbuf * p, struct netif * netif))
{
(其他省略)
   netif_set_addr(netif, ipaddr, netmask, gw);
   / *  为 netif 调用用户指定的初始化函数  * /
   if (init(netif) != ERR_OK) {
     return NULL;
   }
   / *  把该 netif 添加到列表中  * /
   netif - >next = netif_list;
   netif_list = netif;
   snmp_inc_iflist();
(其他省略)
   return netif;
}
```

4. Mem(memp)模块

Mem 模块管理了协议栈使用的内容缓冲区,并管理 pbuf 结构以及报文的字段处理。主要的文件包括 mem.c、memp.c、pbuf.c。

其中,在 pbuf.c 文件中,实现的内存分配、管理与释放部分的函数声明如下:

```
struct pbuf * pbuf_alloc(pbuf_layer l, u16_t size, pbuf_type type);
void pbuf_realloc(struct pbuf * p, u16_t size);
u8_t pbuf_header(struct pbuf * p, s16_t header_size);
void pbuf_ref(struct pbuf * p);
void pbuf_ref_chain(struct pbuf * p);
u8_t pbuf_free(struct pbuf * p);
u8_t pbuf_clen(struct pbuf * p);
void pbuf_cat(struct pbuf * head, struct pbuf * tail);
void pbuf_chain(struct pbuf * head, struct pbuf * tail);
struct pbuf * pbuf_dechain(struct pbuf * p);
err_t pbuf_copy(struct pbuf * p_to, struct pbuf * p_from);
u16_t pbuf_copy_partial(struct pbuf * p, void * dataptr, u16_t len, u16_t offset);
err_t pbuf_take(struct pbuf * buf, const void * dataptr, u16_t len);
struct pbuf * pbuf_coalesce(struct pbuf * p, pbuf_layer layer);
```

5. Netarp 模块

Netarp 模块是处理 ARP 协议的模块,主要源文件为 etharp.c。其主要入口函数为:

```
err_t ethernet_input(struct pbuf * p, struct netif * netif)
```

ethernet_input 函数的主要代码如下:

```
err_t ethernet_input(struct pbuf * p, struct netif * netif)
{
  (其他省略)
  type = htons(ethhdr - >type);
  switch (type) {
    /* 是否是 IP 包? */
    case ETHTYPE_IP:
#if ETHARP_TRUST_IP_MAC
      /* 更新 ARP 表 */
      etharp_ip_input(netif, p);
#endif /* ETHARP_TRUST_IP_MAC */
      /* 跳过以太网头 */
      if(pbuf_header(p, - (s16_t)SIZEOF_ETH_HDR)) {
        LWIP_ASSERT("Can't move over header in packet", 0);
        pbuf_free(p);
        p = NULL;
      } else { /* 传递给 IP 层 */
        ip_input(p, netif);
      }
```

```
        break;
    case ETHTYPE_ARP:
        /* 通过 p 来的 ARP 模块 */
        etharp_arp_input(netif, (struct eth_addr *)(netif->hwaddr), p);
        break;
#if PPPOE_SUPPORT
    case ETHTYPE_PPPOEDISC:/* PPP 的以太网发现阶段 */
        pppoe_disc_input(netif, p);
        break;
    case ETHTYPE_PPPOE:/* PPP 的以太网会话阶段 */
        pppoe_data_input(netif, p);
        break;
#endif /* PPPOE_SUPPORT */
    default:
        ETHARP_STATS_INC(etharp.proterr);
        ETHARP_STATS_INC(etharp.drop);
        pbuf_free(p);
        p = NULL;
        break;
    }
    /* 这意味着 pbuf 是释放或消耗,所以没有再次释放它的来电 */
    return ERR_OK;
}
```

该入口函数通过判断输入报文的协议类型来决定是按照 ARP 协议进处理还是将该报文提交到 IP 协议。功能如下:

➤ 如果报文是 ARP 报文,该接口则调用 etharp_arp_input,进行 ARP 请求处理;

➤ 如果是 IP 报文,该接口就调用 etharp_ip_input 进行 ARP 更新,并调用 ip_input 接口,将报文提交给 IP 层。

在该模块中,创建了设备的地址映射 ARP 表,并提供地址映射关系查询接口。同时还提供了 ARP 报文的发送接口,即 etharp_output 函数,该函数原型如下:

```
err_t etharp_output(struct netif * netif, struct pbuf * q,
struct ip_addr * ipaddr)
```

etharp_output 函数的主要代码如下:

```
err_t etharp_output(struct netif * netif, struct pbuf * q, struct ip_addr * ipaddr)
{
    struct eth_addr * dest, mcastaddr;
    /* 以太网帧头的空间 - 不应该失败 */
    if (pbuf_header(q, sizeof(struct eth_hdr)) != 0) {
```

299

```
    /* 如果失败,则释放并返回 */
    LWIP_DEBUGF(ETHARP_DEBUG | LWIP_DBG_TRACE | LWIP_DBG_LEVEL_SERIOUS,
      ("etharp_output:could not allocate room for header.\n"));
    LINK_STATS_INC(link.lenerr);
    return ERR_BUF;
  }
  /* 处理以太网地址 */
  dest = NULL;
  /* 确定目标硬件地址。广播和多播是特殊的,其他的 IP 地址在 ARP 表头 */
  /* 是广播目的地的 IP 地址吗? */
  if (ip_addr_isbroadcast(ipaddr, netif)) {
    /* 以太网上的广播 */
    dest = (struct eth_addr * )&ethbroadcast;
  /* 是组播目的 IP 地址吗? */
  } else if (ip_addr_ismulticast(ipaddr)) {
    /* 哈希 IP 组播地址到 MAC 地址. */
    mcastaddr.addr[0] = 0x01;
    mcastaddr.addr[1] = 0x00;
    mcastaddr.addr[2] = 0x5e;
    mcastaddr.addr[3] = ip4_addr2(ipaddr) & 0x7f;
    mcastaddr.addr[4] = ip4_addr3(ipaddr);
    mcastaddr.addr[5] = ip4_addr4(ipaddr);
    /* 目的以太网地址是多播 */
    dest = &mcastaddr;
  /* 是单播的目的 IP 地址吗? */
  } else {
    /* 是本地网络之外吗? */
    if (! ip_addr_netcmp(ipaddr, &(netif->ip_addr), &(netif->netmask))) {
      /* 是覆盖整个局域的默认网关吗? */
      if (netif->gw.addr != 0) {
        /* 发送硬件地址到默认网关 IP 地址 */
        ipaddr = &(netif->gw);
      /* 没有默认网关 */
      } else {   return ERR_RTE;   }
    }
    return etharp_query(netif, ipaddr, q);
  }
  return etharp_send_ip(netif, q, (struct eth_addr * )(netif->hwaddr), dest);
}
```

该接口需要注册到 netif 的 output 字段,IP 层在输出报文时,通过该接口获取目标机的 MAC 地址,组合最终报文后,由该接口调用底层设备的驱动接口发送数据。

在 etharp_output 接口中,判断报文类型,如果是广播包或者组播包,就调用
etharp_send_ip(组装目标 mac 和源 mac)接口,etharp_send_ip 调用 Netif 结构中的
设备驱动注册的 linkoutput 钩子函数发送最终报文。如果是单播包,etharp_output
接口就调用 etharp_query 进行 IP 地址和 MAC 地址的映射,来获取到目标机的
MAC 地址,并在 etharp_query 中调用 etharp_send_ip 来发送最终组合报文。

6. IP 模块

IP 模块实现了协议的 IP 层处理,主要文件为 ip.c。其主要入口函数为

$$err\_t\ ip\_input(struct\ pbuf * p, struct\ netif * inp)$$

该接口通过判断输入报文的协议类型,将其输入到相应的上层协议模块中去。
比如,将 udp 报文送到 udp_input。

该模块另外一个接口是输入函数,原型如下:

```
err_t ip_output(struct pbuf * p, struct ip_addr * src,
struct ip_addr * dest, u8_t ttl, u8_t tos, u8_t proto)
```

该接口通过路由表或者传输 IP 后,调用 Netif 的 output 字段函数钩子发送
报文。

7. UDP 模块

UDP 模块实现了 UDP 协议层的协议处理,主要文件为 udp.c。该模块通过
PCB 控制块将应用端口跟应用程序做了绑定。在接收到新报文时,分析其对应的
PCB,找到对应的处理钩子,进行应用的处理。主要入口函数为

$$void\ udp\_input(struct\ pbuf * p, struct\ netif * inp)$$

该模块负责输出的接口如下:

$$err\_t\ udp\_send(struct\ udp\_pcb * pcb, struct\ pbuf * p)$$

该模块负责将一个 PCB 跟一个本地端口进行绑定的接口如下:

$$err\_t\ udp\_bind(struct\ udp\_pcb * pcb,$$
$$struct\ ip\_addr * ipaddr, u16\_t\ port)$$

该模块负责将一个 PCB 跟一个远端端口绑定的接口如下:

$$err\_t\ udp\_connect(struct\ udp\_pcb * pcb,$$
$$struct\ ip\_addr * ipaddr, u16\_t\ port)$$

8. Icmp 模块

该模块负责 Icmp 协议的处理,其比较简单。主要的处理接口如下:

$$Void\ icmp\_input(struct\ pbuf * p, struct\ netif * inp)$$

上述接口负责 Icmp 输入报文的分析和处理。

9. Igmp 模块

Igmp 模块负责分组管理。其主要的接口函数如下：

```
void igmp_input(struct pbuf * p, struct netif * inp,
                struct ip_addr * dest)
```

该接口负责 IGMP 协议报文的处理，比如分析当前报文是请求还是应答。

```
err_t igmp_joingroup(struct ip_addr * ifaddr,
                struct ip_addr * groupaddr)
```

该接口将一个网口加入一个组。

```
err_t igmp_leavegroup(struct ip_addr * ifaddr,
                struct ip_addr * groupaddr)
```

该接口将一个网口从一个组中移出。

10. Dhcp 模块

Dhcp 模块用于获取设备 IP 地址的相关信息。其处理入口主要有：Dpch 的启动、Dpch 的接收报文处理以及定时器模块的处理。

主要的接口原型如下：

```
err_t dhcp_start(struct netif * netif)
```

该接口用于设备启动 Dhcp 模块，主要是客户端的功能。该模块实现设备 Dhcp 描述结构生成，并将 Dhcp 的端口绑定到 Udp 协议中，以及将本 Dhcp 模块跟远端服务器端口进行绑定。最后启动 Dhcp 申请。

```
static void dhcp_recv(void * arg, struct udp_pcb * pcb,
                struct pbuf * p, struct ip_addr * addr, u16_t port)
```

该接口为一个注册接口，用于 Dhcp 报文接收。在 start dhcp 时，该接口通过 dhcp 的 udp pcb 注册到 Udp 协议层。Udp 进行报文处理后，根据端口调用该注册接口。该接口中，实现 Dhcp 报文的协议处理。

```
Void dhcp_fine_tmr()
Void dhcp_coarse_tmr()
```

这两个函数接口实现了 Dhcp 的相关超时处理监控，其中第一个函数用于请求应答超时处理，第二个函数用于地址租用情况的到期处理。

11.2.3 LwIP TCP 协议工作过程

TCP 为传输层协议，它为应用层提供了可靠的二进制数据流服务。TCP 协议比这里描述的其他协议都要复杂，并且 TCP 代码占 LwIP 总代码的 50%。

LwIP 的 TCP 报文处理流程如图 11-1 所示，其过程被划分成 6 个函数，其中

tcp_input()、tcp_process()、tcp_receive() 函数与 TCP 输入处理有关，tcp_write()、tcp_enqueue()、tcp_output() 函数对输出进行处理。

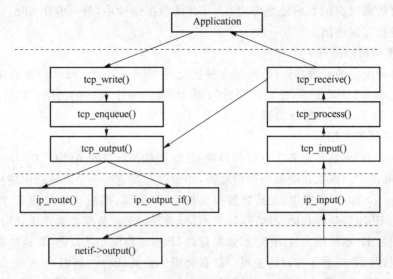

图 11-1　LwIP TCP 协议工作流程图

当应用程序想要发送 TCP 数据，函数 tcp_write() 将被调用。函数 tcp_write() 将控制权交给 tcp_enqueue()，该函数将数据分成合适大小的 TCP 段（如果必要），并放进发送队列。

接下来函数 tcp_output() 将检查数据是否可以发送。也就是说，如果接收器的窗口有足够的空间，则使用 ip_route() 和 ip_output_if() 两个函数发送数据。

当 ip_input() 对 IP 报头进行检验，并且把 TCP 段移交给 tcp_input() 函数后，输入处理开始。在该函数中将进行初始检验（也就是 checksumming 和 TCP 剖析），并决定该段属于哪个 TCP 连接。该段于是由 tcp_process() 处理，它实现 TCP 状态机和其他任何必须的状态转换。

如果一个连接处于从网络接收数据的状态，函数 tcp_receive() 将被调用。如果那样，tcp_receive() 函数将把段上传给应用程序。如果段钩子未应答数据（先前放入缓冲区的）的 ACK，数据将从缓冲被移走并且收回该存储区。

同样，如果接收到请求数据的 ACK，接收者可能希望接收更多的数据，这时函数 tcp_output() 将被调用。

11.2.4　LwIP UDP 协议工作过程

1. 应用层的绑定——UDP 套接字

必须先创建一个 UDP 套接字，通过调用 udp_new() 进行申请，然后调用 udp_bind() 绑定在 UDP 端口上，在这个调用过程中，必须编写一个用于处理这个 UDP 套接字接收到的数据报文的函数,并把这个函数作为 udp_bind()的参数,以后当套接字接收到数据报文时会自动调用这个函数。绑定结束之后,必须调用 udp_connect()函数将数据报文的目的地址绑定在 UDP 的数据结构中,最后调用 udp_send()函数把数据报文发送出去。

2. 传输层的处理

做好应用层的处理之后,数据报文被提交到 UDP 层,udp_send()函数中首先给数据报文加入 UDP 头部,然后调用 ip_route()选择一个合适的网络接口进行发送,最后调用 ip_output()把数据报文传入 IP 层。

3. IP 层的处理

ip_route()函数比较各个网络接口的 IP 地址是否与目的 IP 地址在同一子网中,如果有,就把它当成发送的网络接口返回,如果没有就返回一个默认的网络接口。

在 ip_output()函数中,先给数据报文加上 IP 头部,然后比较目的 IP 地址与网络接口的 IP 地址是否在同一网段,如果不是,就必须先把数据报文发送到网关,于是使用网关的 IP 地址作为目的主机,如果目的 IP 地址与网络接口的 IP 地址在同一网段,则把目的 IP 地址作为目的主机。接着调用 arp_lookup()函数在 ARP 缓存中查找目的主机的 MAC 地址,找到了调用 ethernet_output()函数把数据报文传入到数据链路层发送,如果找不到,就调用 arp_query()发送 ARP 请求解析目的主机的 MAC 地址。

4. ARP 协议的处理

arp_lookup()函数实现在本地 ARP 缓存中查找目的主机的 MAC 地址,找到了返回该 MAC 地址,找不到返回 NULL。

arp_query()函数中构造一个 ARP 请求报文,然后调用 ethernet_output()函数把该报文送到数据链路层发送。

5. 数据链路层的处理

数据链路层的处理就是给数据报文添上相对的以太网头部,然后调用 lowlever_output()函数直接把报文传送出去。

6. UDP 接收过程

接收过程与发送过程刚好相反,数据报文首先调用 ethernet_input()函数到达数据链路层,去掉以太网头部之后如果是 ARP 报文传给调用 arp_input()函数交给 ARP 协议处理。

如果是 IP 报文就调用 ip_input()函数进入 IP 层处理,ip_input()函数中比较数据报文的目的 IP 地址。

如果与某个网络接口的 IP 地址相同,则接收这个报文,依照 IP 头部的协议字段,调用各自协议的输入处理函数。

11.3　LwIP 的移植

11.3.1　LwIP 下载

LwIP 官方网站：http：// savannah. nongnu. org/projects/lwip/。

LwIP 下载地址：http：// download. savannah. gnu. org/releases/lwip/。

ST 公司为 STM32F2x7 提供了一个 LwIP 移植实例，即 LwIP TCP/IP stack demonstration for STM32F2x7 microcontrollers（AN3384），下载地址为：http：//www. st. com/internet/mcu/product/245079. jsp。

在 STM32F2x7 的 LwIP 移植实例中，主要用到了 ethernetif. c、tcpip. c 等 30 个 C 语言程序文件。

1. 网络设备驱动程序文件

➢ \lwip_v1. 3. 1\port\ethernetif. c；

2. API 文件

➢ \lwip_v1. 3. 1\src\api\tcpip. c；

➢ \lwip_v1. 3. 1\src\api\api_lib. c；

➢ \lwip_v1. 3. 1\src\api\netbuf. c；

➢ \lwip_v1. 3. 1\src\api\netifapi. c；

➢ \lwip_v1. 3. 1\src\api\netdb. c；

➢ \lwip_v1. 3. 1\src\api\api_msg. c；

➢ \lwip_v1. 3. 1\src\api\err. c。

3. 内核文件

➢ \lwip_v1. 3. 1\src\core\stats. c；

➢ \lwip_v1. 3. 1\src\core\sys. c；

➢ \lwip_v1. 3. 1\src\core\tcp. c；

➢ \lwip_v1. 3. 1\src\core\tcp_in. c；

➢ \lwip_v1. 3. 1\src\core\tcp_out. c；

➢ \lwip_v1. 3. 1\src\core\udp. c；

➢ \lwip_v1. 3. 1\src\core\dhcp. c；

➢ \lwip_v1. 3. 1\src\core\init. c；

➢ \lwip_v1. 3. 1\src\core\mem. c；

➢ \lwip_v1. 3. 1\src\core\memp. c；

➢ \lwip_v1. 3. 1\src\core\netif. c；

➢ \lwip_v1. 3. 1\src\core\pbuf. c；

➢ \lwip_v1. 3. 1\src\core\raw. c。

4. ipv4 文件

- ➤ \lwip_v1.3.1\src\core\ipv4\autoip.c;
- ➤ \lwip_v1.3.1\src\core\ipv4\icmp.c;
- ➤ \lwip_v1.3.1\src\core\ipv4\igmp.c;
- ➤ \lwip_v1.3.1\src\core\ipv4\inet.c;
- ➤ \lwip_v1.3.1\src\core\ipv4\inet_chksum.c;
- ➤ \lwip_v1.3.1\src\core\ipv4\ip.c;
- ➤ \lwip_v1.3.1\src\core\ipv4\ip_addr.c;
- ➤ \lwip_v1.3.1\src\core\ipv4\ip_frag.c。

5. netif 文件

- ➤ \lwip_v1.3.1\src\netif\etharp.c;

11.3.2 LwIP 网络设备驱动程序文件 ethernetif.c

1. 网络设备驱动程序

LwIP 的网络驱动有一定的规则,/src/netif/ethernetif.c 文件即为驱动的模板,用户为自己的网络设备实现驱动时应参照此模板。在 LwIP 中可以有多个网络接口,每个网络接口都对应了一个 netif 结构,该结构体包含了相应网络接口的属性、收发函数。LwIP 调用 netif 的函数 netif→input()及 netif→output()进行以太网 packet 的收、发等操作。

在驱动中主要做的就是实现网络接口的收、发、初始化以及中断处理函数,函数的原型如下:

① void ethernetif_init(struct netif * netif),网卡初始化函数。

② void ethernetif_input(struct netif * netif),网卡接收函数。

③ err_t ethernetif_output(struct netif * netif,struct pbuf * p,struct ip_addr * ipaddr),网卡发送函数。

④ void ethernetif_isr(void),网卡中断处理函数。

2. 无 OS 情形下驱动层需要提供的函数

在没有操作系统的情况下,驱动层需要提供的函数如下:

① 收到数据包的处理函数 ethernetif_input(ethif 层的输入函数),这个函数调用 low_level_output 函数,从网卡那里接收数据包,然后根据收到的数据包类型,分别调用 ip_input 函数和 etharp_arp_input 函数。这个函数跟 ne2k_input 函数类型相同,只是其中的 netif→input 调用被改成 ip_input 函数。这个函数作为函数 netif_add 的参数,或者独立,无论哪种情形,该函数都要被不停地调用;

② 网卡发送数据函数 low_level_output,这个函数在 ethif 层的初始化函数中被初始化到 netif 的 link_output 指针上。

③ 网卡接口数据函数 low_level_input,这个函数被 ethif 层 ethernetif_input 函

数调用,用于从网卡那里接收数据包。在实现这个函数时,需要查询网卡硬件,如果硬件收到数据包,那么从硬件那里将数据包复制进 pbuf 里,然后将该 pbuf 指针返回,将收到的数据包交给 ethernetif_input 处理;如果没有收到数据包,那么简单地返回 NULL。

④ ethif 层的初始化函数 ethernetif_init,作为 netif_add 函数的参数,同时这个函数调用网卡底层初始化函数 low_level_init。

⑤ ethif 层的发送函数 ethernetif_output,这个函数跟 low_level_output 的区别是,ethernetif_output 带了一个额外的参数 IP 地址,一般这个函数都是调用 etharp:etharp_output 来实现。etharp_output 根据 IP 地址从 ARP 表中查询 ARP 表,得到目标 IP 地址的 MAC 地址,然后填入到数据包中,然后调用 netif→link_output 函数将数据包最终发送出去。

⑥ arp_timer 函数,这个函数需要被定时地调用。这个函数调用 etharp_tmr 函数来更新 ARP 表中的表项。

⑦ 网卡硬件初始化函数 low_level_output,这个函数被 ethernetif_init 调用。

在协议栈的主循环 NetMainLoop 中,不断调用 ethernetif_input 函数来驱动协议栈。

11.3.3　STM32F207 以太网接口初始化

1. STM32F2x7 LwIP 移植实例的 stm32f2x7.c 文件及系统配置

在 stm32f2x7.c 文件的 System_Setup 函数中,实现了 STM32F2x7 LwIP 移植实例的系统配置,包括设置 STM32 系统(时钟、以太网、GPIO、NVIC)和 STM3220F-EVAL 资源等的配置与初始化。

System_Setup 函数的实现代码如下:

```
void System_Setup(void)
{
  RCC_ClocksTypeDef RCC_Clocks;
  /* 启用 GPIO 的时钟 */
  RCC_AHB1PeriphClockCmd(RCC_AHB1Periph_GPIOA | RCC_AHB1Periph_GPIOB |
                         RCC_AHB1Periph_GPIOC, ENABLE);
  /* 启用 SYSCFG 和 ADC3 时钟 */
  RCC_APB2PeriphClockCmd(RCC_APB2Periph_SYSCFG | RCC_APB2Periph_ADC3,
ENABLE);
  /* ADC 配置 */
  ADC_Configuration();
  /* 初始化 STM3220F - EVAL 的 LCD */
STM3220F_LCD_Init();

  /* 初始化 STM3220F - EVAL 的 LED */
```

```
    STM_EVAL_LEDInit(LED1);
    STM_EVAL_LEDInit(LED2);
    STM_EVAL_LEDInit(LED3);
    STM_EVAL_LEDInit(LED4);
    / * 打开 STM3220F - EVAL 的 LED * /
    STM_EVAL_LEDOn(LED1);
    STM_EVAL_LEDOn(LED2);
    STM_EVAL_LEDOn(LED3);
    STM_EVAL_LEDOn(LED4);
    / * LCD 清屏 * /
    LCD_Clear(Blue);
    / * 设置 LCD 背景颜色 * /
    LCD_SetBackColor(Blue);
    / * 设置 LCD 字体颜色 * /
    LCD_SetTextColor(White);
    / * 在液晶显示屏上显示信息 * /
    LCD_DisplayStringLine(Line0, MESSAGE1);
    LCD_DisplayStringLine(Line1, MESSAGE2);
    LCD_DisplayStringLine(Line2, MESSAGE3);
    LCD_DisplayStringLine(Line3, MESSAGE4);
    / * 配置以太网外设 * /
    / * SystTick 配置:每 10 ms 中断 * /
    RCC_GetClocksFreq(&RCC_Clocks);
    SysTick_Config(RCC_Clocks.SYSCLK_Frequency / 100);
    RCC_AHB1PeriphClockCmd(RCC_AHB1Periph_ETH_MAC |
RCC_AHB1Periph_ETH_MAC_Tx|RCC_AHB1Periph_ETH_MAC_Rx,ENABLE);
    Ethernet_Configuration();
}
```

2. 以太网接口配置

以太网引脚的安排如下:

- ➤ ETH_MDIO ─────────────────────────> PA2
- ➤ ETH_MDC ──────────────────────> PC1
- ➤ ETH_PPS_OUT ───────────────────>PB5
- ➤ ETH_MII_TX_CLK ──────────────────>PC3
- ➤ ETH_MII_TXD2 ───────────────────>PC2
- ➤ ETH_MII_TXD3 ────────────────────>PB8
- ➤ ETH_MII_RX_CLK/ETH_RMII_REF_CLK──────> PA1
- ➤ ETH_MII_RX_DV / ETH_RMII_CRS_DV ────── > PA7
- ➤ ETH_MII_RXD0/ETH_RMII_RXD0 ──────── > PC4

> ETH_MII_RXD1/ETH_RMII_RXD1 ————————> PC5

> ETH_MII_TX_EN / ETH_RMII_TX_EN ————————> PB11

> ETH_MII_TXD0/ETH_RMII_TXD0 ————————> PB12

> ETH_MII_TXD1/ETH_RMII_TXD1 ————————> PB13

以太网接口配置在 Ethernet_Configuration 函数中实现,代码如下:

```
void Ethernet_Configuration(void)
{
  ETH_InitTypeDef ETH_InitStructure;
  GPIO_InitTypeDef GPIO_InitStructure;
  RCC_AHB1PeriphClockCmd(RCC_AHB1Periph_GPIOB|RCC_AHB1Periph_GPIOC|
RCC_AHB1Periph_GPIOA, ENABLE);
  /* 配置 PA1, PA2 和 PA7 */
  GPIO_InitStructure.GPIO_Pin = GPIO_Pin_1 | GPIO_Pin_2 | GPIO_Pin_7;
  GPIO_InitStructure.GPIO_Speed = GPIO_Speed_25MHz;
  GPIO_InitStructure.GPIO_Mode = GPIO_Mode_AF;
  GPIO_InitStructure.GPIO_OType = GPIO_OType_PP;
  GPIO_InitStructure.GPIO_PuPd = GPIO_PuPd_UP;//GPIO_PuPd_NOPULL ;
  GPIO_Init(GPIOA, &GPIO_InitStructure);
  GPIO_PinAFConfig(GPIOA, GPIO_PinSource1, GPIO_AF_ETH);
  GPIO_PinAFConfig(GPIOA, GPIO_PinSource2, GPIO_AF_ETH);
  GPIO_PinAFConfig(GPIOA, GPIO_PinSource7, GPIO_AF_ETH);

  /* 配置 PB5 和 PB8 */
  GPIO_InitStructure.GPIO_Pin = GPIO_Pin_5 | GPIO_Pin_8;
  GPIO_Init(GPIOB, &GPIO_InitStructure);
  GPIO_PinAFConfig(GPIOB, GPIO_PinSource5, GPIO_AF_ETH);
  GPIO_PinAFConfig(GPIOB, GPIO_PinSource8, GPIO_AF_ETH);
  /* 配置 PC1, PC2, PC3, PC4 和 PC5 */
  GPIO_InitStructure.GPIO_Pin = GPIO_Pin_1 | GPIO_Pin_2 | GPIO_Pin_3 |
GPIO_Pin_4 | GPIO_Pin_5;
  GPIO_Init(GPIOC, &GPIO_InitStructure);
  GPIO_PinAFConfig(GPIOC, GPIO_PinSource1, GPIO_AF_ETH);
  GPIO_PinAFConfig(GPIOC, GPIO_PinSource2, GPIO_AF_ETH);
  GPIO_PinAFConfig(GPIOC, GPIO_PinSource3, GPIO_AF_ETH);
  GPIO_PinAFConfig(GPIOC, GPIO_PinSource4, GPIO_AF_ETH);
  GPIO_PinAFConfig(GPIOC, GPIO_PinSource5, GPIO_AF_ETH);

  GPIO_InitStructure.GPIO_Pin = GPIO_Pin_11|GPIO_Pin_12|GPIO_Pin_13;
  GPIO_Init(GPIOB, &GPIO_InitStructure);
  GPIO_PinAFConfig(GPIOB, GPIO_PinSource11, GPIO_AF_ETH);
  GPIO_PinAFConfig(GPIOB, GPIO_PinSource12, GPIO_AF_ETH);
```

```
    GPIO_PinAFConfig(GPIOB, GPIO_PinSource13, GPIO_AF_ETH);
    /* MII/RMII 媒体接口选择 -------------------- */
#ifdef MII_MODE /* 带 STM3220F - EVAL 的 MII 模式  */
#ifdef PHY_CLOCK_MCO
    /* 配置 MCO (PA8) */
    GPIO_InitStructure.GPIO_Pin = GPIO_Pin_8;
    GPIO_Init(GPIOA, &GPIO_InitStructure);
    /* 输出 HSE 时钟(25 MHz)MCO 引脚(PA8)时钟的 PHY */
    RCC_MCO1Config(RCC_MCO1Source_HSE, RCC_MCO1Div_1);
#endif /* PHY_CLOCK_MCO */
    SYSCFG_ETH_MediaInterfaceConfig(SYSCFG_ETH_MediaInterface_MII);
#elif defined RMII_MODE  /* 带 STM3220F - EVAL 的 RMII 模式 */
    /* RMII 模式,必须设置系统时钟频率为 100 MHz,在 system_stm32f2xx.c 文件中设置 */
    /* 配置 MCO (PA8) */
    GPIO_InitStructure.GPIO_Pin = GPIO_Pin_8;
    GPIO_Init(GPIOA, &GPIO_InitStructure);
    /* 输出 PLL 时钟驱动 (50MHz),从 MCO 引脚 (PA8)连接到 PHY 时钟 */
    RCC_MCO1Config(RCC_MCO1Source_PLLCLK, RCC_MCO1Div_2);
    SYSCFG_ETH_MediaInterfaceConfig(SYSCFG_ETH_MediaInterface_RMII);
#endif
    /* 复位 ETHERNET ,在 AHB 总线 */
    ETH_DeInit();
    /* 软件复位 */
    ETH_SoftwareReset();
    /* 等待软件复位 */
    while (ETH_GetSoftwareResetStatus() == SET);
    /* ETHERNET 配置 -------------------- */
    /* 调用 ETH_StructInit,如果不喜欢所有 ETH_InitStructure 参数配置 */
    ETH_StructInit(&ETH_InitStructure);
    /* 填写 ETH_InitStructure 参数 */
    /* ---------------- MAC---------------- */
    //ETH_InitStructure.ETH_AutoNegotiation = ETH_AutoNegotiation_Enable;
    ETH_InitStructure.ETH_AutoNegotiation = ETH_AutoNegotiation_Disable;
    ETH_InitStructure.ETH_Speed = ETH_Speed_10M;
    ETH_InitStructure.ETH_Mode = ETH_Mode_FullDuplex;
    ETH_InitStructure.ETH_LoopbackMode = ETH_LoopbackMode_Disable;
    ETH_InitStructure.ETH_RetryTransmission = ETH_RetryTransmission_Disable;
    ETH_InitStructure.ETH_AutomaticPadCRCStrip = ETH_AutomaticPadCRCStrip_Disable;
    ETH_InitStructure.ETH_ReceiveAll = ETH_ReceiveAll_Disable;
    ETH_InitStructure.ETH_BroadcastFramesReception = ETH_BroadcastFramesReception_En-
able;
    ETH_InitStructure.ETH_PromiscuousMode = ETH_PromiscuousMode_Disable;
```

```
    ETH_InitStructure.ETH_MulticastFramesFilter = ETH_MulticastFramesFilter_Perfect;
    ETH_InitStructure.ETH_UnicastFramesFilter = ETH_UnicastFramesFilter_Perfect;
# ifdef CHECKSUM_BY_HARDWARE
    ETH_InitStructure.ETH_ChecksumOffload = ETH_ChecksumOffload_Enable;
# endif
    /* ---------------- DMA ---------------- */
/* 当使用校验和卸载功能,需要使存储和转发模式:
/* 存储和转发,存储在 FIFO 中的一个整体框架,使 MAC 可以插入/验证校验
/* 如果校验是确定的,DMA 可以处理帧,否则被丢弃帧 */   ETH_InitStructure.ETH_Drop-
TCPIPChecksumErrorFrame = ETH_DropTCPIPChecksumErrorFrame_Enable;
    ETH_InitStructure.ETH_ReceiveStoreForward = ETH_ReceiveStoreForward_Enable;
    ETH_InitStructure.ETH_TransmitStoreForward = ETH_TransmitStoreForward_Enable;

    ETH_InitStructure.ETH_ForwardErrorFrames = ETH_ForwardErrorFrames_Disable;
    ETH_InitStructure.ETH_ForwardUndersizedGoodFrames = ETH_ForwardUndersizedGood-
Frames_Disable;
    ETH_InitStructure.ETH_SecondFrameOperate = ETH_SecondFrameOperate_Enable;
    ETH_InitStructure.ETH_AddressAlignedBeats = ETH_AddressAlignedBeats_Enable;
    ETH_InitStructure.ETH_FixedBurst = ETH_FixedBurst_Enable;
    ETH_InitStructure.ETH_RxDMABurstLength = ETH_RxDMABurstLength_32Beat;
    ETH_InitStructure.ETH_TxDMABurstLength = ETH_TxDMABurstLength_32Beat;
    ETH_InitStructure.ETH_DMAArbitration = ETH_DMAArbitration_RoundRobin_RxTx_2_1;
    /* 配置以太网 */
    ETH_Init(&ETH_InitStructure, DP83848_PHY_ADDRESS);
}
```

在上述以太网接口配置函数 Ethernet_Configuration 中,最关键是通过 ETH_InitTypeDef 结构来设置配置数据,然后调用 ETH_Init 实现太网接口配置。

Ethernet_Configuration 函数初始化的参数 ETH_InitStruct 指定以太网 ETHERNET 外设。

➢ 参数 ETH_InitStruct:指向一个结构 ETH_InitTypeDef,包含了指定的以太网外围设备的配置信息;
➢ 参数 PHYAddress:外部 PHY 地址,PHY 设备的地址是 32 个 PHY 设备支持一个索引。这个参数可以是一个 ETHERNET 值,0,...,31。

如果返回 ETH_ERROR,表示以太网初始化失败;如果返回 ETH_SUCCESS,表示以太网初始化成功。

DP83848_PHY_ADDRESS 和 RMII_MODE 两个宏用于定义以太网接口地址和工作模式。为简化连接线,本书第 2 章中介绍的以太网硬件接口以及本章的软件配置,采用了 RMII 工作模式。

DP83848_PHY_ADDRESS 和 RMII_MODE 这两个宏定义如下:

```
#define DP83848_PHY_ADDRESS  0x01          /* 相对于 STM3220F - EVAL 板 */
#define RMII_MODE              /* RMII 模式 STM3220F - EVAL 板(MB786)的 RMII 模式(检查跳线
/* 设置),需要设置系统时钟频率为 100MHz 的,可以在 system_stm32f2xx.c 文件中配置 */
```

ETH_InitTypeDef 结构用于 ETH MAC 初始化定义,用户不应该配置 ETH_InitTypeDef 结构的所有域,通过调用 ETH_StructInit 函数为结构设置字段默认值。ETH_InitTypeDef 结构定义如下:

```
typedef struct {
uint32_t ETH_AutoNegotiation;uint32_t ETH_Watchdog;
uint32_t ETH_Jabber; uint32_t ETH_InterFrameGap;
uint32_t ETH_CarrierSense; uint32_t ETH_Speed;
uint32_t ETH_ReceiveOwn; uint32_t ETH_LoopbackMode;
uint32_t ETH_Mode;   uint32_t ETH_ChecksumOffload;
uint32_t ETH_RetryTransmission; uint32_t ETH_AutomaticPadCRCStrip;
uint32_t ETH_BackOffLimit; uint32_t ETH_DeferralCheck;
uint32_t ETH_ReceiveAll; uint32_t ETH_SourceAddrFilter;
uint32_t ETH_PassControlFrames; uint32_t ETH_BroadcastFramesReception;
uint32_t ETH_DestinationAddrFilter; uint32_t ETH_PromiscuousMode;
uint32_t ETH_MulticastFramesFilter; uint32_t ETH_UnicastFramesFilter;
uint32_t ETH_HashTableHigh; uint32_t ETH_HashTableLow;
uint32_t ETH_PauseTime; uint32_t ETH_ZeroQuantaPause;
uint32_t ETH_PauseLowThreshold; uint32_t ETH_UnicastPauseFrameDetect;
uint32_t ETH_ReceiveFlowControl; uint32_t ETH_TransmitFlowControl;
uint32_t ETH_VLANTagComparison; uint32_t ETH_VLANTagIdentifier;
uint32_t ETH_DropTCPIPChecksumErrorFrame; uint32_t ETH_ReceiveStoreForward;
uint32_t ETH_FlushReceivedFrame; uint32_t ETH_TransmitStoreForward;
uint32_t ETH_TransmitThresholdControl; uint32_t ETH_ForwardErrorFrames;
uint32_t ETH_ForwardUndersizedGoodFrames;
uint32_t ETH_ReceiveThresholdControl;
uint32_t ETH_SecondFrameOperate; uint32_t ETH_AddressAlignedBeats;
uint32_t ETH_FixedBurst; uint32_t ETH_RxDMABurstLength;
uint32_t ETH_TxDMABurstLength; uint32_t ETH_DescriptorSkipLength;
uint32_t ETH_DMAArbitration;
}ETH_InitTypeDef;
```

(1) ETH_AutoNegotiation

选择或取消 PHY 的自动模式,自动允许速度(10/100)和模式(半/全双工)自动设置。这个参数可以是一个参数为 ETH_AutoNegotiation 的值。

(2) ETH_Watchdog

选择或取消看门狗定时器。启用的 MAC 允许没有更多的 2 048 B 被接收。禁用时,MAC 最多可以收到 16 384 B。这个参数可以是一个参数为 ETH_watchdog

的值。

(3) ETH_Jabber

选择或取消 Jabber 的计时器。启用时,允许发送没有更多的 2 048 B 的 MAC。禁用时,MAC 最多可发送到 16 384 B。这个参数可以是一个参数为 ETH_Jabber 的值。

(4) ETH_InterFrameGap

选择在传输过程中帧之间的最小的 IFG,这个参数可以是参数为 ETH_Inter_Frame_Gap 的值。

(5) ETH_CarrierSense

选择或取消载波侦听,这个参数可以是一个参数为 ETH_Carrier_Sense 的值。

(6) ETH_Speed

设置以太网速度:10/100 Mbit/s,这个参数可以是一个参数为 ETH_Speed 的值。

(7) ETH_ReceiveOwn

选择或取消 ReceiveOwn,这个参数可以是一个参数为 ETH_Receive_Own 的值。

(8) ETH_LoopbackMode

选择或取消 MAC MII 环回模式,这个参数可以是参数为 ETH_Loop_Back_Mode 的值。

(9) ETH_Mode

选择 MAC 双工模式:半双工或全双工模式,这个参数可以是参数为 ETH_Duplex_Mode 的值。

(10) ETH_ChecksumOffload

选择或取消检查接收到的数据帧的 IPv4 有效的 TCP/UDP/ICMP 头校验。这个参数可以是一个参数为 ETH_Checksum_Offload 的值。

(11) ETH_RetryTransmission

选择或取消 MAC 尝试重试传输,根据 BL 的设置,发生 colision 时(半双工模式)这个参数可以是一个参数为 ETH_Retry_Transmission 的值。

(12) ETH_AutomaticPadCRCStrip

选择或取消自动的 MAC/CRC,这个参数可以是一个参数为 ETH_Automatic_Pad_CRC_Strip 的值。

(13) ETH_BackOffLimit

选择退出限制值,这个参数可以是一个参数为 ETH_Back_Off_Limit 的值。

(14) ETH_DeferralCheck

选择或取消推迟检查功能(半双工模式),这个参数可以是参数为 ETH_Deferral_Check 的值。

（15）ETH_ReceiveAll

选择或取消所有帧接收 MAC(无 fitering)，这个参数可以是一个参数为 ETH_Receive_All 的值。

（16）ETH_SourceAddrFilter

选择源地址过滤模式，这个参数可以是一个参数为 ETH_Source_Addr_Filter 的值。

（17）ETH_PassControlFrames

设置控制帧(包括单播和组播 PAUSE 帧)的转发模式，这个参数可以是一个参数为 ETH_Pass_Control_Frames 的值。

（18）ETH_BroadcastFramesReception

选择或取消接收广播帧，这个参数可以是一个参数为 ETH_Broadcast_Frames_Reception 的值。

（19）ETH_DestinationAddrFilter

单播和组播帧的目的地过滤模式设置，这个参数可以是一个参数为 ETH_Destination_Addr_Filter 的值。

（20）ETH_PromiscuousMode

选择或取消混杂模式，这个参数可以是一个参数为 ETH_Promiscuous_Mode 的值。

（21）ETH_MulticastFramesFilter

选择多播帧的过滤模式：无/ HashTableFilter / PerfectFilter / PerfectHashTableFilter，这个参数可以是一个参数为 ETH_Multicast_Frames_Filter 的值。

（22）ETH_UnicastFramesFilter

选择单播帧的过滤模式：HashTableFilter / PerfectFilter / PerfectHashTableFilter 这个参数可以是一个参数为 ETH_Unicast_Frames_Filter 的值。

（23）ETH_HashTableHigh

此域的高 32 位哈希表。

（24）ETH_HashTableLow

此域的低 32 位哈希表。

（25）ETH_PauseTime

此域拥有暂停时间字段用于传输控制框架的值。

（26）ETH_ZeroQuantaPause

选择或取消零控制帧的自动生成，这个参数可以是一个参数为 ETH_Zero_Quanta_Pause 的值。

（27）ETH_PauseLowThreshold

此字段配置要检查暂停 PAUSE 帧的自动重传的门槛，这个参数可以是一个参数为 ETH_Pause_Low_Threshold 的值。

(28) ETH_UnicastPauseFrameDetect

选择或取消暂停帧（MAC Address0 单播地址和独特的多播地址）的 MAC 检测，这个参数可以是一个参数为 ETH_Unicast_Pause_Frame_Detect 的值。

(29) ETH_ReceiveFlowControl

启用或禁用 MAC 解码收到暂停帧，并禁止其在指定的时间（暂停时间）发射机，这个参数可以是一个参数为 ETH_Receive_Flow_Control 的值。

(30) ETH_TransmitFlowControl

启用或禁用 MAC 发送暂停帧（全双工模式）或 MAC 背压操作（半双工模式），这个参数可以是一个参数为 ETH_Transmit_Flow_Control 的值。

(31) ETH_VLANTagComparison

选择 12 位的 VLAN 标识符或完整的 16 位 VLAN 标记比较和筛选。这个参数可以是参数为 ETH_VLAN_Tag_Comparison 的值。

(32) ETH_DropTCPIPChecksumErrorFrame

选择或删除 TCP / IP 校验错误帧，这个参数可以是参数为 ETH_Drop _TCP_IP_Checksum_Error_Frame 的值。

(33) ETH_ReceiveStoreForward

启用或禁用接收存储和转发模式，这个参数可以是一个参数为 ETH_Receive_Store_Forward 的值。

(34) ETH_FlushReceivedFrame

启用或禁用接收帧的清除，这个参数可以是一个参数为 ETH_Flush_Received_Frame 的值。

(35) ETH_TransmitStoreForward

启用或禁用发送存储和转发模式，这个参数可以是一个参数为 ETH_Transmit_Store_Forward 的值。

(36) ETH_TransmitThresholdControl

选择或不发送阈值控制，这个参数可以是一个参数为 ETH_Transmit_Threshold_Control 的值。

(37) ETH_ForwardErrorFrames

选择或取消错误帧的 DMA，这个参数可以是一个参数为 ETH_Forward_Error_Frames 的值。

(38) ETH_ForwardUndersizedGoodFrames

启用或禁用 RX FIFO 中不足的帧（没有错误和长度小于 64 B 的帧）可以是一个参数为 ETH_Forward_Undersized_Good_Frames 的值。

(39) ETH_ReceiveThresholdControl

选择接收 FIFO 的阈值水平，这个参数可以是一个参数为 ETH_Receive_Threshold_Control 的值。

(40) ETH_SecondFrameOperate

选择第二帧的模式，它允许的 DMA 处理，甚至之前获得的第一帧状态的第二帧发送数据的操作。这个参数可以是一个参数为 ETH_Second_Frame_Operate 的值。

(41) ETH_AddressAlignedBeats

启用或禁用地址连接失败，这个参数可以是一个参数为 ETH_Address_Aligned_Beats 的值。

(42) ETH_FixedBurst

启用或禁用 AHB 主接口固定的突发传输，这个参数可以是一个参数为 ETH_Fixed_Burst 的值。

(43) ETH_RxDMABurstLength

指示转移到一个接收 DMA 事务的最大节拍数量，这个参数可以是一个参数为 ETH_Rx_DMA_Burst_Length 的值。

(44) ETH_TxDMABurstLength

表示在一个 Tx DMA 交易转移的节拍 sthe 的最大数量，这个参数可以是一个参数为 ETH_Tx_DMA_Burst_Length 的值。

(45) ETH_DescriptorSkipLength

指定字之间跳过两个描述符（环模式）释放的数量。

(46) ETH_DMAArbitration

选择 DMA 的 Tx/Rx 仲裁，这个参数可以是一个参数为 ETH_DMA_Arbitration 的值。

3. stm32f2xx_eth.c 文件及以太网外设初始化

stm32f2xx_eth.c 文件中，定义了 ETH_Init 函数，用于根据指定的初始化以太网外设。第 1 个参数 ETH_InitStruct：到 ETH_InitTypeDef 结构，它包含的指针指定的以太网外设的配置信息。第 2 个参数 PHYAddress：外部 PHY 地址。

ETH_Init 函数返回值如下。

➢ RETVAL ETH_ERROR：以太网初始化失败；

➢ ETH_SUCCESS：以太网初始化成功。

4. netconf.c 文件及初始化 LwIP 协议栈

在 netconf.c 文件中定义了 LwIP_Init 函数（不同的应用例子，该函数的实现方法也有所不同），用于初始化 LwIP 协议栈。

在 LwIP_Init 函数中调用 netif_add 函数为 LwIP 添加一个网络接口到 netifs，该函数参数如下：

➢ 参数 netif 是预先分配为 netif 结构；

➢ 参数 ipaddr 是新的 netif 的 IP 地址；

➢ 参数 netmask 是新的 netif 网络掩码；

➢ 参数 gw 是新的 netif 的默认网关；

> ➤ 参数 state 是新的 netif 不透明数据；
> ➤ 参数 init 是初始化接口回调函数；
> ➤ 参数 input 是回调函数，被称为通过在协议层堆栈的入口包。

调用 dhcp_start 函数创建一个新的 DHCP 客户端，这在第一次调用接口时执行。注意在启动客户端后，必须先调用 dhcp_fine_tmr 和 dhcp_coarse_tmr 函数。

11.4　LwIP 协议栈的 httpserver 测试程序

1. 准备工作

下载 STM32F2x7_ETH_LwIP_V1.0.2 之后解压，在 \STM32F2x7_ETH_LwIP_ V1.0.2\Project\ Standalone\httpserver\MDK－ARM 目录下有一个 MDK-ARM 工程文件 Project.uvproj，双击该文件即可以打开一个 httpserver 测试程序，这是一个不用操作系统的 httpserver 程序。

在一些 STM32F2x7 开发板配套资料中，一般也都带有 httpserver 测试程序。在本书配套资料中，也有该例子的源程序。

2. 主程序流程图及主程序代码

LwIP 协议栈的 httpserver 测试程序的程序图如图 11－2 所示，包括系统时钟配置、LCD 及以太网等配置、LwIP 初始化、http 初始化、从网络接口读取数据、数据包处理等功能。

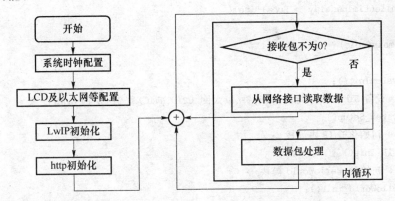

图 11－2　LwIP 协议栈的 httpserver 测试程序的程序图

在主程序中，System_Periodic_Handle 函数是处理系统的周期性任务。主程序代码如下：

```
#define SYSTEMTICK_PERIOD_MS  10
__IO uint32_t LocalTime = 0; /* 这个变量是用来创建一个参考时间,10 ms 递增 */
uint32_t timingdelay;
void System_Periodic_Handle(void)
```

```
{
    /* 更新液晶显示屏和 LED 的状态 */
    /* 管理 IP 地址设置 */
    //这里仅仅用于显示,不用也不会影响网络通信和网络控制功能
    Display_Periodic_Handle(LocalTime);
    /* LwIP 定期服务,在这里完成 */
    //这里最关键
    LwIP_Periodic_Handle(LocalTime);
}
void Time_Update(void)
{
    LocalTime += SYSTEMTICK_PERIOD_MS;
}
extern "C" void SysTick_Handler(void)
{
    Time_Update();
}
extern "C" void Delay(uint32_t nCount)
{
    /* 捕获当前的本地时间 */
    timingdelay = LocalTime + nCount;
    /* 等到所需的延迟完成 */
    while(timingdelay > LocalTime){    }
}
int main(void)
{
    SystemInit();
    /* 设置 STM32 的系统(包括时钟、以太网、GPIO、NVIC)和 STM32 的 EVAL 资源 */
    System_Setup();
    /* 初始化 LwIP 协议栈 */
    LwIP_Init();
    /* 初始化 HelloWorld 模块 */
    HelloWorld_init();
    /* 初始化 Web 服务器模块 */
    httpd_init();
    /* 初始化 TFTP 服务器 */
    //tftpd_init();
    /* 无限循环 */
    int i = 0;
    while (1)
    {
        /* 处理所有收到的帧 */
```

```
while(ETH_GetRxPktSize() != 0)
{
    if(i<199)
    {
        i++;
        LwIP_Pkt_Handle();
    }
}
/ * 周期性任务 * /
if(i<4)
{
    System_Periodic_Handle();
}
LCD_DisplayChar(LCD_LINE_18, 244,((i / 10) + 0x30));
LCD_DisplayChar(LCD_LINE_18, 228,((i % 10) + 0x30));
}
}
```

11.5　LwIP 协议栈的 udp_echo_client 测试程序

1. UDP 协议介绍

UDP（User Datagram Protoco，用户数据报协议）是一个简单的面向数据报的传输层（transport layer）协议，IETF RFC 768 是 UDP 的正式规范。在 TCP/IP 模型中，UDP 为网络层（network layer）以下和应用层（application layer）以上提供了一个简单的接口。UDP 只提供数据的不可靠交付，它一旦把应用程序发给网络层的数据发送出去，就不保留数据备份（所以 UDP 有时候也被认为是不可靠的数据报协议）。UDP 在 IP 数据报的头部仅仅加入了复用和数据校验（字段）。由于缺乏可靠性，UDP 应用一般必须允许一定量的丢包、出错和复制。

虽然 UDP 用户数据报只能提供不可靠的交付，但 UDP 在某些方面有其特殊的优点。UDP 具有如下优点：

➤ 发送数据之前不需要建立连接；
➤ UDP 的主机不需要维持复杂的连接状态表；
➤ UDP 用户数据报只有 8 B 的首部开销；
➤ 网络出现的拥塞不会使源主机的发送速率降低，这对某些实时应用是很重要的。

2. UDP 报文格式

每个 UDP 报文称为一个用户数据报，它分为两部分：头部和数据区。图 11-3 所示是一个 UDP 报文的格式，报文头中包含有源端口和目的端口、报文长度以及

UDP 检验和。

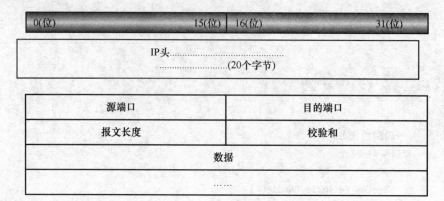

图 11 - 3 UDP 报文格式

源端口(Source Port)和目的端口(Destination Port)字段包含了 16 bit 的 UDP 协议端口号,它使得多个应用程序可以多路复用同一个传输层协议——UDP 协议,仅通过不同的端口号来区分不同的应用程序。

长度(Length)字段记录了该 UDP 数据包的总长度(以字节为单位),包括 8 B 的 UDP 头和其后的数据部分。最小值是 8(即报文头的长度),最大值为 65 535 B。

UDP 检验和(Checksum)的内容超出了 UDP 数据报文本身的范围,实际上,它的值是通过计算 UDP 数据报及一个伪报头而得到的。但校验和的计算方法与通用的一样,都是累加求和。

3. 主要程序

LwIP 协议栈的 udp_echo_client 测试程序主要包括处理系统的周期性任务函数 System_Periodic_Handle、回调函数 udp_receive_callback 以及 UDP 数据发送函数 udp_echoclient_send 等。其中回调函数 udp_receive_callback 的参数如下:

➤ 参数 arg 是用户提供参数(udp_pcb. recv_arg);
➤ 参数 PCB 是接收数据的 udp_pcb;
➤ 参数 p 是已接收数据包缓冲区;
➤ 参数 addr 是从接收数据包得到的远程 IP 地址;
➤ 参数 port 是从接收数据包得到的端口号;
➤ 无返回参数。

LwIP 协议栈的 udp_echo_client 测试程序实现代码如下:

```
#define SYSTEMTICK_PERIOD_MS  10
__IO uint32_t LocalTime = 0; / * 这个变量是用来创建一个参考时间,10 ms 递增 * /
uint32_t timingdelay;
void System_Periodic_Handle(void)
{
```

```
    /*更新的液晶显示屏和 LED 的状态*/
    /*管理 IP 地址设置*/    //这里仅仅用于显示,不用也不会影响网络通信和网络控制功能
    Display_Periodic_Handle(LocalTime);
    /* LwIP 定期服务,在这里完成*/
    //这里最关键
    LwIP_Periodic_Handle(LocalTime);
}
void Time_Update(void)
{
    LocalTime += SYSTEMTICK_PERIOD_MS;
}
#define DEST_IP_ADDR0    10
#define DEST_IP_ADDR1    5
#define DEST_IP_ADDR2    29
#define DEST_IP_ADDR3    49
#define UDP_SERVER_PORT     1200          /*定义 UDP 本地连接端口*/
#define UDP_CLIENT_PORT_1    1201         /*定义 UDP 本地连接端口*/
char    data[100];
__IO uint32_t message_count = 0;
void udp_receive_callback(void * arg, struct udp_pcb * upcb, struct pbuf * p, struct
ip_addr * addr, u16_t port)
{
    /*增加的消息数*/
    message_count ++ ;
    /*释放接收缓冲区*/
    pbuf_free(p);
    /*释放 UDP 连接,这样就可以接受新客户*/
    udp_remove(upcb);
}
/*** @实现 UDP echo 服务器*/
    struct udp_pcb * upcb;
    struct pbuf * p;
    struct ip_addr DestIPaddr;
    err_t err;
void udp_echoclient_send(void)
{
    if (upcb! = NULL)
    {
        /*指定的目标 IP 地址*/
IP4_ADDR( &DestIPaddr, DEST_IP_ADDR0, DEST_IP_ADDR1, DEST_IP_ADDR2,
DEST_IP_ADDR3 );
        /*配置目的 IP 地址和端口*/
```

```
    err = udp_connect(upcb, &DestIPaddr, UDP_SERVER_PORT);
    if (err == ERR_OK)
    {
        /* 给 upcb 绑定 IP 地址和 UDP 端口 */
        udp_bind(upcb, IP_ADDR_ANY, UDP_CLIENT_PORT_1);
        /* 为 upcb 设置接收回调方法 */
        udp_recv(upcb, udp_receive_callback, NULL);
        sprintf((char * )data, "sending udp client message % d", (int * )message_count);

        /* 从池中分配 pbuf */
        p = pbuf_alloc(PBUF_TRANSPORT, strlen((char * )data), PBUF_POOL);
        if (p != NULL)
        {
            LCD_DisplayStringLine(Line3, (uint8_t * )"The server's IP add.");
            /* 为 pbuf 复制数据 */
            pbuf_take(p, (char * )data, strlen((char * )data));
            /* 发送 udp 数据 */
            udp_send(upcb, p);
            /* 复位 upcb */
            udp_disconnect(upcb);
            /* 给 upcb 绑定 IP 地址和 UDP 端口 */
            udp_bind(upcb, IP_ADDR_ANY, UDP_CLIENT_PORT_1);
            /* 为 upcb 设置接收回调方法 */
            udp_recv(upcb, udp_receive_callback, NULL);
            /* 释放 pbuf */
            pbuf_free(p);
        }
        else
        {
            # ifdef SERIAL_DEBUG
            printf("\n\r can not allocate pbuf ");
            # endif
        }
    }
    else
    {
        # ifdef SERIAL_DEBUG
        printf("\n\r can not connect udp pcb");
        # endif
    }
}
else
```

```
  {
    # ifdef SERIAL_DEBUG
    printf("\n\r can not create udp pcb");
    # endif
  }
}
bool udp_is_send = false;
extern "C" void SysTick_Handler(void)
{
  static uint16_t cnt = 0;
    Time_Update();
  if(udp_is_send == true)
  {
    if(( cnt ++ > = 500) ) {
  cnt = 0;
        led2.isOn()? led2.Off();led2.On();
        udp_echoclient_send();
    }
  }
}
/ * 简述插入一个延迟时间。参数 nCount:等待 10 ms 的周期数 * /
extern "C" void Delay(uint32_t nCount)
{
  / * 捕获当前的本地时间 * /
  timingdelay = LocalTime + nCount;
  / * 等到所需的延迟完成 * /
  while(timingdelay > LocalTime){ }
}
int main(void)
{
  SystemInit();
  / * 设置 STM32 系统(包括时钟、以太网、GPIO、NVIC 等) * /
  System_Setup();
  / * 初始化 LwIP 栈   * /
  LwIP_Init();
  udp_is_send = true;
  / * 创建一个新的 UDP 控制块   * /
  upcb = udp_new();
  while (1)
  {
    / * 处理所有收到的帧 * /
    while(ETH_GetRxPktSize() != 0) {LwIP_Pkt_Handle();}
```

```
    /*周期性任务*/
    System_Periodic_Handle();
    LCD_DisplayChar(LCD_LINE_18, 244,((i / 10) + 0x30));
      LCD_DisplayChar(LCD_LINE_18, 228,((i % 10) + 0x30));
    }
  }
```

第 12 章

STM32F2 新增的 DCMI 数码相机接口及应用

12.1 STM32F2 新增的 DCMI 数码相机接口

12.1.1 概述

1. DCMI 介绍

DCMI 数码相机接口是一个能够接收外部 8、10、12 或 14 位 CMOS 摄像头模块高速数据流的同步并行接口。它支持不同的数据格式:YCbCr4:2:2/RGB565 逐行扫描视频和压缩数据(JPEG)。

该接口主要用于黑白摄像机、X24 和 X5 相机,这里假设相机模块的大小调整等预处理已经完成。

2. DCMI 主要特点

DCMI 具有如下特点。

① 8、10、12 或 14 位并行接口;

② 嵌入式/外部行和帧同步;

③ 连续或快照模式;

④ 剪切功能;

⑤ 支持以下数据格式。

➢ 8/10/12/14 位逐行扫描视频:单色或原始 Bayer;

➢ YCbCr4:2:2 逐行扫描视频;

➢ RGB 565 逐行扫描视频;

➢ 压缩数据:JPEG。

3. DCMI 的时钟

数码相机接口使用两个时钟域 PIXCLK 和 HCLK。一旦它们是稳定的,与 PIXCLK 产生的信号将在 HCLK 的上升沿采样。在 HCLK 域生成使能信号,表明从相机来的数据是稳定的,可采样。最高 PIXCLK 周期,必须高于 2.5 倍的 HCLK 周期。如果用频率来计算,那就相当于最高 PIXCLK 频率应该小于 HCLK/2.5,如果 HCLK 为 120 MHz,那么 PIXCLK 频率应该小于 120 MHz/2.5=48 MHz。

4．DCMI 的功能概述

数码相机接口是一个同步的并行接口,可以接收高速(可达 54 MB/s)的数据流。它包含多达 14 个数据线(D13～D0)和像素时钟线(PIXCLK)。像素时钟有一个可编程的极性,使数据可以在像素时钟的上升或下降沿捕获。

包装成 32 位数据寄存器(DCMI_DR)的数据,然后通过一个通用 DMA 通道传输。由 DMA 图像缓冲区管理,而不是通过摄像头接口。

从相机接收到的数据可以组成线/帧(原 YUB/RGB/Bayer 模式),或者可以是一个 JPEG 图像序列。为了使 JPEG 图像接收,JPEG 位(DCMI_CR 寄存器的第 3 位)必须设置。

通过使用可选的 HSYNC(水平同步)、VSYNC(垂直同步)信号的硬件或嵌入在数据流中的同步代码的数据流来同步。DCMI 的结构框图如图 12-1 所示。

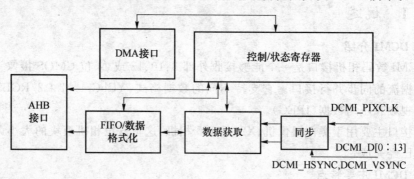

图 12-1　DCMI 的框图

12.1.2　DCMI 的接口

DCMI 的接口包括数据、像素时钟、水平同步/数据有效、垂直同步等信号,如表 12-1 所列。相机接口可以捕获 8、10、12 或 14 位数据,具体多少位取决于 DCMI_CR 寄存器于 EDM[1:0]位。如果使用的位数不到 14 位,那么未使用的输入引脚必须连接到地。DCMI 引脚如图 12-2 所示。

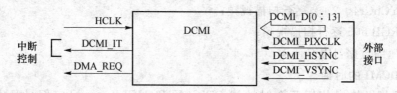

图 12-2　DCMI 引脚图

数据 PIXCLK 取决于极性的像素时钟的上升/下降沿变化是同步的;HSYNC 信号指示行的开始/结束;VSYNC 信号指示一帧的开始/结束。DCMI 的信号波形如图 12-3 所示。

表 12 - 1 DCMI 的信号

信号名称		信号说明
8 位	D[0:7]	数据
10 位	D[0:9]	
12 位	D[0:11]	
14 位	D[0:13]	
PIXCLK		像素时钟
HSYNC		水平同步/数据有效
VSYNC		垂直同步

➤ DCMI_PIXCLK 捕捉边缘的下降沿,DCMI_HSYNC 和 DCMI_VSYNC 活跃状态为 1;

➤ DCMI_HSYNC 和 DCMI_VSYNC 可以在同一时间改变状态。

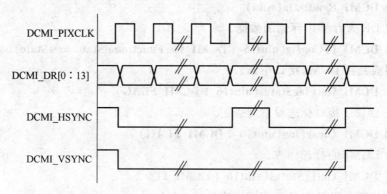

图 12 - 3 DCMI 的信号波形

12.1.3 DCMI 固件库函数

1. DCMI 固件库函数

DCMI 固件库函数在头文件 stm32f2xx_dcmi.h 之中声明,主要包括如下 15 个 DCMI 固件库函数。

(1) DCMI_DeInit(void)

Deinitializes DCMI 的寄存器默认的复位值。

(2) DCMI_Init(DCMI_InitTypeDef * DCMI_InitStruct)

根据 DCMI_InitStruct 指定的参数初始化 DCMI。

(3) DCMI_StructInit(DCMI_InitTypeDef * DCMI_InitStruct)

填充每个 DCMI_InitStruct 成员,或保留它的默认值。

327

（4）**DCMI_CROPConfig(DCMI_CROPInitTypeDef * DCMI_CROPInitStruct)**

根据 DCMI_CROPInitStruct 指定的参数初始化 DCMI 的外围工作模式。

（5）**DCMI_CROPCmd(FunctionalState NewState)**

启用或禁用 DCMI 执行功能。

（6）**DCMI_SetEmbeddedSynchroCodes (DCMI _ CodesInitTypeDef * DCMI _ CodesInitStruct)**

设置嵌入式同步代码。

（7）**DCMI_JPEGCmd(FunctionalState NewState)**

启用或禁用 DCMI JPEG 格式。

（8）**DCMI_Cmd(FunctionalState NewState)**

启用或禁用 DCMI 的接口。

（9）**DCMI_CaptureCmd(FunctionalState NewState)**

启用或禁用 DCMI 的捕捉。

（10）**DCMI_ReadData(void)**

读取 DR 寄存器中存储的数据。

（11）**DCMI_ITConfig(uint16_t DCMI_IT, FunctionalState NewState)**

启用或禁用 DCMI 接口中断。

（12）**DCMI_GetFlagStatus(uint16_t DCMI_FLAG)**

检查 DCMI 接口标志设置与否。

（13）**DCMI_ClearFlag(uint16_t DCMI_FLAG)**

清除 DCMI 的挂起标志。

（14）**DCMI_GetITStatus(uint16_t DCMI_IT)**

检查是否 DCMI 已经发生或不中断。

（15）**DCMI_ClearITPendingBit(uint16_t DCMI_IT)**

清除 DCMI 的中断挂起位。

2. DCMI 固件库函数的使用

以下介绍如何使用 DCMI 固件库函数来配置 DCMI 接口,完成图像的捕捉。注意:这里未考虑摄像头本身的配置,在使用 DCMI 接口完成图像捕捉之前,应该先配置和启用摄像头。

① 启用时钟为 DCMI 和相关的 GPIO 使用下列功能:

```
RCC_AHB2PeriphClockCmd(RCC_AHB2Periph_DCMI,ENABLE);
RCC_AHB1PeriphClockCmd(RCC_AHB1Periph_GPIOx,ENABLE);
```

② DCMI 的引脚配置

连接参与 DCMI 的引脚 AF13 使用函数 GPIO_PinAFConfig(GPIOx, GPIO_PinSourcex, GPIO_AF_DCMI);

配置备用功能模式,通过调用函数 GPIO_Init()这些 DCMI 的引脚。

③ 声明一个 DCMI_InitTypeDef 结构,例如:"DCMI_InitTypeDef DCMI_Init-Structure";并填写 DCMI_InitStructure 变量与结构成员的允许值。

④ 初始化 DCMI 的接口,通过调用函数 DCMI_Init(&DCMI_InitStructure)。

⑤ 配置 DMA2_Stream1 通道 1,DCMI DR 寄存器的数据传送到目标内存缓冲区。

⑥ 启用 DCMI 的接口,使用功能 DCMI_Cmd(ENABLE)。

⑦ 启动图像采集,使用功能 DCMI_CaptureCmd(ENABLE)。

⑧ 启动 DCMI 接口,在这个阶段的第一帧开始等待,然后产生一个 DMA,接收到的数据请求连续/快照(取决于模式,连续/快照)传输到目标内存。

注意:如果只需要捕获从接收到的图像的矩形窗口,则必须使用 DCMI_CROP-Config()函数来配置坐标和窗口的大小,被捕获后使用,然后使用 DCMI_CROPCmd(ENABLE)启用"裁剪"功能;在这种情况下,应在启用和启动 DCMI 接口前进行配置。

12.2　OV7670 摄像头

12.2.1　概述

OV7670 图像传感器具有体积小、工作电压低等特点,提供单片 VGA 摄像头和影像处理器的所有功能。通过 SCCB 总线控制,可以输出整帧、子采样、取窗口等方式的各种分辨率 8 位影像数据。该产品 VGA 图像最高达到 30 帧/s。OV7670 内部结构如图 12-4 所示,包括感光阵列(共有 656×488 个像素,其中在 YUV 的模式中,有效像素为 640×480 个);模拟信号处理;A/D 转换;测试图案发生器;数字信号处理器;图像缩放;时序发生器;数字视频端口;SCCB 接口;LED 和闪光灯输出控制。

OV7670 特点如下。

➤ 高灵敏度适合低照度应用;低电压适合嵌入式应用;

➤ 标准的 SCCB 接口,兼容 I^2C 接口;

➤ 支持 RawRGB、RGB(GRB4∶2∶2,RGB565/555/444)、YUV(4∶2∶2)和 YCbCr(4∶2∶2)输出格式;

➤ 支持 VGA,CIF 和从 CIF 到 40×30 的各种尺寸;

➤ VarioPixel 子采样方式;

➤ 自动影响控制功能包括:自动曝光控制、自动增益控制、自动白平衡,自动消除灯光条纹、自动黑电平校准,图像质量控制包括色饱和度、色相、伽马、锐度和 ANTI_BLOOM;

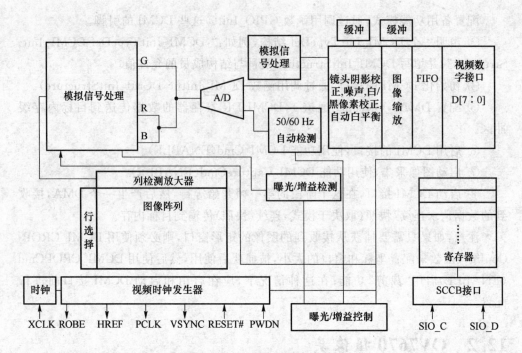

图 12-4　OV7670 内部结构

> ISP 具有消除噪声和坏点补偿功能；
> 支持闪光灯：LED 灯和氙灯；
> 支持图像缩放；镜头失光补偿；
> 50/60 Hz 自动检测；
> 饱和度自动调节（UV 调整）；边缘增强自动调节。

用户可以完全控制图像质量、数据格式和传输方式。所有图像处理功能过程包括伽马曲线、白平衡、饱和度、色度等都可以通过 SCCB 接口编程。

OV7670 图像传感器应用 OmmiVision 公司独有的传感器技术，通过减少或消除光学或电子缺陷如固定图案噪声、托尾、浮散等，提高图像质量，得到清晰的稳定的彩色图像。OV7670 引脚功能如表 12-2 所列。

表 12-2　OV7670 引脚功能说明

引　脚	名　称	类　型	功能/说明
A1	AVDD	电源	模拟电源
A2	SIO_D	输入/输出	SCCB 数据口
A3	SIO_C	输入	SCCB 时钟口
A4	D1	输出	数据位 1

引　脚	名　称	类　型	功能/说明
A5	D3	输出	数据位 3
B1	PWDN	输入	POWER DOWN 模式选择,0:工作,1:POWER DOWN
B2	VREF2	参考	并 0.1 μF 电容
B3	AGND	电源	模拟地
B4	D0	输出	数据位 0
B5	D2	输出	数据位 2
C1	DVDD	电源	核电压+1.8VDC
C2	VREF1	参考	参考电压并 0.1 μF 电容
D1	VSYNC	输出	帧同步
D2	HREF	输出	行同步
E1	PCLK	输出	像素时钟
E2	STROBE	输出	闪光灯控制输出
E3	XCLK	输入	系统时钟输入
E4	D7	输出	数据位 7
E5	D5	输出	数据位 5
F1	DOVDD	电源	I/O 电源,电压(1.7~3.0) V
F2	RESET	输入	初始化所有寄存器到默认值,为 0 复位
F3	DOGND	电源	数字地
F4	D6	输出	数据位 6
F5	D4	输出	数据位 4

12.2.2　OV7670 工作原理

1. RGB565 时序

OV7670 摄像头支持 RawRGB、RGB(GRB4∶2∶2,RGB565/555/444)、YUV(4∶2∶2)和 YCbCr(4∶2∶2)等输出格式,最常用的数据格式是 RGB565。在没有专用的摄像头接口单片机系统中,可以直接根据 RGB565 时序来时行数据采集,RGB565 时序如图 12-5 所示。

2. OV7670 工作原理

在没有专用的摄像头接口单片机系统中,OV7670 摄像头在 RGB565 工作模式下的工作流程如图 12-6 所示。一是初始化,包括系统的初始化、TFT 屏初始化以及摄像头的初始化。二是帧循环,用一个无限循环 while(1)来不断更新不同的帧。三是行循环,根据初始化的行数循环读取一行的数据。四是点循环,循环读取一行里的所有点数据。五是点数据的读取,通过调用 CCamera 类的 getPixel 函数实现。

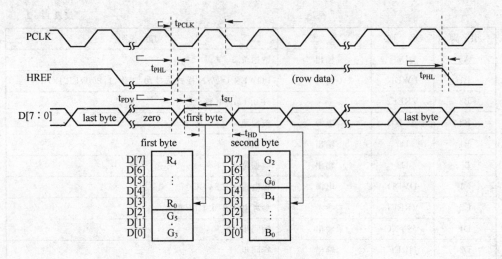

图 12 - 5　RGB565 时序

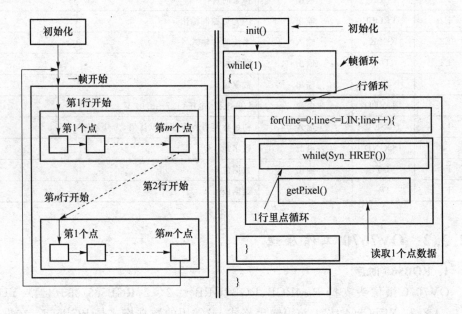

图 12 - 6　测试程序工作原理

12.3　CMOS 摄像头测试程序

1. 前期准备

(1) 接口

按第 2 章所介绍的 CMOS 摄像头接口电路图 2 - 26,连接好 STM32 与摄像头之间的接线。

(2) 驱动程序

可以从网上下载 OV7670 的驱动程序,例如网上许多论坛都提供了 STM32 的 OV7670 例子,一般例子中都包括了 5 个 OV7670 的驱动文件。可以下载下来,修改一下端口的定义直接用。

也可以采用本书配套资料中提供的 OV7670 的驱动程序,资料中 STM32F2_7670_ camera7 项目有一个 Camera 目录,该目录共有两个头文件,其中 OV7670config. h 文件中定义了初始化参数,OV7670. h 文件即 OV7670 的驱动程序。

(3) 端口映射

上面的驱动程序可以不作任何修改就在不同的 STM32 开发板上使用。但使用之前需要根据不同的开发板或不同的摄像头接口设置端口映射。按第 2 章硬件电路设计中所介绍的 CMOS 摄像头接口电路图 2 - 26,其端口映射定义如下:

```
// COV7670 摄像头端口映射
#define UP_PP_100 GPIO_PuPd_UP,GPIO_OType_PP,GPIO_Speed_100MHz
#define SI_GPIO(m,n,k)   RCC_AHB1Periph_GPIO##m,GPIO##m,GPIO_Pin_##n,\
GPIO_Mode_##k,UP_PP_100
#define AF_GPIO(m,n,t)   RCC_AHB1Periph_GPIO##m,GPIO##m,GPIO_Pin_##n,\
GPIO_Mode_AF,UP_PP_100,GPIO_PinSource##n,GPIO_AF_##t
#define CLK RCC_AHB1Periph_GPIOC,GPIOC,GPIO_Pin_9,GPIO_Mode_AF,\
UP_PP_100,GPIO_PinSource9,GPIO_AF_MCO
#define SIC SI_GPIO(B,8,OUT)
#define SID_IN SI_GPIO(B,9,IN)
#define SID_OUT SI_GPIO(B,9,OUT)
#define DCMI_VSYNC AF_GPIO(B,7,DCMI)
#define DCMI_HREF AF_GPIO(A,4,DCMI)
#define DCMI_PCLK AF_GPIO(A,6,DCMI)
#define DCMI_D0 AF_GPIO(E,0,DCMI)
#define DCMI_D1 AF_GPIO(E,1,DCMI)
#define DCMI_D2 AF_GPIO(E,4,DCMI)
#define DCMI_D3 AF_GPIO(E,5,DCMI)
#define DCMI_D4 AF_GPIO(E,6,DCMI)
#define DCMI_D5 AF_GPIO(C,6,DCMI)
#define DCMI_D6 AF_GPIO(C,7,DCMI)
#define DCMI_D7 AF_GPIO(B,7,DCMI)
```

2. 测试程序

由于 CMOS 摄像头测试程序需要用到 LCD 显示功能,因此该测试程序最好采用本书前面使用 LCD 的项目为基础进行扩展,这样更加方便。测试代码如下:

```
extern "C"  void DCMI_IRQHandler(void)
```

```
    {
        if(DCMI_GetITStatus(DCMI_IT_VSYNC)!= RESET)
        {
            led2.isOn()? led2.Off():led2.On();
            LCD_SetCursor(0x00, 0x013F);
            LCD_WriteRAM_Prepare();          //准备写 GRAM
            DCMI_ClearFlag(DCMI_IT_VSYNC);
        }
        else if(DCMI_GetITStatus(DCMI_IT_LINE)!= RESET)
        {
            DCMI_ClearFlag(DCMI_IT_LINE);
        }
    }
    void LCD_Init()
    {
        STM3220F_LCD_Init();
        LCD_Clear(LCD_COLOR_WHITE);
        LCD_SetTextColor(LCD_COLOR_BLUE);
        LCD_DisplayStringLine(LINE(0),(uint8_t *)"  Camera Init..");
        LCD_SetCursor(0x00, 0x013F);
        LCD_WriteRAM_Prepare(); // 准备写 GRAM
    }
    void Camera_Init()
    {
      CCamera camera;
      camera.init();
      camera.DCMI_Configuration();
      camera.DCMI_DMA_Configuration();
      camera.DCMI_NVIC_Configuration();
      camera.ITConfig(DCMI_IT_VSYNC|DCMI_IT_LINE,ENABLE);
      camera.start();
    }
    int main(void)
    {
        SystemInit();
      bsp.init();
        CLed led1(LED1);
        RCC_ClocksTypeDef RCC_Clocks;
        RCC_GetClocksFreq(&RCC_Clocks);
        SysTick_Config(RCC_Clocks.HCLK_Frequency /50);
        LCD_Init();
        Camera_Init();
```

```
    while(1)
{
    bsp.delay(4000);
        led1.isOn()? led1.Off():led1.On();
}
}
```

　　按上述步骤配置好驱动程序和编写好测试程序,然后编译和下载程序到目标板上,运行即可从 LCD 上看到摄像头拍摄到的图像。由于没有 FIFO 缓冲,这个测试程序显示图像的速度只有一秒一帧左右。

12.4　深入 CMOS 摄像头驱动程序原理

12.4.1　SCCB 协议

1. SCCB 协议简介

　　SCCB(Serial Camera Control Bus)是和 I^2C 相同的一个协议。SIO_C 和 SIO_D 分别为 SCCB 总线的时钟线和数据线。目前,SCCB 总线通信协议只支持 100 KB/s 或 400 KB/s 的传输速度,并且支持两种地址形式:

> 从设备地址(ID Address,8 bit)分为读地址和写地址,高 7 位用于选中芯片,第 0 位是读/写控制位(R/W),决定是对该芯片进行读或写操作;
> 内部寄存器单元地址(Sub_ Address,8 bit)用于决定对内部的哪个寄存器单元进行操作,通常还支持地址单元连续的多字节顺序读/写操作。

　　SCCB 控制总线功能的实现完全是依靠 SIO_C、SIO_D 两条总线上电平的状态以及两者之间的相互配合实现的。SCCB 总线传输的启动和停止条件如图 12 - 7 所示。

2. I^2C 总线

　　I^2C(Inter-Integrated Circuit)总线是由 Philips 公司开发的两线式串行总线,用于连接微控制器及其外围设备。是微电子通信控制领域广泛采用的一种总线标准。它是同步通信的一种特殊形式,具有接口线少,控制方式简单,器件封装形式小,通信速率较高等优点。I^2C 总线特点如下。

> 只要求两条总线线路:一条串行数据线 SDA,一条串行时钟线 SCL;
> 每个连接到总线的器件都可以通过唯一的地址和一直存在的简单的主机/从机关系通过软件设定地址,主机可以作为主机发送器或主机接收器;
> 它是一个真正的多主机总线,如果两个或更多主机同时初始化,数据传输可以通过冲突检测和仲裁防止数据被破坏;
> 串行的 8 位双向数据传输位速率在标准模式下可达 100 kbit/s,快速模式下

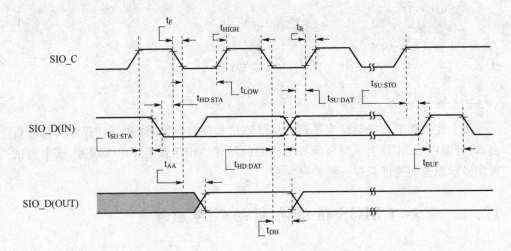

图 12 - 7 SCCB 总线时序图

可达 400 kbit/s，高速模式下可达 3.4 Mbit/s；

➢ 连接到相同总线的 IC 数量只受到总线的最大电容 400 pF 限制。

3. I^2C 总线工作原理

I^2C 总线只有两根双向信号线，如图 12 - 8 所示。一根是数据线 SDA，另一根是时钟线 SCL。

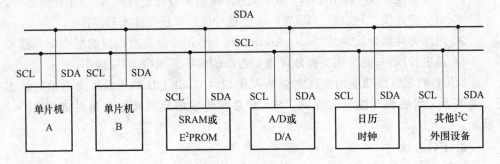

图 12 - 8 I^2C 总线结构

I^2C 总线通过上拉电阻接正电源。当总线空闲时，两根线均为高电平。连到总线上的任一器件输出的低电平，都将使总线的信号变低，即各器件的 SDA 及 SCL 都是线"与"关系，如图 12 - 9 所示。

每个接到 I^2C 总线上的器件都有唯一的地址。主机与其他器件间的数据传送可以是由主机发送数据到其他器件，这时主机即为发送器，由总线上接收数据的器件则为接收器。

4. I^2C 总线的数据传送

I^2C 总线是由数据线 SDA 和时钟 SCL 构成的串行总线，可发送和接收数据。在 CPU 与被控 IC 之间、IC 与 IC 之间进行双向传送，最高传送速率 100 kbit/s。各种被

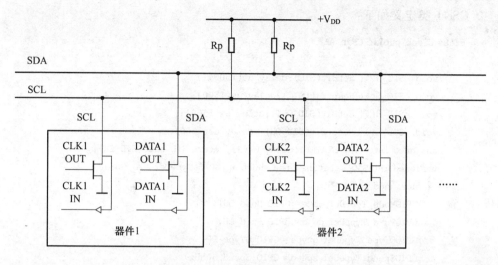

图 12 - 9　I²C 总线总线的连接方式

控制电路均并联在这条总线上,但就像电话机一样只有拨通各自的号码才能工作,所以每个电路和模块都有唯一的地址,在信息的传输过程中,I²C 总线上并接的每一模块电路既是主控器(或被控器),又是发送器(或接收器),这取决于它所要完成的功能。

　　CPU 发出的控制信号分为地址码和控制量两部分,地址码用来选址,即接通需要控制的电路,确定控制的种类;控制量决定该调整的类别(如对比度、亮度等)及需要调整的量。这样,各控制电路虽然挂在同一条总线上,却彼此独立,互不相关。

　　I²C 总线在传送数据过程中共有 3 种类型信号,它们分别是开始信号、结束信号和应答信号。

> 开始信号:SCL 为高电平时,SDA 由高电平向低电平跳变,开始传送数据。
> 结束信号:SCL 为低电平时,SDA 由低电平向高电平跳变,结束传送数据。
> 应答信号:接收数据的 IC 在接收到 8bit 数据后,向发送数据的 IC 发出特定的低电平脉冲,表示已收到数据。

CPU 向受控单元发出一个信号后,等待受控单元发出一个应答信号,CPU 接收到应答信号后,根据实际情况作出是否继续传递信号的判断。若未收到应答信号,判断为受控单元出现故障。

12.4.2　SCCB 协议驱动程序设计

1. CSccb 类

　　在上面的测试程序中,SCCB 协议驱动程序由 CSccb 类完成。主要包括了 SCCB 协议中的起始和终止信号、数据发送、数据读取等功能。由于 STM32F207 与 OV7670 的 I²C 兼容性不太好,因此该测试程序采用 STM32F207 的 I/O 口模拟 I²C 时序来与 OV7670 通信。

CSccb 类定义如下：

```
class CSccb:public CPin_AF
{
    void  SIC_H(){ SetBit(SIC);delay_us(1500);}
    void  SIC_L(){ ResetBit(SIC);delay_us(1500);}
    void  SID_H(){ SetBit(SID_OUT);delay_us(1500);}
    void  SID_L(){ ResetBit(SID_OUT);delay_us(1500);}
    unsigned int  SID_STATE(){delay_us(3);return SID_sate(SID_IN);}
    unsigned int SID_sate(unsigned short ap,GPIO_TypeDef * m_Gpio,
        unsigned short Pin,
        GPIOMode_TypeDef mode = GPIO_Mode_OUT,
        GPIOPuPd_TypeDef pupd = GPIO_PuPd_UP,
        GPIOOType_TypeDef otype = GPIO_OType_PP,
        GPIOSpeed_TypeDef speed = GPIO_Speed_50MHz)
    {
        return Gpio->IDR&Pin;
    }
public:
    void SCCB_init(){init(SIC);init(SID_OUT);}
    void startSCCB(void){SID_H();SIC_H();SID_L();SIC_L();}
    void stopSCCB(void){SID_L();SIC_H();SID_H();}
    void noAck(void){SID_H();SIC_H();SIC_L();SID_L();}

    unsigned char SCCBwriteByte(unsigned char m_data);
    unsigned char SCCBreadByte(void);
    return(read);
    }
};
```

2. I²C 总线数据位的有效性规定

I²C 总线进行数据传送时，时钟信号为高电平期间，数据线上的数据必须保持稳定，只有在时钟线上的信号为低电平期间，数据线上的高电平或低电平状态才允许变化。I²C 总线数据位格式如图 12－10 所示。

为了保证数据传送的可靠性，I²C 总线的数据传送有严格的时序要求。I²C 总线的起始信号、终止信号、发送"0"及发送"1"的模拟时序，如图 12－11 所示。

3. 起始和终止信号

SCL 线为高电平期间，SDA 线由高电平向低电平的变化表示起始信号；SCL 线为高电平期间，SDA 线由低电平向高电平的变化表示终止信号。起始和终止信号时序如图 12－12 所示。

起始和终止信号都是由主机发出的，在起始信号产生后，总线就处于被占用的状

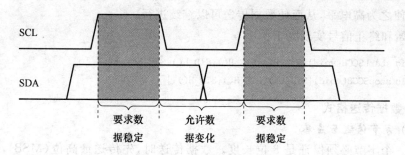

SCL

SDA

要求数据稳定　　允许数据变化　　要求数据稳定

图 12 – 10　I²C 总线数据位格式

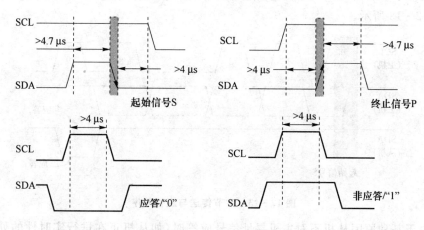

SCL

>4.7 μs

SDA

>4 μs

起始信号S

SCL

>4.7 μs

SDA

>4 μs

终止信号P

>4 μs

SCL

SDA

应答/"0"

SCL

>4 μs

SDA

非应答/"1"

图 12 – 11　I²C 总线时序

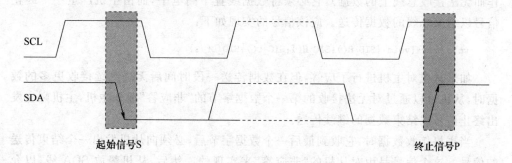

SCL

SDA

起始信号S

终止信号P

图 12 – 12　起始和终止信号时序

态；在终止信号产生后，总线就处于空闲状态。

　　连接到 I²C 总线上的器件，若具有 I²C 总线的硬件接口，则很容易检测到起始和终止信号。对于不具备 I²C 总线硬件接口的有些单片机来说，为了检测起始和终止信号，必须保证在每个时钟周期内对数据线 SDA 采样两次。

　　接收器件收到一个完整的数据字节后，有可能需要完成一些其他工作，如处理内部中断服务等，可能无法立刻接收下一个字节，这时接收器件可以将 SCL 线拉成低电平，从而使主机处于等待状态。直到接收器件准备好接收下一个字节时，再释放

SCL 线使之为高电平,从而使数据传送可以继续进行。

起始和终止信号实现如下:

```
void startSCCB(void){SID_H();SIC_H();SID_L();SIC_L();}
void stopSCCB(void){SID_L();SIC_H();SID_H();}
```

4. 数据传送格式

(1) 字节传送与应答

每一个字节必须保证是 8 位长度。数据传送时,先传送最高位(MSB),每一个被传送的字节后面都必须跟随一位应答位(即一帧共有 9 位)。字节传送与应答时序如图 12 - 13 所示。

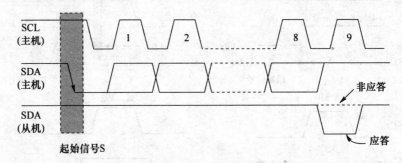

图 12 - 13   字节传送与应答时序

由于某种原因从机不对主机寻址信号应答时(如从机正在进行实时性的处理工作而无法接收总线上的数据),它必须将数据线置于高电平,而由主机产生一个终止信号以结束总线的数据传送。应该信号的实现如下:

```
void noAck(void){SID_H();SIC_H();SIC_L();SID_L();}
```

如果从机对主机进行了应答,但在数据传送一段时间后无法继续接收更多的数据时,从机可以通过对无法接收的第一个数据字节的"非应答"通知主机,主机则应发出终止信号以结束数据的继续传送。

当主机接收数据时,它收到最后一个数据字节后,必须向从机发出一个结束传送的信号。这个信号是由对从机的"非应答"来实现的。然后,从机释放 SDA 线,以允许主机产生终止信号。

数据的输出实现代码如下:

```
unsigned char SCCBwriteByte(unsigned char m_data)
{
    unsigned char j,tem;
    for(j = 0;j<8;j++)              //循环 8 次发送数据
    {
        if((m_data<<j)&0x80) SID_H();
```

```
    else SID_L();
    SIC_H();
    SIC_L();
  }
  in_init(SID);                    /* 设置 SDA 为输入 */
  SIC_H();
  if(SID_STATE()){tem = 0;}        //SDA = 100 发送失败,返回 0
  else {tem = 100;}               //SDA = 0 发送成功,返回 100
  SIC_L();
  out_init(SID);                   /* 设置 SDA 为输出 */
  return (tem);
}
```

（2）数据帧格式

I²C 总线上传送的数据信号是广义的,既包括地址信号,又包括真正的数据信号。

在起始信号后必须传送一个从机的地址（7 位）,第 8 位是数据的传送方向位（R/T）,用"0"表示主机发送数据（T）,"1"表示主机接收数据（R）。每次数据传送总是由主机产生的终止信号结束。但是,若主机希望继续占用总线进行新的数据传送,则可以不产生终止信号,马上再次发出起始信号对另一从机进行寻址。

数据的读取实现如下:

```
unsigned char SCCBreadByte(void)
{
  unsigned char read,j;
  read = 0x00;
  in_init(SID);           /* 设置 SDA 为输入 */
  for(j = 8;j>0;j--)      //循环 8 次接收数据
  {
    SIC_H();
    read = read<<1;
    if(SID_STATE()) read = read + 1;
    SIC_L();
  }
  return(read);
}
```

12.4.3　CMOS 摄像头驱动程序设计

1. COV7670 驱动类

CMOS 摄像头驱动由 COV7670 类实现,从 CSccb 类派生出来,因为 COV7670

类 具 有 了 CSccb 类 的 SCCB 功能，可 以 对 OV7670 摄 像 头 进 行 SCCB 操 作。COV7670 类主要是封装了 OV7670 摄像头初始化函数 OV7670_init、GPIO 初始化函数 OV7670_GPIO_Init 以及 OV7670 寄存器的读写函数等。

COV7670 驱动类实现代码如下：

```
class COV7670:public CSccb
{
public:
void CLK_init_ON(void);              // 启动 7670 时钟
void CLK_init_OFF(void);             // 关闭 7670 时钟
void OV7670_GPIO_Init(void);
// 写 OV7670 寄存器
unsigned char wrOV7670Reg(unsigned char regID, unsigned char regDat);
// 读 OV7670 寄存器
unsigned char rdOV7670Reg(unsigned char regID, unsigned char * regDat);
// OV7670 初始化
unsigned char OV7670_init(void);
};
```

2. OV7670 类初始化

OV7670 初始化主要通过 COV7670 类的 OV7670_init 函数完成，该函数调用了 OV7670config.h 文件里所定义的 change_reg 数组来配置 OV7670。常需要注意的配置是采集窗口大小配置和时钟控制配置。如果 OV7670 输出正常，但送到 TFT 显示时不正常，那么大部分情况是由于时钟控制不正确产生。如果是大部分颜色正确，小部分颜色不正确，那可能是自动增益、颜色补偿等方面未配置正确的原因。

OV7670 初始化函数 OV7670_init 实现代码如下：

```
unsigned char OV7670_init(void)
{
  unsigned char temp;
  unsigned int i = 0;
  // uchar ovidmsb = 0,ovidlsb = 0;
  ov7670_GPIO_Init();
  SCCB_init(); // io init..
    CLK_init_ON();
  temp = 0x80;
  if(0 = = wrOV7670Reg(0x12, temp)) // 重置 SCCB
  {
        return 0;
  }
  delay_ms(20);
  for(i = 0;i<CHANGE_REG_NUM;i + + )
```

```
    {
    if( 0 == wrOV7670Reg(change_reg[i][0],change_reg[i][1]))
    {
    return 0;
    }
    }
    return 0x01; // ok
}
```

在 OV7670 初始化函数 OV7670_init 中,调用 ov7670_GPIO_Init 函数实现 DC-
MI 接口的 DCMI 模式功能复用初始化,代码如下:

```
void ov7670_GPIO_Init(void)
{
    af_init(DCMI_VSYNC);
    af_init(DCMI_HREF);
    af_init(DCMI_PCLK);
    af_init(DCMI_D0);
    af_init(DCMI_D1);
    af_init(DCMI_D2);
    af_init(DCMI_D3);
    af_init(DCMI_D4);
    af_init(DCMI_D5);
    af_init(DCMI_D6);
    af_init(DCMI_D7);
}
```

在 OV7670 初始化函数 OV7670_init 中,调用 CLK_init_ON 函数实现 ov7670
时钟初始化,代码如下:

```
void CLK_init_ON(void)          //启动 7670 时钟
{
    GPIO_InitTypeDef GPIO_InitStructure;
    RCC_MCO2Config(RCC_MCO2Source_SYSCLK, RCC_MCO2Div_2);
    // RCC_MCO2Config(RCC_MCO2Source_HSE, RCC_MCO2Div_5);
    af_init(CLK);
}
```

3. OV7670 寄存器的读写

(1) 写取寄存器数据

OV7670 可以采用简单的三相(Phase)写数据方式,即在写寄存器的过程中先发
送 OV7670 的 ID 地址(ID Address),然后发送写数据的目地寄存器地址(Sub_ad-
dress),最后发送要写入的数据(Write Data)。

如果给连续的寄存器写数据,写完一个寄存器后,OV7670 会自动把寄存器地址加 1,程序可继续向下写,而不需要再次输入 ID 地址,从而三相写数据变为了两相写数据。

由于本系统只需对有限个不连续寄存器进行配置,如果采用对全部寄存器都加以配置这一方法的话,会浪费很多时间和资源,所以我们只对需要更改数据的寄存器进行写数据。对于每一个需更改的寄存器,都采用三相写数据的方法。

写 OV7670 寄存器的代码如下:

```
unsigned char wrOV7670Reg(unsigned char regID, unsigned char regDat)
{
  startSCCB();
  if(0 = = SCCBwriteByte(0x42))
  {
  stopSCCB();
  return(0);
  }
    if(0 = = SCCBwriteByte(regID))
  {
  stopSCCB();
  return(0);
  }
    if(0 = = SCCBwriteByte(regDat))
  {
  stopSCCB();
  return(0);
  }
    stopSCCB();
    return(1);
}
```

(2) 读取寄存器数据

读取寄存器数据的过程与上述介绍的写取寄存器数据相似,也是简单的三相(Phase)方式,只不过是在写完三相之后,多加了一个读取数据的过程。

读取 OV7670 寄存器数据的实现代码如下:

```
unsigned char rdOV7670Reg(unsigned char regID, unsigned char * regDat)
{
  startSCCB();
  if(0 = = SCCBwriteByte(0x42))
  {
  stopSCCB();
  return(0);
```

```
}
    if(0 = = SCCBwriteByte(regID))
{
stopSCCB();
return(0);
}
stopSCCB();
startSCCB();
if(0 = = SCCBwriteByte(0x43))
{
stopSCCB();
return(0);
}
    * regDat = SCCBreadByte();
    noAck();
    stopSCCB();
    return(1);
}
```

4. OV7670 摄像头模块初始化

(1) 常用采集窗口大小配置

常用采集窗口大小的主要由寄存器 0x0c、0x3e、0x72 等配置,例如:

160×120 窗口配置为 0x0c=0x0c,0x3e=0x12,0x72=0x21,0x3a=04。

80×60 窗口配置为 0x0c=0x0c,0x3e=0x13,0x72=0x33,0x3a=04。

320×240 窗口配置为 0x0c=0x00,0x3e=0x00,0x72=0x11,0x3a=0x04。

(2) 控制时钟配置

控制时钟主要由 0x11、0x6b、0x3e、0x73 等寄存器配置。

(3) 寄存器 0x11

CLKRC 80 读写内部时钟。

➤ 位[7]:保留;

➤ 位[6]:直接使用外部时钟(没有预分频);

➤ 位[5:0]:内部时钟分频。F(内部时钟)=F(输入时钟)/(位[5:0]+1),范围:[0000]~[1111]。

(4) 寄存器 0x12

COM7 00 读写通用控制 7。

➤ 位[7]:SCCB 寄存器复位,0 表示不复位,1 表示复位;

➤ 位[6]:保留;

➤ 位[5]:输出格式-CIF;

➤ 位[4]:输出格式-QVGA;

➤ 位[3]:输出格式－QCIF；

➤ 位[2]:输出格式－RGB(见下面)；

➤ 位[1]:彩色条,0 表示非使能,1 表示使能；

➤ 位[5]:输出格式－Raw RGB,如表 12-3 所列。

表 12-3 输出格式设置

	COM7[2]	COM7[0]
YUV	0	0
RGB	0	1
Bayer RAW	1	0
Processed Bayer RAW	1	1

(5) 寄存器 0x3E

COM14 00 读写普通控制 14。

➤ 位[7:5]:保留；

➤ 位[4]:DCW 和缩小 PCLK 使能,0 表示正常的 PCLK,1 表示 DCW 和缩小 PCLK 由 COM14[2:0]和 SCALING_PCLK_DIV[3:0](0x73)控制；

➤ 位[3]:手动缩放使能应用于预定义尺寸的模式如 CIF,QCIF,QVGA,0 表示缩放参数不能手动调节,1 表示缩放参数能手动调节；

➤ 位[2:0]:PCLK 分频(仅当 COM14[4]=1 时有效),000 表示除以 1;001 表示除以 2;010 表示除以 4;011 表示除以 8;100 表示除以 16;101~111 表示不允许。

(6) 寄存器 0x72

SCALING_DCWCTR 11 读写 DCW 控制。

➤ 位[7]:竖直平均计算选项,0 表示舍弃,1 表示四舍五入；

➤ 位[6]:竖直亚抽样选项,0 表示舍弃,1 表示四舍五入；

➤ 位[5:4]:竖直亚抽样率,00 表示无垂直亚抽样;01 表示竖直亚抽样 2 取 1；10 表示竖直亚抽样 4 取 1;11 表示竖直亚抽样 8 取 1；

➤ 位[3]:水平平均计算选项,0 表示舍弃,1 表示四舍五入；

➤ 位[2]:水平亚抽样选项,0 表示舍弃,1 表示四舍五入；

➤ 位[1:0]:水平亚抽样率,00 表示无水平亚抽样;01 表示水平亚抽样 2 取 1；10 表示水平亚抽样 4 取 1;11 表示水平亚抽样 8 取 1。

(7) 寄存器 0x73

SCALING_PC00 读写。

➤ 位[7:4]:保留；

➤ 位[3]:旁路 DSP 缩放时钟分频控制,0 表示时钟分频使能;1 表示时钟分频旁路；

> 位[2：0]：DSP 缩放时钟分频控制（COM14[3]＝1 时有效），应该与 COM14
> [2：0]设同样的值，000 表示一分频；001 表示二分频；010 表示四分频；011
> 表示八分频；100 表示 16 分频；101～111 表示不允许。

5. CCamera 类

CCamera 类主要是对 DCMI 配置的封装，包括 OV7670 初始化函数 init、DCMI
启动函数 start、DCMI 中断启动函数 ITConfig、DCMI 中断向量配置函数 DCMI_
NVIC_Configuration、DCMI DMA 配置函数 DCMI_DMA_Configuration 以及 DC-
MI 接口配置函数 DCMI_Configuration 等，CCamera 类的实现代码如下：

```
# include "ov7670.h"
# include  "stm32f2xx_dcmi.h"
# define DCMI_DR_ADDRESS        0x50050028
# define FSMC_LCD_ADDRESS       0x60020000
class CCamera:public COV7670
{
public:
    void init(void)
    {
        while(1!= OV7670_init());          //初始化 ov7670
    }
    void start(void)
    {
        DCMI_Cmd(ENABLE);                  //使能 DCMI 中断
        DCMI_CaptureCmd(ENABLE);           //开始图形计算
    }
void ITConfig(uint16_t DCMI_IT, FunctionalState NewState)
{DCMI_ITConfig(DCMI_IT,NewState);}

    void DCMI_NVIC_Configuration(void);
    void DCMI_DMA_Configuration(void);
    void DCMI_Configuration(void);
};
```

6. DCMI 配置函数

在 DCMI_Configuration 函数中，根据在 DCMI_InitStruct 指定的参数，调用
DCMI_Init 函数初始化 DCMI。参数 DCMI_InitStruct 是一个 DCMI_InitTypeDef
的结构，它包含为 DCMI 的配置信息的指针。

```
void CCamera::DCMI_Configuration(void)
{
DCMI_InitTypeDef  DCMI_InitStructure;
RCC_APB2PeriphClockCmd(RCC_APB2Periph_SYSCFG, ENABLE);
```

```
    /* 使能 DCMI 时钟 */
    RCC_AHB2PeriphClockCmd(RCC_AHB2Periph_DCMI, ENABLE);
    /* DCMI 配置 */
    DCMI_InitStructure.DCMI_CaptureMode = DCMI_CaptureMode_Continuous;
    DCMI_InitStructure.DCMI_SynchroMode = DCMI_SynchroMode_Hardware;
    DCMI_InitStructure.DCMI_PCKPolarity = DCMI_PCKPolarity_Falling;
    DCMI_InitStructure.DCMI_VSPolarity = DCMI_VSPolarity_High;
    DCMI_InitStructure.DCMI_HSPolarity = DCMI_HSPolarity_High;
    DCMI_InitStructure.DCMI_CaptureRate = DCMI_CaptureRate_All_Frame;
    DCMI_InitStructure.DCMI_ExtendedDataMode = DCMI_ExtendedDataMode_8b;
    DCMI_Init(&DCMI_InitStructure);
}
```

7. DCMI_InitTypeDef 结构

DCMI_InitTypeDef 结构定义如下：

```
typedef struct
{
    uint16_t DCMI_CaptureMode;
    uint16_t DCMI_SynchroMode;
    uint16_t DCMI_PCKPolarity;
    uint16_t DCMI_VSPolarity;
    uint16_t DCMI_HSPolarity;
    uint16_t DCMI_CaptureRate;
    uint16_t DCMI_ExtendedDataMode;
} DCMI_InitTypeDef;
```

① DCMI_CaptureMode 指定捕捉模式：连续或快照。这个参数可以是一个 DC-MI_Capture_Mode 值。

② DCMI_SynchroMode 指定同步模式：硬件或嵌入式。这个参数可以是一个 DCMI_Synchronization_Mode 值。

③ DCMI_PCKPolarity 指定像素时钟的极性，上升或下降。这个参数可以是一个 DCMI_PIXCK_Polarity 值。

④ DCMI_VSPolarity 指定垂直同步极性，高或低。这个参数可以是一个DCMI_VSYNC_Polarity 值。

⑤ DCMI_HSPolarity 指定水平同步极性，高或低。这个参数可以是一个DCMI_HSYNC_Polarity 值。

⑥ DCMI_CaptureRate 指定的帧捕捉频率，1/2 或 1/4。这个参数可以是一个DCMI_Capture_Rate 值。

⑦ DCMI_ExtendedDataMode 指定数据宽度：8、10、12 或 14 位。这个参数可以是一个 DCMI_Extended_Data_Mode 值。

8. DCMI DMA 配置

DCMI_DMA_Configuration 函数实现 DCMI DMA 的一种配置,配置参数保存在类型为 DMA_InitTypeDef 结构的空间中,然后调用 DMA 配置函数实现 DCMI DMA 的配置。

DMA_Cmd 函数使能或者失能指定的通道 x。该函数第 1 个参数是通道;第 2 个参数可选择两个参数 DISABLE 或 ENABLE,实际就是让 DMA 通道 x 配置寄存器(DMA_CCRx)(x=1…7)的第 0 位为 1 或为 0。为 0 表示通道不工作;为 1 表示通道开启。

一个 DCMI_DMA_Configuration 实例如下:

```
void CCamera::DCMI_DMA_Configuration(void)
{
    DMA_InitTypeDef DMA_InitStructure;
    /* 使能 DMA2 时钟 */
    RCC_AHB1PeriphClockCmd(RCC_AHB1Periph_DMA2, ENABLE);
    /* DMA2 流 1 配置 */
    DMA_DeInit(DMA2_Stream1);
    DMA_InitStructure.DMA_Channel = DMA_Channel_1;
    DMA_InitStructure.DMA_PeripheralBaseAddr = DCMI_DR_ADDRESS;
    DMA_InitStructure.DMA_Memory0BaseAddr = FSMC_LCD_ADDRESS; //(uint32_t)data; //FSMC
_LCD_ADDRESS;
    DMA_InitStructure.DMA_DIR = DMA_DIR_PeripheralToMemory;
    DMA_InitStructure.DMA_BufferSize = 320;
    DMA_InitStructure.DMA_PeripheralInc = DMA_PeripheralInc_Disable;
    DMA_InitStructure.DMA_MemoryInc = DMA_MemoryInc_Enable;
    DMA_InitStructure.DMA_PeripheralDataSize = DMA_PeripheralDataSize_Word;
    DMA_InitStructure.DMA_MemoryDataSize = DMA_MemoryDataSize_HalfWord;
    DMA_InitStructure.DMA_Mode = DMA_Mode_Circular;
    DMA_InitStructure.DMA_Priority = DMA_Priority_High;
    DMA_InitStructure.DMA_FIFOMode = DMA_FIFOMode_Disable;
    DMA_InitStructure.DMA_FIFOThreshold = DMA_FIFOThreshold_Full;
    DMA_InitStructure.DMA_MemoryBurst = DMA_MemoryBurst_Single;
    DMA_InitStructure.DMA_PeripheralBurst = DMA_PeripheralBurst_Single;
    DMA_Init(DMA2_Stream1, &DMA_InitStructure);
    // 使能 DMA 转换 //
    DMA_Cmd(DMA2_Stream1, ENABLE);
}
```

DMA_InitTypeDef 结构定义如下:

```
typedef struct
{
    uint32_t DMA_Channel;
```

```
    uint32_t DMA_PeripheralBaseAddr;
    uint32_t DMA_Memory0BaseAddr;
    uint32_t DMA_DIR;
    uint32_t DMA_BufferSize;
    uint32_t DMA_PeripheralInc;
    uint32_t DMA_MemoryInc;
    uint32_t DMA_PeripheralDataSize;
    uint32_t DMA_MemoryDataSize;
    uint32_t DMA_Mode;
    uint32_t DMA_Priority;
    uint32_t DMA_FIFOMode;
    uint32_t DMA_FIFOThreshold;
    uint32_t DMA_MemoryBurst;
    uint32_t DMA_PeripheralBurst;
}DMA_InitTypeDef;
```

① DMA_Channel 指定用于指定的流通道。这个参数可以是一个 DMA_channel 的值。

② DMA_PeripheralBaseAddr 指定 DMAy 流的外设基地址。

③ DMA_Memory0BaseAddr 指定内存 DMAy 流的 0 基址,这个内存是未启用双缓冲模式时使用默认的内存。

④ DMA_DIR 指定数据是否会被转移从存储器到外设,从内存到内存或外设内存,这个参数可以是一个 DMA_data_transfer_direction 的值。

⑤ DMA_BufferSize 指定数据流单元的缓冲区大小,一般等于 DMA_PeripheralDataSize 或 DMA_MemoryDataSize 成员所配置的值。

⑥ DMA_PeripheralInc 指定外设地址寄存器是否应该增加,这个参数可以是一个 DMA_peripheral_incremented_mode 的值。

⑦ DMA_MemoryInc 指定内存地址寄存器是否应该增加,这个参数可以是一个 DMA_memory_incremented_mode 的值。

⑧ DMA_PeripheralDataSize 指定外设的数据的宽度,这个参数可以是一个 DMA_peripheral_data_size 的值。

⑨DMA_MemoryDataSize 指定内存数据宽度,这个参数可以是一个 DMA_memory_data_size 的值。

⑩ DMA_Mode 指定 DMAy Streamx 的运作模式,这个参数可以是一个 DMA_circular_normal_mode 的值。需要注意的是如果内存到内存的数据传输是流的方式,循环缓冲区模式不能使用。

⑪ DMA_Priority 指定 DMAy Streamx 软件优先级,这个参数可以是一个 DMA_priority_level 的值。

⑫ DMA_FIFOMode 指定是否将使用指定的 Stream FIFO 模式或直接模式。

此参数可以是一个 DMA_fifo_direct_mode 的值,直接模式(FIFO 模式下禁用,不能使用内存到内存的数据传输)。

⑬ DMA_FIFOThreshold 指定 FIFO 阈值水平,这个参数可以是一个 DMA_fifo_threshold_level 的值。

⑭ DMA_MemoryBurst 指定内存传输的突发传输配置,它指定要在一个单一的非可中断传输的数据量,此参数可以是一个 DMA_memory_burst 的值,注意突发模式是可能的,只要地址增量模式启用。

⑮ DMA_PeripheralBurst 指定设备的数据传输的突发传输配置,它指定要在一个单一的非可中断传输的数据量,此参数可以是一个 DMA_peripheral_burst 的值,注意突发模式是可能的,只要地址增量模式启用。

9. DCMI 的中断向量配置

在 DCMI_NVIC_Configuration 函数中实现 DCMI 的中断向量配置功能,NVIC_InitTypeDef 结构用于指定配置参数。参数 NVIC_IRQChannel 启用或禁用指定 IRQ 通道,这个参数可以是一个 IRQn_Type 枚举值(对于完整的 STM32 设备的 IRQ 通道列表,在 stm32f2xx.h 文件中定义),其中 DCMI_IRQn 对应于 DCMI 通道的中断;参数 NVIC_IRQChannelPreemptionPriority 配置在 NVIC_IRQChannel 中指定的 IRQ 通道的优先,此参数是 0~15 的值,较低的优先级值表示较高的优先级;参数 NVIC_IRQChannelSubPriority 配置在 NVIC_IRQChannel 指定的 IRQ 通道的次优先级,此参数是 0~15 的值,较低的优先级值表示较高的优先级;参数 NVIC_IRQChannelCmd 配置在 NVIC_IRQChannel 定义的 IRQ 通道启用或禁用,这个参数可以设置为 ENABLE 或 DISABLE。

DCMI_NVIC_Configuration 函数实现代码如下:

```
void CCamera::DCMI_NVIC_Configuration(void)
{
    NVIC_InitTypeDef    NVIC_InitStructure;
    /*设置矢量表基地位置于 0x08000000 */
    NVIC_SetVectorTable(NVIC_VectTab_FLASH, 0x0);
    /*主优先级为 2 位,次优先级为 2 位*/
    NVIC_PriorityGroupConfig(NVIC_PriorityGroup_2);
    /*使能 DCMI 全局中断 */
    NVIC_InitStructure.NVIC_IRQChannel = DCMI_IRQn;
    NVIC_InitStructure.NVIC_IRQChannelPreemptionPriority = 2;
    NVIC_InitStructure.NVIC_IRQChannelSubPriority = 0;
    NVIC_InitStructure.NVIC_IRQChannelCmd = ENABLE;
    NVIC_Init(&NVIC_InitStructure);
}
```

第 **13** 章

STM32F2 增强的 USART 接口与应用

13.1 STM32F2 的 USART 接口

13.1.1 概述

1. USART 的简介

通用同步异步收发器(USART)提供了一种灵活的方法与使用工业标准 NRZ 异步串行数据格式的外部设备之间进行全双工数据交换。USART 利用分数波特率发生器提供宽范围的波特率选择。

它支持同步单向通信和半双工单线通信,也支持 LIN(局部互连网),智能卡协议和 IrDA(红外数据组织)SIR ENDEC 规范以及调制解调器(CTS/RTS)操作。它还允许多处理器通信。

使用多缓冲器配置的 DMA 方式,可以实现高速数据通信。

2. STM32F1 和 STM32F2 的 USART 比较

① 两种过采样时钟选择。

8 倍过采样(STM32F2 新增):

➢ USART1/6 能取得 7.5 Mbit/s 的最高波特率;

➢ USART2/3/4/5 能取得 3.75 Mbit/s 的最高波特率。

16 倍过采样:

➢ USART1/6 能取得 3.75 Mbit/s 的最高波特率;

➢ USART2/3/4/5 能取得 1.87 Mbit/s 的最高波特率。

② 6 个 USART 外设(其中 2 个在高速外设总线上 APB2)

③ 单个过采样值判定逻辑电平:无噪声环境下关掉噪声检测,提高接收方对时钟偏移的容忍度(STM32F2 新增)。

3. 6 个 USART 模块引脚分布

目前所有 STM32F2 系列产品都具有 2 个连接高速外设总线 APB2 的 UART 模块、4 个连接低速外设总线 APB1 的 USART 模块,如表 13-1 所列。

4. USART 主要特性

STM32F2 的 USART 主要特性如下。

① 串口都是具有全双工、异步和支持单线半双工通信功能;

表 13-1 USART 模块引脚分布

	高速外设总线 APB2		低速外设总线 APB1			
	USART1	USART6	USART2	USART3	UART4	UART5
RX	PA10/PB7	PC7/PG9①	PA3/PD6②	PB11/PC11/PD9②	PA1/PC11	PD2②
TX	PA9/PB6	PC6/PG14①	PA2/PD5②	PB10/PC10/PD8②	PA0/PC10	PC12
SCK	PA8	PC8/PG7①	PA4/PD7②	PB12/PC12/PD10②		
CTS	PA11	PG15①	PA0/PD3②	PB13/PD11②		
RTS	PA12	PG8/PG13①	PA1/PD4②	PB14/PD12②		

注：① 仅在 176 引脚封装的芯片上有；

② 仅在 100、144 和 176 引脚封装上有。

② 数据传输是 NRZ(Non Return Zero)不归零码标准格式；

③ 拥有可编程波特率发生器功能：USART1 共同可编程发送和接收波特率高达 7.5 Mbit/s，USART2 和 USART3 共同可编程发送和接收波特率高达 3.75 Mbit/s；整数 12 位，小数 4 位；

④ 数据传输格式可编程，可以是 8 位或者 9 位，由程序设定；

⑤ 停止位可以根据需要自由配置 1 位或者 2 位；

⑥ 支持 LIN 主/从设备，LIN 具有主异步间隙发送功能和从间隙检测功能，当把 USART 配置成 LIN 时，可以产生 13 位间隙和 10/11 位间隙检测；

⑦ 支持硬件流控制(CTS 和 RTS)；

⑧ 异步数据传输时候，发送端提供时钟；

⑨ 具有 IrDA SIR 编解码功能，在正常模式下支持 3/16 位宽度；

⑩ 具有智能卡模拟功能，支持 ISO 7816-3 标准异步智能卡协议，此时通信可以有 0.5 或者 1.5 个停止位；

⑪ 支持 DMA 数据传输方式，每一个 USART 都用一个 DMA 发送和接收请求，可以在同一时间，使用 DMA 进行 3 个 USART 数据传输；

⑫ 独立带中断的发送和接收标志使能位；

⑬ 传输检测标志：包括接收缓冲区满标志、发送缓冲区空标志、发送结束标志；

⑭ 奇偶控制：发送奇偶位，数据接收检查奇偶位；可以生成奇校验、偶校验、无校验位；

⑮ 4 种错误检测标志：溢出错误、噪音错误、帧错误、奇偶错误；

⑯ 10 个带标志的中断源：CTS 变化、LIN 间隙检测、发送数据寄存器为空、发送完成、接收数据寄存器满、检测到空闲线路、溢出错误、噪音错误、帧错误、奇偶错误；

⑰ 多处理器通信，如果地址匹配不成功，则进入静默模式；

⑱ 从静默模式唤醒（通过空闲线路检测或者地址标志检测）；

⑲ 两种接收唤醒模式：地址位(MSB，第 9 位)，空闲线路。

5. USART 功能概述

接口通过 3 个引脚与其他设备连接在一起。任何 USART 双向通信至少需要两个脚：接收数据输入(RX)和发送数据输出(TX)。

RX：接收数据串行输。通过过采样技术来区别数据和噪音，从而恢复数据。

TX：发送数据输出。当发送器被禁止时，输出引脚恢复到它的 I/O 端口配置。当发送器被激活，并且不发送数据时，TX 引脚处于高电平。在单线和智能卡模式里，此 I/O 口被同时用于数据的发送和接收。

- 总线在发送或接收前应处于空闲状态；
- 一个起始位；
- 一个数据字(8 或 9 位)，最低有效位在前；
- 0.5、1.5、2 个的停止位，由此表明数据帧的结束；
- 使用分数波特率发生器，12 位整数和 4 位小数的表示方法；
- 一个状态寄存器(USART_SR)；
- 数据寄存器(USART_DR)；
- 一个波特率寄存器(USART_BRR)，12 位的整数和 4 位小数；
- 一个智能卡模式下的保护时间寄存器(USART_GTPR)。

在同步模式中需要下列引脚。

- CK：发送器时钟输出。此引脚输出用于同步传输的 时钟，(在 Start 位和 Stop 位上没有时钟脉冲，可以软件选择接地，可以在最后一个数据位送出一个时钟脉冲)。数据可以在 RX 上同步被接收。这可以用来控制带有移位寄存器的外部设备(例如 LCD 驱动器)。时钟相位和极性都是软件可编程的。在智能卡模式里，CK 可以为智能卡提供时钟。

在 IrDA 模式里需要下列引脚。

- IrDA_RDI：IrDA 模式下的数据输入；
- IrDA_TDO：IrDA 模式下的数据输出。

在硬件流控模式中需要下列引脚。

- nCTS：清除发送，若是高电平，在当前数据传输结束时阻断下一次的数据发送；
- nRTS：发送请求，若是低电平，表明 USART 准备好接收数据。

13.1.2 USART 波特率的计算方法

1. 分数波特率的产生

接收器和发送器的波特率在 USARTDIV 的整数和小数寄存器中的值应设置成相同，波特率的计算公式为

$$Tx/Rx 波特率 = f_{PCLKx}/(16 \times USARTDIV) \tag{13.1}$$

这里的 f_{PCLKx}(x=1、2)是给外设的时钟(PCLK1 用于 USART2、3、4、5，PCLK2

用于 USART1)。

　　USARTDIV 是一个无符号的定点数,这 12 位的值设置在 USART_BRR 寄存器,如何从 USART_BRR 寄存器值得到 USARTDIV,如果想要得到某个波特率,那么整数部分和小数部分的计算公式如下:

　　整数部分＝((PCLKx)/(16×(USART_InitStruct－>USART_BaudRate)))

　　小数部分＝((IntegerDivider－((uint32_t)IntegerDivider))×16)＋0.5

　　【例 1】　如果 DIV_Mantissa＝27 d , DIV_Fraction＝12 d (USART_BRR＝1BCh),于是

$$Mantissa (USARTDIV)＝27 d$$
$$Fraction (USARTDIV)＝12/16＝0.75 d$$

所以　　　　　　　　　USARTDIV＝27.75 d

　　【例 2】　要求 USARTDIV＝25.62 d,就有

$$DIV\_Fraction＝16×0.62 d＝9.92 d,近似等于 10 d＝0x0A$$
$$DIV\_Mantissa＝mantissa (25.620 d)＝25 d＝0x19$$

于是　　　　　　　　　USART_BRR＝0x19A

　　【例 3】　要求 USARTDIV＝50.99 d ,就有

$$DIV\_Fraction＝16×0.99 d＝15.84 d,近似等于 16 d＝0x10$$
$$DIV\_Mantissa＝mantissa (50.990 d)＝50 d＝0x32$$

2. 波特率寄存器(USART_BRR)

　　波特率寄存器的结构如图 13－1 所示。如果 TE 或 RE 被分别禁止,波特率计数器停止计数,USART_BRR 寄存器位功能如表 8－3 所列。地址偏移:0x08;复位值:0x0000。

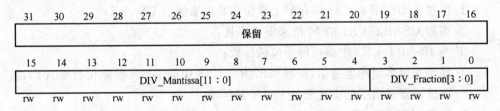

图 13－1　USART_BRR 的结构

　　位 31：16,保留位,硬件强制为 0;

　　位 15：4,DIV_Mantissa[11：0]:USARTDIV 的整数部分;这 12 位定义了 US-ART 分频器除法因子(USARTDIV)的整数部分;

　　位 3：0,DIV_Fraction[3：0]:USARTDIV 的小数部分;这 4 位定义了 USART 分频器除法因子(USARTDIV)的小数部分。

　　注意:更新波特率寄存器 USART_BRR 后,波特率计数器中的值也立刻随之更新,所以在通信进行时不应改变 USART_BRR 中的值。

13.1.3 发送器

发送器根据 M 位的状态发送 8 位或 9 位的数据字。当发送使能位(TE)被设置时,发送移位寄存器中的数据在 TX 脚上输出,相应的时钟脉冲在 SCLK 脚上输出。

1. 字符发送

在 USART 发送期间,在 TX 引脚上首先移出数据的最低有效位。在此模式里,USART_DR 寄存器包含了一个内部总线和发送移位寄存器之间的缓冲器。每个字符之前都有一个低电平的起始位;之后跟着的停止位,其数目可配置。需要注意:

➢ 在数据传输期间不能复位 TE 位,否则将破坏 TX 脚上的数据,因为波特率计数器停止计数。正在传输的当前数据将丢失;

➢ TE 位被激活后将发送一个空闲帧。

2. 可配置的停止位

每个字符发送的停止位的位数可以通过控制寄存器 2 的位 13、12 进行编程。

➢ 1 个停止位:停止位位数的默认值;

➢ 2 个停止位:可用于常规 USART 模式、单线模式以及调制解调器模式;

➢ 0.5 个停止位:在智能卡模式下接收数据时使用;

➢ 1.5 个停止位:在智能卡模式下发送数据时使用。

空闲帧包括了停止位。断开帧是 10 位低电平,后跟停止位(当 $m=0$ 时);或者 11 位低电平,后跟停止位($m=1$ 时)。不可能传输更长的断开帧(长度大于 10 或者 11 位),如图 13-2 所示。

3. 发送器的配置方法

配置步骤如下:

① 通过在 USART_CR1 寄存器上置位 UE 位来激活 USART;

② 编程 USART_CR1 的 M 位来定义字长;

③ 在 USART_CR2 中编程停止位的位数;

④ 如果采用多缓冲器通信,配置 USART_CR3 中的 DMA 使能位(DMAT),按多缓冲器通信中的描述配置 DMA 寄存器;

⑤ 设置 USART_CR1 中的 TE 位,发送一个空闲帧作为第一次数据发送;

⑥ 利用 USART_BRR 寄存器选择要求的波特率;

⑦ 把要发送的数据写进 USART_DR 寄存器(此动作清除 TXE 位),在只有一个缓冲器的情况下,对每个待发送的数据重复上述步骤。

4. 单字节通信

清零 TXE 位总是通过对数据寄存器的写操作来完成的。TXE 位由硬件来设置,它表明:

➢ 数据已经从 TDR 移送到移位寄存器,数据发送已经开始;

➢ TDR 寄存器被清空;

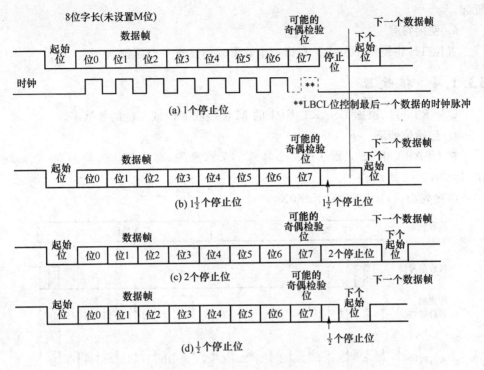

图 13 - 2　配置停止位

➢ 下一个数据可以被写进 USART_DR 寄存器而不会覆盖先前的数据。

如果 TXEIE 位被设置,此标志将产生一个中断。如果此时 USART 正在发送数据,对 USART_DR 寄存器的写操作把数据存进 TDR 寄存器,并在当前传输结束时把该数据复制进移位寄存器。如果此时 USART 没有在发送数据,处于空闲状态,对 USART_DR 寄存器的写操作直接把数据放进移位寄存器,数据传输开始,TXE 位立即被置起。当一帧发送完成时(停止位发送后),TC 位被置起,并且如果 US-ART_CR1 寄存器中的 TCIE 位被置起时,中断产生。先读一下 USART_SR 寄存器,再写一下 USART_DR 寄存器,可以完成对 TC 位的清零。

注意:TC 位也可以通过对它软件写"0"来清除。此清零方式只在多缓冲器通信模式下推荐使用。

5. 断开符号

设置 SBK 可发送一个断开符号。断开帧长度取决于 M 位(见 0)。如果设置 SBK＝1,在完成当前数据发送后,将在 TX 线上发送一个断开符号。断开字符发送完成时(在断开符号的停止位时)SBK 被硬件复位。USART 在最后一个断开帧的结束处插入一逻辑"1",以保证能识别下一帧的起始位。

注意:如果在开始发送断开帧之前,软件又复位了 SBK 位,断开符号将不被发送。如果要发送两个连续的断开帧,SBK 位应该在前一个断开符号的停止位之后置起。

6. 空闲符号

置位 TE 将使得 USART 在第一个数据帧前发送一空闲帧。

13.1.4 接收器

USART 可以根据 USART_CR1 的 M 位接收 8 位或 9 位的数据字。

1. 起始位侦测

在 USART 中,如果辨认出一个特殊的采样序列,那么就认为侦测到一个起始位,如图 13－3 所示。

该序列为:1110X0X0X0X0X0X0。

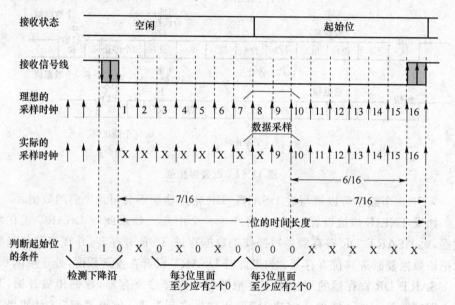

图 13－3 起始位侦测

注意:如果该序列不完整,那么接收端将退出起始位侦测并回到空闲状态(不设置标志位)等待下降沿。

如果 3 个采样点上仅有 2 个是 0(第 3、第 5 和第 7 个采样点或者第 8、第 9 和第 10 个采样点),那么起始位仍然是有效的,但是会设置 NE 噪声标志位。

如果最后 3 个(第 8、第 9 和第 10)采样点为 0,那么起始位将被确认。

2. 字符接收

在 USART 接收期间,数据的最低有效位首先从 RX 脚移进。在此模式里,US-ART_DR 寄存器包含的缓冲器位于内部总线和接收移位寄存器之间。配置步骤如下:

① 将 USART_CR1 寄存器的 UE 置 1 来激活 USART;

② 编程 USART_CR1 的 M 位定义字长；

③ 在 USART_CR2 中编写停止位的个数；

④ 如果需多缓冲器通信，选择 USART_CR3 中的 DMA 使能位(DMAR)，按多缓冲器通信所要求的配置 DMA 寄存器；

⑤ 利用波特率寄存器 USART_BRR 选择希望的波特率；

⑥ 设置 USART_CR1 的 RE 位。激活接收器，使它开始寻找起始位。

3．接收到一个字符

➢ RXNE 位被置位，它表明移位寄存器的内容被转移到 RDR。换句话说，数据已经被接收并且可以被读出(包括与之有关的错误标志)。

➢ 如果 RXNEIE 位被设置，产生中断。

➢ 在接收期间如果检测到帧错误、噪音或溢出错误，错误标志将被置起。

➢ 在多缓冲器通信时，RXNE 在每个字节接收后被置起，并由 DMA 对数据寄存器的读操作而清零。

在单缓冲器模式里，由软件读 USART_DR 寄存器完成对 RXNE 位清除。RXNE 标志也可以通过对它写 0 来清除。RXNE 位必须在下一字符接收结束前被清零，以避免溢出错误。

注意：在接收数据时，RE 位不应该被复位。如果 RE 位在接收时被清零，当前字节的接收被丢失。

4．断开符号

当接收到一个断开帧时，USART 像处理帧错误一样处理它。

5．空闲符号

当一空闲帧被检测到时，其处理步骤和接收到普通数据帧一样，但如果 IDLEIE 位被设置将产生一个中断。

6．溢出错误

如果 RXNE 还没有被复位，又接收到一个字符，则发生溢出错误。数据只有当 RXNE 位被清零后才能从移位寄存器转移到 RDR 寄存器。RXNE 标记是接收到每个字节后被置位的。如果下一个数据已被收到或先前 DMA 请求还没被服务时，RXNE 标志仍是置起的，溢出错误产生。当溢出错误产生时：

➢ ORE 位被置位；

➢ RDR 内容将不会丢失，读 USART_DR 寄存器仍能得到先前的数据；

➢ 移位寄存器中以前的内容将被覆盖，随后接收到的数据都将丢失；

➢ 如果 RXNEIE 位被设置或 EIE 和 DMAR 位都被设置，中断产生；

➢ 顺序执行对 USART_SR 和 USART_DR 寄存器的读操作，可复位 ORE 位。

当 ORE 位置位时，表明至少有 1 个数据已经丢失。这有两种可能性。

➢ 如果 RXNE=1，上一个有效数据还在接收寄存器 RDR 上，可以被读出；

➢ 如果 RXNE=0，这意味着上一个有效数据已经被读走，RDR 已经没有东西可读。

当上一个有效数据在 RDR 中被读取的同时又接收到新的(也就是丢失的)数据时,此种情况可能发生。在读序列期间(在 USART_SR 寄存器读访问和 USART_DR 读访问之间)接收到新的数据,此种情况也可能发生。

13.2 USART 通用串口程序设计

13.2.1 USART 固件库函数

USART 固件库函数在头文件 stm32f2xx_usart.h 之中声明,包括了以下 29 个常用的 USART 函数。

(1)**USART_DeInit(USART_TypeDef * USARTx)**

该函数用于初始化 USARTx 外设寄存器默认的复位值。

(2)**USART_Init(USART_TypeDef * USARTx,USART_InitTypeDef * USART_InitStruct)**

该函数根据 USART_InitStruct 指定的参数用于初始化 USARTx 外设。

(3)**USART_StructInit(USART_InitTypeDef * USART_InitStruct)**

该函数用于填充它每个 USART_InitStruct 成员的默认值。

(4)**USART_ClockInit(USART_TypeDef * USARTx,USART_ClockInitTypeDef * USART_ClockInitStruct)**

该函数根据 USART_ClockInitStruct 指定的参数,用于初始化 USARTx 外设时钟。

(5)**USART_ClockStructInit(USART_ClockInitTypeDef * USART_Clock\ InitStruct)**

该函数用于填充每个 USART_ClockInitStruct 成员的默认值。

(6)**USART_Cmd(USART_TypeDef * USARTx,FunctionalState NewState)**

该函数用于启用或禁用指定的 USART 外设。

(7)**USART_SetPrescaler(USART_TypeDef * USARTx,uint8_t USART_Prescaler)**

该函数用于设置系统时钟分频器。

(8)**USART_OverSampling8Cmd(USART_TypeDef * USARTx,FunctionalState NewState)**

该函数用于启用或禁用 USART 的 8 倍过采样模式。

(9)**USART_OneBitMethodCmd(USART_TypeDef * USARTx,FunctionalState NewState)**

该函数用于启用或禁用 USART 的一个位的采样方法。

（10）USART_SendData（USART_TypeDef ＊ USARTx，uint16_t data）

该函数用于通过 USARTx 外设传输单一的数据。

（11）USART_ReceiveData（USART_TypeDef ＊ USARTx）

该函数用于返回由 USARTx 外设最近接收到的数据。

（12）USART_SetAddress（USART_TypeDef ＊ USARTx，uint8_t USART _Ad-dress）

该函数用于设置 USART 节点的地址。

（13）USART_WakeUpConfig（USART_TypeDef ＊ USARTx，uint16_t USART_WakeUp）

该函数用于选择 USART 唤醒方法。

（14）USART_ReceiverWakeUpCmd（USART_TypeDef ＊ USARTx，Functional State NewState）

该函数用于设定 USART 静音模式。

（15）USART_LINBreakDetectLengthConfig（USART_TypeDef ＊ USARTx，uint16_t USART_LINBreakDetectLength）

该函数用于设置 USART LIN 中断检测长度。

（16）USART_LINCmd（USART_TypeDef ＊ USARTx，FunctionalState NewState）

该函数用于启用或禁用的 USART 的 LIN 模式。

（17）USART_SendBreak（USART_TypeDef ＊ USARTx）

该函数用于传输间隔字符。

（18）USART_HalfDuplexCmd（USART_TypeDef ＊ USARTx，FunctionalState NewState）

该函数用于启用或禁用 USART 的半双工通信模式。

（19）USART_SmartCardCmd（USART_TypeDef ＊ USARTx，FunctionalState NewState）

该函数用于启用或禁用 USART 的智能卡模式。

（20）USART_SmartCardNACKCmd（USART_TypeDef ＊ USARTx，Functional-State NewState）

该函数用于启用或禁用 NACK 传输。

（21）USART_SetGuardTime（USART_TypeDef ＊ USARTx，uint8_t USAR T_GuardTime）

该函数用于设置指定的 USART 保护时间。

（22）USART_IrDAConfig（USART_TypeDef ＊ USARTx,uint16_t USART_Ir DAMode）

该函数用于配置 USART 的 IrDA 接口。

（23）USART_IrDACmd（USART_TypeDef ＊ USARTx,FunctionalState New-State）

该函数用于启用或禁用 USART 的 IrDA 接口。

（24）USART_DMACmd（USART_TypeDef ＊ USARTx,uint16_t USART_ DMAReq,FunctionalState NewState）

该函数用于启用或禁用 USART 的 DMA 接口。

（25）USART_ITConfig（USART_TypeDef ＊ USARTx,uint16_t USART_IT,Func-tionalState NewState）

该函数用于启用或禁用指定 USART 的中断。

（26）USART_GetFlagStatus（USART_TypeDef ＊ USARTx,uint16_t USART_ FLAG）

该函数用于检查是否设置或指定 USART 标志。

（27）USART_ClearFlag（USART_TypeDef ＊ USARTx,uint16_t USART_FLAG）

该函数用于清除 USARTx 挂起标志。

（28）USART_GetITStatus（USART_TypeDef ＊ USARTx,uint16_t USART_IT）

该函数用于检查是否已经发生指定的 USART 中断。

（29）USART_ClearITPendingBit（USART_TypeDef ＊ USARTx,uint16_t USART_IT）

该函数用于清除 USARTx 的中断挂起位。

13.2.2　USART 数据发送与接收程序设计

要了解 USART 通信的实现方法,最简单的入门就是写简单的程序让 STM32 开发板每间隔一两秒钟发出一个字符的数据,在接收端用计算机以及串口调试程序接收和检测。如果计算机能正常接收到数据,那至少说明程序中的串口配置正确、串口线路通畅（至少 STM32 到计算机方向通畅）、系统工作正常。在保证正确发送数据之后,再添加数据接收功能,并且把接收到的数据直接马上送到,这样即可以很方便地检测 STM32 串口的数据接收功能。

USART 数据发送程序在前面几章所介绍的带 LCD 显示的例子基础上进行。

1. USART 接口初始化

USART 接口初始化包括以下部分：

➢ USART 的 GPIO 端口复用；

➢ USART 的中断向量 NVIC 配置；

➢ USART 的波特率、数据位、奇偶校验位、停止位等配置；

➢ USART 的端口使能。

USART1 接口初始化测试代码如下：

```
void Usart1_init(void)
{
    NVIC_InitTypeDef NVIC_InitStructure;
    USART_InitTypeDef    USART_InitStructure;
    GPIO_InitTypeDef GPIO_InitStruct;
    RCC_AHB1PeriphClockCmd(RCC_AHB1Periph_GPIOA, ENABLE);
    GPIO_InitStruct.GPIO_Mode = GPIO_Mode_AF;
    GPIO_InitStruct.GPIO_Speed = GPIO_Speed_50MHz;
    GPIO_InitStruct.GPIO_OType = GPIO_OType_PP;
    GPIO_InitStruct.GPIO_PuPd = GPIO_PuPd_UP;
    GPIO_InitStruct.GPIO_Pin = GPIO_Pin_9|GPIO_Pin_10;
    GPIO_Init(GPIOA,&GPIO_InitStruct);
    GPIO_PinAFConfig(GPIOA, GPIO_PinSource9, GPIO_AF_USART1);
    GPIO_PinAFConfig(GPIOA, GPIO_PinSource10, GPIO_AF_USART1);
    RCC_APB2PeriphClockCmd(RCC_APB2Periph_USART1, ENABLE);
    NVIC_InitStructure.NVIC_IRQChannel = USART1_IRQn;
    NVIC_InitStructure.NVIC_IRQChannelPreemptionPriority = 0;
    NVIC_InitStructure.NVIC_IRQChannelSubPriority = 0;
    NVIC_InitStructure.NVIC_IRQChannelCmd = ENABLE;
    NVIC_Init(&NVIC_InitStructure);
    USART_DeInit(USART1);
    USART_InitStructure.USART_BaudRate    = 19200;
    USART_InitStructure.USART_WordLength =
USART_WordLength_8b;
    USART_InitStructure.USART_StopBits    = USART_StopBits_1;
    USART_InitStructure.USART_Parity      = USART_Parity_No ;
    USART_InitStructure.USART_HardwareFlowControl =
USART_HardwareFlowControl_None;
    USART_InitStructure.USART_Mode =
USART_Mode_Rx | USART_Mode_Tx;
    USART_Init(USART1, &USART_InitStructure);
    / * 使能 USART1 * /
    USART_Cmd(USART1, ENABLE);
```

}

2. 主程序

在主程序的 main 函数中,初始化系统时钟,并调用 Usart1_init 函数初始化 US-ART1 端口。最后在 while 无限循环中每隔一段时间就通过 USART1 端口向外发送一个数据。

main 函数最终代码如下:

```
int main()
{
  bsp.init();
  CLed led1(LED1);
  Usart1_init();
  u8 send_data = ´1´;
  while(1)
  {
    bsp.delay(4000);
      led1.isOn()? led1.Off():led1.On();
      // 串口发送
    USART_SendData(USART1,send_data);
    while(USART_GetFlagStatus(USART1,USART_FLAG_TXE) == RESET);
  }
}
```

3. USART 数据接收程序

在上面 USART 数据发送程序的基础上加入 USART 数据接收功能,数据接收的方法很简单,调用 USART_ReceiveData 函数即可读取串口所接收到的数据。

USART_ReceiveData 函数采用循环的方式检测是否有数据,如果没有将继续检测,因此是一种阻塞方式的接收,即在没有接收到数据时一直在等待,不会执行到下一条语句。

如果接收到一个数据,将返回该数据,并把数据通过同一串口发送出去。

添加了 USART 数据接收功能的程序代码如下:

```
int main()
{
  bsp.init();
  CLed led1(LED1);
  Usart1_init();
  u8 send_data = ´1´;
  while(1)
  {
      led1.isOn()? led1.Off():led1.On();
```

```
send_data = USART_ReceiveData(USART1);
        //串口发送
    USART_SendData(USART1,send_data);
    while(USART_GetFlagStatus(USART1,USART_FLAG_TXE) = = RESET);
    }
}
```

13.2.3　中断方式的数据接收程序设计

中断方式包括配置 USART 中断源,DMA 通道请求,并选中或清除标志或挂起位状态。

用户应确定哪种模式将在他的应用程序用于管理通信:轮询模式,中断模式或 DMA 模式。

1. 轮询模式

在轮询模式下,SPI 通信的可管理的 10 个标志如下。

➤ USART_FLAG_TXE:表示发送缓冲区的状态寄存器;

➤ USART_FLAG_RXNE:表明接收缓冲寄存器的状态;

➤ USART_FLAG_TC:表明发送操作的状态;

➤ USART_FLAG_IDLE:表示空闲线的状态;

➤ USART_FLAG_CTS:表明 NCTS 输入的状态;

➤ USART_FLAG_LBD:表明 LIN 中断检测的状态;

➤ USART_FLAG_NE:表示如果噪音发生错误;

➤ USART_FLAG_FE:表示如果发生帧错误;

➤ USART_FLAG_PE:以指示一个奇偶错误发生;

➤ USART_FLAG_ORE:表示如果发生溢出错误。

在这种模式下,建议使用以下函数:

```
- FlagStatus USART_GetFlagStatus(USART_TypeDef * USARTx,uint16_t USART_FLAG);
- void USART_ClearFlag(USART_TypeDef * USARTx,uint16_t USART_FLAG);
```

2. 中断模式

在中断模式下,USART 通信,可管理 8 个中断源和 10 个挂起位。

(1)挂起位

➤ USART_IT_TXE:表示发送缓冲区寄存器的状态;

➤ USART_IT_RXNE:表明接收缓冲寄存器的状态;

➤ USART_IT_TC:表明发送操作的状态;

➤ USART_IT_IDLE:表示空闲线的状态;

➤ USART_IT_CTS:表明 NCTS 输入的状态;

➤ USART_IT_LBD:表明 LIN 中断检测的状态;

➢ USART_IT_NE:表示噪音发生错误的状态;

➢ USART_IT_FE:表示发生帧错误的状态;

➢ USART_IT_PE:以指示一个奇偶错误发生的状态;

➢ USART_IT_ORE:表示发生溢出错误的状态。

(2) 中断源

➢ USART_IT_TXE:指定 Tx 缓冲为空中断的中断源;

➢ USART_IT_RXNE:接收数据寄存器不为空中断的中断源;

➢ USART_IT_TC:指定发送完成中断的中断源;

➢ USART_IT_IDLE:指定空闲线中断的中断源;

➢ USART_IT_CTS:指定 CTS 中断的中断源;

➢ USART_IT_LBD:指定 LIN 中断检测中断的源中断;

➢ USART_IT_PE:指定奇偶错误中断的中断源;

➢ USART_IT_ERR:指定错误中断的中断源。

注意一些参数是为了使用中断源或挂起位编码。在这种模式下,建议使用以下函数:

```
void USART_ITConfig(USART_TypeDef * USARTx,uint16_t USART_IT,FunctionalState New-
State);
    ITStatus USART_GetITStatus(USART_TypeDef * USARTx,uint16_t USART_IT);
    void USART_ClearITPendingBit(USART_TypeDef * USARTx,uint16_t USART_IT);
```

3. DMA 模式

在 DMA 模式下,USART 通信可以由 2 个 DMA 通道请求管理。

➢ USART_DMAReq_Tx:指定 Tx 缓冲 DMA 传输请求;

➢ USART_DMAReq_Rx:指定 Rx 缓冲 DMA 传输请求。

在这种模式下,建议使用下面的函数:

```
    - void USART_DMACmd(USART_TypeDef * USARTx,uint16_t USART_DMAReq FunctionalState
NewState);
```

4. 中断响应函数

USART1 端口的中断入口函数为 USART1_IRQHandler。在 USART1_IRQHandler 函数中,调用 USART_GetITStatus 函数检测中是否发生接收中断或发送中断。然后调用 USART_ClearITPendingBit 函数清除中断标志位。最后进行其他的处理,例如把接收到的字符转发回去,以测试 USART1 端口程序是否正常工作。

USART1_IRQHandler 函数测试程序如下:

```
extern "C"  void USART1_IRQHandler()
{
    u8 temp;
```

```
    if(USART_GetITStatus(USART1,USART_IT_RXNE)!= RESET)
{
    USART_ClearITPendingBit(USART1, USART_IT_RXNE);
     led2.isOn()? led2.Off():led2.On();
    //接收数据
    temp = USART_ReceiveData(USART1);
    //串口发送
    USART_SendData(USART1, temp);
    while(USART_GetFlagStatus(USART1,USART_FLAG_TXE) == RESET);
}
}
```

5. 启动中断

USART_ITConfig 函数启用或禁用指定的 USART 中断。第 1 个参数 USAR-
Tx:其中 x 可以是 1、2、3、4、5 或 6 选择的 USART 或 UART 外设。第 2 个参数 US-
ART_IT 指定要启用或禁用的 USART 的中断源,该参数可以是下列值之一:

➤ SART_IT_CTS,CTS 变化中断;
➤ SART_IT_LBD,LIN 中断检测中断;
➤ SART_IT_TXE,发送数据寄存器空中断;
➤ SART_IT_TC,发送完成中断;
➤ SART_IT_RXNE,接收数据寄存器不为空中断;
➤ SART_IT_IDLE,空闲线检测中断;
➤ SART_IT_PE,奇偶错误中断;
➤ SART_IT_ERR,错误中断(帧错误,噪声错误,溢出错误)。

第 3 个参数 NewState 指定 USARTx 中断的新状态,该参数可以是 ENABLE
或 DISABLE。

6. 中断测试程序的 main 函数

在中断测试程序的 main 函数中,调用 USART_ITConfig 函数使能 USART 接
收中断,第 1 个参数 USART1 代表串口 1,第 2 个参数 USART_IT_RXNE 表示接收
数据寄存器不为空中断,第 3 个参数 ENABLE 表示使能中断。

中断测试程序的 main 函数内容如下:

```
int main()
{
    bsp.init();
    CLed led1(LED1);
Usart1_init();
USART_ITConfig(USART1, USART_IT_RXNE, ENABLE);
    u8 send_data = '1';
    while(1)
```

```
{
    bsp.delay(4000);
        led1.isOn()? led1.Off():led1.On();
    }
}
```

13.2.4 在 LCD 屏幕上显示 USART 收发数据接

1. LCD 上的数据显示函数

调用 LCD 驱动程序中的 LCD_DisplayChar 函数，可以把一个整数转换成十进制数据一位一位地在 LCD 上显示出来。实现代码如下：

```
void LCD_ShowNum(uint8_t x,uint16_t y,uint16_t data)
{
    LCD_DisplayChar(x,319 - y,data/10000 + 48);
    LCD_DisplayChar(x,319 - (y + 25),data % 10000/1000 + 48);    // % 10000
    LCD_DisplayChar(x,319 - (y + 50),data % 1000/100 + 48);
    LCD_DisplayChar(x,319 - (y + 75),data % 100/10 + 48);
    LCD_DisplayChar(x,319 - (y + 100),data % 10 + 48);
}
```

2. 中断响应函数

在 USART1 端口的中断响应函数 USART1_IRQHandler 中，把接收到的数据（字符），按十进制的方式显示出来。USART1_IRQHandler 函数代码如下：

```
extern "C"   void USART1_IRQHandler()
{
    u8 temp;
    if(USART_GetITStatus(USART1,USART_IT_RXNE)!= RESET)
    {
    USART_ClearITPendingBit(USART1, USART_IT_RXNE);
        led2.isOn()? led2.Off():led2.On();
    //接收数据在以下地点加代码
    temp = USART_ReceiveData(USART1);
    LCD_ShowNum(167,5,temp);
    }
}
```

3. main 函数

在 main 函数中，每隔一段时间就调用 USART_SendData 函数发送一个数据，然后再把该数据以十进制的方式在 LCD 上显示出来。main 函数代码如下：

```
int main()
```

```
{
    bsp.init();
        CLed led1(LED1);
        STM3220F_LCD_Init();
        LCD_DisplayStringLine(17,(uint8_t * )"USART1 TEST:");
        LCD_DisplayStringLine(77,(uint8_t * )"USART1 Send:");
        LCD_DisplayStringLine(137,(uint8_t * )"USART1 Receive:");
        Usart1_init();
        u8 send_data = '1';
    while(1)
    {
        bsp.delay(4000);
            led1.isOn()? led1.Off():led1.On();
        //串口发送
        USART_SendData(USART1,send_data);
        while(USART_GetFlagStatus(USART1,USART_FLAG_TXE) = = RESET);
            LCD_ShowNum(107,5,send_data + + );
    }
}
```

第 14 章

STM32F2 增强的 ADC 模块及应用

14.1　STM32F2 增强的 ADC 模块

14.1.1　概述

1. ADC 的简介

STM32F2 的 ADC 模块是 12 位逐次逼近模拟 ADC——数字转换器,拥有多达 19 路输入,允许它测量来自 16 个外部来源,两个内部来源以及 VBAT 通道的信号。各通道可以进行单次、连续、扫描或断续模式的 A/D 转换。ADC 转换结果存储到左或右对齐的 16 位数据寄存器。

模拟看门狗功能允许应用程序对输入电压进行检测,看是否超出用户预设值(较高或较低的阈值)。

2. ADC 的主要特点

STM32F2 ADC 主要特点如下。

➢ 12 位、10 位、8 位或 6 位可配置分辨率;
➢ 在转换结束、注入转换结束、模拟看门狗事件、溢出事件等情况下,可产生中断;
➢ 可选择单转换模式和连续转换模式;
➢ 扫描模式可实现通道 0 到通道 N 的自动转换;
➢ 内置数据一致性的数据对齐;
➢ 采样间隔可以按通道分别编程;
➢ 规则组和注入转换方式下的外部触发极性配置选项;
➢ 具有非连续模式;
➢ 具有双/三模式(2 ADC 或以上的设备);
➢ 在双/三 ADC 模式下,可配置 DMA 数据存储;
➢ 在双/三交错模式下,可配置转换延迟;
➢ ADC 转换时间:在 APB2 时钟是 60 MHz 时,转换时间为 0.5 μs;
➢ ADC 供电要求:2.4～3.6 V 可全速运行,当电压下降到 1.8 V 则较慢的速度运行;
➢ ADC 的输入范围:为 $V_{REF-} \leqslant V_{IN} \leqslant V_{REF+}$;
➢ 在规则组通道转换时,可产生 DMA 请求。

注:如果有 V_{REF-}(依赖于封装),必须连接到 VSSA。

14.1.2　STM32F2 和 STM32F1 的 ADC 差异

1. STM32F1 系列和 STM32F2 系列 ADC 功能的差异

STM32F1 系列和 STM32F2 系列的 ADC 接口之间的差异如表 14－1 所列,这些差异有以下几种:

➤ 新的数字接口;

➤ 新的架构和新功能。

表 14－1　STM32F1 系列和 STM32F2 系列 ADC 功能的差异

ADC	STM32F1 系列		STM32F2 系列	
ADC Type	SAR structure		SAR structure	
实例	ADC1/ADC2/ADC3		ADC1/ADC2/ADC3	
最大采样频率	1 MSPS		2 MSPS	
通道数	最多至 21 通道		最多至 24 通道	
分辨率	12 bit		12 bit,10 bit, 8 bit, 6 bit	
转换模式	单次/连续/扫描/间断/双模式		单次/连续/扫描/非连续的双模式/三重模式	
DMA	Yes		Yes	
外部触发	规则组的外部事件如下 ADC1 和 ADC2: 　TIM1 CC1 　TIM1 CC2 　TIM1 CC3 　TIM2 CC2 　TIM3 TRGO 　TIM4 CC4 EXTI line 11/ TIM8_TRGO ADC3: 　TIM3 CC1 　TIM2 CC3 　TIM1 CC3 　TIM8 CC1 　TIM8 TRGO 　TIM5 CC1 　TIM5 CC3	注入组的外部事件: ADC1 和 ADC2: 　TIM1 TRGO 　TIM1 CC4 　TIM2 TRGO 　TIM2 CC1 　TIM3 CC4 　TIM4 TRGO EXTI line15 / 　TIM8_CC4 ADC3: 　TIM1 TRGO 　TIM1 CC4 　TIM4 CC3 　TIM8 CC2 　TIM8 CC4 　TIM5 TRGO 　TIM5 CC4	规则组的外部事件 TIM1 CC1 TIM1 CC2 TIM1 CC3 TIM2 CC2 TIM2 CC3 TIM2 CC4 TIM2 TRGO TIM3 CC1 TIM3 TRGO TIM4 CC4 TIM5 CC1 TIM5 CC2 TIM5 CC3 TIM8 CC1 TIM8 TRGO EXTI line11	注入组的外部事件: TIM1 CC4 TIM1 TRGO TIM2 CC1 TIM2 TRGO TIM3 CC2 TIM3 CC4 TIM4 CC1 TIM4 CC2 TIM4 CC3 TIM4 TRGO TIM5 CC4 TIM5 TRGO TIM8 CC2 TIM8 CC3 TIM8 CC4 EXTI line15
电源要求	2.4～3.6 V		2.4～3.6 V 全速 1.8～3.6 V 速度降低	
输入范围	$V_{REF-} \leqslant V_{IN} \leqslant V_{REF+}$		$V_{REF-} \leqslant V_{IN} \leqslant V_{REF+}$	

注:灰色表格代表相同的功能,但其规格有改变或增强。

2. STM32F1 系列和 STM32F2 系列 ADC 程序差异

下面的例子介绍如何从 STM32F1 系列现有的代码移植到 F2 系列。下面例子显示了 STM32F1 系列如何配置 ADC1 实现 channel14 连续转换：

```
...
/* ADCCLK = PCLK2/4 */
RCC_ADCCLKConfig(RCC_PCLK2_Div4);

/* 使能 ADC 的 APB 接口 clock */
RCC_APB2PeriphClockCmd(RCC_APB2Periph_ADC1, ENABLE);

/* 配置 ADC1 的转换通道 channel14 */
ADC_InitStructure.ADC_Mode = ADC_Mode_Independent;
ADC_InitStructure.ADC_ScanConvMode = ENABLE;
ADC_InitStructure.ADC_ContinuousConvMode = ENABLE;
ADC_InitStructure.ADC_ExternalTrigConv = ADC_ExternalTrigConv_None;
ADC_InitStructure.ADC_DataAlign = ADC_DataAlign_Right;
ADC_InitStructure.ADC_NbrOfChannel = 1;
ADC_Init(ADC1, &ADC_InitStructure);
/* ADC1 的定期 channel14 配置 */
ADC_RegularChannelConfig(ADC1, ADC_Channel_14, 1,
                ADC_SampleTime_55Cycles5);
/* 使能 ADC1 的 DMA 接口 */
ADC_DMACmd(ADC1, ENABLE);

/* 使能 ADC1 */
ADC_Cmd(ADC1, ENABLE);
/* 使能 ADC1 复位校准寄存器 */
ADC_ResetCalibration(ADC1);
/* 检查 ADC1 复位校准寄存器的结束 */
while(ADC_GetResetCalibrationStatus(ADC1));
/* 开始 ADC1 校准 */
ADC_StartCalibration(ADC1);
/* 检查结束 ADC1 的校准 */
while(ADC_GetCalibrationStatus(ADC1));

/* 开始 ADC1 软件转换 */
ADC_SoftwareStartConvCmd(ADC1, ENABLE);
...
```

在 F2 系列中，必须更新成如下代码：

```
...
```

```
/* 使能 ADC 的 APB 接口 clock */
RCC_APB2PeriphClockCmd(RCC_APB2Periph_ADC1, ENABLE);

/* Common configuration (applicable for the three ADCs) ******* */
/* 单 ADC 模式 */
ADC_CommonInitStructure.ADC_Mode = ADC_Mode_Independent;
/* ADCCLK = PCLK2/2 */
ADC_CommonInitStructure.ADC_Prescaler = ADC_Prescaler_Div2;
/* 仅适用于多 ADC 模式 */
ADC_CommonInitStructure.ADC_DMAAccessMode =
                          ADC_DMAAccessMode_Disabled;
/* 2 个采样阶段之间的延迟 */
ADC_CommonInitStructure.ADC_TwoSamplingDelay = ADC_TwoSamplingDelay_5Cycles;
ADC_CommonInit(&ADC_CommonInitStructure);

/* 配置 ADC1 的转换通道 channel14 * * * * * * * * * * */
ADC_InitStructure.ADC_Resolution = ADC_Resolution_12b;
ADC_InitStructure.ADC_ScanConvMode = DISABLE;
ADC_InitStructure.ADC_ContinuousConvMode = ENABLE;
ADC_InitStructure.ADC_ExternalTrigConvEdge =
                          ADC_ExternalTrigConvEdge_None;
ADC_InitStructure.ADC_DataAlign = ADC_DataAlign_Right;
ADC_InitStructure.ADC_NbrOfConversion = 1;
ADC_Init(ADC1, &ADC_InitStructure);
/* ADC1 的定期 channel14 配置 */
ADC_RegularChannelConfig(ADC1, ADC_Channel_14, 1,
                          ADC_SampleTime_3Cycles);
/* 使能 DMA request after last transfer (Single-ADC mode) */
ADC_DMARequestAfterLastTransferCmd(ADC1, ENABLE);
/* 使能 ADC1 的 DMA 接口 */
ADC_DMACmd(ADC1, ENABLE);
/* 使能 ADC1 */
ADC_Cmd(ADC1, ENABLE);

/* 开始 ADC1 软件转换 */
ADC_SoftwareStartConv(ADC1);
...
```

在 F2 系列与 F1 的源代码/程序的主要变化如下。

➤ F2 系列 ADC 的配置是通过两个功能：ADC_CommonInit()和 ADC_Init()。
ADC_CommonInit()函数是用来配置 3 个 ADC 的共同参数，包括 ADC 的模
拟时钟预分频器；

➤ F2 系列为了使在上一次的 DMA 传输结束之后不间断 DMA 的请求到下一次转换,应该使用 ADC_DMARequestAfterLastTransferCmd()函数;

➤ F2 系列无需校准。

14.1.3　STM32F2 的 ADC 固件库函数

1. STM32F2 的 ADC 固件库函数介绍

ADC 固件库函数在头文件 stm32f2xx.h 之中声明,在 C 文件 stm32f2xx.c 之中定义。ADC 固件库包括以下库函数。

(1) **ADC_DeInit(void)**

Deinitializes 所有 ADC 外设寄存器默认的复位值。

(2) **ADC_Init(ADC_TypeDef * ADCx, ADC_InitTypeDef * ADC_InitStruct)**

根据在 ADC_InitStruct 指定的参数初始化 ADCx 外设。

(3) **ADC_StructInit(ADC_InitTypeDef * ADC_InitStruct)**

用默认值填充每个 ADC_InitStruct 成员。

(4) **ADC_CommonInit(ADC_CommonInitTypeDef * ADC_CommonInitStruct)**

根据在 ADC_CommonInitStruct 指定的参数初始化 ADC 外设。

(5) **ADC_CommonStructInit(ADC_CommonInitTypeDef * ADC_CommonInit_Struct)**

用默认值填充每个 ADC_CommonInitStruct 成员。

(6) **ADC_Cmd(ADC_TypeDef ADCx, FunctionalState NewState)**

启用或禁用指定的 ADC 外设。

(7) **ADC_AnalogWatchdogCmd(ADC_TypeDef * ADCx, uint32_t ADC_AnalogWatchdog)**

启用或禁用单个/全部规则通道或注入通道的模拟看门狗。

(8) **ADC_AnalogWatchdogThresholdsConfig(ADC_TypeDef * ADCx, HighThreshold uint16_t, uint16_t LowThreshold)**

配置模拟看门狗高和低阈值。

(9) **ADC_AnalogWatchdogSingleChannelConfig(ADC_TypeDef * ADCx, uint8_t ADC_Channel)**

配置模拟看门狗单个检测通道。

(10) **ADC_TempSensorVrefintCmd(FunctionalState NewState)**

启用或禁用温度传感器和内部参考电压(Vrefint)通道。

(11) **ADC_VBATCmd(FunctionalState NewState)**

启用或禁用 VBAT(电池电压)通道。

(12) **ADC_RegularChannelConfig(ADC_TypeDef * ADCx, uint8_t ADC_Channel, uint8_t d, uint8_t ADC_SampleTime)**

为选定的规则 ADC 通道配置序号和采样时间及其相应级别。

（13） **ADC_SoftwareStartConv(ADC_TypeDef ∗ ADCx)**

软件启动所选的 ADC 规则通道的转换。

（14） **ADC_GetSoftwareStartConvStatus(ADC_TypeDef ∗ ADCx)**

获取所选 ADC 通道的软件启动定期转换的状态。

（15） **ADC_EOCOnEachRegularChannelCmd(ADC_TypeDef ADCx, Functional State NewState)**

启用或禁用每个规则通道转换。

（16） **ADC_ContinuousModeCmd(ADC_TypeDef ADCx, FunctionalState New-State)**

启用或禁用 ADC 连续转换模式。

（17） **ADC_DiscModeChannelCountConfig(ADC_TypeDef ∗ ADCx, uint8_t d)**

配置所选的 ADC 规则组通道的非连续模式。

（18） **ADC_DiscModeCmd(ADC_TypeDef ADCx, FunctionalState NewState)**

启用或禁用规则组指定的 ADC 通道的非连续模式。

（19） **ADC_GetConversionValue(ADC_TypeDef ∗ ADCx)**

返回规则组通道的最后 ADCx 转换结果。

（20） **ADC_GetMultiModeConversionValue(void)**

在选定的多模式下,返回 ADC1、ADC2 和 ADC3 定期转换最后的结果数据。

（21） **ADC_DMACmd(ADC_TypeDef ADCx, FunctionalState NewState)**

启用或禁用指定的 ADC DMA 请求。

（22） **ADC_DMARequestAfterLastTransferCmd(ADC_TypeDef ADCx, Function-alState NewState)**

启用或禁用 ADC DMA 请求,最后转换(单 ADC 模式)

（23） **ADC_MultiModeDMARequestAfterLastTransferCmd(FunctionalState New-State)**

启用或禁用 ADC DMA 请求,最后转换(多 ADC 模式)。

（24） **ADC_InjectedChannelConfig(ADC_TypeDef ∗ ADCx, uint8_t ADC_Chan-nel, uint8_t st, uint8_t ADC_SampleTime)**

为选定的 ADC 注入通道序列配置其采样时间及其相应级别。

（25） **ADC_InjectedSequencerLengthConfig(ADC_TypeDef ∗ ADCx, uint8_t len)**

配置注入通道的序列长度。

（26） **ADC_SetInjectedOffset(ADC_TypeDef ∗ ADCx, ADC_InjectedChannel uint8_t, uint16_t 偏移)**

设置注入通道的转换值的偏移量。

（27） **ADC_ExternalTrigInjectedConvConfig(ADC_TypeDef ∗ ADCx, uint32_t**

ADC_ExternalTrigInjecConv)

配置注入通道 ADCx 的外部触发转换。

（28）ADC_ExternalTrigInjectedConvEdgeConfig（ADC_TypeDef ＊ ADCx, uint32_t ADC_ExternalTrigInjecConvEdge)

配置 ADCx 外部触发注入通道的转换。

（29）ADC_SoftwareStartInjectedConv(ADC_TypeDef ＊ ADCx)

软件启用所选的 ADC 转换注入通道。

（30）ADC_GetSoftwareStartInjectedConvCmdStatus(ADC_TypeDef ＊ ADCx)

获取选定 ADC 的软件启动注入转换的状态。

（31）ADC_AutoInjectedConvCmd（ADC_TypeDef ADCx, FunctionalState New-State)

启用或禁用所选 ADC 注入组通道的自动定期转换。

（32）ADC_InjectedDiscModeCmd（ADC_TypeDef ADCx, FunctionalState New-State)

启用或禁用指定 ADC 注入组通道的断续模式。

（33）ADC_GetInjectedConversionValue(ADC_TypeDef ＊ ADCx, uint8_t ADC_InjectedChannel)

返回的 ADC 注入通道的转换结果。

（34）ADC_ITConfig(ADC_TypeDef ＊ ADCx, uint16_t ADC_IT, FunctionalState NewState)

启用或禁用指定的 ADC 中断。

（35）ADC_GetFlagStatus(ADC_TypeDef ＊ ADCx, uint8_t ADC_FLAG)

检查是否设置或指定的 ADC 标志。

（36）ADC_ClearFlag(ADC_TypeDef ＊ ADCx, uint8_t ADC_FLAG)

清除 ADCx 的挂起标志。

（37）ADC_GetITStatus(ADC_TypeDef ADCx, uint16_t ADC_IT)

检查是否已经发生指定的 ADC 中断。

（38）ADC_ClearITPendingBit(ADC_TypeDef ADCx, uint16_t ADC_IT)

清除 ADCx 的中断挂起位。

2. 使用 ADC 固件库的步骤

在 STM32F2 应用系统中，用 ADC 固件库的步骤如下：

① 启用 ADC 接口时钟使用 RCC_APB2PeriphClockCmd(RCC_APB2Periph_ADCx, ENABLE);

② ADC 引脚配置。

➤ 启用为 ADC 使用以下功能的 GPIO 的时钟：

RCC_AHB1PeriphClockCmd(RCC_AHB1Periph_GPIOx, ENABLE);

> 配置在模拟模式下使用 GPIO_Init()这些 ADC 引脚。

③ 配置 ADC 预分频器,转换分辨率和数据对齐使用 ADC_Init()函数。

④ 使用 ADC_Cmd()函数激活 ADC 外设。

3. 规则组的配置

① 要配置 ADC 的经常性联系,组功能,使用 ADC_Init()和 ADC_RegularChannelConfig()函数。

② 要激活连续模式下,使用 ADC_continuousModeCmd()函数。

③ 要 configurate 和激活连续模式,使用 ADC_DiscModeChannelCount Config()和 ADC_DiscModeCmd()函数。

④ 要读取 ADC 转换值,使用 ADC_GetConversionValue()函数。

4. 多模式的 ADC 配置

① 参考官方用户手册"规则组配置"的要求配置规则组的 ADC1,ADC2 和 ADC3。

② 选择多模 ADC 规则组功能(双重或三重模式)使用 ADC_CommonInit()函数和配置 DMA 模式使用 ADC_MultiModeDMARequestAfterLastTrans ferCmd()函数。

③ 使用 ADC_GetMultiModeConversionValue()函数,读取 ADC 的转换值。

5. 规则组的 DMA 功能配置

① 为了方便数据的连续采集,可采用 DMA 模式,使用 ADC_DMACmd()函数。

② 使用 ADC_DMARequestAfterLastTransferCmd()函数实现不间断采集。

配置 ADC 正规通道的 DMA 功能如下:

由于转换的正规通道值存储在一个独特的数据寄存器中,使用 DMA 转换多个正规通道时是很有用的。因为采用 DMA 模式,避免了损失已经在 ADC 数据寄存器中存储的数据。

当启用 DMA 模式(使用 ADC_DMACmd()函数)后,每一个正规通道的转换,都会产生 DMA 请求。

根据单通道 ADC 模式 DMA 启用/禁用的配置(使用 ADC_DMARequestAfterLast TransferCmd 函数实现),在 DMA 传输最后结束时,允许出现的两种可能性:

> 没有新的 DMA 请求发给 DMA 控制器(功能禁用);

> 产生可以继续的请求(功能启用)。

根据多通道 ADC 模式 DMA 启用/禁用的配置(使用 ADC_MultiModeDMARequest AfterLastTransferCmd 函数),在 DMA 传输最后结束时,允许出现的两种可能性:

> 没有新的 DMA 请求发给 DMA 控制器(功能禁用);

> 产生可以继续的请求(功能启用)。

6. 注入组配置

① 要配置的 ADC 注入组通道的功能,使用 ADC_InjectedChannelConfig()和 ADC_InjectedSequencerLengthConfig()函数。

② 要激活连续模式下,使用 ADC_continuousModeCmd()函数。

③ 要激活注入的连续模式,使用 ADC_InjectedDiscModeCmd()函数。

④ 要激活的 AutoInjected 模式,使用 ADC_AutoInjectedConvCmd()函数。

⑤ 要读取 ADC 转换值,使用 ADC_GetInjectedConversionValue()函数。

14.2 STM32 ADC 测试程序

1. ADC 配置

在测试程序中,通过 ADC_Configuration 函数来进行 ADC 配置,包括启用 GPIO 的时钟、ADC3 时钟、ADC 的通用初始化等功能。ADC 的配置主要包括如下几个方面:

➤ 启用 GPIO 的时钟;

➤ 启用 SYSCFG 和 ADC3 时钟;

➤ 为模拟输入配置 ADCChannel6 通道;

➤ ADC 通用的初始化;

➤ ADC3 配置;

➤ ADC3 规则组通道配置;

➤ 启用 ADC3;

➤ ADC3 规则组通道的软件转换启动。

ADC_Configuration 函数实现代码如下:

```
void ADC_Configuration(void)
{
    ADC_InitTypeDef ADC_InitStructure;
    ADC_CommonInitTypeDef ADC_CommonInitStructure;
    GPIO_InitTypeDef GPIO_InitStructure;

    /* 使能 GPIOs 时钟 */
    RCC_AHB1PeriphClockCmd(RCC_AHB1Periph_GPIOA | RCC_AHB1Periph_GPIOB |
                            RCC_AHB1Periph_GPIOC, ENABLE);

    /* 使能 SYSCFG 和 ADC3 时钟 */
    RCC_APB2PeriphClockCmd(RCC_APB2Periph_SYSCFG | RCC_APB2Periph_ADC3, ENABLE);

    /* 配置 ADC 通道 16 为模拟输入 */
    GPIO_InitStructure.GPIO_Pin = GPIO_Pin_0;
```

```
GPIO_InitStructure.GPIO_Mode = GPIO_Mode_AIN;
GPIO_InitStructure.GPIO_PuPd = GPIO_PuPd_NOPULL ;
GPIO_Init(GPIOC, &GPIO_InitStructure);

/* ADC 常规的初始化 */
ADC_CommonInitStructure.ADC_Mode = ADC_Mode_Independent;
ADC_CommonInitStructure.ADC_Prescaler = ADC_Prescaler_Div6;
ADC_CommonInitStructure.ADC_DMAAccessMode =
ADC_DMAAccessMode_Disabled;
ADC_CommonInitStructure.ADC_TwoSamplingDelay =
ADC_TwoSamplingDelay_5Cycles;
ADC_CommonInit(&ADC_CommonInitStructure);

/* ADC3 配置 --------------------------- */
ADC_StructInit(&ADC_InitStructure);
ADC_InitStructure.ADC_Resolution = ADC_Resolution_12b;
ADC_InitStructure.ADC_ScanConvMode = DISABLE;
ADC_InitStructure.ADC_ContinuousConvMode = ENABLE;
ADC_InitStructure.ADC_ExternalTrigConvEdge =
ADC_ExternalTrigConvEdge_None;
ADC_InitStructure.ADC_DataAlign = ADC_DataAlign_Right;
ADC_InitStructure.ADC_NbrOfConversion = 1;
ADC_Init(ADC3, &ADC_InitStructure);

/* ADC3 通道配置 */
ADC_RegularChannelConfig(ADC3, ADC_Channel_10, 1,
ADC_SampleTime_56Cycles);
/* 使能 ADC3 */
ADC_Cmd(ADC3, ENABLE);
/* ADC3 转换的软件触发 */
ADC_SoftwareStartConv(ADC3);
}
```

2. 测试程序 main 函数

在 main 函数中,首先进行系统时钟的配置,然后调用 STM3220F_LCD_Init 函数初始化 LCD 屏,调用 ADC_Configuration 函数配置 ADC,最后在 while 无限循环中调用 ADC_GetConversionValue 函数读取 ADC 转换结果,把数据右移 3 位后在 LCD 上显示出来。

LCD_ShowNum 函数用于显示一个 16 位的无符号整数。按十进制一位一位地取出来然后加上 48 变成字符类型输出到 LCD 上。

在测试过程中,调节 PC0 引脚上的输入电压,可以看到 LCD 上的数值随着电压的改变而变化,即表明测试程序正确。

main 函数实现代码如下:

```
void LCD_ShowNum(uint8_t x,uint16_t y,uint16_t data);
int main()
{
    bsp.init();
    CLed led1(LED1);

    STM3220F_LCD_Init();
    LCD_DisplayStringLine(77,(uint8_t*)"ADC3 Ch10 Value: ");
    ADC_Configuration();
    uint16_t ADCVal = 0;
    while(1)
    {
        bsp.delay(1000);
        led1.isOn()? led1.Off():led1.On();

        ADCVal = ADC_GetConversionValue(ADC3);
        ADCVal = ADCVal>>3;
        LCD_ShowNum(107,5,ADCVal);
    }
}
void LCD_ShowNum(uint8_t x,uint16_t y,uint16_t data)
{
    LCD_DisplayChar(x,319-y,data/10000+48);
    LCD_DisplayChar(x,319-(y+25),data%10000/1000+48);    // %10000
    LCD_DisplayChar(x,319-(y+50),data%1000/100+48);
    LCD_DisplayChar(x,319-(y+75),data%100/10+48);
    LCD_DisplayChar(x,319-(y+100),data%10+48);
}
```

14.3 STM32 ADC 程序分析

1. ADC_InitTypeDef 结构

ADC_InitTypeDef 结构用于定义 ADC 初始化参数,ADC_InitTypeDef 结构定义如下:

```
typedef struct
{
    uint32_t ADC_Resolution;
    FunctionalState ADC_ScanConvMode;
```

```
FunctionalState ADC_ContinuousConvMode;
uint32_t ADC_ExternalTrigConvEdge;
uint32_t ADC_ExternalTrigConv;
uint32_t ADC_DataAlign;
uint8_t  ADC_NbrOfConversion;
}ADC_InitTypeDef;
```

① ADC_Resolution 参数配置 ADC 的双模分辨率,这个参数可以是一个 ADC_resolution 的值。

② ADC_ScanConvMode 参数指定转换是否进行扫描(多通道)或单通道(一个通道)模式。此参数可以设置为 ENABLE 或 DISABLE。

③ ADC_ContinuousConvMode 参数指定转换是否在连续或单模式下执行。此参数可以设置为 ENABLE 或 DISABLE。

④ ADC_ExternalTrigConvEdge 参数选择外部触发和使规则组的触发,这个参数可以是一个 ADC_external_trigger_edge 的值:

➢ ADC_ExternalTrigConvEdge_None,((uint32_t)0x00000000);

➢ ADC_ExternalTrigConvEdge_Rising,((uint32_t)0x10000000);

➢ ADC_ExternalTrigConvEdge_Falling,((uint32_t)0x20000000);

➢ ADC_ExternalTrigConvEdge_RisingFalling,(uint32_t)0x30000000。

⑤ ADC_ExternalTrigConv 参数选择的外部事件用来定期触发组开始转换。这个参数可以是一个 ADC_extrenal_trigger_sources 的值。

➢ ADC_ExternalTrigConv_T1_CC1,((uint32_t)0x00000000);

➢ ADC_ExternalTrigConv_T1_CC2,((uint32_t)0x01000000);

➢ ADC_ExternalTrigConv_T1_CC3,((uint32_t)0x02000000);

➢ ADC_ExternalTrigConv_T2_CC2,((uint32_t)0x03000000);

➢ ADC_ExternalTrigConv_T2_CC3,((uint32_t)0x04000000);

➢ ADC_ExternalTrigConv_T2_CC4,((uint32_t)0x05000000);

➢ ADC_ExternalTrigConv_T2_TRGO,((uint32_t)0x06000000);

➢ ADC_ExternalTrigConv_T3_CC1,((uint32_t)0x07000000);

➢ ADC_ExternalTrigConv_T3_TRGO,((uint32_t)0x08000000);

➢ ADC_ExternalTrigConv_T4_CC4,((uint32_t)0x09000000);

➢ ADC_ExternalTrigConv_T5_CC1,((uint32_t)0x0A000000);

➢ ADC_ExternalTrigConv_T5_CC2,((uint32_t)0x0B000000);

➢ ADC_ExternalTrigConv_T5_CC3,((uint32_t)0x0C000000);

➢ ADC_ExternalTrigConv_T8_CC1,((uint32_t)0x0D000000);

➢ ADC_ExternalTrigConv_T8_TRGO,((uint32_t)0x0E000000);

➢ ADC_ExternalTrigConv_Ext_IT11,((uint32_t)0x0F000000)。

⑥ ADC_DataAlign 参数指定是否 ADC 数据对齐方式为左或右。这个参数可以是一个 ADC_data_align 的值。

⑦ ADC_NbrOfConversion 参数指定规则组序列发生器将使用 ADC 转换。此参数必须是 1～16 之间的值。

2. ADC_CommonInitTypeDef 结构

ADC_CommonInitTypeDef 结构用于 ADC 定义常见初始化参数。ADC_CommonInitTypeDef 结构定义如下：

```
typedef struct
{
uint32_t ADC_Mode;
uint32_t ADC_Prescaler;
uint32_t ADC_DMAAccessMode;
uint32_t ADC_TwoSamplingDelay;
}ADC_CommonInitTypeDef;
```

① ADC_Mode 参数配置 ADC 工作在独立或多重模式。这个参数可以是一个如下 ADC_Common_mode 类型的值：
- ADC_Mode_Independent,((uint32_t)0x00000000)；
- ADC_DualMode_RegSimult_InjecSimult,((uint32_t)0x00000001)；
- ADC_DualMode_RegSimult_AlterTrig,((uint32_t)0x00000002)；
- ADC_DualMode_InjecSimult,((uint32_t)0x00000005)；
- ADC_DualMode_RegSimult,((uint32_t)0x00000006)；
- ADC_DualMode_Interl,((uint32_t)0x00000007)；
- ADC_DualMode_AlterTrig,((uint32_t)0x00000009)；
- ADC_TripleMode_RegSimult_InjecSimult,((uint32_t)0x00000011)；
- ADC_TripleMode_RegSimult_AlterTrig,((uint32_t)0x00000012)；
- ADC_TripleMode_InjecSimult,((uint32_t)0x00000015)；
- ADC_TripleMode_RegSimult,((uint32_t)0x00000016)；
- ADC_TripleMode_Interl,((uint32_t)0x00000017)；
- ADC_TripleMode_AlterTrig,((uint32_t)0x00000019)。

② ADC_Prescale 参数选择 ADC 时钟的频率。时钟是共同所有的 ADC。这个参数可以是一个如下 ADC_Prescaler 类型的值：
- ADC_Prescaler_Div2,((uint32_t)0x00000000)；
- ADC_Prescaler_Div4,((uint32_t)0x00010000)；
- ADC_Prescaler_Div6,(uint32_t)0x00020000)；
- ADC_Prescaler_Div8,((uint32_t)0x00030000)。

③ ADC_DMAAccessMode 参数配置多 ADC 模式的直接内存访问模式。这个

参数可以是一个如下 ADC_Direct_memory_access_mode_for_multi_mode 类型值：

➤ ADC_DMAAccessMode_ Disabled,((uint32_t)0X00000000)，DMA 模式禁用；

➤ ADC_DMAAccessMode_1,((uint32_t)0x00004000)，DMA 模式 1 启用(2 / 3 half-words one by one — 1 then 2 then 3)；

➤ ADC_DMAAccessMode_2,((uint32_t)0x00008000)，DMA 模式 2 启用(2 / 3 half-words by pairs — 2&1 then 1&3 then 3&2)；

➤ ADC_DMAAccessMode_3,((uint32_t)0x0000C000)，DMA 模式启用(2 / 3 bytes by pairs — 2&1 then 1&3 then 3&2)。

④ ADC_TwoSamplingDelay 参数配置两个采样阶段之间的延迟。这个参数可以是一个如下 ADC_delay_between_2_sampling_phases 类型的值：

➤ ADC_TwoSamplingDelay_5Cycles,((uint32_t)0x00000000) ；

➤ ADC_TwoSamplingDelay_6Cycles,((uint32_t)0x00000100) ；

➤ ADC_TwoSamplingDelay_7Cycles,((uint32_t)0x00000200) ；

➤ ADC_TwoSamplingDelay_8Cycles,((uint32_t)0x00000300) ；

➤ ADC_TwoSamplingDelay_9Cycles,((uint32_t)0x00000400) ；

➤ ADC_TwoSamplingDelay_10Cycles,((uint32_t)0x00000500) ；

➤ ADC_TwoSamplingDelay_11Cycles,((uint32_t)0x00000600) ；

➤ ADC_TwoSamplingDelay_12Cycles,((uint32_t)0x00000700) ；

➤ ADC_TwoSamplingDelay_13Cycles,((uint32_t)0x00000800) ；

➤ ADC_TwoSamplingDelay_14Cycles,((uint32_t)0x00000900) ；

➤ ADC_TwoSamplingDelay_15Cycles,((uint32_t)0x00000A00) ；

➤ ADC_TwoSamplingDelay_16Cycles,((uint32_t)0x00000B00) ；

➤ ADC_TwoSamplingDelay_17Cycles,((uint32_t)0x00000C00) ；

➤ ADC_TwoSamplingDelay_18Cycles,((uint32_t)0x00000D00) ；

➤ ADC_TwoSamplingDelay_19Cycles,((uint32_t)0x00000E00) ；

➤ ADC_TwoSamplingDelay_20Cycles,((uint32_t)0x00000F00)。

3. ADC 时钟配置

ADC 使用的是 APB2 时钟，使用 RCC_APB2PeriphClockCmd 函数进行配置，该函数在头文件 stm32f2xx_rcc.h 之中声明。

RCC_APB2PeriphClockCmd 函数用于启用或禁用高速 APB(APB2)外设时钟。参数 RCC_APB2Periph 用于指定的 APB2 外围时钟，该参数可以是下列值的任意组合：

RCC_APB2Periph_ TIM1, RCC_APB2Periph_ TIM8, RCC_APB2Periph_ US-ART1

RCC_APB2Periph_USART6, RCC_APB2Periph_ADC1, RCC_APB2Periph_ADC2

RCC_APB2Periph_ADC3,RCC_APB2Periph_SDIO,RCC_APB2Periph_SPI1
RCC_APB2Periph_SYSCFG,RCC_APB2Periph_TIM9,RCC_APB2Periph_TIM10
RCC_APB2Periph_TIM11。

参数 NewState 用于指定外设时钟的新的状态,该参数可以是 ENABLE 或 DIS-ABLE。

RCC_APB2PeriphClockCmd 函数定义如下:

```
void RCC_APB2PeriphClockCmd(uint32_t RCC_APB2Periph, FunctionalState NewState)
{   /* 检查参数 */
  if (NewState != DISABLE)
  {
    RCC->APB2ENR | = RCC_APB2Periph;
  }
  else
  {
    RCC->APB2ENR & = ~RCC_APB2Periph;
  }
}
```

为了使能 SYSCFG 和 ADC3 时钟,可采用如下方式进行配置:

```
RCC_APB2PeriphClockCmd(RCC_APB2Periph_SYSCFG | RCC_APB2Periph_ADC3, ENABLE);
```

参数 RCC_APB2Periph_ADC3 用于指定 ADC3 外设的时钟,参数 RCC_APB2Periph_SYSCFG 用于指定 SYSCFG 时钟配置。为了使能 SYSCFG APB 时钟就必须启用 SYSCFG 寄存器的写访问。RCC_APB2ENR 寄存器的第 14 位 RCC_APB2ENR 即 SYSCFGEN 位,用于系统配置控制器的时钟使能,由软件设置和清除。

0:系统配置控制器的时钟禁用;

1:系统配置控制器的时钟启用。

RCC_APB2Periph_SYSCFG 的宏定义如下:

```
#define RCC_APB2Periph_SYSCFG ((uint32_t)0x00004000)
```

正好是第 14 位为 1,即系统配置控制器的时钟启用。

4. GPIO 复用功能配置

在 GPIO 复用功能配置中,需要把 PC0 端口配置成模拟输入端,配置过程先是调用 RCC_AHB1PeriphClockCmd 函数启动 GPIOC 时钟,然后调用 GPIO_Init 函数配置 GPIO 口,工作模式选择模拟输入(GPIO_Mode_AIN),并选择无上拉和下拉电阻(GPIO_PuPd_NOPULL)。GPIO 重用配置代码如下:

```
/* 使能 GPIOs 时钟 */
RCC_AHB1PeriphClockCmd(RCC_AHB1Periph_GPIOC, ENABLE);
/* 配置 ADC 16 通道为单一输入 */
GPIO_InitStructure.GPIO_Pin = GPIO_Pin_0;
GPIO_InitStructure.GPIO_Mode = GPIO_Mode_AIN;
GPIO_InitStructure.GPIO_PuPd = GPIO_PuPd_NOPULL ;
GPIO_Init(GPIOC, &GPIO_InitStructure);
```

ADC 有 16 个多路复用通道以及温度传感器、内部参考电压、电池电压 3 个内部通道，通道对应的端口引脚以及通道宏定义如表 14-2 所列。

表 14-2　通道对应的端口引脚以及通道宏定义

通　道	ADC1	ADC2	ADC3	通道宏定义
通道 0	PA0	PA0	PA0	ADC_Channel_0
通道 1	PA1	PA1	PA1	ADC_Channel_1
通道 2	PA2	PA2	PA2	ADC_Channel_2
通道 3	PA3	PA3	PA3	ADC_Channel_3
通道 4	PA4	PA4	PF6	ADC_Channel_4
通道 5	PA5	PA5	PF7	ADC_Channel_5
通道 6	PA6	PA6	PF8	ADC_Channel_6
通道 7	PA7	PA7	PF9	ADC_Channel_7
通道 8	PB0	PB0	PF10	ADC_Channel_8
通道 9	PB1	PB1		ADC_Channel_9
通道 10	PC0	PC0	PC0	ADC_Channel_10
通道 11	PC1	PC1	PC1	ADC_Channel_11
通道 12	PC2	PC2	PC2	ADC_Channel_12
通道 13	PC3	PC3	PC3	ADC_Channel_13
通道 14	PC4	PC4		ADC_Channel_14
通道 15	PC5	PC5		ADC_Channel_15
通道 16	温度传感器			ADC_Channel_16
通道 17	内部参考电压			ADC_Channel_17
通道 17	电池电压			ADC_Channel_18

注：① ADC1 的模拟输入通道 16 和通道 17 在芯片内部分别连到了温度传感器和 VREFINT；
　　② ADC2 的模拟输入通道 16 和通道 17 在芯片内部连到了 Vss；
　　③ ADC3 模拟输入通道 14、15、16、17 与 Vss 相连。

这些通道可以组合成两组进行转换，即规则组和注入组。注入组包括一个可以在任何通道和以任何顺序进行转换序列。例如，它可以按照下列顺序来实现转换序列：ADC_IN3，ADC_IN8，ADC_IN2，ADC_IN2，ADC_IN0，ADC_IN2，ADC_IN2，

ADC_IN15。

> 一个规则组是由多达 16 次转换组成。在 ADC_SQRx 寄存器必须选择正规通道和它们的顺序,再转换序列。在规则组的转换总数写入 ADC_SQR1 寄存器 L[3∶0]位中。

> 注入组是由高达 4 路转换组成。必须在 ADC_JSQR 寄存器选择注入通道和它们的顺序到转换序列中。

注入组的转换总数必须写在 ADC_JSQR 寄存器 L[1∶0]位中。

如果在转换过程中修改了 ADC_SQRx 或 ADC_JSQR 寄存器,当前转换复位和一个新的脉冲发送到 ADC,开始转换新选择的组。

对于温度传感器、EFINT 和 VBAT 的内部通道,温度传感器连接到通道 ADC1_IN16,连接到内部参考电压 VREFINT ADC1_IN17。这两个内部通道可以选择,并转换为注入或规则通道。VBAT 通道连接 ADC1_IN18。它也可以转换为注入或规则通道。

注:温度传感器、VREFINT 和 VBAT 的通道仅可以作为主 ADC1 外设。

5. ADC 规则组初始化

ADC 规则组初始化通过调用固件库 ADC_CommonInit 函数来实现,例如:

```
ADC_CommonInitStructure.ADC_Mode = ADC_Mode_Independent;
ADC_CommonInitStructure.ADC_Prescaler = ADC_Prescaler_Div6;
ADC_CommonInitStructure.ADC_DMAAccessMode =
                            ADC_DMAAccessMode_Disabled;
ADC_CommonInitStructure.ADC_TwoSamplingDelay =
                            ADC_TwoSamplingDelay_5Cycles;
ADC_CommonInit(&ADC_CommonInitStructure);
```

ADC_CommonInit 函数根据指定的参数初始化 ADC 的外设,参数 ADC_CommonInitStruct 是 ADC_CommonInitTypeDef 结构的指针,包含了所有的 ADC 外设的配置信息,该结构每一部分的内容见前面 ADC_CommonInitTypeDef 结构的介绍。

ADC_CommonInit 函数主要进行 ADC 的 CCR 配置,配置过程如下:

① 获取 ADC 的 CCR 值。

② 清除 MULTI、DELAY、DMA 和 ADCPRE 位。

③ 配置 ADCx。包括 Multi 模式、两个采样之间的时间延时、ADC 预分频器和多模情况下的 DMA 访问模式:

> 根据 ADC_Mode 的值设置 MULTI 位;

> 根据 ADC_Prescaler 的值设置 ADCPRE 位;

> 根据 ADC_DMAAccessMode 的值设置 DMA 位;

> 根据 ADC_TwoSamplingDelay 的值设置延迟位。

④ 写入到 ADCCCR。

ADC_CommonInit 函数实现代码如下：

```
void ADC_CommonInit(ADC_CommonInitTypeDef * ADC_CommonInitStruct)
{
    uint32_t tmpreg1 = 0;
    /* ------ ADC CCR 配置 ----------------- */
    /* 获得 ADC CCR 的值 */
    tmpreg1 = ADC->CCR;
    /* 清除 MULTI, DELAY, DMA 和 ADCPRE 位 */
    tmpreg1 &= CR_CLEAR_MASK;
    tmpreg1 |= (uint32_t)(ADC_CommonInitStruct->ADC_Mode |
                          ADC_CommonInitStruct->ADC_Prescaler |
                          ADC_CommonInitStruct->ADC_DMAAccessMode |
                          ADC_CommonInitStruct->ADC_TwoSamplingDelay);
    /* 写入 ADC CCR */
    ADC->CCR = tmpreg1;
}
```

6. ADC_Init 函数

ADC_Init 函数根据 ADC_InitStruct 指定的参数初始化 ADCx 外设。注意：此功能是用来配置 ADC(分辨率和数据对齐)的全局功能，但是，其余的配置参数，具体由正规组的配置要求决定(包括扫描模式激活、连续采集模式激活、外部触发源和边缘触发方式、正规通道序列的长度等)。

参数 ADCx 中 x 可以是 1、2 或 3，选择 ADC 外设。参数 ADC_InitStruct 为 ADC_InitTypeDef 结构，其中包含指定 ADC 外设的配置信息的指针。

ADC 初始化过程如下。

(1) ADCx CR1 的配置

➤ 获取 ADCx CR1 的值；

➤ 清除 RES 和扫描位；

➤ 配置 ADCx：扫描转换模式和分辨率；

➤ 根据 ADC_ScanConvMode 值设置扫描位；

➤ 设置 RES 位 ADC_Resolution 值；

➤ 写 ADCxCR1。

(2) ADCx CR2 配置

➤ 获取 ADCx CR2 值；

➤ 清除 CONT，对齐，EXTEN 和 EXTSEL 位；

➤ 配置 ADCx：外部触发事件和优势，数据对齐和连续转换模式；

➤ 设置 ALIGN 位根据 ADC_DataAlign 值；

> 设置 EXTEN 位 ADC_ExternalTrigConvEdge 值；
> 设置 EXTSEL 位 ADC_ExternalTrigConv 值；
> 根据 ADC_ContinuousConvMode 值设置 CONT 位；
> 写 ADCx CR2。

(3) ADCx SQR1 配置

> 获取 ADCx SQR1 值；
> 清除 L 比特；
> 配置 ADCx 正规通道序列的长度；
> 根据 ADC_NbrOfConversion 值设置 L 比特；
> 写 ADCx SQR1。

使用 ADC_Init 函数可配置以下正规通道：

> 扫描模式激活；
> 连续模式激活；
> 外部触发源；
> 外部触发；
> 正规通道组序列发生器的转换。

ADC_Init 函数实现代码如下：

```
void ADC_Init(ADC_TypeDef * ADCx, ADC_InitTypeDef * ADC_InitStruct)
{
    uint32_t tmpreg1 = 0;
    uint8_t tmpreg2 = 0;
    /* ------------ ADCx CR1 配置 ---------------- */
    /* 读取 ADCx CR1 的值 */
    tmpreg1 = ADCx->CR1;
    /* 清除 RES 和 SCAN 位 */
    tmpreg1 &= CR1_CLEAR_MASK;
    tmpreg1 |= (uint32_t)(((uint32_t)ADC_InitStruct->ADC_ScanConvMode
            <<8)|ADC_InitStruct->ADC_Resolution);
    /* 写入 ADCx CR1 */
    ADCx->CR1 = tmpreg1;
    /* ------------ ADCx CR2 配置 ---------------- */
    /* 读取 ADCx CR2 的值 */
    tmpreg1 = ADCx->CR2;
    /* 清除 CONT、ALIGN、EXTEN 和 EXTSEL 位 */
    tmpreg1 &= CR2_CLEAR_MASK;
    tmpreg1 |= (uint32_t)(ADC_InitStruct->ADC_DataAlign | \
                          ADC_InitStruct->ADC_ExternalTrigConv | \
                          ADC_InitStruct->ADC_ExternalTrigConvEdge | \
    ((uint32_t)ADC_InitStruct->ADC_ContinuousConvMode << 1));
```

```
/* 写入 ADCx CR2 */
ADCx->CR2 = tmpreg1;
/* ----------- ADCx SQR1 配置 ---------------- */
/* 读取 ADCx SQR1 的值 */
tmpreg1 = ADCx->SQR1;
/* 清除 L 位 */
tmpreg1 &= SQR1_L_RESET;
tmpreg2 |= (uint8_t)(ADC_InitStruct->ADC_NbrOfConversion - (uint8_t)1);
tmpreg1 |= ((uint32_t)tmpreg2 << 20);
/* 写入 ADCx SQR1 */
ADCx->SQR1 = tmpreg1;
}
```

7. ADC_RegularChannelConfig 函数

ADC_RegularChannelConfig 函数实现正规组配置功能。正规通道的配置和管理功能如下：

➤ 为每个通道配置在规则组测序排名；

➤ 配置每个通道的采样时间；

➤ 选择正规通道的转换触发；

➤ 配置选择所需的 EOC 事件行为；

➤ 激活连续模式。

ADC_RegularChannelConfig 函数配置所选的 ADC 序列和采样时间及其相应的正规通道。ADC_RegularChannelConfig 函数声明如下：

```
void ADC_RegularChannelConfig(ADC_TypeDef * ADCx,
    uint8_t ADC_Channel,uint8_t Rank,uint8_t ADC_SampleTime);
```

参数 ADCx 选择 ADC 外设，其中 x 可以是 1、2 或 3，参数 ADC_Channel 是 ADC 通道配置，这个参数可以是下列值之一：

➤ ADC_Channel_0,用于选定 ADC Channel0 通道；

➤ ADC_Channel_1,用于选定 ADC Channel1 通道；

➤ ADC_Channel_2,用于选定 ADC Channel2 通道；

➤ ADC_Channel_3,用于选定 ADC Channel3 通道；

➤ ADC_Channel_4,用于选定 ADC Channel4 通道；

➤ ADC_Channel_5,用于选定 ADC Channel5 通道；

➤ ADC_Channel_6,用于选定 ADC Channel6 通道；

➤ ADC_Channel_7,用于选定 ADC Channel7 通道；

➤ ADC_Channel_8,用于选定 ADC Channel8 通道；

➤ ADC_Channel_9,用于选定 ADC Channel9 通道；

➤ ADC_Channel_10,用于选定 ADC Channel10 通道；

➢ ADC_Channel_11,用于选定 ADC Channel11 通道;

➢ ADC_Channel_12,用于选定 ADC Channel12 通道;

➢ ADC_Channel_13,用于选定 ADC Channel13 通道;

➢ ADC_Channel_14,用于选定 ADC Channel14 通道;

➢ ADC_Channel_15,用于选定 ADC Channel15 通道;

➢ ADC_Channel_16,用于选定 ADC Channel16 通道;

➢ ADC_Channel_17,用于选定 ADC Channel17 通道;

➢ ADC_Channel_18,用于选定 ADC Channel18 通道。

参数 Rank 为规则组测序的排名,该参数必须是 1~16 之间的值。

参数 ADC_SampleTime 为所选通道的采样时间值,这个参数可以是下列值之一:

➢ 参数 ADC_SampleTime_3Cycles,采样时间等于 3 个周期;

➢ 参数 ADC_SampleTime_15Cycles,采样时间等于 15 个周期;

➢ 参数 ADC_SampleTime_28Cycles,采样时间等于 28 个循环;

➢ 参数 ADC_SampleTime_56Cycles,采样时间等于 56 周期;

➢ 参数 ADC_SampleTime_84Cycles,采样时间等于 84 周期;

➢ 参数 ADC_SampleTime_112Cycles,采样时间等于 112 周期;

➢ 参数 ADC_SampleTime_144Cycles,采样时间等于 144 周期;

➢ 参数 ADC_SampleTime_480Cycles,采样时间等于 480 个周期。

8. ADC_Cmd 函数

ADC_Cmd 函数启用或禁用指定的 ADC 外设。参数 ADCx 选择 ADC 外设,其中的 x 可以是 1、2 或 3。参数 NewState 为 ADCx 外围的新状态,该参数可以是 EN-ABLE 或 DISABLE。

ADC_Cmd 函数实现代码如下:

```
void ADC_Cmd(ADC_TypeDef * ADCx, FunctionalState NewState)
{
  if (NewState != DISABLE)
  {
    /* 设置 ADON 位作为 ADC 掉电唤醒模式 */
    ADCx - >CR2 | = (uint32_t)ADC_CR2_ADON;
  }
  else
  {
    /* 禁用所选的 ADC 外设 */
    ADCx - >CR2 & = (uint32_t)(~ADC_CR2_ADON);
  }
}
```

9. ADC_SoftwareStartConv 函数

ADC_SoftwareStartConv 函数使正规通道选定的 ADC 软件开始转换。参数 ADCx 选择 ADC 外设,其中的 x 可以是 1、2 或 3。

```
void ADC_SoftwareStartConv(ADC_TypeDef * ADCx)
{
  /*检查参数*/
  assert_param(IS_ADC_ALL_PERIPH(ADCx));
  /*
  使能所选的 ADC 常规组进行转换*/
  ADCx - >CR2 | = (uint32_t)ADC_CR2_SWSTART;
}
```

第 15 章

一步一步设计自己的嵌入式操作系统

15.1 嵌入式操作系统

15.1.1 概述

嵌入式操作系统 EOS(Embedded Operating System)是操作系统的一种,主要实现任务调度、同步机制、中断处理、文件等功能。嵌入式特性一方面是指该类型的操作系统可以在嵌入式硬件开发平台上工作;另一方面也指它具有很强的可拆卸性、很高的实时操作性、很广泛的环境适应性、很明显的专用性、足够的精简性以及很好的稳定性。嵌入式操作系统又可分为实时操作系统和非实时操作系统两类。

嵌入式操作系统的特点如下:

① 可拆卸性。开放性、可伸缩性的体系结构。

② 实时操作性。EOS 实时性一般较强,可用于各种设备控制当中。

③ 环境适应性。因为嵌入操作系统硬件平台种类繁多,使用场合也各不相同,因此要求嵌入式操作系统具有良好的可移植性和灵活性。

④ 专用性。嵌入操作系统一般比较小,不可能包罗万象,因此不同嵌入式操作系统有着不同的应用侧重点,有比较明显的专用性。

⑤ 精简性。一般嵌入式硬件平台的程序存储器、动态存储器、运算速度等硬件资源都比较有限,因此同时要求嵌入式操作系统要足够的精练。

⑥ 稳定性。嵌入式系统一旦开始运行就不需要用户过多的干预,这就要负责系统管理的 EOS 具有较强的稳定性。嵌入式操作系统的用户接口一般不提供操作命令,它通过系统调用命令向用户程序提供服务。

15.1.2 实时操作系统

1. 实时操作系统

实时操作系统(RTOS)是指当外界事件或数据产生时,能够接受并以足够快的速度予以处理,其处理的结果又能在规定的时间之内来控制生产过程或对处理系统做出快速响应,并控制所有实时任务协调一致运行的操作系统。因而,提供及时响应和高可靠性是其主要特点。实时操作系统有硬实时和软实时之分,硬实时要求在规定的时间内必须完成操作,这是在操作系统设计时保证的;软实时则只要按照任务的优先级,尽可能快地完成操作即可。开放源代码的实时操作系统(RTOS)有 eCos、Fiasco (L4 clone)、FreeRTOS、Phoenix－RTOS 、Nut/OS、Prex、RTAI、RTEMS、RTLinux、SHaRK、TRON Project 和 Xenomai 等。

2. 实时操作系统的特征

(1) 高精度计时系统

计时精度是影响实时性的一个重要因素。在实时应用系统中,经常需要精确实时地操作某个设备、执行某个任务或精确地计算一个时间函数。这些不仅依赖于一些硬件提供的时钟精度,也依赖于实时操作系统实现的高精度计时功能。

(2) 多级中断机制

一个实时应用系统通常需要处理多种外部信息或事件,但处理的紧迫程度有轻重缓急之分。有的必须立即做出反应,有的则可以延后处理。因此,需要建立多级中断嵌套处理机制,以确保对紧迫程度较高的实时事件进行及时响应和处理。

(3) 实时调度机制

实时操作系统不仅要及时响应实时事件中断,同时也要及时调度运行实时任务。但是,处理机调度并不能随心所欲地进行,因为涉及两个进程之间的切换,只能在确保"安全切换"的时间点上进行,实时调度机制包括两个方面,一是在调度策略和算法上保证优先调度实时任务;二是建立更多"安全切换"时间点,保证及时调度实时任务。

15.1.3　常见的嵌入式操作系统

常见的嵌入式系统有 Linux、Clinux、Windows CE、PalmOS、Symbian、eCos、μC/OS－II、VxWorks、pSOS、Nucleus、ThreadX、Rtems、QNX、INTEGRITY、OSE 以及C Executive 等。下面分别介绍部分典型的嵌入式操作系统。

1. Linux

嵌入式 Linux 操作系统是一个非常成功并且具有很大发展潜力的嵌入式操作系统。它的成功来源于多个方面,其中开放源代码、功能强大以及在 PC 机上应用的广泛是非常重要的原因。

① 开放源代码。Linux 操作系统最早于 1991 年由芬兰赫尔辛基大学生 Linus Torvalds 开发并于当年 10 月放在网上分发,采取了开放源代码的方式,随后在众多世界顶尖软件工程师的不断修改和完善下,迅速壮大起来,并得到了 GNU(自由软件基金会)的支持。

Linux 内核以及相应的源代码任何人都可以得到,核心代码的版权完全免费,并且是在通用公共许可证(General Public License,GPL)的条件下由数百个贡献者共同编写的。GPL 允许任何人以任何方式免费分发完整的源码,进行复制,并且销售或分发它(有少数例外)。GPL 连同 Linux 内核一起提供。由于嵌入式系统硬件平台繁多,使用场合各不相同,因此常需要对嵌入式操作系统进行定制,这时获得源代码就变得至关重要。

② 功能强大。Linux 具有 Unix 的优点,一方面具有稳定、可靠和安全的特点;另一方面具有广泛的硬件支持和强大的网络功能。

在内核稳定和安全方面,由于 Linux 内核通过了长期以及广泛的使用,并且吸收了 Unix 的优点,使得 Linux 的内核设计变得非常精巧,并且安全可靠。在硬件支持方面,Linux 能够支持 x86、ARM、MIPS、ALPHA、PowerPC 等多种体系结构,目前已经成功移植到数十种硬件平台。

③ PC 机上应用广泛。虽然 PC 机版本的 Linux 与嵌入式系统中用的 Linux 在功能上有很大的不同,但内核的差别并不大。PC 机上广泛的应用使得 Linux 的软件资源十分丰富,每一种通用程序在 Linux 上几乎都可以找到,并且数量还在不断增加。在 Linux 上开发嵌入式应用软件一般不用从零做起,而是可以选择一个类似的自由软件作为原型,进行二次开发。

2. μClinux

μClinux(Micro－Control－Linux)即"微型控制 Linux 系统",主要是专门针对没有 MMU 的 CPU,并且为嵌入式系统做了许多小型化的工作。μClinux 是一个源代码开放的操作系统,完全符合 GNU/GPL 公约的项目。它是 Linux 的一个变异,主要的区别在于两者的内存管理机制和进程调度管理机制,同时为了适应嵌入式应用的需求,它采用了 Romfs 文件系统,并对 Linux 上的 C 语言库 Glibc 做了简化。目前 μClinux 支持的硬件平台很多,例如 ARM 7TDMI、MC68EN302、ETRAX、Intel i960 以及 MC68360 等。

MMU(Memory Manage Unit)即存储器管理单元,通常由一套硬件来实现,最主要的功能是负责虚拟地址与物理地址的转换,提供硬件机制的内存访问授权。采用 MMU 的优点:一方面,MMU 可以提供对内存空间的保护;另一方面,提供一个物理地址到逻辑地址的转换。物理存储器页面通过映射可保持进程的线程堆栈,使得每个进程都拥有自己的地址空间,避免进程访问内存空间错位。

μClinux 系统的特点如下:

① 对硬件平台的要求较低;

② 内核较小、较精简;

③ 可在不带 MMU 单元的 CPU 上运行;

④ 具有 Linux 的稳定、移植性好和功能强大等优点;

⑤ 与很多 Linux 的应该程序兼容。

3. Windows CE

Windows CE 就是基于掌上型电脑类的电子设备操作系统,其中 CE 中的 C 代表袖珍(Compact)、消费(Consumer)、通信能力(Connectivity)和伴侣(Companion);E 代表电子产品(Electronics)。Windows CE 是微软开发的一个开放的、可升级的 32 位嵌入式操作系统,是基于掌上型电脑类的电子设备操作系统,可看成是精简的

Windows 95。

Windows CE 借助于桌面操作系统,以及服务器操作系统平台 Windows 的强大功能、人机交互好的优点,具有广泛的开发人员和用户,并且得益于微软公司强大的经济和技术实力,Windows CE 在智能手机、PDA 以及 GPS 等便携类消费产品中的应用潜力不可小视。因此,目前许多商家担心的已不是 Windows CE 是否有市场的问题,而是担心在便携消费产品中是否会再重演类似于 PC 机操作系统领域的垄断局面。

Windows CE 具有多线性、多任务、全优先级管理等功能,支持各种硬件外围设备、网络系统及其他设备,包括键盘、鼠标设备、触板、串行端口、以太网连接器、调制解调器、通用串行总线(USB)设备、音频设备、并行端口、打印设备及存储设备(例如 PC 卡)等。

Windows CE 是一种可自定义的嵌入式操作系统,适用于各种占用内存很少的设备。OEM 可以使用 Windows CE 设计平台和自定义应用程序,使用户可以获得各种设备的最佳体验,例如手持设备、瘦客户机、逻辑控制器以及各种高级消费类电子产品。

Windows CE 支持超过 1 000 个公共 Microsoft Win32 API 和几种附加的编程接口,用户可利用它们来开发应用程序。Windows CE 的开发平台主要为 Windows CE Platform Builder,可采用 Microsoft Visual Studio 2005 中的 VC++、VC. NET、VB. NET 以及 C♯. NET 等来开发 Windows CE 程序,也可以采用以前的 EVC 环境或 Pocket PGCC 等来开发 Windows CE 程序。由于 Windows CE 开发大多是大家熟悉的 VC++环境以及可调用许多熟悉的 Windows API 函数来设计程序,因此,Windows CE 的开发速度远快于 Linux 而开发的难度却远低于嵌入式 Linux。

目前,Windows CE 最新版本是 6.0 版本,支持 ARM 的最新体系,同时也支持 ExFAT 文件系统,使 Windows CE 不再受传统 FAT 文件系统的 32 GB 单一容量的限制。支持 802.11i、WAP2、802.11e(无线 QoS)、蓝牙 A2DP/AVRCP 的 AES 加密等通信协议,为无线通信建立了一个稳定、安全以及可靠的应用环境。支持了最新的多媒体能力,包括以下内容:

➢ TIFF 编解码器的支持。

➢ HD‑DVD 的解码器支持。

➢ MPEG‑2 解码器。

➢ 更多的影音编码与格式支持。

➢ UDF 2.5 格式的支持。

➢ 虚拟环绕声道的支持。

➢ 多轨音效的支持。

➢ 强化 DirectDraw,可支持电视使用的交错显示模式。

➢ USB OTG 功能加入,可作为 USB 的控制端。

Windows Mobile 是基于 Windows CE 内核构建的一种完善的软件平台。与 Windows CE 不同,Windows Mobile 操作系统专为要求特殊硬件配置的设备而设计,在 Windows Mobile 5.0 之前的版本,Windows Mobile 又分为 Smartphone 和 Pocket PC 两种。

- ➢ Smartphone:主要是针对手持电话设备而设计。除了保持 Windows CE 所具有的功能强大、用户界面美观以及操作方便等优点之外,还增加了许多电话通信、短消息处理等方面的功能,同时针对电话设备做了优化。
- ➢ Pocket PC:主要是作为一种小型个人计算机而设计,在文件浏览、数据管理以及消息处理等方面具有很强的性能。另外,也为某些 Pocket PC 设备提供了电话通信接口。

在 Windows Mobile 5.0 版本,微软公司按照系统不同的用途分别发布了 3 个版本:Pocket PC Phone Edition(支持触控屏智能手机)、Smartphone Edition(非触控屏智能手机)和 Pocket PC Edition(不具备手机功能手持设备)。

在 Windows Mobile 6.0 版本中,命名方式上进行了重新定位,采用了与 5.0 版本不同的命名方式:Professional(支持触摸屏智能手机)、Standard(非触控屏智能手机)和 Classic(不具备手机功能的手持设备)。微软未来的目标是在掌上设备端消除 Pocket PC 与 Smart Phone 的区别,这一目标的实现由 Windows Mobile 6.0 版本进行过渡,在这些新旧版本之间可能找到一些等价关系:Pocket PC 等价于 Windows Mobile Classic,Smartphone 等价于 Windows Mobile Standard,而 Pocket PC Phone Edition 等价于 Windows Mobile Professional。

4. Palm OS

Palm OS 是一种 32 位的嵌入式操作系统,用于掌上电脑。它的操作界面采用触控式,几乎所有的控制选项都排列在屏幕上,使用触控笔便可进行所有操作。Palm 操作系统本身所占的内存极小,基于 Palm 操作系统编写的应用程序所占的空间也很小,通常只有几十 KB。

Palm OS 一度占领 PDA 操作系统 90% 以上市场份额,但在 Linux、Symbian 和 Windows Mobile 等操作系统的强势竞争下,Palm OS 的市场占有份额在不断减少。2005 年 9 月,从 Palm 独立出来的掌上操作系统软件公司 PalmSource(Palm OS 的持有者),被日本爱可信(ACCESS)公司收购。

5. VxWorks

VxWorks 操作系统是美国风河公司于 1983 年设计开发的一种嵌入式实时操作系统,主要包括进程管理、存储管理、设备管理、文件系统管理、网络协议及系统应用等部分,占用很小的存储空间,支持高度裁减,保证系统能以较高的效率运行。

VxWorks 操作系统的实时性做得非常好,其系统本身的开销很小,进程调度、进程间通信及中断处理等系统公用程序精练而有效,它们造成的延时很短。VxWorks 提供的多任务机制中对任务的控制采用了优先级抢占(Preemptive Priority Scheduling)和轮转调度(Round‐Robin Scheduling)机制,也充分保证了可靠的实时性,使同样的硬件配置能满足更强的实时性要求,为应用的开发留下更大的余地。

VxWorks 操作系统由一个体积很小的内核及一些可以根据需要进行定制的系统模块组成。VxWorks 内核最小为 8 KB,即便加上其他必要模块,所占用的空间也很小,且不失其实时、多任务的系统特征。由于它的高度灵活性,用户可以很容易地对这一操作系统进行定制或做适当开发,来满足自己的实际应用需要。VxWorks 操作系统支持的 CPU 包括 x86、ARM、MIPS、Power PC、Space、ColdFire、68K、R3000以及 i960 等。

目前 VxWorks 操作系统的应用范围非常广泛,例如,通信、军事、航空和航天等对实时性要求极高的领域中。

6. μC/OS

μC/OS‐II 是一个源码公开、可移植、可固化、可裁减、占先式的实时多任务操作系统。其绝大部分源码是用 ANSI C 写的,使其可以方便地移植并支持大多数类型的处理器。μC/OS‐II 通过了联邦航空局(FAA)商用航行器认证。自 1992 年问世以来,μC/OS‐II 已经被应用到数以百计的产品中,占用很少的系统资源,并且在高校教学中使用不需要申请许可证。

7. Symbian

Symbian 也称作 EPOC 系统,这是最早由 Psion 公司开发的一个专门应用于手机等移动设备的操作系统。1998 年 6 月,由诺基亚发起,联合摩托罗拉、爱立信、西门子、Sony 和 Psion 等公司联合成立 Symbian OS 机构专门从事无线操作系统的开发。Symbian OS 的 3 种产品分别为 Pearl、Quartz 和 Crystal,依次应用于智能手机、笔式输入通信器和键盘输入通信器。

8. Android

Android 是 Google 开发的基于 Linux 平台的开源手机操作系统,它包括操作系统、用户界面和应用程序,而且不存在任何以往阻碍移动产业创新的专有权障碍。Google 与开放手机联盟合作开发了 Android,这个联盟由包括中国移动、摩托罗拉、高通、宏达和 T‐Mobile 在内的 30 多家技术和无线应用的领军企业组成。

开放手机联盟表示,Android 平台可以促使移动设备的创新,让用户体验到最优越的移动服务,同时,开发商也将得到一个新的开放级别,更方便地进行协同合作,从而保障新型移动设备的研发速度。

与 iPhone 相似,Android 采用 WebKit 浏览器引擎,具备触摸屏、高级图形显示和上网功能,用户能够在手机上查看电子邮件、搜索网址和观看视频节目等,比 iPhone 等其他手机更强调搜索功能,界面更强大,可以说是一种融入全部 Web 应用的单一平台。

Android 手机系统的开放性和服务免费,是一个对第三方软件完全开放的平台,开发人员在为其开发程序时拥有更大的自由度,突破了 iPhone 等只能添加为数不多的固定软件的枷锁。同时与 Windows Mobile、Symbian 等厂商不同，Android 操作系统免费向开发人员提供，这样可大大地节省开发的成本。

15.2 自己设计一个简单的实时系统

15.2.1 操作系统最核心的任务切换

1. 一个典型的 STM32 应用程序结构

典型的 STM32 应用程序通常是以 main 函数作为整个应用程序的入口函数，所有的用户功能，都从此处开始。在 main 函数中，首先要做的事情是应用系统的初始化，完成所有的初始化之后，就进入一个以 while(1)无限循环为基础的应用程序任务处理程序之中。

应用程序任务处理程序中，通常又有多个任务，可以把这些任务的实现全部在 while(1) 循环中直接实现。

下面以 LED1 和 LED2 闪烁的方式来说明一个 STM32 应用程序中的两个不同的工作任务。

```
# include "include/bsp.h"
# include "include/led_key.h"
CBsp bsp;
CLed led1(LED1),led2(LED2),led3(LED3);
void delay(volatile unsigned long time)                //延时函数
{
    for(volatile unsigned long i = 0; i<time; i++)
        for(volatile unsigned long j = 0; j<1400; j++);
}
int main()
{
    bsp.Init();                                        //初始化
    while(1)
    {
        led1.On();                                     //任务 1 开始
        delay(200);
        led1.Off();
        delay(200);
        led2.On();                                     //任务 2 开始
        delay(1000);
        led2.Off();
        delay(1000);
    }
```

```
        return 0;
    }
```

2. 任务的分离

把所有任务的实现全部写在 while(1) 循环中的做法不太好,这样做让 main 函数看起来非常的复杂,不方便分析程序,也不利于系统的维护。因此,好的做法是把每一个任务都用各自的函数来实现,在 while(1) 循环里只要调用任务函数即可。这样的 main 函数实现代码如下:

```
int main()
{
    bsp.Init();
    while(1)
    {
        task1();                              //任务 1
        task2();                              //任务 2
    }
    return 0;
}
```

这种写法让 main 函数看起来简洁许多,整个系统的结构和功能只要看一下 main 函数即一目了然。main 函数调用的两个任务函数可写成如下形式:

```
void  task1(void )                      void  task2(void )
{                                       {
    led1.On();                              led2.On();
    delay(200);                             delay(1000);
    led1.Off();                             led2.Off();
    delay(200);                             delay(1000);
}                                       }
```

3. 任务的集中管理

上面介绍的"任务的分离",让整个系统看起来结构清晰,但只是简单地把它们罗列在 main 函数的 while(1) 循环中,它是固定的和静态的,但在许多时候都需要能对任务进行统一的管理,只动态地添加新任务或删除某任务。

要统一管理任务,就得找个地方把任务保存起来,最简单的做法是用一个数组来保存任务的入口地址(也就是任务函数的地址)。执行任务时通过一个循环来调用这些任务函数即可。添加新任务和删除不用的任务,就变成了对该数组数据的添加和删除操作了。这样即可对任务进行集中管理。

实现任务的集中管理的功能,一是添加一个保存任务的数组 ProcessTable;二是创建一个添加新任务的函数 add;三是创建一个执行任务的函数 run。程序代码如下:

```
#define  STACK_MAX    8
volatile static unsigned char Stack_count = 0;
static unsigned long ProcessTable[STACK_MAX + 1];
void add(void ( * exec)())
{
    if(Stack_count > = STACK_MAX)return;
    ProcessTable[Stack_count ++ ] = reinterpret_cast<unsigned long>(exec);
                        //把任务入口地址赋给任务数组
}
void run()
{
    for(int i = 0;i<Stack_count;((void ( * )())ProcessTable[i ++ ])());
}
int main()
{
    bsp.Init();
    add(task0);                //创建任务 0
    add(task1);                //创建任务 1
    add(task2);                //创建任务 2
    while(1) {  run();  }      //运行任务
    return 0;
}
```

4. 任务的"切换"工作

上面的任务程序,执行的效果从 LED 的闪烁情况可以看得出来,LED1 和 LED2 的闪灯并不连贯,效果是 LED1 闪一次就停下来让 LED2 闪,LED2 也只是闪一次又停下来让 LED1 闪,如此往返不断循环执行这一过程。因此上面的程序本质上还是一个任务,相当于在一个大的任务里调用了小的任务。

有些时候,需要让上面这两个任务看起来是同时在工作的,应该如何处理呢?办法之一是采用定时中断,每一次中断执行一个任务,这也是嵌入式操作系统用于任务切换最常用的方案。如果中断的时间较快,看起来就像两个任务在同时工作一样。这也就是常说的"分时工作"原理。

对于 STM32 这样以 Cortex - M3 为内核的处理器,最方便的定时器就是 systick 了,用 systick 来定时切换任务的执行,而不用 Delay 函数来延时。这样看起来任务好像是"并行"工作一样。使用 systick 定时器切换任务的程序代码如下:

```
void  task0(void )                  //任务 0
{
    led1.isOn()? led1.Off():led1.On();
}
void  task1(void )                  //任务 1
```

```
    {
        led2.isOn()? led2.Off();led2.On();
    }
    void  task2(void )                         //任务 2
    {
        led3.isOn()? led3.Off();led3.On();
    }
    #define  scmRTOS_PROCESS_COUNT     8      //宏定义任务的最大值
    volatile static unsigned char Stack_count = 0;
    static unsigned long ProcessTable[scmRTOS_PROCESS_COUNT + 1];
    void add(void ( * exec)())
    {
        if(Stack_count> = scmRTOS_PROCESS_COUNT)return;
        ProcessTable[Stack_count + + ] = reinterpret_cast<unsigned long>(exec);
    }
    extern "C" RAMFUNC void SysTick_Handler(void)
    {
      for(int i = 0;i<Stack_count;((void ( * )())ProcessTable[i + + ])());
    }
    int main()
    {
        bsp.Init();                           //系统初始化
        add(task0);                           //创建任务
        add(task1);
        add(task2);
        SysTick_Config(SystemFrequency/5);
        while(1){}
        return 0;
    }
```

5. 任务的休眠

上面的程序中,各任务看起来像是同时工作,但也太同时了,在许多场合里每个任务的执行时间间隔通常不一样,在定时器的方案里,用 delay 延时函数来让不同的任务调用时间不同变得无效了,因为定时器并不管这个延时函数而照样在按时工作。或许在 delay 延时函数里采用先关闭一下定时器中断的方式可以解决一下延时问题,但这样做明显又会影响到其他任务的按时工作机制。在嵌入式操作系统中,常引入休眠的机制来解决这一问题,即用休眠函数来代替延时函数。

休眠函数与普通的延时函数不同之处在于休眠函数把休眠的时间放给定时器中断来解决,这样不会占用 CPU 的时间来等待;而普通的延时函数则采用一个 for 循环来耗时,这样就白白地浪费了 CPU 的时间。

任务的休眠方式的程序代码如下所示:

```
#define    scmRTOS_PROCESS_COUNT        8
volatile static unsigned long SleepTable[scmRTOS_PROCESS_COUNT + 1] = {0};
volatile static unsigned char Sleep_id = 0;                    //休眠任务的 ID
void sleep(volatile unsigned long tim)
{
    SleepTable[Sleep_id] = tim;
}
void   task0(void )
{
    led1.isOn()? led1.Off():led1.On();
    sleep(1);
}
void   task1(void )
{
    led2.isOn()? led2.Off():led2.On();
    sleep(5);
}
void   task2(void )
{
    led3.isOn()? led3.Off():led3.On();
    sleep(10);
}
volatile static unsigned char Stack_count = 0;
volatile static unsigned long ProcessTable[scmRTOS_PROCESS_COUNT + 1];
void add(void ( * exec)())
{
    if(Stack_count > = scmRTOS_PROCESS_COUNT)return;
    ProcessTable[Stack_count ++ ] = reinterpret_cast<unsigned long>(exec);
}


extern "C" RAMFUNC void SysTick_Handler(void)
{
    for(volatile int i = 0;i<Stack_count;i ++ )
    {

        if(SleepTable[i]< = 0)                    //任务休眠结束
        {
            Sleep_id = i;
            ((void ( * )())ProcessTable[i])();          //运行任务
        }
        else
            -- SleepTable[i];                          //休眠时间未到,计时减少
```

```
    }
}
int main()
{
    bsp.Init();
    add(task0);
    add(task1);
    add(task2);
    SysTick_Config(SystemFrequency/5);
    while(1){}
    return 0;
}
```

6. 小结

上面任务切换的前提条件是每一个任务都会在下一次切换定时器中断到来之前结束任务的执行,否则无法产生新的中断,这样大的任务就多占了 CPU 的时间。当然,这样的情况并不会出现"HardFault"异常,仅仅是无法及时执行别的任务而已。如果大的任务完成,那么其他任务还是会继续地被执行。因此在一些对实时性要求不高的场合,可以采用上述方式实现多任务的切换工作。采用上述任务的休眠方式的优点是:

① 每一次任务的执行是连贯的,即每一个任务会被执行完成一次之后,才会切换到其他任务,保证了单次任务执行的完整性。

② 采用了任务休眠的方式,避免了 CPU 的空循环延时,从而提高了 CPU 的有效使用率。

③ 任务切换所需要的额外开销很小,即无需占用过多的 CPU 时间和内容空间。

缺点是:实时性差,每个任务前后两次执行的时间间隔可能会因大任务的占用而延迟。

15.2.2 实时任务切换基础

1. 实时任务切换函数

为了让每个任务比较均匀地拥有 CPU 时间,或者可以根据任务的优先级占用 CPU 时间,而不是被大的任务多占用 CPU 时间,而需要在大的任务未完成一次执行时,也让系统中断它,先去按规则完成其他任务的执行,等轮到该大任务执行时,再从该任务被中断之处继续执行,而不是从头开始执行该任务。

为了让一个已经被中断的任务再恢复到被中断处继续执行,就必需保存被中断处的消息,包括 PC、SP 以及 R0~R15 等寄存器的值。这些操作都得用汇编指令来完成,许多的 Cortex - M3 嵌入式实时操作系统任务切换的功能,都采用了如下的汇编程序或类似的程序:

```
.thumb_func
PendSV_Handler:
    CPSID    I                                    //防止在上下文切换时产生中断
    MRS      R0, PSP          .                    //PSP 是进程堆栈指针
    CBZ      R0, nosave                            //保存第一次跳转之寄存器

    STMDB R0!, {R4 - R11}                          //在进程堆栈保存剩余的寄存器 R4～R14 的值

    PUSH     {R14}                                 //把当前的程序地址(返回地址)压入堆栈
    LDR      R1, = OS_ContextSwitchHook            //从存储器中将一个 32 位的字数据传送到
                                                   //目的寄存器中

    BLX      R1
    POP      {R14}


ContextRestore:
// R0 是新进程的 SP;
    LDMIA R0!, {R4 - R11}                          //恢复新进程的堆栈 R4～11
    MSR      PSP, R0                               //为新进程 SP 加载 PSP
    ORR      LR, LR, #0x04                         //确保异常时返回所使用的进程堆栈
    CPSIE    I
    BX       LR                                    //异常返回时将恢复剩余的上下文
nosave:
    MOV R0,  R2                                    // 在 R2 中持有首个任务的 SP

    LDR      R1, = NVIC_ST_CTRL                    //使能和运行 SysTick 时钟
    LDR      R2, = (NVIC_ST_CTRL_CLK_SRC | NVIC_ST_CTRL_INTEN | NVIC_ST_CTRL_ENABLE)
    STR      R2, [R1]


    B    ContextRestore
```

上面的汇编程序是 scmRTOS 采用的任务切换程序。

2. CPSID I

总中断的控制通过 CPSIE 和 CPSID 位的操作来实现。

➢ 开放总中断:CPSIE 使能 PRIMASK(CPSIE i)/ FAULTMASK(CPSIE f)——清 0 相应的位;

➢ 关闭总中断:CPSID 除能 PRIMASK(CPSID i)/ FAULTMASK(CPSID f)——置位相应的位。

3. MRS R0, PSP

MRS 指令的格式为

        MRS{条件}　　通用寄存器 程序状态寄存器(CPSR 或 SPSR)

MRS 指令用于将程序状态寄存器的内容传送到通用寄存器中。该指令一般用

在以下两种情况：

> 当需要改变程序状态寄存器的内容时,可用 MRS 将程序状态寄存器的内容读入通用寄存器,修改后再写回程序状态寄存器。

> 当在异常处理或进程切换时,需要保存程序状态寄存器的值,可先用该指令读出程序状态寄存器的值,然后保存。

指令示例：

MRS R0,CPSR;传送 CPSR 的内容到 R0。

MRS R0,SPSR;传送 SPSR 的内容到 R0。

"MRS R0, PSP"就是把 PSP 的值送到 R0 之中,即保存堆栈指针。

4. CBZ R0, nosave

Arm 常用跳转指令如下。

> B 无条件转移。

> B<cond>条件转移。

> BL 转移并连接。用于呼叫一个子程序,返回地址被存储在 LR 中。

> BLX ♯im 使用立即数的 BLX 不要在 CM3 中使用。

> CBZ 比较,如果结果为 0 就转移(只能跳到后面的指令)。

> CBNZ 比较,如果结果非 0 就转移(只能跳到后面的指令)。

"CBZ R0, nosave"一行的作用是在多任务初始化时,PSP 被初始化为 0,PSP 如果是 0,表示任务没有运行过,那么不需要压栈,直接加载任务 context。

5. STMDB R0!, {R4 – R11}

使用多数据传送指令(LDM 和 STM)来装载和存储多个字的数据从/到内存。LDM/STM 的主要用途是把需要保存的寄存器复制到栈上。如：

STMFD R13!, {R0－R12, R14}

指令格式是：

xxM{条件}{类型} Rn{!},＜寄存器列表＞{^}

"xx"是 LD 表示装载,或 ST 表示存储。

再加 4 种"类型"就变成了 8 个指令：

栈	其他	
LDMED	LDMIB	预先增加装载
LDMFD	LDMIA	过后增加装载
LDMEA	LDMDB	预先减少装载
LDMFA	LDMDA	过后减少装载
STMFA	STMIB	预先增加存储
STMEA	STMIA	过后增加存储

| STMFD | STMDB | 预先减少存储 |
| STMED | STMDA | 过后减少存储 |

"STMDB R0!，{R4 - R11}"一行指令用于在进程堆栈保存剩余的寄存器 R4～ R14 的值。

6. PUSH   {R14}

在 Cortex - M3 中，有专门的指令负责堆栈操作——PUSH 和 POP。汇编语言语法如下所演示：

```
PUSH {R0}              // * ( -- R13) = R0。R13 是 long * 的指针
POP {R0}               //R0 =  * R13 ++
```

注意后面 C 程序风格的注释，它诠释了所谓的"向下生长的满栈"，Cortex - M3 就是以这种方式使用堆栈的。因此，在 PUSH 新数据时，堆栈指针先减一个单元。通常在进入一个子程序后，第一件事就是把寄存器的值先 PUSH 入堆栈中，在子程序退出前再 POP 曾经 PUSH 的那些寄存器。另外，PUSH 和 POP 还能一次操作多个寄存器，如下所示：

```
subroutine_1
PUSH {R0 - R7, R12, R14}             //保存寄存器列表
...                                   //执行处理
POP {R0 - R7, R12, R14}              //恢复寄存器列表
BX R14                                //返回到主调函数
```

"PUSH {R14}"一行的指令代表把当前的程序地址（返回地址）压入堆栈，其中 R14 连接寄存器——当呼叫一个子程序时，由 R14 存储返回地址。

7. LDR R1，＝OS_ContextSwitchHook

LDR 指令用于从存储器中将一个 32 位的字数据传送到目的寄存器中。该指令通常用于从存储器中读取 32 位的字数据到通用寄存器，然后对数据进行处理。当程序计数器 PC 作为目的寄存器时，指令从存储器中读取的字数据被当作目的地址，从而可以实现程序流程的跳转。格式：

LDR{条件} 目的寄存器，＜存储器地址＞

大范围的地址读取伪指令。LDR 伪指令用于加载 32 位的立即数或一个地址值到指定寄存器。在汇编译源程序时，LDR 伪指令被编译器替换成一条合适的指令。若加载的常数未超出 MOV 或 MVN 的范围，则使用 MOV 或 MVN 指令代替该 LDR 伪指令，否则汇编器将常量放入字池，并使用一条程序相对偏移的 LDR 指令从文字池读出常量。

LDR 伪指令格式如下：

LDR{cond} register，＝expr/label_expr

其中:register 加载的目标寄存器;expr 32 位立即数;label_expr 基于 PC 的地址表达式或外部表达式。

LADR 伪指令举例如下:

```
LDR R0, = 0x123456          //加载 32 位立即数 0x12345678
LDR R0, = DATA_BUF + 60     //加载 DATA_BUF 地址 + 60
```

8. BLX R1

ARM 跳转指令用于实现程序流程的跳转,在 ARM 程序中有以下两种方法可以实现程序流程的跳转。跳转方式:

➢ 使用专门的跳转指令。

➢ 直接向程序计数器 PC 写入跳转地址值。

通过向程序计数器 PC 写入跳转地址值,可以实现在 4 GB 的地址空间中的任意跳转,在跳转之前结合使用 MOV LR,PC 等类似指令,可以保存将来的返回地址值,从而实现在 4 GB 连续的线性地址空间的子程序调用。ARM 指令集中的跳转指令可以完成从当前指令向前或向后的 32 MB 的地址空间的跳转,包括以下 4 条指令。

(1) B 指令

B 指令的格式为

B{条件} 目标地址

B 指令是最简单的跳转指令。一旦遇到一个 B 指令,ARM 处理器将立即跳转到给定的目标地址,从那里继续执行。注意存储在跳转指令中的实际值是相对当前 PC 值的一个偏移量,而不是一个绝对地址,它的值由汇编器来计算(参考寻址方式中的相对寻址)。它是 24 位有符号数,左移两位后有符号扩展为 32 位,表示的有效偏移为 26 位(前后 32 MB 的地址空间)。指令如下:

```
B    Label        //程序无条件跳转到标号 Label 处执行
CMP R1,♯0         //当 CPSR 寄存器中的 Z 条件码置位时,程序跳转到标号 Label 处执行
BEQ Label
```

(2) BL 指令

BL 指令的格式为

BL{条件} 目标地址

BL 是另一个跳转指令,但跳转之前,会在寄存器 R14 中保存 PC 的当前内容,因此,可以通过将 R14 的内容重新加载到 PC 中,来返回到跳转指令之后的那个指令处执行。该指令是实现子程序调用的一个基本但常用的手段。指令如下:

```
BL   Label   //当程序无条件跳转到标号 Label 处执行时,同时将当前的 PC 值保存到 R14(LR)中
```

(3) BLX 指令

BLX 指令的格式为

BLX 目标地址

BLX 指令从 ARM 指令集跳转到指令中所指定的目标地址,并将处理器的工作状态由 ARM 状态切换到 Thumb 状态,该指令同时将 PC 的当前内容保存到寄存器 R14 中。因此,当子程序使用 Thumb 指令集,而调用者使用 ARM 指令集时,可以通过 BLX 指令实现子程序的调用和处理器工作状态的切换。同时,子程序的返回可以通过将寄存器 R14 值复制到 PC 中来完成。

(4) BX 指令

BX 指令的格式为

BX{条件} 目标地址

BX 指令跳转到指令中所指定的目标地址,目标地址处的指令既可以是 ARM 指令,也可以是 Thumb 指令。

9. POP   {R14}

是前面"PUSH   {R14}"的一个反过程,把 R14 中的值重新加载回来。

10. LDMIA R0!,{R4－R11}

"LDMIA R0!,{R4－R11}"一行程序把新任务中的数据保存到 R4~R11 之中。其操作内容如下:

```
LDMIA R0!,{R4－R14}          //R4←[R0]
                            //R5←[R0＋4]
                            //…
                            //R13←[R0＋36]
                            //R14←[R0＋40]
```

LDMIA 和 STMIA 是多寄存器加载/存储指令,可以实现在一组寄存器和一块连续的内存单元之间传输数据。

LDMIA 为加载多个寄存器。

STMIA 为存储多个寄存器。使用它们允许一条指令传送 8 个低寄存器 R0~R7 的任何子集。

多寄存器加载/存储指令格式为

LDMIA Rn!,reglist
STMIA Rn!,reglist

其中:Rn 是加载/存储的起始地址寄存器。Rn 必须为 R0~R7。reglist 是加载/存储的寄存器列表,寄存器必须为 R0~R7。

多寄存器加载/存储指令 LDMIA/STMIA 的主要用于数据复制、参数传送等。进行数据传送时,每次传送后地址加 4。若 Rn 在寄存器列表中:

对于 LDMIA 指令,Rn 的最终值是加载的值,而不是增加后的地址;

对于 STMIA 指令,若 Rn 是寄存器列表中的最低数字的寄存器,则 Rn 存储的值为 Rn 在初值,其他情况不可预知。

应用示例:

```
LDMIA   R0!,{R2 - R7}     //加载 R0 指向的地址上的多字数据保存到 R2~R7 中, R0 的值更新
STMIA R1!,{R2 - R7}       //将 R2~R7 的数据存储到 R1 指向的地址上, R1 值更新
```

11. MSR　PSP, R0

"MSR　PSP, R0" R0 存入 PSP 中,也就是从新任务的 SP 加载到 PSP。

MSR 和 MRS 指令是状态寄存器传送至通用寄存器类指令,功能是将状态寄存器的内容传送至通用寄存器。格式如下:

$$MRS\{<条件码>\}Rd, CPSR\}SPSR$$

其中:Rd 是目标寄存器,Rd 不允许为 R15。R=0 是将 CPSR 中的内容传送目的寄存器。R=1 是将 SPSR 中的内容传送至目的寄存器。

MRS 与 MSR 配合使用,作为更新 PSR 的读—修改—写序列的一部分。例如:改变处理器或清除标志 Q。注意:当处理器在用户模式或系统模式下,一定不能试图访问 SPSR。这条指令不影响条件码标志。

例:

```
MRS     R0,CRSR              //将 CPSR 中的内容传送至 R0
MRS     R3,SPSR              //将 SPSR 中的内容传送至 R3
```

MSR 是通用寄存器传送至状态寄存器传送指令,其功能是将通用寄存器的内容传送至状态寄存器。格式如下:

MSR{<条件码>CPSR_f|SPSR_f,<#ommed_8r>

MSR{<条件码>CPSR_<field>|SPSR_<field>,Rm

其中:<field>字段可以是以下之一或多种(位从右到左)。

C:控制域屏蔽字段(PSR 中的第 0 位到第 7 位);

X:扩展域屏蔽字段(PSR 中的第 8 位到第 15 位);

S:状态域屏蔽字段(PSR 中的第 16 位到第 32 位);

F:标志域屏蔽字段(PSR 中的第 24 位到第 31 位)。

ommed_8r 是数字常量的表达式。常量必须对应 8 位位图。该位图在 32 位字中循环移位偶数数位。

Rm 是源寄存器。

例如设置 N、Z、C、V 标志:

```
MSR     CPSR_f, #&f0000000           //仅高位有效,其他必须为 0
```

例如仅置位 C 标志,保留 N、Z、V 标志:

```
MRS     R0,CPSR              //将 CPSR 中的内容传送至 R0
ORR     R0,R0, #&1f          //置位 R0 的第 29 位
MSR     CPSR_c,R0            //再将 R0 中的内容传送至 CPSR
```

12. ORR LR, LR, ♯0x04

"ORR   LR, LR, ♯0x04",选择返回时使用的堆栈,确保异常返回到使用过程堆栈中。

ORR 指令的格式为:

　　　　　ORR{条件}{S} 目的寄存器,操作数 1,操作数 2

ORR 指令用于在两个操作数上进行逻辑或运算,并把结果放置到目的寄存器中。操作数 1 应是一个寄存器,操作数 2 可以是一个寄存器、被移位的寄存器或一个立即数。该指令常用于设置操作数 1 的某些位。指令示例:

```
ORR  R0,R0,♯3          //该指令设置 R0 的 0、1 位,其余位保持不变
```

13. CPSIE I

"CPSIE   I"使能总中断。

14. BX LR

处理器在 ARM/Thumb 之间的状态切换是通过一条专用的跳转交换指令 BX 来实现的。BX 指令以通用寄存器(R0～R15)为操作数,通过复制 Rn 到 PC 来实现 4 GB 空间范围内的一个绝对跳转。BX 利用 Rn 寄存器中存储的目标地址值的最后一位来判断跳转后的状态。

无论 ARM 还是 Thumb,其指令存储在存储器中都是边界对齐的(4 B 或 2 B 对齐),所以在执行跳转过程中,PC 寄存器中的最低位肯定被舍弃,不起作用。在 BX 指令的执行过程中,最低位正好被用作状态判断的标识,不会造成存储器访问不对齐的错误。

在 ARM 的状态寄存器 CPSR 中,bit - 5 是状态控制位 T - bit,决定当前处理器的运行状态。如果直接修改 CPSR 的状态位,也能够达到改变处理器运行状态的目的,但是会带来一个问题。因为 ARM 采用了多级流水线的结构,所以在程序执行过程中指令流水线上会存在几条预取指令(具体数目视流水线级数而不同)。当修改 CPSR 的 T - bit 以后,状态的转变会造成流水线上预取指令执行的错误。而如果用 BX 指令,则执行后会进行流水线刷新动作,清除流水线上的残余指令,在新的状态下重新开始指令预取,从而保证状态转变时候指令流的正确衔接。

15. 实时任务初始化函数

设计一个实时任务初始化函数,函数名为 OS_Start,函数原型如下:

```
extern "C" void OS_Start(unsigned long * sp);
```

实时任务初始化函数采用汇编程序来实现,代码如下:

```
.thumb_func
OS_Start:
    MOV   R2, R0              // 保存第 1 个任务堆栈
    MOVS  R0, ♯0             // 设置 PSP 为 0,以初始化上下文来完成切换
```

```
MSR    PSP, R0
LDR    R0, = NVIC_INT_CTRL    // Trigger the PendSV exception (causes context switch)
LDR    R1, = NVIC_PENDSVSET
STR    R1, [R0]
BX     LR
```

15.2.3　最简单的操作系统

以上述两个汇编语言程序构成的任务切换函数和任务启动函数为基础,可以创建一个最简单的操作系统。由于功能过于简单,实际上还不是真正意义上的操作系统,更准确的叫法应该是"实时任务切换系统"。

1. 操作系统全部源代码

该操作系统全部源代码共有 30 多行。对于下面简单的测试程序,不加操作系统时,生成的 bin 文件总共字长 15 656 B,加上以 std::malloc 函数的方式分配内存,生成的 bin 文件总共字长 16 600 B。由此可见操作系统全部源代码生成的二进制代码长度为(16 600−15 656)=944 B。当然,如果采用 C++ 的 new 操作符分配内存,则生成的二进制代码长度要大许多。

```
#define  scmRTOS_PROCESS_COUNT    8
static volatile unsigned char CurProcPriority = 0;
static volatile unsigned char SchedProcPriority = 0;
static volatile unsigned char task_count = 0;
extern "C" void OS_Start(unsigned long * sp);
static unsigned long * ProcessTable[scmRTOS_PROCESS_COUNT + 1];
inline void Run()
{
    *( unsigned long * ) 0xE000ED22 |= 0xFF;      //设置 PendSV 异常为最低优先级
    *( unsigned long * ) 0xE000ED23 |= 0xFF;      //SysTick 异常的优先级(最低)
    SysTick_Config(SystemFrequency/1000);
    OS_Start(ProcessTable[CurProcPriority]);
    __asm__ __volatile__ ("cpsie i");              //开总中断
}
extern "C" unsigned long * OS_ContextSwitchHook(unsigned long * sp)
{
    ProcessTable[CurProcPriority] = sp;
    sp = ProcessTable[SchedProcPriority];
    CurProcPriority = SchedProcPriority;
    return sp;
}
extern "C" void SysTick_Handler()
{
```

```
        SchedProcPriority++;
        if(SchedProcPriority>=task_count)SchedProcPriority=0;
        *(unsigned long *)0xE000ED04 |= 0x10000000; //使能 PendSV 中断
}
//#include<cstdlib>
void add(unsigned short stack_size, void (*exec)())
{
    //ProcessTable[task_count] = (unsigned long *)std::malloc(stack_size);
ProcessTable[task_count] =
            new unsigned long[stack_size/sizeof(unsigned long)];
    *(--ProcessTable[task_count]) = 0x01000000L;  // xPSR
*(--ProcessTable[task_count]) =
        reinterpret_cast<unsigned long>(exec);  // 进入点
    ProcessTable[task_count] -= 14;
    task_count++;
}
```

2. 测试程序全部源代码

测试程序全部源代码如下：

```
#include "include/bsp.h"
#include "include/led_key.h"
static CBsp bsp;
CLed led1(LED1),led2(LED2),led3(LED3),led4(LED4);
#include "Obtain_os.h"
void delay(volatile unsigned long time)
{
    for(volatile unsigned long i=0; i<time; i++)
        for(volatile unsigned long j=0; j<1400; j++);
}

extern "C" void  task0(void)
{
    while(1)
    {
        led1.isOn()? led1.Off():led1.On();
        delay(330);
    }
}
extern "C" void  task1(void)
{
    while(1)
    {
```

412

```
            led2.isOn()? led2.Off():led2.On();
            delay(830);
        }
    }
    extern "C" void  task2(void )
    {
        while(1)
        {
            led3.isOn()? led3.Off():led3.On();
            delay(2300);
        }
    }
    extern "C" void  task3(void )
    {
        while(1)
        {
            led4.isOn()? led4.Off():led4.On();
            delay(5300);
        }
    }
    int main()
    {
        bsp.Init();
        add(300,task0);
        add(300,task1);
        add(300,task2);
        add(300,task3);
        Run();
        while(1){ }
        return 0;
    }
```

15.2.4　最简单操作系统原理分析

1. 整个任务切换的过程

① 当前任务正在执行；

② 发生 SysTick 中断，当前任务被中断，设置 PendSV 中断位以便触发 PendSV 中断；

③ 发生 PendSV 中断；

④ 保存当前任务位置和状态；

⑤ 通过 BLX 指令跳转到 OS_ContextSwitchHook()，读取下一个任务位置和状

413

态；

⑥ 把下一个任务的位置和状态更新到当前寄存器中；

⑦ 通过 BX 指令跳转到下一个任务；

⑧ 恢复下一个任务的执行。

2. 主要程序代码的功能

① "＊（unsigned long ＊）0xE000ED22 |= 0xFF;"用于设置 PendSV 异常的优先级（最低）。

② "＊（unsigned long ＊）0xE000ED23 |= 0xFF;"用于设置 SysTick 异常的优先级（最低）。

③ "__asm__ __volatile__ ("cpsie i");"以嵌入汇编语言的方式开通总中断。

④ OS_ContextSwitchHook 函数让 PendSV 异常中断程序的调用，用于保存前一个任务的状态，并恢复下一个任务的状态。

⑤ SysTick_Handler 函数为 SysTick 中断响应函数，是操作系统的心跳函数，提供定时切换任务的基准。

⑥ "＊（unsigned long ＊）0xE000ED04 |= 0x10000000;"用于开通 PendSV 中断，产生上下文切换。

⑦ add 函数用于向任务列表中添加一个新任务。该函数主要是为新任务构造一个与中断发生时保存中断状态的数据结构。

3. Cortex - M3 中断跳转过程

Cortex - M3 中断响应的过程如下：

① 压栈。从这一点来讲几乎所有的处理器都是一样的，用压栈保护现场。压入哪些寄存器呢，又是怎样一个顺序？如果就大多数的 C 语言编程来讲，这个不是很关心的内容。但是由于 CM3 的压栈寄存器特点，来介绍下 ARM 设计的特点。其压栈顺序如表 15 - 1 所列，请注意压栈的地址顺序和时间顺序是不相同的。

表 15 - 1 中的压栈顺序非常特别，堆栈的空间顺序和进栈时间没有必然联系，跟"后进先出"的观点有很大出入，那么显然这里的"堆栈"并不是我们传统意义的上的堆栈，具体怎样实现 ARM 没有详述。

可以看到 PC、xPSR、R0、R1、R2、R3 是率先入栈的（时间上），这样做的目的是为了编译器优先使用入栈了的寄存器来保存中间结果（如果程序过大也可能要用到 R4～R11，此时编译器负责生成代码来压入它们）。这也是要求 ISR 尽量短小的原因，用更少的寄存器以加快响应。

② 查找中断向量表。其实这一步跟第一步是并行的，只是为了分别介绍，列了序号。ARM 有 D - Code（数据总线）和 I - Code（指令总线）两条总线。可以看到 PC 是第一个压栈的，此时数据总线正忙于压栈操作，与此同时指令总线就可以查找中断向量表，查询中断服务程序的入口地址。在 CM3 中中断向量表位于地址从

414

0x00000000 开始的一段存储空间,每个表项占一个字(4 B)。这是中断向量表没有重定位的情况,当然中断向量表也可以重定位,即存储在其他地方。

表15-1 压栈顺序

地址(SP)	寄存器	被保护顺序(时间顺序)
N-0	之前已压栈内容	
N-4	xPSR	2
N-8	PC	1
N-12	LR	8
N-16	R12	7
N-20	R3	6
N-24	R2	5
N-28	R1	4
N-32	R0	3

4. 中断状态的数据结构

在 add 函数中为新任务构造一个与中断发生时保存中断状态的数据结构。此函数的作用是把任务堆栈初始化成好像刚发生过中断一样。要初始化堆栈首先必须了解微处理器在中断发生前后的堆栈结构,根据文献易知微处理器在中断发生前后的堆栈结构,并且可知寄存器 xPSR、PC、LR、R12、R3、R2、R1、R0 是中断时由硬件自动保存的。初始化时需要注意的地方是 xPSR、PC 和 LR 的初值,对于其他寄存器的初值没有特别的要求。xPSR 比特位是 Thumb 状态位,初始化时须置1,否则执行代码时会引起一个称为 Invstate 的异常,这是因为内置 Cortex-M3 核的微处理器只支持 Thumb 和 Thumb2 指令集。堆栈中 PC 和 LR 须初始化为任务的入口地址值,这样才能在任务切换时跳转到正确的地方开始执行。

OSTaskStkInit 函数是 μC/OS-II 所用的中断状态的数据结构初始化函数,与上面的 add 函数内容基本相同,只是 OSTaskStkInit 函数列出的内容更加详细一些,因此采用 OSTaskStkInit 函数来讲解中断状态的数据结构,这样更加容易理解 add 函数的功能。

Cortex-M3 应用系统中的 OSTaskStkInit 函数,主要功能是初始化任务的栈的结构,使 μC/OS 任务的栈看起来就好像刚发生了一个中断一样的结构。现在需要了解的是 Cortex-M3 在发生中断时其堆栈的结构,中断时的压栈过程为 xPSR→PC→LR→R12→R3~R0,发生中断后的任务堆栈如图 15-1 所示。

μC/OS-II 中 OSTaskStkInit()的作用是将传递过来的参数(其中包含了堆栈地址与任务入口地址等)压入堆栈。标准的 OSTaskStkInit()的原型为

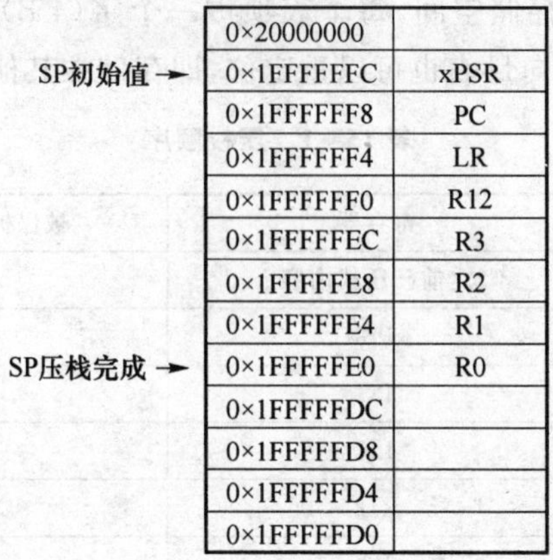

0×20000000	
0×1FFFFFFC	xPSR
0×1FFFFFF8	PC
0×1FFFFFF4	LR
0×1FFFFFF0	R12
0×1FFFFFEC	R3
0×1FFFFFE8	R2
0×1FFFFFE4	R1
0×1FFFFFE0	R0
0×1FFFFFDC	
0×1FFFFFD8	
0×1FFFFFD4	
0×1FFFFFD0	

SP初始值 → (指向 0×1FFFFFFC 行)

SP压栈完成 → (指向 0×1FFFFFE0 行)

图 15 - 1　任务堆栈结构

```
OS_STK * OSTaskStkInit(void  ( * task)(void * pd),void * pdata,OS_STK * ptos,INT16U
opt);
```

其中 ptos 是传入堆栈的初始值, task 则是任务 PC 的起始地址指针, opt 则是操作数, 一般的任务都没用上; 所以我们最主要的任务就是把 ptos、task 按中断的方式压入堆栈中, 堆栈的地址由 ptos 给出, 然后再把新的堆栈的值传回去。

OSTaskStkInit 函数代码如下:

```
OS_STK * OSTaskStkInit (void ( * task)(void * pd), void * pdata, OS_STK * ptos, INT16U opt)
{
OS_STK * stk;                    //定义一个指针变量,用来对堆栈的操作
stk = ptos;                      //将传递过来的堆栈指针值赋值给 STK
* (stk) = (INT32U)0x01000000L;   //首先压入的是 xPSR
* ( -- stk) = (INT32U)task;      //然后自减一后把任务的入口地址压入
* ( -- stk) = (INT32U)0xFFFFFFFEL;//接下来压入 LR,由于 CORTEX - M3 的 LR 在中断时是
                                 //非常特殊值,所以这样的值须要根据实际情况去
                                 //确定,比如在任务模式下使用 PSP 那么就得把 LR
                                 //的值设定为 FFFFFFFE

* ( -- stk) = (INT32U)0x12121212L; / * R12 * /
* ( -- stk) = (INT32U)0x03030303L; / * R3 * /
* ( -- stk) = (INT32U)0x02020202L; / * R2 * /
* ( -- stk) = (INT32U)0x01010101L; / * R1 * /
* ( -- stk) = (INT32U)parg;       / * R0 : ar 输入参数 * /
/ * Remaining registers saved on * /
/ * process stack * /
/ * 剩下的寄存器保存到堆栈 * /
```

```
*(--stk) = (INT32U)0x11111111L; /* R11 */
*(--stk) = (INT32U)0x10101010L; /* R10 */
*(--stk) = (INT32U)0x09090909L; /* R9 */
*(--stk) = (INT32U)0x08080808L; /* R8 */
*(--stk) = (INT32U)0x07070707L; /* R7 */
*(--stk) = (INT32U)0x06060606L; /* R6 */
*(--stk) = (INT32U)0x05050505L; /* R5 */
*(--stk) = (INT32U)0x04040404L; /* R4 */
return(stk);   //最后,返回新的堆栈的值
}
```

由于在添加新任务时,任务都还没执行过,对应于 R11～R4 位置的数据并没有什么实质上的作用,所以在 add 函数中就把这部分给省略掉了。

5. Cortex - M3 寄存器组

Cortex - M3 处理器拥有 R0～R15 的寄存器组。其中 R13 作为堆栈指针 SP。SP 有两个,但在同一时刻只能有一个可以看到,这也就是所谓的"banked"寄存器。

(1) 通用寄存器 R0～R12

R0～R12 都是 32 位通用寄存器,用于数据操作。但是注意:绝大多数 16 位 Thumb 指令只能访问 R0～R7,而 32 位 Thumb - 2 指令可以访问所有寄存器。

(2) 两个堆栈指针 R13

R13 是堆栈指针。在 Cortex - M3 处理器内核中共有两个堆栈指针,于是也就支持两个堆栈。当引用 R13(或写作 SP)时,引用到的是当前正在使用的那一个,另一个必须用特殊的指令来访问(MRS,MSR 指令)。这两个堆栈指针分别是:

➤ 主堆栈指针(MSP),或写作 SP_main。这是默认的堆栈指针,它由 OS 内核、异常服务例程以及所有需要特权访问的应用程序代码来使用。

➤ 进程堆栈指针(PSP),或写作 SP_process。用于常规的应用程序代码(不处于异常服用例程中时)。

要注意的是,并不是每个程序都要用齐两个堆栈指针才算圆满。简单的应用程序只使用 MSP 就够了。堆栈指针用于访问堆栈,并且 PUSH 指令和 POP 指令默认使用 PSP。

在程序中为了突出重点,可以一直把 R13 写作 SP。在程序代码中,MSP 和 PSP 都被称为 R13/SP。不过,可以通过 MRS/MSR 指令来访问具体的堆栈指针。

MSP,亦写作 SP_main,这是复位后默认使用堆栈指针,服务于操作系统内核和异常服务例程;而 PSP,亦写作 SP_process,典型地用于普通的用户线程中。

寄存器的 PUSH 和 POP 操作永远都是 4 B 对齐的——也就是说它们的地址必须是 0x4,0x8,0xc,…。事实上,R13 的最低两位被硬线连接到 0,并且总是读出 0 (Read As Zero)。

6. 连接寄存器 R14

当呼叫一个子程序时，由 R14 存储返回地址不像大多数其他处理器，ARM 为了减少访问内存的次数（访问内存的操作往往要 3 个以上指令周期，带 MMU 和 cache 的就更加不确定了），把返回地址直接存储在寄存器中。这样足以使很多只有 1 级子程序调用的代码无需访问内存（堆栈内存），从而提高了子程序调用的效率。如果多于 1 级，则需要把前一级的 R14 值压到堆栈里。在 ARM 上编程时，应尽量只使用寄存器保存中间结果，迫不得已时才访问内存。在 RISC 处理器中，为了强调访问内存操作越过了处理器的界线，并且带来了对性能的不利影响，给它取了一个专业的术语：溅出。

R14 是连接寄存器（LR）。在一个汇编程序中，可以把它写作 LR 和 R14。LR 用于在调用子程序时存储返回地址。例如，当在使用 BL（分支并连接，Branch and Link）指令时，就自动填充 LR 的值。

```
main                    //主程序
...
BL function1            //使用"分支并连接"指令呼叫 function1
                        //PC = function1，并且 LR = main 的下一条指令地址
...
Function1
...                     //function1 的代码
BX LR                   //函数返回（如果 function1 要使用 LR，必须在使用前 PUSH
                        //否则返回时程序就可能跑飞了）
```

尽管 PC 的 LSB 总是 0（因为代码至少是字对齐的），LR 的 LSB 却是可读可写的。这是历史遗留的产物。在以前，由位 0 来指示 ARM/Thumb 状态。因为其他有些 ARM 处理器支持 ARM 和 Thumb 状态并存，为了方便汇编程序移植，Cortex - M3 需要允许 LSB 可读可写。

7. 程序计数寄存器 R15

指向当前的程序地址。如果修改它的值，就能改变程序的执行流。R15 是程序计数器，在汇编代码中一般称为"PC"。因为 Cortex - M3 内部使用了指令流水线，读 PC 时返回的值是当前指令的地址＋4。例如：

```
0x1000: MOV R0, PC ; R0 = 0x1004
```

如果向 PC 中写数据，就会引起一次程序的分支（但是不更新 LR 寄存器）。Cortex - M3 中的指令至少是半字对齐的，所以 PC 的 LSB 总是读回 0。然而，在分支时，无论是直接写 PC 的值还是使用分支指令，都必须保证加载到 PC 的数值是奇数（即 LSB＝1），用以表明这是在 Thumb 状态下执行。倘若写了 0，则视为企图转入 ARM 模式，Cortex - M3 将产生一个 fault 异常。

15.2.5 为操作系统加上任务休眠功能

1. 完整操作系统代码

带任务休眠功能的完整操作系统共有 50 多行的源程序，主要是在上面所介绍的最简单的操作系统代码中加入了休眠计数数组、休眠函数以及调试函数 3 个功能。带任务休眠功能的完整操作系统源代码如下：

```cpp
#define   scmRTOS_PROCESS_COUNT      8     //最大任务数
static volatile unsigned char CurProcPriority = 0;
static volatile unsigned char SchedProcPriority = 0;
static volatile unsigned char task_count = 0;
extern "C" void OS_Start(unsigned long * sp);
static unsigned long * ProcessTable[scmRTOS_PROCESS_COUNT + 1];
static volatile unsigned long SleepTable[scmRTOS_PROCESS_COUNT + 1] = {0};
void Scheduler()
{
    SchedProcPriority = 0;
    for(volatile unsigned char j = 1;j<task_count;j++)
        if(SleepTable[j] == 0)
            SchedProcPriority = j;
     *( unsigned long * ) 0xE000ED04 | = 0x10000000;// 提升上下文切换;
}
inline void sleep(volatile unsigned char ID,volatile unsigned long tim)
{
    SleepTable[ID] = tim;
    Scheduler();
}
inline void sleep(volatile unsigned long tim)
{
    sleep(CurProcPriority,tim);
}
inline void Run()
{
    *( unsigned long * ) 0xE000ED22 | = 0xFF;
    *( unsigned long * ) 0xE000ED23 | = 0xFF;
    SysTick_Config(SystemFrequency/1000);  //1 ms 切换一次
    OS_Start(ProcessTable[CurProcPriority]);
    __asm__ __volatile__ ("cpsie i");
}
extern "C" unsigned long * OS_ContextSwitchHook(unsigned long * sp)
{
```

```
    ProcessTable[CurProcPriority] = sp;
    sp = ProcessTable[SchedProcPriority];
    CurProcPriority = SchedProcPriority;
    return sp;
}
extern "C" void SysTick_Handler()
{
    for(volatile unsigned char i = 1;i<task_count;i++)
        if(SleepTable[i]>0)
            SleepTable[i] - = 1;
    Scheduler();
}
//#include<cstdlib>
void add(unsigned short stack_size, void (*exec)())
{
  //ProcessTable[task_count] = (unsigned long * )std::malloc(stack_size);
    ProcessTable[task_count] =
              new unsigned long[stack_size/sizeof(unsigned long)];
  *(--ProcessTable[task_count])  = 0x01000000L;   // xPSR
*(--ProcessTable[task_count])  =
              reinterpret_cast<unsigned long>(exec); //入口地址
    ProcessTable[task_count] - = 14;
    task_count++;
}
```

2. 测试程序

在实时多任务系统里,每一个任务即是一个线程。由于已经加入休眠功能,那么程序在执行过程中,需设置一个主线程,其作用是当其他任务都处于休眠状态时,就让 CPU 总是执行该主线程。如果没有主线程,且任务都处于休眠状态,则调试程序就不懂得应该去做什么工作了。为了方便程序设计,上面的操作系统把任务 0(即第 1 个调用 add 函数加入的任务)当作是主线程,因此无需独立地设置其他的主要线程。

如果要在主线程里驱动 LED 灯闪烁,则只能通过普通的 delay 延时函数来延时,而不能用 sleep 休眠函数来延时。对于其他任务的延时,则应该用 sleep 休眠函数来延时,否则无法对该任务的休眠计数重置新数据,那么该任务的休眠计数一直为 0,即一直满足任务执行条件,那么它就一直在执行该任务无法休眠,这样就浪费了 CPU 的时间(当然也可以正常工作)。main 函数调用 Run 函数启动操作系统之后,它就不再被执行了,因此不应该把要运行的程序放到主函数 main 里的 Run 函数调用之后。

完整的测试程序代码如下:

```cpp
# include "include/bsp.h"
# include "include/led_key.h"

static CBsp bsp;
CLed led1(LED1),led2(LED2),led3(LED3),led4(LED4);
# include "Obtain_os.h"
void delay(volatile unsigned long time)
{
    for(volatile unsigned long i = 0; i<time; i ++ )
        for(volatile unsigned long j = 0; j<1400; j ++ );
}


extern "C" void   task0(void )                    //任务 0
{
    while(1)
    {
        led1.isOn()? led1.Off():led1.On();
        delay(1000);
    }
}
extern "C" void   task1(void )                    //任务 1
{
    while(1)
    {
    led2.isOn()? led2.Off():led2.On();
    sleep(2000);
    }
}
extern "C" void   task2(void )                    //任务 2
{
    while(1)
    {
        led3.isOn()? led3.Off():led3.On();
        sleep(1000);
    }
}


extern "C" void   task3(void )                    //任务 3
{
    while(1)
    {
        led4.isOn()? led4.Off():led4.On();
```

```
        sleep(100);
    }
}

int main()
{
    bsp. Init();
    add(300,task0);
    add(300,task1);
    add(300,task2);
    add(300,task3);
    Run();
    while(1){}
    return 0;
}
```

15.2.6 任务调度策略

1. 任务调度策略介绍

(1) 任务调度策略

通用操作系统中的任务调度一般采用基于优先级的抢先式调度策略,对于优先级相同的进程则采用时间片轮转调度方式,用户进程可以通过系统调用动态地调整自己的优先级,操作系统也可根据情况调整某些进程的优先级。

实时操作系统中的任务调度策略目前使用最广泛的主要可分为两种,一种是静态表驱动方式,另一种是固定优先级抢先式调度方式。

静态表驱动方式是指在系统运行前工程师根据各任务的实时要求用手工的方式或在辅助工具的帮助下生成一张任务的运行时间表,这张时间表与列车的运行时刻表类似,指明了各任务的起始运行时间以及运行长度。运行时间表一旦生成就不再变化了,在运行时调度器只需根据这张表在指定的时刻启动相应的任务即可。静态表驱动方式的主要特点如下。

➤ 运行时间表是在系统运行前生成的,因此可以采用较复杂的搜索算法找到较优的调度方案;

➤ 运行时调度器开销较小;

➤ 系统具有非常好的可预测性,实时性验证也比较方便;

➤ 主要缺点是不灵活,需求一旦发生变化,就要重新生成整个运行时间表。

由于具有非常好的可预测性,这种方式主要用于航空航天、军事等对系统的实时性要求十分严格的领域。

固定优先级抢先式调度方式则与通用操作系统中采用的基于优先级的调度方式基本类似,但在固定优先级抢先式调度方式中,进程的优先级是固定不变的,并且该优先级是在运行前通过某种优先级分配策略（如 Rate - Monotonic、Deadline - Monotonic 等）来指定的。这种方式的优缺点与静态表驱动方式的优缺点正好完全相反，主要应用于一些较简单、较独立的嵌入式系统，但随着调度理论的不断成熟和完善，这种方式也会逐渐在一些对实时性要求十分严格的领域中得到应用。目前市场上大部分的实时操作系统采用的都是这种调度方式。

（2）中断处理

在通用操作系统中，大部分外部中断都是开启的，中断处理一般由设备驱动程序来完成。由于通用操作系统中的用户进程一般都没有实时性要求，而中断处理程序直接跟硬件设备交互，可能有实时性要求，因此中断处理程序的优先级被设定为高于任何用户进程。

（3）共享资源的互斥访问

通用操作系统一般采用信号量机制来解决共享资源的互斥访问问题。对于实时操作系统，如果任务调度采用静态表驱动方式，共享资源的互斥访问问题在生成运行时间表时已经考虑到了，在运行时无需再考虑。如果任务调度采用基于优先级的方式，则传统的信号量机制在系统运行时很容易造成优先级倒置问题（Priority Inversion），即当一个高优先级任务通过信号量机制访问共享资源时，该信号量已被一低优先级任务占有，而这个低优先级任务在访问共享资源时可能又被其他一些中等优先级的任务抢先，因此造成高优先级任务被许多具有较低优先级的任务阻塞，实时性难以得到保证。因此在实时操作系统中，往往对传统的信号量机制进行了一些扩展，引入了如优先级继承协议（Priority Inheritance Protocol）、优先级顶置协议（Priority Ceiling Protocol）以及 Stack Resource Policy（堆栈资源策略）等机制，较好地解决了优先级倒置的问题。

（4）系统调用以及系统内部操作的时间开销

进程通过系统调用得到操作系统提供的服务，操作系统通过内部操作（如上下文切换等）来完成一些内部管理工作。为保证系统的可预测性，实时操作系统中的所有系统调用以及系统内部操作的时间开销都应是有界的，并且该界限是一个具体的量化数值。而在通用操作系统中对这些时间开销则未做如此限制。

（5）系统的可重入性

在通用操作系统中，核心态系统调用往往是不可重入的，当一低优先级任务调用核心态系统调用时，在该时间段内到达的高优先级任务必须等到低优先级的系统调用完成才能获得 CPU，这就降低了系统的可预测性。因此，实时操作系统中的核心态系统调用往往设计为可重入的。

2. 简单任务调度策略的实现

上面的简单操作系统中，采用了一种最简单的任务调度策略，即采用转换式任务调度方式。但是，由于任务调度函数中采用一个循环来检测任务是否就绪，并且都首先从任务 1 开始检测，如果任务 1 一直就绪，那么任务 1 将一直占有任务的被执行权,其他任务将不会被执行。因此,该调度函数也可以看成是一种抢占式任务调度策略。回顾一下简单任务调度策略的实现方式,其代码如下:

```
void Scheduler()
{
    SchedProcPriority = 0;
    for(volatile unsigned char j = 1;j<task_count;j++)
      if(SleepTable[j] == 0)
          SchedProcPriority = j;
    * ( unsigned long * ) 0xE000ED04 | = 0x10000000;//Raise Context Switch;
}
```

从代码中可以看出,越排在前面其优先级越高。如果希望排在后面的优先级比前面的高,那么代码可以改写成如下形式:

```
void Scheduler()
{
    SchedProcPriority = 0;
    for(volatile unsigned char j = 1;j<task_count;j++)
    {
        if(SleepTable[j] == 0)
        {
            SchedProcPriority = j;
            break;
        }
    }
    * ( unsigned long * ) 0xE000ED04 | = 0x10000000;    //提升上下文切换
}
```

如果希望采用非抢占式调度策略,那么只要让调度策略函数中的循环起始从当前任务的下一个任务开始检查即可。这样可以把任务调度策略改成如下形式:

```
void Scheduler()
{
    SchedProcPriority = 0;
    for(volatile unsigned char j = CurProcPriority;j<task_count;j++)
    {
        if(SleepTable[j] == 0)
        {
            SchedProcPriority = j;
             break;
        }
    }
    if(SchedProcPriority == 0)
```

```
        for(volatile unsigned char j = 1;j<CurProcPriority;j++)
        {
            if(SleepTable[j] == 0)
            {
                SchedProcPriority = j;
                break;
            }
        }
    *(unsigned long *)0xE000ED04 |= 0x10000000;    //提升上下文切换
}
```

如果想防止某个优先级高的任务独占 CPU 时间,那么可以加入一个用于保存任务连接占用 CPU 执行次数的变量,如果该变量值超过某个预设的值后,就暂停一下,让给其他任务先执行一次。实现代码如下:

```
volatile unsigned char consecutive = 0;
void Scheduler()
{
    SchedProcPriority = 0;
    for(volatile unsigned char j = 1;j<task_count;j++)
    {
        if(SleepTable[j] == 0)
        {
            if(SchedProcPriority == j)
            {
                consecutive++;
                if(consecutive>CONSE_MAX) {consecutive = 0; continue;}
            }
            else
            {
                SchedProcPriority = j;
                Consecutive = 0;
            }
            break;
        }
    }
    *(unsigned long *)0xE000ED04 |= 0x10000000;//提升上下文切换
}
```

15.2.7 内存分配技术

1. 内存管理

关于虚存管理机制我们在上面已经进行了一些讨论。为解决虚存给系统带来的不可预测性,实时操作系统一般采用如下两种方式:

➢ 在原有虚存管理机制的基础上增加页面锁功能,用户可将关键页面锁定在内存中,从而不会被 swap 程序将该页面交换出内存。这种方式的优点是既得到了虚存管理机制为软件开发带来的好处,又提高了系统的可预测性。缺点是由于 TLB 等机制的设计也是按照注重平均表现的原则进行的,因此系统的可预测性并不能完全得到保障。

➢ 采用静态内存划分的方式,为每个实时任务划分固定的内存区域。这种方式的优点是系统具有较好的可预测性,缺点是灵活性不够好,任务对存储器的需求一旦有变化就需要重新对内存进行划分,此外虚存管理机制所带来的好处也丧失了。

目前市场上的实时操作系统一般都采用第一种管理方式。

2. C 语言中的内存机制

在 C 语言中,内存主要分为如下 5 个存储区。

① 栈(Stack):位于函数内的局部变量(包括函数实参),由编译器负责分配释放,函数结束,栈变量失效。

② 堆(Heap):由程序员用 malloc/calloc/realloc 分配,free 释放。如果程序员忘记 free 了,则会造成内存泄露,程序结束时该片内存会由 OS 回收。

③ 全局区/静态区(Global Static Area):全局变量和静态变量存放区,程序一经编译好,该区域便存在。并且在 C 语言中初始化的全局变量、静态变量和未初始化的放在相邻的两个区域(在 C++中,由于全局变量和静态变量编译器会给这些变量自动初始化赋值,所以没有区分了)。由于全局变量一直占据内存空间且不易维护,推荐少用。程序结束时释放。

④ C 风格字符串常量存储区:专门存放字符串常量的地方,程序结束时释放。

⑤ 程序代码区:存放程序二进制代码的区域。

3. C++中的内存机制

在 C++语言中,与 C 类似,不过也有所不同,内存主要分为如下 5 个存储区。

① 栈(Stack):位于函数内的局部变量(包括函数实参),由编译器负责分配释放,函数结束,栈变量失效。

② 堆(Heap):这里与 C 不同的是,该堆是由 new 申请的内存,由 delete 或 delete []负责释放。

③ 自由存储区(Free Storage):由程序员用 malloc/calloc/realloc 分配,free 释放。如果程序员忘记 free 了,则会造成内存泄露,程序结束时该片内存会由 OS

回收。

④ 全局区/静态区(Global Static Area)：全局变量和静态变量存放区，程序一经编译好，该区域便存在。在 C++中，由于全局变量和静态变量编译器会给这些变量自动初始化赋值，所以没有区分初始化变量和未初始化变量了。由于全局变量一直占据内存空间且不易维护，推荐少用。程序结束时释放。

⑤ 常量存储区：这是一块比较特殊的存储区，专门存储不能修改的常量(如果采用非正常手段更改当然也是可以的)。

4. malloc 函数工作机制

malloc 函数的实质体现在它有一个将可用的内存块连接为一个长长的列表的所谓空闲链表。调用 malloc 函数时，它沿连接表寻找一个大到足以满足用户请求所需要的内存块。然后，将该内存块一分为二(一块的大小与用户请求的大小相等，另一块的大小就是剩下的字节)。接下来，将分配给用户的那块内存传给用户，并将剩下的那块(如果有的话)返回到链接表上。调用 free 函数时，它将用户释放的内存块连接到空闲链上。到最后，空闲链会被切成很多的小内存片段，如果这时用户申请一个大的内存片段，那么空闲链上可能没有可以满足用户要求的片段了。于是，malloc 函数请求延时，并开始在空闲链上翻箱倒柜地检查各内存片段，对它们进行整理，将相邻的小空闲块合并成较大的内存块。如果无法获得符合要求的内存块，malloc 函数会返回 NULL 指针，因此在调用 malloc 动态申请内存块时，一定要进行返回值的判断。

5. C++中的 new 工作机制

malloc 与 free 是 C++/C 语言的标准库函数，new/delete 是 C++的运算符。它们都可用于申请动态内存和释放内存。对于非内部数据类型的对象而言，光用 malloc/free 无法满足动态对象的要求。对象在创建的同时要自动执行构造函数，对象在消亡之前要自动执行析构函数。由于 malloc/free 是库函数而不是运算符，不在编译器控制权限之内，不能够把执行构造函数和析构函数的任务强加于 malloc/free。因此 C++语言需要一个能完成动态内存分配和初始化工作的运算符 new，以及一个能完成清理与释放内存工作的运算符 delete。注意 new/delete 不是库函数。

既然 new/delete 的功能完全覆盖了 malloc/free，为什么 C++不把 malloc/free 淘汰出局呢？这是因为 C++程序经常要调用 C 函数，而 C 程序只能用 malloc/free 管理动态内存。

如果用 free 释放"new 创建的动态对象"，那么该对象因无法执行析构函数而可能导致程序出错。如果用 delete 释放"malloc 申请的动态内存"，理论上讲程序不会出错，但是该程序的可读性很差。所以 new/delete 必须配对使用，malloc/free 也一样。

6. 简单的内存分配

上述简单的操作系统也包括了内存分配的功能，只是采用了非常简单的方式，因此如果不注意看根据就发现不了它的存在。内存的分配包含在添加任务的 add 函数之中,默认采用了 C++ 的 new 操作符为任务分配内存空间。当然也可以改用 malloc 函数来分配内存。简单内存分配的实现代码如下:

```
void add(unsigned short stack_size, void ( * exec)())
{
  //ProcessTable[task_count] = (unsigned long * )std::malloc(stack_size);
  ProcessTable[task_count] =
          new unsigned long[stack_size/sizeof(unsigned long)];
  * ( -- ProcessTable[task_count]) = 0x01000000L;          // xPSR
  * ( -- ProcessTable[task_count]) =
          reinterpret_cast<unsigned long>(exec);           // 入口地址
  ProcessTable[task_count] - = 14;
  task_count ++ ;
}
```

在这里,给某个任务分配了内存空间,这种采用 new 操作符或 malloc 函数分配内存的方式,是堆一类空间的分配。然后在操作系统中又把该内存空间地址传给了任务调用的 PSP 上,相当于变成了任务的栈空间,这样任务所用到的临时变量就自动地保存到了这个本来是堆的栈空间里。那么,堆和栈分别是什么呢? 下面看看它们的特点以及两者间的区别。

7. 栈

现代计算机(冯诺依曼串行执行机制),都直接在代码低层支持栈的数据结构。这体现在有专门的寄存器指向栈所在的地址(SS,堆栈段寄存器,存放堆栈段地址);有专门的机器指令完成数据入栈/出栈的操作(汇编中有 PUSH 和 POP 指令)。

这种机制特点是效率高,但支持的数据有限,一般是整数、指针、浮点数等系统直接支持的数据类型,并不直接支持其他的数据结构(可以自定义栈结构支持多种数据类型)。因为栈的这种特点,对栈的使用在程序中是非常频繁的。对子程序的调用就是直接利用栈完成的。机器的 call 指令里隐含了把返回地址入栈,然后跳转至子程序地址的操作,而子程序的 ret 指令则隐含从堆栈中弹出返回地址并跳转的操作。

C/C++ 中的函数自动变量就是直接使用栈的例子,这也就是为什么当函数返回时,该函数的自动变量自动失效的原因,因而要避免返回栈内存和栈引用,以免内存泄露。

可以把栈看成是一叠卡片,最上面的卡片表示程序的当前作用域,这往往就是当前正在执行的函数。当前函数中声明的所有变量都置于栈顶帧中,即占用栈顶帧的内存,这就相当于一叠卡片中最上面的一张卡片。如果当前函数调用了另一个函数,举例来说,一开始一叠卡片位于最底的卡片是 main() 函数,main() 函数调用了 foo() 函数,则相当于在这一叠卡片上加了另一张卡片,这样 foo() 函数就有了自己的栈帧(就是指一块内存空间)以供使用。从 main() 传递到 foo() 的所有参数都会从 main

（）栈帧复制到 foo（）栈帧中。然后 foo（）函数又调用了 bar（）函数，则在这一叠卡片上又加了一张卡片，这样 bar（）就有了自己的栈帧（stack frame）以供使用，从 foo（）传递到 bar（）的参数就会从 foo（）栈帧复制到 bar（）栈帧中。

栈帧很有意义，因为栈帧可以为每个函数提供一个独立的内存工作区。如果一个变量是在 foo（）栈帧中声明的，那么调用 bar（）函数不会对它带来改变，除非你专门要求修改这个变量。另外，foo（）函数运行结束时，栈帧即消失，该函数中声明的所有变量就不会再占用内存了。

8．堆

堆是一段完全独立于当前函数或栈帧的内存区。如果一个函数中声明了一些变量，而且希望当这个函数结束时其中声明的变量依然存在，就可以将这些变量置于堆中。堆与栈相比，没有那么清晰的结构性。可以把堆看作是一"堆"小玩艺。程序可以在任何时刻向这个"堆"添加新的东西或者修改"堆"中已经有的东西。

和栈不同的是，堆的数据结构并不是由系统（无论是机器硬件系统还是操作系统）支持的，而是由函数库提供的。基本的 malloc/calloc/realloc/free 函数维护了一套内部的堆数据结构（在 C++ 中则增加了 new/delete 维护）。

当程序用这些函数去获得新的内存空间时，这套函数首先试图从内部堆中寻找可用的内存空间（常见内存分配算法有：首次适应算法、循环首次适应算法、最佳适应算法和最差适应算法等，这些是 os 的基本内容）。如果没有可用的内存空间，则试图利用系统调用来动态增加程序数据段的内存大小，新分配得到的空间首先被组织进内部堆中去，然后再以适当的形式返回给调用者。当程序释放分配的内存空间时，这片内存空间被返回到内部堆结构中，可能会被适当地处理（比如空闲空间合并成更大的空闲空间），以更适合下一次内存分配申请。这套复杂的分配机制实际上相当于一个内存分配的缓冲池（Cache），使用这套机制有如下几个原因。

① 系统调用可能不支持任意大小的内存分配。有些系统的系统调用只支持固定大小及其倍数的内存请求（按页分配）；这样的话对于大量的小内存分配来说会造成浪费。

② 系统调用申请内存可能是代价昂贵的。系统调用可能涉及用户态和核心态的转换。

③ 没有管理的内存分配在大量复杂内存的分配释放操作下很容易造成内存碎片。

9．栈和堆的对比

栈和堆有如下区别。

① 栈是系统提供的功能，特点是快速高效，缺点是有限制，数据不灵活；而堆是函数库提供的功能，特点是灵活方便，数据适应面广，但是效率有一定降低。

② 栈是系统数据结构，对于进程/线程是唯一的；堆是函数库内部数据结构，不一定唯一。不同堆分配的内存无法互相操作。

③ 栈空间分静态分配和动态分配，一般由编译器完成静态分配，自动释放，栈的

动态分配是不被鼓励的;堆的分配总是动态的,虽然程序结束时所有的数据空间都会被释放回系统,但是精确的申请内存/释放内存匹配是良好程序的基本要素。

④ 碎片问题:对于堆来讲,频繁的 new/delete 等操作势必会造成内存空间的不连续,从而造成大量的碎片,使程序的效率降低;对于栈来讲,则不会存在这个问题,因为栈是后进先出(LIFO)的队列。

⑤ 生长方向:堆的生长方向是向上的,也就是向这内存地址增加的方向;对于栈来讲,生长方向却是向下的,是向着内存地址减少的方向增长。

⑥ 分配方式:堆都是动态分配的,没有静态分配的堆;栈有两种分配方式,即静态分配和动态分配。静态分配是编译器完成的,比如局部变量的分配。动态分配则由 alloca 函数进行分配,但是栈的动态分配和堆不同,它的动态分配是由编译器进行释放,无需手工实现。

⑦ 分配效率:栈是机器系统提供的数据结构,计算机在底层提供支持,分配有专门的堆栈段寄存器,入栈/出栈有专门的机器指令,这些都决定了栈的高效率执行。而堆是由 C/C++ 函数库提供的,机制比较复杂,有不同的分配算法,易产生内存碎片,需要对内存进行各种管理,效率比栈要低很多。

15.2.8　任务的同步

有以下 4 种进程或线程同步互斥的控制方法。一是临界区,通过对多线程的串行化来访问公共资源或一段代码,速度快,适合控制数据访问;二是互斥量,为协调共同对一个共享资源的单独访问而设计的;三是信号量,为控制一个具有有限数量用户资源而设计;四是事件,用来通知线程有一些事件已发生,从而启动后继任务的开始。临界区、互斥量、信号量、事件的区别如下。

➢ 互斥量与临界区的作用非常相似,但互斥量是可以命名的,也就是说它可以跨越进程使用。所以创建互斥量需要的资源更多,所以如果只为了在进程内部使用,使用临界区会带来速度上的优势并能够减少资源占用量。因为互斥量是跨进程的,互斥量一旦被创建,就可以通过名字打开它。

➢ 互斥量(Mutex)、信号灯(Semaphore)、事件(Event)都可以被跨越进程使用来进行同步数据操作,而其他的对象与数据同步操作无关,但对于进程和线程来讲,如果进程和线程在运行状态则为无信号状态,在退出后为有信号状态。所以可以使用 WaitForSingleObject 来等待进程和线程退出。

➢ 通过互斥量可以指定资源被独占的方式使用,但如果有下面一种情况通过互斥量就无法处理,比如现在一位用户购买了一份 3 个并发访问许可的数据库系统,可以根据用户购买的访问许可数量来决定有多少个线程/进程能同时进行数据库操作,这时候如果利用互斥量就没有办法完成这个要求,信号灯对象可以说是一种资源计数器。

线程同步互斥控制的实现,可以通过一个简单的方式来实现,即定义全局变量,下面以任务锁定功能为例子,介绍线程同步互斥控制的实现方式,临界区、互斥量、信号量与事件的实现方式与此相似。

任务锁定的功能是,当某个任务的某些不允许中断的功能正被执行时,就锁定调度器,不要让它进行任务的切换。在上述程序代码中加入 lock 变量,添加锁定和解锁函数,内容如下:

```
static volatile bool lock = false;
void Lock(){lock = true;}              //锁定调度器
void UnLock(){lock = false;}           //解锁调度器
```

在 SysTick_Handler 函数的开始处,加入到锁定变量的判断,实现代码如下:

```
extern "C" void SysTick_Handler()
{
    if(lock)return;                    //处于锁定状态,立即返回
    for(volatile unsigned char i = 1;i<task_count;i++)
        if(SleepTable[i]>0)
            SleepTable[i] - = 1;
    Scheduler();
}
```

任务锁定功能的使用方式很简单,在不允许切换的代码前调用 Lock 函数,在完全该代码后调用 UnLock 函数解锁,例如:

```
extern "C" void   task2(void)
{
    while(1)
    {
        led3.isOn()? led3.Off():led3.On();
        Lock();
        app - >messageProcessing();
        UnLock();
        sleep(800);
    }
}
```

15.2.9　任务间通信

任务间通信通过消息队列和邮箱等方式进行。消息(Message)和邮箱(Mailbox)是 RTOS 中任务之间数据传递的载体和渠道,一个任务可以有多个邮箱。通过邮箱,各个任务之间可以异步地传递信息,没有占用 CPU 时间的查询和等待。当RTOS 包含片上总线接口驱动功能时,各个单片机之间的通信也通过邮箱的方式来进行,用户并不需要了解更深的关于硬件的内容。

1. 消息

"消息"是在两台计算机间传送的数据单位。消息可以非常简单,例如只包含文本字符串;也可以更复杂,可能包含嵌入对象。

消息被发送到队列中。"消息队列"是在消息的传输过程中保存消息的容器。消息队列管理器在将消息从它的源中继到它的目标时充当中间人。队列的主要目的是提供路由并保证消息的传递;如果发送消息时接收者不可用,消息队列会保留消息,直到可以成功地传递它。

消息队列(也叫做报文队列)能够克服早期 unix 通信机制的一些缺点。作为早期 unix 通信机制之一的信号能够传送的信息量有限,后来虽然 POSIX 1003.1b 在信号的实时性方面作了拓广,使得信号在传递信息量方面有了相当程度的改进,但是信号这种通信方式更像"即时"的通信方式,它要求接受信号的进程在某个时间范围内对信号做出反应,因此该信号最多在接受信号进程的生命周期内才有意义,信号所传递的信息是接近于随进程持续的概念(process – persistent);管道及有名管道则是典型的随进程持续 IPC,并且,只能传送无格式的字节流无疑会给应用程序开发带来不便,另外,它的缓冲区大小也受到限制。

消息队列就是一个消息的链表。可以把消息看作一个记录,具有特定的格式以及特定的优先级。对消息队列有写权限的进程可以向其按照一定的规则添加新消息;对消息队列有读权限的进程则可以从消息队列中读走消息。消息队列是随内核持续的。

2. 邮箱

邮箱机制用于进程间进行通信。嵌入式操作系统内维护多个邮箱,任务可以由邮箱收发消息。相互协作的进程间可以通过邮箱传递信息。从某种程序上来说,邮箱和信号量的功能类似,只是任务在向邮箱发信号时可以同时附加一消息,消息可用来指明发生的事件类型等。

当向邮箱发送空消息时,这里对邮箱的操作便退出化信号量操作。

邮箱为所有任务共享,任何任务都可向邮箱发送、接收消息。并且一个邮箱可容纳多个消息。在传递消息时,并不传递消息本身,而是传递消息体的指针,以避免因信息的复制带来的性能损失。

15.3 C++实时开源操作系统 scmRTOS

15.3.1 概述

1. scmRTOS 简介

上述最简单的操作系统,其实是 C++实时开源操作系统 scmRTOS 的一个简化版。设计的思路以及部分代码,来源于 scmRTOS。

scmRTOS 是微小的抢占式实时操作系统,专为单片机微控制器使用,能够在 RAM 少于 512 B 的 μCs 中运行。该 RTOS 是采用 C++编写,所有的源代码可用。目前有以下 6 个支持的平台。

➤ MSP430 (Texas Instruments);
➤ AVR (Atmel);
➤ Blackfin (Analog Devices);
➤ ARM7;
➤ FR (Fujitsu);
➤ Cortex - M3。

2. scmRTOS 特点

(1) 调试方式

➤ 抢占式多任务;
➤ 最多 31 个用户进程(任务);
➤ 程序控制流的快速进程间转移,典型的任务切换速度如表 15 - 2 所列。

表 15 - 2　scmRTOS 切换速度

MCU	切换速度	主　频
MSP430	45～50 μs	5 MHz
AVR	38～42 μs	8 MHz
Blackfin	1.5 μs	200 MHz
ARM7 (ARM mode)	5 μs	50 MHz
ARM7 (Thumb mode)	8 μs	50 MHz
FR	10 μs	32 MHz
Cortex - M3	3 μs	72 MHz

(2) 低资源需求

➤ 生成代码:约 1 KB(取决于应用程序和目标平台);
➤ 核心数据:8 +2×进程计数;
➤ 过程数据:5 个字节;
➤ 支持独立的返回堆栈(用于电子战的 AVR IAR 的要求)。

(3) 两种程序的控制传递流程的方法

➤ 直接调用上下文切换;
➤ 软件中断上下文切换。

(4) 进程间通信

➤ 快速事件标志(二进制信号量);

- ➢ 互斥信号量(互斥体);
- ➢ 字节宽频道("原始"数据队列);
- ➢ 任意类型的频道(任意类型的对象队列)。

(5) 消息

- ➢ 在不同的 ISR 的可选软件交换机堆叠在某些平台上;
- ➢ 各个目标硬件支持的功能,如转换器等硬件的更多的效率。

3. scmRTOS 的结构

简化的 scmRTOS 的结构如图 15-2 所示,包括了系统运行模式 Run、系统启动模块 OS_Start、任务列表模块 Table、任务调度模块 Scheduler、任务切换心跳中断模块 SysTick、任务切换软件中断模块 PendSV 等。

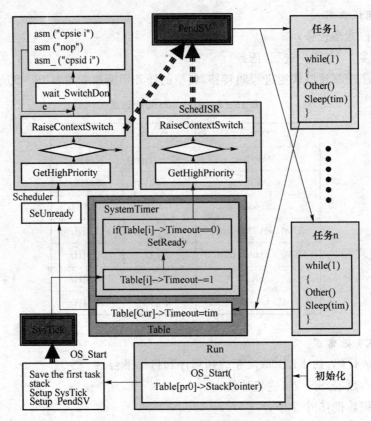

图 15-2 scmRTOS 结构简化图

scmRTOS 结构简化图中,PendSV、SysTick 中断功能可以通过软件来触发(设置挂起 pendSV 位),方法是:将中断控制状态寄存器 0xE000ED04 的[28]PENDSV-SET、[26] PENDSTSET 置 1。例如任务切换函数可以写成:

```
inline void RaiseContextSwitch()
```

```
{
    * ( ( unsigned long * ) 0xE000ED04 )| = 0x10000000;
}
```

15.3.2　scmRTOS 测试程序

1. EventFlag 事件测试程序

在 EventFlag 事件测试程序中,完成了事件创建、事件等待以及事件产生功能,实现了线程间的同步功能。测试程序首先创建 3 个线程对象 Proc1、Proc2 和 Proc3,使用 EventFlag 来传输事件。在线程函数 Exec(　)中,调用 EventFlag 的 Wait 成员函数实现事件的等待,调用 EventFlag 的 Signal 成员函数实现事件的产生。在 main 函数中调用 OS::Run(　)函数启动 scmRTOS 操作系统。

```
# include "stm32f10x.h"
# include "pin.h"
# include <scmRTOS.h>
//Process types
typedef OS::process<OS::pr0, 300> TProc1;
typedef OS::process<OS::pr1, 300> TProc2;
typedef OS::process<OS::pr2, 300> TProc3;
//Process objects
TProc1 Proc1;
TProc2 Proc2;
TProc3 Proc3;
//IO Pins
Pin<'B', 0> PB0;
Pin<'B', 1> PB1;
//Event Flags to test
OS::TEventFlag ef;
OS::TEventFlag TimerEvent;
int main()
{
    PB0.Direct(OUTPUT);          //配置 PB0 为输出
    PB0.Off();
    PB1.Direct(OUTPUT);          //配置 PB1 为输出
    PB1.Off();
    OS::Run();                   //运行
}
namespace OS
{
    template <>
    OS_PROCESS void TProc1::Exec()
```

435

```
    {
        for(;;)
        {
            ef.Wait();
            PB0.Off();
        }
    }
    template <>
    OS_PROCESS void TProc2::Exec()
    {
        for(;;)
        {
            TimerEvent.Wait();
            PB1.Off();
        }
    }
    template <>
    OS_PROCESS void TProc3::Exec()
    {
        for (;;)
        {
            Sleep(1);
            PB0.On();
            ef.Signal();
        }
    }
}
void OS::SystemTimerUserHook()
{
    PB1.On();
    TimerEvent.SignalISR();
}
```

2. Message 消息测试程序

在 Message 消息测试程序中，完成了消息的发送、消息的等待以及消息的接收功能。创建一个消息过方式如下。

① 创建消息容器：TMamont m；

② 设置消息源：m.src = TMamont::ISR_SRC；

③ 设备消息数据：m.data = 10；

④ 把容器压入系统消息队列中：MamontMsg = m；

⑤ 发送消息：MamontMsg.sendISR()；

Message 消息测试程序实现代码如下：

```
# include "stm32f10x.h"
# include "pin.h"
# include <scmRTOS.h>
//进程类型
typedef OS::process<OS::pr0, 300> TProc1;
typedef OS::process<OS::pr1, 300> TProc2;
typedef OS::process<OS::pr2, 300> TProc3;
//进程对象
TProc1 Proc1;
TProc2 Proc2;
TProc3 Proc3;
//测试对象
Pin<'B', 0> PB0;
Pin<'B', 1> PB1;
//      测试对象
struct TMamont                            //消息发送的数据类型
{                     //
    enum TSource{ PROC_SRC, ISR_SRC}
    src;
    int data;//
};                    //
OS::message<TMamont> MamontMsg;// OS::message 对象
int main()
{
  PB0.Direct(OUTPUT);                    //配置 IO 引脚
  PB0.Off();
  PB1.Direct(OUTPUT);
  PB1.Off();
  OS::Run();// 运行
}
namespace OS
{
  template <>
  OS_PROCESS void TProc1::Exec()
  {
    for(;;)
    {
      MamontMsg.wait();                  //等待消息
      TMamont Mamont = MamontMsg;        //读入邮件内容到本地 TMamont 变量
      if (Mamont.src == TMamont::PROC_SRC)
```

437

```
    {
      PB0.Off();                            //显示从其他进程收到的消息
    }
    else
    {
      PB0.Off();                            //显示收到的消息从 ISR
      PB0.On();
      PB0.Off();
    }
  }
}
template <>
OS_PROCESS void TProc2::Exec()
{
  for(;;)
  {
    Sleep(100);
  }
}
template <>
OS_PROCESS void TProc3::Exec()
{
  for (;;)
  {
    Sleep(1);
    TMamont m;                              //创建消息上下文
    m.src  = TMamont::PROC_SRC;
    m.data = 5;
    MamontMsg = m;                          //发送上下文到 OS::message 对象
    PB0.On();
    MamontMsg.send();                       //发送消息
  }
 }
}
void OS::SystemTimerUserHook()
{
  TMamont m;                                //创建消息上下文
  m.src  = TMamont::ISR_SRC;
  m.data = 10;
  MamontMsg = m;                            //发送上下文到 OS::message 对象
  PB0.On();
  MamontMsg.sendISR();                      //发送消息
```

438

```
}
```

3. Channel 信道测试程序

在 Channel 信道测试程序容器抽象类、容器抽象类的信道对象、容器实现类、容器对象、向信道中压入容器对象、弹出容器以及容器的使用等功能。实现信道测试的步骤如下：

① 创建容器抽象类，例如：

```
class TSlon
{
public：
    TSlon() { }
virtual void eat() = 0;
// feed the slon. For non - russians：slon == elephant ;
};
```

② 定义容器抽象类的信道对象。

OS：：channel＜TSlon ＊ , 8＞ SlonQueue；

③ 从容器抽象类派生容器实现类，例如：

```
class TAfricanSlon : public TSlon
{
public：
  virtual void eat()
  {
      TCritSect cs;
      PB0.On();
  }
};
```

④ 创建容器对象，例如：TAfricanSlon African；

⑤ 在线程对象的函数 Exec(　)中，调用信道对象成员函数 push 向信道中压入容器对象。例如：SlonQueue. push(＆African)；

⑥ 在其他线程对象的函数 Exec(　)中，调用信道对象成员函数 pop 弹出容器，例如：

```
TSlon ＊ p;
SlonQueue. pop(p)；          //从队列中获取指针
p -＞eat()；                 //Slon 的喂食函数
```

Channel 信道测试程序实现代码如下：

```
# include "stm32f10x. h"
# include "pin. h"
```

```
# include <scmRTOS.h>
// 进程类型
typedef OS::process<OS::pr0, 300> TProc1;
typedef OS::process<OS::pr1, 300> TProc2;
typedef OS::process<OS::pr2, 300> TProc3;
//进程对象
TProc1 Proc1;
TProc2 Proc2;
TProc3 Proc3;
dword tick_count;// 全局变量的 OS::GetTickCount 函数测试
// IO 引脚配置
Pin<'B', 0> PB0;
Pin<'B', 1> PB1;
//  消息 "body"
class TSlon
{
public:
    TSlon() { }
    virtual void eat() = 0;
    // eat 是一个纯虚函数;
};
class TAfricanSlon : public TSlon
{
public:
    virtual void eat()
    {
        TCritSect cs;
        PB0.On();PB0.Off();
        PB0.On();PB0.Off();
    }
};
class TIndianSlon : public TSlon
{
public:
    virtual void eat()
    {
        TCritSect cs;
        PB0.On();
        PB0.Off();
    }
};
TAfricanSlon African;
```

```
TIndianSlon  Indian;
//为 TSlon 配置通道
OS::channel<TSlon *, 8> SlonQueue;
OS::TEventFlag TimerEvent;
int main()
{
    PB0.Direct(OUTPUT); // 配置 IO 引脚
    PB0.Off();
    PB1.Direct(OUTPUT);
    PB1.Off();
    OS::Run();// 运行
}
namespace OS
{
    template <>
    OS_PROCESS void TProc1::Exec()
    {
        for(;;)
        {
            TimerEvent.Wait();
            SlonQueue.push(&African);
        }
    }
    template <>
    OS_PROCESS void TProc2::Exec()
    {
        for(;;)
        {
            tick_count += OS::GetTickCount();
            Sleep(1);
            SlonQueue.push(&Indian);
        }
    }
    template <>
    OS_PROCESS void TProc3::Exec()
    {
        for (;;)
        {    //      通过通道获取的数据
            TSlon * p;
            SlonQueue.pop(p); //从队列中获取指针
            p->eat();      //调用 Slon 的 eat 函数
        }
```

441

```
        }
    }
    void OS::SystemTimerUserHook()
    {
        PB1.Cpl();
        TimerEvent.SignalISR();
    }
```

15.3.3　把 scmRTOS 应用于前面章节的例子之中

1. 准备工作

① 复制 startup_stm32f10x_md_mthomas.c 文件。

把中断向量文件 startup_stm32f10x_md_mthomas.c 从其他项目的\build\lib 目录下复制到 src 目录下。

② 修改 makefile 文件。

修改 makefile 文件,在 makefile 文件中如下一行代码的前面加上注解符号"#" 给注解掉:

```
STMLibraryOBJ += lib/obj/startup_stm32f10x_md_mthomas.o
```

然后,再加上如下一行代码,用于编译上一步复制过来的 startup_stm32f10x_md_mthomas.c 文件:

```
SRC += ../src/startup_stm32f10x_md_mthomas.c
```

③ 修改 startup_stm32f10x_md_mthomas.c。

修改 startup_stm32f10x_md_mthomas.c 文件中的 PendSV 和 SysTick 两个中断向量,方法是在向量定义前先声明这两个中断入口函数:

```
//scmRTOS
#pragma weak PendSVC_ISR = Default_Handler
#pragma weak SystemTimer_ISR = Default_Handler
void WEAK PendSVC_ISR(void);
void WEAK SystemTimer_ISR(void);
```

然后把中断向量表 g_pfnVectors 中的如下两行程序注解掉,变为

```
//PendSV_Handler,          /* PendSV Handler */
//SysTick_Handler,         /* SysTick Handler */
```

最后在紧跟着这两行的下边加上新的中断向量:

```
PendSVC_ISR,             /* PendSV Handler */
    SystemTimer_ISR,         /* SysTick Handler */
```

2. 主测试程序

在 main. cpp 文件中添加 scmRTOS 的头文件以及 scmRTOS 的测试代码，然后编译并下载即可，一个简单而完整的 scmRTOS 测试程序如下：

```cpp
# include "include/bsp. h"
# include "include/led_key. h"
static CBsp bsp;
CLed led1(LED1),led2(LED2),led3(LED3),led4(LED4);
# include "scmRTOS. h"
typedef OS::process<OS::pr0, 300> TProc1;
typedef OS::process<OS::pr1, 300> TProc2;
typedef OS::process<OS::pr2, 300> TProc3;
TProc1 Proc1;
TProc2 Proc2;
TProc3 Proc3;
OS::TEventFlag ef;
OS::TEventFlag TimerEvent;
namespace OS
{
    template <>
    OS_PROCESS void TProc1::Exec()            //线程 1
    {
        for(;;)
        {
            ef.Wait();
            ef.Clear();
            Sleep(1000);
            led2.Off();
        }
    }
    template <>
    OS_PROCESS void TProc2::Exec()            //线程 2
    {
        for(;;)
        {
            TimerEvent.Wait();
            TimerEvent.Clear();
            led1.Off();
        }
    }
    template <>
    OS_PROCESS void TProc3::Exec()            //线程 3
```

```
    {
        for (;;)
        {
            Sleep(2000);
            led2.On();
            ef.Signal();
        }
    }
}
void OS::SystemTimerUserHook()
{
    static volatile unsigned int counter1 = 0;
    if((++counter1)>1000)
    {
        counter1 = 0;
        led1.On();
    }
    else if((counter1)>500)
    {
        TimerEvent.SignalISR();
    }
}
int main()
{
    bsp.Init();
    OS::Run();
    while(1){}
    return 0;
}
```

第 16 章

一步一步设计自己的嵌入式 GUI 库

原计划 GUI 部分专门介绍 μCGUI,但写到一半时发现了几个严肃的问题,一是版权问题,μCGUI 是收费的,也不开源,作者手上用的也是一些厂家开发板配套资料上带的以库形式存在的版本,因此如果写 μCGUI 就只能介绍其应用,而不方便从源代码层次进行底层的分析,也不能为读者提供其源程序;二是 μCGUI 代码量大,占用的 Flash 空间多,运行时占用的 RAM 空间也较多,在简易的嵌入式系统中使用显得过于庞大,如果用于复杂的嵌入式系统,又不如直接用带有 MMC 的 ARM 处理器加上嵌入式 Linux、Windows CE、Android 操作系统功能强大等;三是从学习的角度看,μCGUI 内容比较多,仅仅用一章来介绍不能讲解好 μCGUI 的应用,单独为 μCGUI 写一本书来进行讲解也不为过。综合上述几点,最终决定放弃讲解 μCGUI 应用,而改为讲解如何设计一个简单的 GUI 系统。

16.1 嵌入式 GUI

16.1.1 概述

1. GUI

图形用户界面(Graphical User Interface,简称 GUI,又称图形用户接口)是指采用图形方式显示的计算机操作用户介面。

GUI 的广泛应用是当今计算机发展的重大成就之一,极大地方便了非专业用户的使用,人们从此不再需要死记硬背大量的命令,取而代之的是可以通过窗口、菜单、按键等方式来方便地进行操作。而嵌入式 GUI 具有下面几个方面的基本要求:轻型、占用资源少、高性能、高可靠性、便于移植、可配置等特点。

图形用户界面这一概念是 20 世纪 70 年代由施乐公司帕洛阿尔托研究中心提出。我们现在所说的普遍意义上的 GUI 便是由此产生的。早期的几种 GUI 系统如下:

➢ 1973 年施乐公司帕洛阿尔托研究中心(Xerox PARC)施乐研究机构工作小组最先建构了 WIMP(也就是视窗、图标、菜单和点选器/下拉菜单)的范例,并率先在施乐一台实验性的计算机上使用。

➢ 1983 年出现了 VisiOn,此图形用户界面最开始是一家公司为电子制表软件而设计的,此软件就是具有传奇色彩的 VisiCalc。在 1983 年,首次介绍了在

PC 环境下的"视窗"和鼠标的概念,其先于"微软视窗"的出现,但 VisiOn 并没有研制成功。

➢ 1984 年出现了苹果的 Lisa 与 Macintosh,Macintosh 于 1984 年发布,是首例成功使用 GUI 并用于商业用途的产品。从 1984 年开始,Macintosh 的 GUI 随着时间的推移一直在修改,在 System 7 中,做了主要的一次升级。2001 年的 Mac OS X 问世是其最大规模的一次修改。

➢ 1985 年出现了 Amiga Intuition 阿米高直觉计算机,Amiga 计算机公司于 1985 年研究一款运用 GUI 的计算机,叫 Intuition。Amiga GUI 在当时是独一无二的,因为在那时候 GUI 还不能提供足够的控制功能,Amiga 就已经能使用弹出式的命令行界面(CLI)了。

2. 嵌入式 GUI

嵌入式 GUI(Graphic Uset Interface)系统就是在嵌入式系统中为特定的硬件设备或环境而设汁的图形用户界面系统。调查显示,越来越多具有灵活性、高效性和可移植性的嵌入式 GUI 系统广泛应用于办公自动化、消费电子、通信设备和智能仪器等许多领域;而且随着硬件技术的发展,要求 GUI 实现的功能越来越丰富,GUI 系统也变得比以往更加复杂、多样。

16.1.2 常见的嵌入式 GUI

嵌入式环境下常见的 GUI 系统有 Qt/Embedded、MiniGUI、Tiny - x、GTK、Open GUI、PicoGUI、μCGUI、MicrochipGUI 和 ZLG_GUI 等。

1. Qt/Embedded

(1) Qt/Embedded 简介

Qt Embedded 是 Trolltech 公司(现属于 Nokia 公司)的图形化界面开发工具 Qt 的嵌入式版本,它通过 QT API 与 Linux I/O 以及 Framebuffer 直接交互,拥有较高的运行效率,而且整体采用面向对象编程,拥有良好的体系架构和编程模式,Qt/embedded 和 Qt 一样,在 4.5 版本之后提供了 3 种不同的授权协议 GPL、LGPL 和 Commercial。

Qt/Embedded 是一个多平台的 C++图形用户面应用程序框架,其对象容易扩展,可移植性好,支持多个 GUI 平台的交互开发。现在,Qt/Embedded 广泛应用于各种嵌入式产品和设备中,从消费电器(如智能手机、机顶盒)到工业控制设备(如医学成像设备、移动信息系统等)。

Qt/Embedded 目前的版本通常为 4.5,提供了两个版本,分别是 Qt for Embedded Linux 以及 Qt for Windows CE。

(2) Qt/Embedded 结构

Qt/Embedded 的底层图形引擎基于 framebuffer。framebuffer 是一种驱动程序

接口,将显示设备抽象为帧缓冲区。该驱动程序的设备文件一般是/dev/fb0、/dev/fb1 等。对用户而言,它和/dev 下的其他设备没有什么区别,用户可以把 frame-buffer 看成一块内存,既可以从这块内存中读取数据,也可以向其中写入数据,而写操作立即反应在屏幕上。为运行 Qt/Embedded,嵌入式 Linux 内核要支持 frame-buffer。

Qt/Embedded 是 Qt 的面向嵌入式应用的简化版本,包括一组完备的 GUI 类、操作系统封装、数据结构类、功能类和组合类。大部分 Qt 的应用程序可以经过简单的编译与重设窗口大小移植到 Qt/Embedded。

Qtopia 是基于 Qt/Embedded 开发的一个嵌入式的窗口系统和应用程序集,如地址本、图像浏览、Media 播放器等,还包括娱乐和配置工具,广泛用于 PDA 等掌上设备。Qtopia 平台由 Qtopia 库(Qt/E、libqpe、libqtopia1、qtopiapim)和 Qtopia server/laucher 组成。Qtopia server/laucher 是控制窗口系统、进程间通信、发起所有应用和其他核心任务的主要服务程序。

2. MiniGUI

MiniGUI 是由北京飞漫软件技术有限公司创办的开源 Linux 图形用户界面支持系统,经过近些年的发展,MiniGUI 已经发展成为比较成熟的、性能优良的、功能丰富的跨操作系统的嵌入式图形界面支持系统。“小”是 MiniGUI 的特色,目前已经广泛应用于通信、医疗、工控、电子、机顶盒、多媒体等领域。目前,MiniGUI 的最新版本为 MiniGUI 3.0,MiniGUI 对中文的支持非常好,它支持 GB2312 与 BIG5 字元集,其他字元集也可以轻松加入。

3. Tiny - x

Tiny - X 是标准 X - windows 系统的简化版,去掉了许多对设备的检测过程,无需设置显示卡 Driver,很容易对各种不同硬件进行移植。Tiny - X 专为嵌入式开发,适合用作嵌入式 linux 的 GUI 系统。Tiny - X 图形系统是由 SuSE 赞助的,开发人员是 XFree86 的核心成员 Keith Packard。目前 TinyX 是 XFree86 自带的编译模式之一,只要通过修改编译选项,就能编译生成 Tiny - X。

作为 XFree86 4.0(ftp://ftp.xfree86.org/pub/XFree86/4.0)的子集,性能和稳定性都非常好,适合内存资源比较少的系统的 X 系统,它是以 XFree86 为基准,所以构置或设定的方式与 xfree86 是相同的。一般的 X Server 都过于庞大,因此 Keith Packard 就以 XFree86 为基础,精简了不少东西而形成 Tiny X Server,它的体积可以小到几百 KB 而已,非常适合应用于嵌入式环境。TinyX 像 X Window 系统一样采用标准的 Client/Server 体系结构,如图 16 - 1 所示。

4. GTK

最初,GTK+是作为另一个著名的开放源码项目——GNU Image Manipulation Program (GIMP)——的副产品而创建的。在开发早期的 GIMP 版本时,Peter Mat-

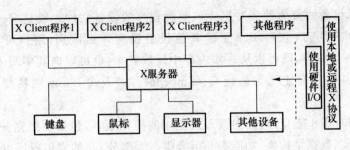

图 16‐1   Tiny‐x 结构

tis 和 Spencer Kimball 创建了 GTK(它代表 GIMP Toolkit),作为 Motif 工具包的替代,后者在那个时候不是免费的。当这个工具包获得了面向对象特性和可扩展性之后,才在名称后面加上了一个加号。

GTK+的特点如下:

> 在开发与维护上,有一个充满活力的社区围绕它,为它服务;
> 提供了广泛的选项,用于把工作扩展到尽可能多的人,其中包括一个针对国际化、本地化和可访问性的完善的框架;
> 简单易用,对开发人员和用户来说都是这样;
> 设计良好、灵活而可扩展;
> 是自由软件,有一个自由的开放源码许可;
> 是可移植的,从用户和开发人员的角度都是这样。

5. μCGUI

μCGUI 是一种嵌入式应用中的图形支持系统,用于为任何使用 LCD 图形显示的应用提供高效的独立于处理器及 LCD 控制器的图形用户接口,适用单任务或多任务系统环境,并适用于任意 LCD 控制器和 CPU 下任何尺寸的真实显示或虚拟显示。它的设计架构是模块化的,由不同的模块中的不同层组成,由一个 LCD 驱动层来包含所有对 LCD 的具体图形操作。μCGUI 可以在任何的 CPU 上运行,因为它是 100%的标准 C 代码编写的。μCGUI 能够适应大多数的使用黑白或彩色 LCD 的应用,它提供非常好的允许处理灰度的颜色管理,还提供一个可扩展的 2D 图形库及占用极少 RAM 的窗口管理体系。

μCGUI 的设计目标是为使用 LCD 作为图形显示装置的应用提供高效的与 LCD 控制器独立及处理器独立的图形用户接口。它适合于单任务环境及多任务环境,如私用的操作系统或是商业的 RTOS(实时操作系统)。μCGUI 以 C 源码形式提供,并适用于任意 LCD 控制器和 CPU 下任何尺寸的真实显示或虚拟显示。μCGUI 特点如下:

> 适用任何 8/16/32 位 CPU,只要有相对应的标准 C 编译器;
> 任何的控制器的 LCD 显示器(单色、灰度、颜色),只要有适合的 LCD 驱动

可用；
➢ 在小模式显示时无须 LCD 控制器；
➢ 所有接口支持使用宏进行配制；
➢ 显示尺寸可定制；
➢ 字符和位图可在 LCD 显示器上的任意起点显示，并不仅局限于偶数对齐的地址起点；
➢ 程序在大小和速度上都进行了优化；
➢ 编译时允许进行不同的优化；
➢ 对于缓慢一些的 LCD 控制器，LCD 显存可以映射到内存当中，从而减少访问次数到最小并达到更高的显示速度；
➢ 清晰的设计架构；
➢ 支持虚拟显示，虚拟显示可以比实际尺寸大（即放大）。

16.2 嵌入式 GUI 设计基础

1. GUI 底层结构

嵌入式 GUI 的底层，一般都是事件与消息的处理，事件与消息的处理的结构如图 16-2 所示，主要包括事件和消息采集、事件和消息队列、应用程序管理器、事件和消息处理、事件和消息分派、窗口库、控件库、用户程序等几个部分。

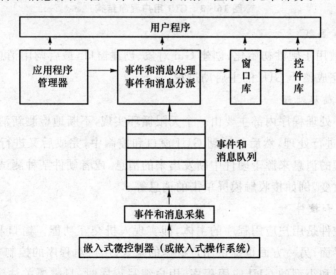

图 16-2 事件与消息的处理的结构

① 采集嵌入式微控制器的中断信息，把信息包装成事件或消息，发送到 GUI 事件和消息队列中。

② 应用程序管理器通过一个 while 循环来处理事件和消息,分析消息的来源和类型,计算和判断消息作用对象,把事件和消息分派到具体的窗口和控件中。

③ 在窗口和控制的事件处理函数中,识别事件和消息类型,然后调用用户程序的事件响应函数,完成事件响应处理。

2. GUI 用户程序结构

GUI 用户程序结构如图 16 - 3 所示,主要包括程序入口 main 函数、窗口以及消息循环处理 3 个部分组成。

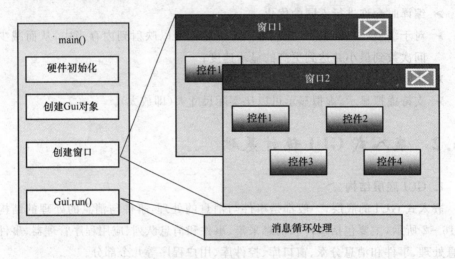

图 16 - 3　GUI 用户程序结构

(1) main 函数

main 函数用于硬件初始化、创建 Gui 对象、创建窗口,最后调用消息循环处理函数 Gui. run,完成整个 GUI 的主启动过程。

(2) 消息循环处理

消息循环处理程序内部主要由一个无限循环实现,不断地检测新消息,如果发现有新消息,即进行处理,然后分派到 GUI 窗口和控制中,完成后又进行下一次循环。消息循环处理的消息来源于硬件中断发出来的消息,或者硬件某种测试量,或者硬件某种状态的改变,例如接收触摸屏单击的消息等。

(3) 窗口和控件

窗口和控件是用户应用程序的主体,即实现人机交互功能。窗口和控件一方面实现图形化界面;另一方面也提供用户数据的录入、用户对程序的控制与操作等。

对于普通和小型的 GUI 应用程序,用户编写程序时,只需要关注窗口以及窗口中各控件创建以及控件对事件响应后需要做的处理,而无需关注 GUI 底层的工作方式。这样有利于简化应用程序的开发过程,应用程序开发人员只需要把精力集中于应用功能的开发。

16.3 嵌入式 GUI 设计实例

16.3.1 最简单的窗口程序

1. 准备工作

(1) 液晶屏和触摸屏驱动

该窗口程序在第 15 章的 TFT 驱动与显示例子 stm32_C++Touch_calibration 项目的基础上进行。因为 GUI 的目标就是在 LCD 上显示图形界面程序,那么程序具有 LCD 驱动就是最基本的要求。

对于 LCD 驱动的要求,只要包括 LCD 初始化函数、单点绘制函数 setPixel 及屏幕清除函数 clear 即可。另加上 lcd.h 中定义的文本输出函数 TextOut 和画矩形函数 rectangle。如果没有 lcd.h 文件,用户也可以根据 setPixel 函数来实现 TextOut 和 rectangle 的功能。

(2) GUI 库

这里采用自己编写的 GUI 库 Obtain_GUI,该库非常简单,核心部分仅仅三百多行代码,包括了应该程序管理器、事件与消息处理、事件与消息分派、Windows 窗口、控件公共类 CBaseControl、按钮类 CButton 以及编辑框类 CEdit 等。

2. 创建 GUI 项目

(1) 创建 GUI 项目

可以从本书前面章节例子中的项目目录复制一份,然后再复制液晶屏和触摸屏驱动程序到该目录下;也可以直接把第 15 章的 TFT 驱动与显示例子 stm32_C++Touch_calibration 项目目录复制一份到新目录中。新目录名为 stm32_C++Obtain_GUI_1(也可以采用别的名称)。

(2) 主程序

在主程序中,添加创建 GUI 窗口、初始化 GUI 的 app 指针以及执行 GUI 应用的程序代码。

```
# include "include/bsp.h"
# include "include/led_key.h"
# include "include/usart_DMA_queue.h"
# include "include/lcd.h"
# include "include/Touch.h"
static CBsp bsp;
static CUsart1_Dma usart1(9600);
CLcd tft;
CTouch tou;
CLed led1(LED1),led2(LED2),led3(LED3),led4(LED4);
```

```
#include "./Obtain_GUI/Obtain_gui.h"
int main()
{
    bsp.Init();
    usart1.start();
    tft.init();
    tou.init();
    tou.TouchCalibration(&tft);
    tft.clear( RGB(255,255,255));
    //创建 GUI 窗口、初始化 GUI 的 app 指针,并执行 GUI 应用
    CWindows * mw = new CWindows(20,20,200,200,0,"Hello World!");
    mw->DrawAll();
    return 0;
}
```

3. 编译、下载与运行

完成上述步骤之后,编译项目,然后下载与运行。该项目可正常运行的前提条件是液晶屏和触摸屏的硬件和驱动程序正常。运行之后,校准触摸屏位置,之后可以看到图 16-4 所示的 Hello World 窗口,表明第一个最简单的 GUI 程序运行正常。

图 16-4   Hello World 窗口

4. 最简单的窗口程序工作原理

采用窗口类 CWindows 可以创建一个窗口对象,创建时的 6 个参数分别是窗口的左上角 x 坐标、窗口的左上角 y 坐标、窗口宽度、窗口高度、窗口背景颜色、窗口文本。

在需要绘制窗口时,调用成员函数 Draw 来绘制窗口本身的外观;调用成员函数 DrawAll 来绘制窗口里所有的控件。可调用成员函数 addControl 来为窗口添加控件。

由于上述 CWindows 对象中并未加入控件,只是一个空的窗口,那么也可以改用 Draw 来显示窗口本身。

16.3.2 嵌入式 GUI 的仿真

1. 基本思路

由于 Obtain_GUI 采用的是标准的 C++语言编写,并且在底层仅仅调用了绘制一个像素函数 setPixel,因此可以非常方便地把 Obtain_GUI 移植到其他的系统上运行。在本书配套资料中,带有移植到桌面 Windows 操作系统以及嵌入式 Windows CE 上的 Obtain_GUI 项目,在编写 Obtain_GUI 程序时,可以先编译成 PC 机上的可执行文件,在 PC 机上验证其效果,然后再编译成 STM32 等嵌入式系统下运行的二进制代码。这其实就是一个仿真的过程。

2. Obtain_GUI 仿真项目

Obtain_GUI 仿真项目可以从本书配套资料中获得,对于 GUI 部分,即界面实现部分,其代码与在 STM32 上的实现完全相同。不同之处在于底层像素的绘制函数不同。Obtain_GUI 仿真项目的文件结构如图 16-5 所示。

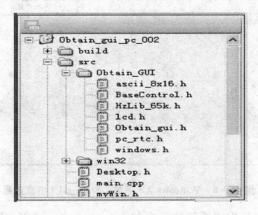

图 16-5 Obtain_GUI 仿真项目文件结构

3. 主程序

Obtain_GUI 仿真主程序非常简单,在 PC 机上无需进行液晶屏和触摸屏的初始化,因此其重点就是纯 Obtain_GUI 代码部分。另外,对于 PC 机上运行的 Obtain_GUI,由于底层绘制像素的函数固定不变,系统的初始化代码也可以固定不变,因此把这部分的实现封装了起来,大部分的仿真程序可以不用去考虑这些问题,只要按 Obtain_GUI 的要求编写主程序即可。

下面是 Obtain_GUI 仿真主程序代码,它与前面介绍的 STM32 用程序在 Obtain_GUI 部分完全相同,先创建一个窗口对象,然后调用窗口绘制成员函数 DrawAll 把窗口绘制出来。

```
#include "./Desktop.h"
int main()
{
    CWindows * mw = new CWindows(20,20,200,200,0,"Hello World!");
    mw->DrawAll();
    return 0;
}
```

4. 编译与运行

把本书配套资料中的 Obtain_GUI 仿真项目整个目录(Obtain_gui_pc_002)复制
到 Obtain_Studio 软件所在目录的 WorkDir 目录下,在 Obtain_Studio 中打开菜单
"文件→打开项目",如果选择 Obtain_gui_pc_002. prj 项目文件可以打开桌面 Win-
dows 项目;如果选择 WinCE. prj 项目文件可以打开嵌入式 Windows CE 项目。

编译完成后生成的可执行文件在项目的 build 子目录下,Windows 项目生成的
可执行文件为 main. exe,直接双击该文件即可运行,效果如图 16 - 6 所示。

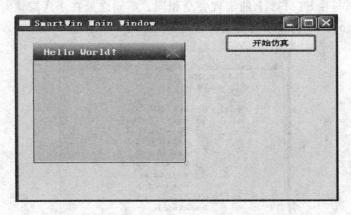

图 16 - 6　Windows XP 下的 Obtain_GUI 仿真效果

Windows CE 项目生成的可执行文件为 main_ce. exe,将该文件复制到 U 盘中,
放到 Windows CE 嵌入式系统中,打开 main_ce. exe 文件即可运行,效果如图 16 - 7
所示。

5. Obtain_GUI 仿真程序工作原理

Obtain_GUI 仿真程序的底层绘制功能主要在 Obtain_gui. h 文件里通过 CTft_
Driver 类实现。在前面的液晶屏驱动程序介绍中,液晶屏驱动程序类名为 CTft_
Driver 类,为了使 Obtain_GUI 仿真程序与 STM32 下的程序具有相同的结构,这里
仿造了一个与液晶屏驱动程序相同的 WIN32 下运行的 CTft_Driver 类。该类的使
用由宏定义 #ifdef WIN32 来决定在编译时是否启用,如果是 WIN32 类型的程序就
启用,否则就不启动(即启用正规的液晶屏驱动程序)。

WIN32 环境下的 CTft_Driver 类实现代码如下:

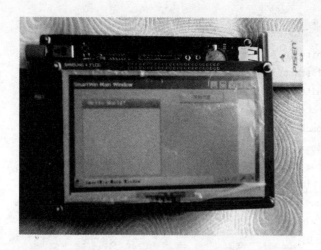

图 16 - 7　Windows CE 下的 Obtain_GUI 仿真效果

```
# ifdef WIN32
class CTft_Driver
{
public：
    unsigned int init(){return 0；}
    void clear(unsigned long Color = 0x001f)
    {
        for(int i = 0；i<350；i++)
            for(int j = 0；j<350；j++)
                setPixel(j, i, Color )；
    }
    void setPixel(unsigned short x,unsigned short y
            ,unsigned long Color) {
        ∷SetPixel( hDC, x, y, Color )；
    }
    unsigned int getPixel(unsigned short x,unsigned short y)
    {
        return (unsigned long)∷GetPixel( hDC, x, y)；
    }
};
# endif
```

在上述 WIN32 环境下的 CTft_Driver 类中，调用了 Windows API 函数 SetPixel 来绘制一个点。

6. 创建多窗口的方式

在应用程序中，可以创建多个窗口，每一个窗口都使用各自的对象针对进行管理，可调用窗口成员函数实现相应的功能。多窗口程序如下：

```
int main()
{
    bsp.Init();
    usart1.start();
    tft.init();
    tou.init();
    tou.TouchCalibration(&tft);                        //触摸屏校正
    tft.clear( RGB(255,255,255));
    CWindows * mw1 = new CWindows(20,20,200,200,0,"My Windows1");
    mw1 -> DrawAll();
    CWindows * mw2 = new CWindows(40,40,200,200,0,"My Windows2");
    mw2 -> DrawAll();
    return 0;
}
```

16.3.3　带消息处理的 GUI 测试程序

1. 关于消息处理

在 GUI 应该程序中,窗口对象以及窗口的控制对象有很多,消息的来源可能也有很多种,那么如何收集和判断消息类型和数据? 以及如何判断消息应该作用于哪一个对象呢? 例如,按下触摸屏时,如何判断当前按中了哪个窗口的哪个位置,以及是否按中了窗口中的某个控件?

容易想到的方法是先读取触摸屏按中的位置,然后用一个复杂的判断语句,对所有的窗口和控件进行判断,看是否落在窗口和控件上。

上面的方法比较好理解,过程也比较简单,但实现的程序代码却是非常复杂。一是因为控件的位置坐标是相对于窗口左上角位置而不是相对屏幕坐标,所以在判断时需要考虑所属窗口的位置。二是因为在应用程序中可能会有多个窗口重叠在一起,或多个控件重叠,那么触摸屏按中的位置,应该属于哪一个控件? 因此在消息判断时,得考虑哪一个是活动窗口,或者说哪一个是在最前面的窗口。可能还有其他需要考虑的问题,因此把这个问题都集中在这样一个复杂的判断语句里显然不合适。

其实大部分的 GUI 都采用了另一种实现方式,即消息派发方式。其实做法与上面的方法差不多,都需要进行各种判断,只不过是把这些判断分解成许多的子判断,每一个子判断都是一个消息处理的子步骤,用一个函数来实现这样一个子步骤。

消息派发的基本思路是把整个消息处理分解成以下几个看似独立的步骤来实现:

① 采用一个无限循环来统一收集消息;

② 对消息进行分类;

③ 对于触摸屏的单击消息,判断是否点中某个控件;

④ 如果点中,则调用控件的单击消息处理函数,进行消息处理。

消息派发的方法本质上还是一个复杂的判断,但在思想上却有很大的不同:

一是首先对消息进行分类,然后再调用窗口和控件的消息响应函数进行消息处理,整个过程变成了一个消息派发的过程。

二是消息归属的判断,是调用控件的消息归属函数(对于触摸屏的单击消息,判断是否点中某个控件),在设计思想上变成了"消息的归属,由控件自己去判断"。

三是消息的处理,是调用控件的消息响应函数。这样在设计思想上也变成了"把消息派发给控件,由控件自行去处理"。

在消息派发的方法中,集中进行消息处理的部分仅仅是消息收集、消息分类、消息识别以及消息派发这样一个层面上。而更加底层的处理,包括如何进行消息的识别、如何进行消息的响应等,都交由每一个控件去处理,而不是统一处理。

2. 包括了消息处理的 GUI 测试程序

上面所介绍的最简单的窗口程序,仅仅是绘制了窗口,并没有消息的处理功能。为了能完成消息的处理,需要用到 GUI 应用对象指针 app,之所以设计为一个统一的 GUI 应用对象,一方面是方便用于管理整个应用中所有唯一和公共的变量;另一方面避免让用户自己定义对象时,可能会不小心创建了多个对象,生成内存的浪费。由于 GUI 应用对象是唯一的,因此比较合适用于消息管理。因此,Obtain_GUI 把消息的管理放到了 GUI 应用对象的 run 函数之中。为了让应用程序具有消息管理功能,就需要在上述测试程序的基础上,调用 GUI 应用对象的 init 来初始化 GUI 应用对象,并把要处理的主窗口对象地址传递给 GUI 应用对象,最后调用成员函数 run 实现消息的管理。

加入消息管理代码之后,与前面的程序比较,窗口界面完全相同,但不同的是如果在触摸屏上单击窗口右上角的关闭空图标,则系统会把该窗口关闭。

包括了消息处理的 GUI 测试程序实现代码如下:

```
int main()
{
    bsp.Init();
    usart1.start();
    tft.init();
    tou.init();
    tou.TouchCalibration(&tft);
    tft.clear( RGB(255,255,255));
    CWindows *  mw = new CWindows(20,20,200,200,0,"Hello World!");
    app->init(mw);
    app->run();
    return 0;
}
```

需要特别注意的是,如果是仿真程序,则不需要调用 run 函数。消息循环的实现是在另一个独立的线程中完成,这一点仿真程序的底层已经实现,无需用户进行处理。

3. GUI 应用对象

在上述代码中,app 指针是 Application 类的一个全局指针,它的原型为

```
Application * app = 0;
```

它在启动时只是一个空的指针。因此,在使用 app 指针之前必须调用它的成员函数 init 来实例化一个 Application 对象,它是一个单对象,即在整个应用系统中,它只有唯一的一个实例对象。在 init 函数里,调用 Application 实例化成员函数 Instance 来获得一个对象实例的地址:

```
app = &Application::Instance();
```

在调用 init 函数时,还需要为 GUI 应用对象指定一个窗口对象,作为整个应用系统的主窗口。

16.3.4 在 main 函数里处理消息的方式

如果希望在主消息循环之时,同时可以分配一些时间来执行 main 函数里的其他任务,那么可以不用调用 app 对象的 run 消息循环函数,而是直接在 main 函数中加一个 while 循环直接调用 app 对象的 EventProcessing 函数来处理消息,每次调用 EventProcessing 函数完成之后,可以先执行 main 函数里的其他任务,然后再重新调用 EventProcessing 函数完成下一次的消息处理。这样的程序代码如下:

```
int main()
{
    bsp.Init();
    usart1.start();
    tft.init();
    tou.init();
    tou.TouchCalibration(&tft);
    tft.clear( RGB(255,255,255));

    CWindows * mw = new CWindows(20,20,200,200,0,"Hello World!");
    app->init(mw);
    while(1)
    {
        app->EventProcessing();
        delay(100);
        led1.isOn()? led1.Off():led1.On();
    }
```

```
        return 0;
    }
```

上面的程序执行之时会花较多的时间在 delay 函数上，而 delay 函数只是占用 CPU 时间的空循环，并没有做其他更加有意义的事情。如果希望把时间浪费在消息处理上，那么可以加上一个记数变量来累计循环次数，用于统计执行消息处理的次数，而消息处理也会花掉一定的时间，这样既起到了延时的作用，又让系统能及时处理消息。例如：

```
    int main()
    {
        bsp.Init();
        usart1.start();
        tft.init();
        tou.init();
        tou.TouchCalibration(&tft);
        tft.clear( RGB(255,255,255));

        CWindows * mw = new CWindows(20,20,200,200,0,"Hello World!");
        app->init(mw);
        int i = 0;
        while(1)
        {
            app->EventProcessing();
            delay(1);
            if( ++ i>1000)
            {
                led1.isOn()? led1.Off();led1.On();
                i = 0;
            }
        }
        return 0;
    }
```

16.4　控件应用程序

16.4.1　窗口的控件

1. 控件

绝大部分的 GUI 系统，都采用窗口控件的方式来实现界面设计。

459

控件是对数据和方法的封装。控件可以有自己的属性和方法。属性是控件数据的简单访问者,方法则是控件的一些简单而可见的功能。

2. 控件应用

使用现成的控件来开发应用程序时,控件工作在两种模式下:设计时态和运行时态。

在设计时态下,控件显示在开发环境下的一个窗体中。设计时态下控件的方法不能被调用,控件不能与最终用户直接进行交互操作,也不需要实现控件的全部功能。

在运行状态下,控件工作在一个确实已经运行的应用程序中。控件必须正确地将自身表示出来,它需要对方法的调用进行处理并实现与其他控件之间有效地协同工作。

3. 控件创建

创建控件就是自行设计制作出新的控件。设计控件是一项繁重的工作。自行开发控件与使用控件进行可视化程序开发存在着极大的不同,要求程序员精通面向对象程序设计。

设计控件是一项艰苦的工作。对于控件的开发者,控件是纯粹的代码。控件的开发不是一个可视化的开发过程,而是用 C++ 或 Object Pascal 严格编制代码的工作。实际上,创建新控件使我们回到传统开发工具的时代。虽然这是一个复杂的过程,但也是一个一劳永逸的过程。创建控件的最大意义在于封装重复的工作,其次是可以扩充现有控件的功能。控件创建过程包括设计、开发、调试工作,然后是控件的使用。

4. 常见的控件

常见的控件包括按钮、多选框、编辑框、组合框等。在微软的 VC++ 中所提供提的十多种 MFC 控件,也是目前大多数 GUI 系统所提供的控件,由于 MFC 控件发展得很早,并且使用也非常广泛,因此可以算是 GUI 控制的事实标准。Visual Studio 2005 提供的控件如图 16-8 所示。常见控件与它们对应的中文名称如表 16-1 所列。

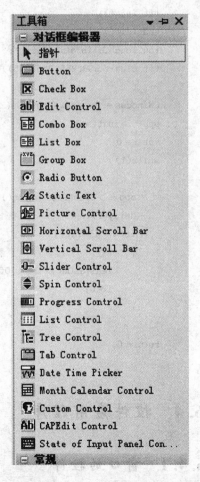

图 16-8　VC++控件

表 16 - 1　常见控件与中文名称

控　件	中文名	控　件	中文名
Button	按钮	Slider Control	滑动条
Check Box	多选框	Progress Control	进度条
Edit Control	编辑框	List Control	列表框
Combo Box	组合框	Tree Control	树形框
List Box	下拉框	Tab Control	选择框
Group Box	分组框	Date Time Picker	时间框
Radio Button	单选框	Month Calendar	日期框
Static Text	静态框	Custom Control	自定义框
Picture Control	图片框		
Horizontal Scroll Bar	水平滚动条	Vertical Scroll Bar	垂直滚动条

　　按钮控件是一个小的矩形子窗口,可以通过单击选中(按下)或不选中。按钮可以单独使用,也可以成组使用,它还可以具有文本标题。在用户单击它的时候,按钮通常要改变其显示外观。

　　典型的按钮控件有复选框、单选框和下压式按钮(Push Button)。一个 CButton 对象可以是它们中的一种,这由它的按钮风格和成员函数 Create 的初始化决定。

　　目前 Obtain_GUI 支持的控件比较少,将来可以以 MFC 控件为标准进行扩充。由于控件的规则比较简单,因此用户也可以根据需要自行设计自己的控件。

16.4.2　控件应用程序设计

1. 使用 Obtain_GUI 控件的方法

　　使用 Obtain_GUI 控件的方法很简单,首先是创建控件对象,在创建时指定控件的绘制位置与大小,然后调用绘制函数显示控件。创建控件时的 6 个参数分别是控件的左上角 x 坐标、控件的左上角 y 坐标、控件宽度、控件高度、控件背景颜色、控件文本。

　　控件指定的位置为左上角坐标,并且是相对于它父窗口的坐标。如果没有为控件指定父窗口,则左上角的坐标为绝对坐标,即以屏幕左上角为坐标 0 点算起的坐标值。

　　例如创建一个按钮的代码如下:

```
CBaseControl *  but0 =
        new CButton(20,20,70,40,RGB(0,0,0xff),"Post");
    but0 - >Draw();
```

创建完成后,在需要显示按钮时调用 Draw 函数把它显示出来。为了方便进行管理,应该把控件的指针转成公共基类 CBaseControl。如果不需要统一管理控件,也可以不用进行这样的转换。如果给按钮指定了父窗口,显示时可以不直接调用 Draw 函数显示,而是由父窗口自主调用各控件的 Draw 函数完成所有窗口内控件的显示。

2. 创建用户窗口类

一个用户窗口常需要包括许多控件,为了方便对这些控件进行管理,常需要编写一个用户窗口类,该窗口类派生于公共窗口类 CWindows。

下面是一个典型的用户窗口类,用于实现一个简单的文本输入功能。窗口中包括一个文本输入框、4 个数字输入按钮、一个删除字符按钮、一个清空文本输入框按钮以及一个读取文本输入框内容并以消息框的方式显示文本内容的按钮。在用户窗口类中,调用窗口类的成员函数 addControl 为窗口添加一个控件。为了让控件具有单击事件响应功能,调用控件类的成员函数 setClickFun 为控件指定单击事件响应函数。单击事件响应函数的原型为

```
void onButClick0(Event &ev);
```

其中参数 ev 为事件响应的消息转递,例如转递单击位置坐标等。

一个典型用户窗口类的实现代码如下:

```
# include "./Obtain_GUI/Obtain_gui.h"
# include <string>
using namespace std;
static char temp[32] = {0};
static string str_edit = temp;
static CBaseControl * m_edit = 0;
void onButClick0(Event &ev)
{
    MessageBox(str_edit.c_str());
}
void onEditClick0(Event &ev)
{
    MessageBox(str_edit.c_str());
}
void onButClick1(Event &ev)
{
    str_edit += "0";
    m_edit->text = str_edit.c_str();
    m_edit->Draw();
}
void onButClick2(Event &ev)
```

```
{
    str_edit += "1";
    m_edit - >text = str_edit.c_str();
    m_edit - >Draw();
}
void onButClick3(Event &ev)
{
    str_edit += "2";
    m_edit - >text = str_edit.c_str();
    m_edit - >Draw();
}
void onButClick4(Event &ev)
{
    str_edit += "3";
    m_edit - >text = str_edit.c_str();
    m_edit - >Draw();
}
void onButClick5(Event &ev)
{
    str_edit = "";
    m_edit - >text = str_edit.c_str();
    m_edit - >Draw();
}
void onButClick6(Event &ev)
{
    if(! str_edit.empty())
    {
        str_edit.erase(str_edit.end() - 1);
        m_edit - >text = str_edit.c_str();
        m_edit - >Draw();
    }
}
class myWin:public CWindows
{
public:
    void setup()
    {
        init(2,2,238,318,RGB(0xff,0xff,0),"My Windows 1");
        CBaseControl *  but0 =
                    new CButton(20,20,70,40,RGB(0,0,0xff),"Post");
        but0 - >setClickFun(onButClick0);
        this - >addControl(but0);
```

```
                    CBaseControl * edit0 = new CEdit
                            (30,100,170,40,RGB(0xff,0xff,0),str_edit.c_str());
                edit0->setClickFun(onEditClick0);
                this->addControl(edit0);
                m_edit = edit0;
                CBaseControl * but1 =
                            new CButton(20,150,40,40,RGB(0xff,0,0),"0");
                but1->setClickFun(onButClick1);
                this->addControl(but1);
                CBaseControl * but2 =
                            new CButton(70,150,40,40,RGB(0xff,0,0),"1");
                but2->setClickFun(onButClick2);
                this->addControl(but2);
                CBaseControl * but3 =
                            new CButton(120,150,40,40,RGB(0xff,0,0),"2");
                but3->setClickFun(onButClick3);
                this->addControl(but3);
                CBaseControl * but4 =
                            new CButton(170,150,40,40,RGB(0xff,0,0),"3");
                but4->setClickFun(onButClick4);
                this->addControl(but4);
                CBaseControl * but5 =
                            new CButton(20,220,70,40,RGB(0,0xff,0xaa),"clear");
                but5->setClickFun(onButClick5);
                this->addControl(but5);
                CBaseControl * but6 =
                            new CButton(120,220,70,40,RGB(0,0xff,0xaa),"<--");
                but6->setClickFun(onButClick6);
                this->addControl(but6);
        }
    };
```

3. 在主程序中使用用户窗口

创建完成用户窗口类之后,可以主程序中创建用户窗口对象。并通过 GUI 应用程序对象指针 app 把窗口对象加入到 GUI 消息管理系统中。最后调用 app 的 run 函数进入消息循环之中。如果是仿真程序,则不需要调用 run 函数。

在主程序中使用用户窗口的实现代码如下:

```
# include "include/bsp.h"
# include "include/lcd.h"
# include "include/Touch.h"
static CBsp bsp;
```

```
CLcd tft;
CTouch tou;
# include "./myWin.h"
int main()
{
    bsp. Init();
    tft.init();
    tou.init();
    tou.TouchCalibration(&tft);
    tft.clear( RGB(255,255,255));

    myWin *  mw = new myWin();
    mw - >setup();
    app - >init(mw);
    app - >run();
    return 0;
}
```

4. 运行效果

仿真时的运行效果如图 16-9 所示。如果是在 STM32 板上运行,运行效果与仿真图效果相同。

图 16-9 控件应用程序运行效果图

16.5 智能手机桌面风格的应用程序

1. 智能手机桌面风格的应用程序

智能手机桌面风格的应用程序与普通的窗口应用程序基本相似,在桌面上可以显示各种控件。但也有一些不同之处,一是外观不同;二是桌面上的控件相对位置与窗口控件不同;三是部分功能不同,例如桌面不需像窗口那样的关闭窗口功能。

为了方便进行设计,可以从公共窗口类中派生出一个专用的桌面类,负责桌面框架、桌面图标的绘制以及桌面事件响应等功能。

2. 创建桌面应用类

桌面应用类用于实现一个简易的类似于 Windows 等操作系统桌面功能的类,用户可以根据需要添加该类中的控件,实现不同的桌面功能。该类也可以进一步设计成可动态配置的形式,这样更加方便用户的使用。

桌面应用类实现代码如下:

```
# include "./Obtain_GUI/Obtain_gui.h"
# include <string>
using namespace std;
static char temp[32] = {0};
static string str_edit = temp;
static CBaseControl * m_edit = 0;
void onButClick0(Event &ev)
{
    MessageBox(str_edit.c_str());
}
void onEditClick0(Event &ev)
{
    MessageBox(str_edit.c_str());
}
void onButClick1(Event &ev)
{
    str_edit += "0";
    m_edit->text = str_edit.c_str();
    m_edit->Draw();
}
void onButClick2(Event &ev)
{
    str_edit += "1";
    m_edit->text = str_edit.c_str();
    m_edit->Draw();
}
void onButClick3(Event &ev)
{
    str_edit += "2";
    m_edit->text = str_edit.c_str();
    m_edit->Draw();
}
```

466

```
void onButClick4(Event &ev)
{
    str_edit += "3";
    m_edit - >text = str_edit.c_str();
    m_edit - >Draw();
}
void onButClick5(Event &ev)
{
    str_edit = "";
    m_edit - >text = str_edit.c_str();
    m_edit - >Draw();
}
void onButClick6(Event &ev)
{
    if(! str_edit.empty())
    {
        str_edit.erase(str_edit.end() - 1);
        m_edit - >text = str_edit.c_str();
        m_edit - >Draw();
    }
}
class myWin:public CWindows
{
public:
    void setup()
    {
        init(2,2,238,318,RGB(0xff,0xff,0),"My Windows 1");
        CBaseControl * but0
            = new CButton(20,20,70,40,RGB(0,0,0xff),"Post");
        but0 - >setClickFun(onButClick0);
        this - >addControl(but0);
        CBaseControl * edit0
          = new CEdit(30,100,170,40,RGB(0xff,0xff,0),str_edit.c_str());
        edit0 - >setClickFun(onEditClick0);
        this - >addControl(edit0);
        m_edit = edit0;
        CBaseControl * but1
            = new CButton(20,150,40,40,RGB(0xff,0,0),"0");
        but1 - >setClickFun(onButClick1);
        this - >addControl(but1);
        CBaseControl * but2
            = new CButton(70,150,40,40,RGB(0xff,0,0),"1");
```

```
            but2 - >setClickFun(onButClick2);
            this - >addControl(but2);
            CBaseControl *
                but3 = new CButton(120,150,40,40,RGB(0xff,0,0),"2");
            but3 - >setClickFun(onButClick3);
            this - >addControl(but3);
            CBaseControl * but4
                    = new CButton(170,150,40,40,RGB(0xff,0,0),"3");
            but4 - >setClickFun(onButClick4);
            this - >addControl(but4);
            CBaseControl * but5
                = new CButton(20,220,70,40,RGB(0,0xff,0xaa),"clear");
            but5 - >setClickFun(onButClick5);
            this - >addControl(but5);
            CBaseControl * but6
                = new CButton(120,220,70,40,RGB(0,0xff,0xaa),"< - -");
            but6 - >setClickFun(onButClick6);
            this - >addControl(but6);
        }
    };
```

3. 桌面应用主程序

在主程序中,创建桌面类对象,与创建普通窗口类对象方法一样,桌面应用类本身也是从窗口类中派生出来的。然后调用桌面应用类的 setup 成员函数,配置桌面系统,然后调用 GUI 应用类对象 app 的 init 成员函数向应用系统添加桌面类对象,最后调用 app 的 run 成员函数运行 GUI 系统。

桌面应用主程序的实现代码如下:

```
# include "include/bsp.h"
# include "include/led_key.h"
# include "include/usart_DMA_queue.h"
# include "include/lcd.h"
# include "include/Touch.h"
static CBsp bsp;
static CUsart1_Dma usart1(9600);
CLcd tft;
CTouch tou;
CLed led1(LED1),led2(LED2),led3(LED3),led4(LED4);
# include "./Desktop.h"
int main()
{
    bsp.Init();
```

```
    usart1. start();
    tft. init();
    tou. init();
    tou. TouchCalibration(&tft);
    tft. clear( RGB(255,255,255));
    CDesktop * desk = new CDesktop();
    desk - >setup();
    app - >init(desk);
    app - >run();
    return 0;
}
```

4. 运行效果

仿真时的运行效果如图 16 - 10 所示。如果是在 STM32 板上运行,运行效果与仿真图效果相同。

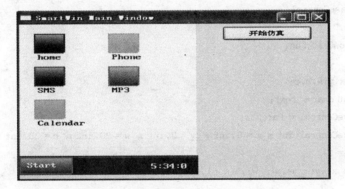

图 16 - 10 桌面应用主程序运行效果图

16.6 嵌入式 GUI 底层的设计

1. 控件类

控件类用于实现按钮、编辑框等功能,实现代码如下:

```
# ifndef CBaseControl_H_
# define CBaseControl_H_
enum EV_TYPE{EV_Update = 4,EV_Touch = 5};
void delay(volatile unsigned long time)
{
    for(volatile unsigned long i = 0; i<time; i++)
        for(volatile unsigned long j = 0; j<1400; j++){;}
}
```

```
class Event
{
public:
    unsigned char type;
    int par1;
    int par2;
    char * text;
};
static queue<Event> EventQueue;
static int postEvent(Event ev)
{
    EventQueue.push(ev);
    return 0;
}
typedef void ( * FUN)(Event &ev);
class CBaseControl
{
    FUN onClickFun;
public:
    int x,y,w,h,c;
    const char * text;
    CBaseControl * Parents;
    CBaseControl(int m_x = 0, int m_y = 0, int m_w = 20, int m_h = 20, int m_c = 0, const
char * m_text = 0)
        :x(m_x),y(m_y),w(m_w),h(m_h),c(m_c),text(m_text)
    {
        Parents = 0;
        onClickFun = 0;
    }
    ~CBaseControl()
    {
        delete text;
    }

    void init(int m_x = 0, int m_y = 0, int m_w = 20, int m_h = 20, int m_c = 0, const char *
m_text = 0)
    {
        x = m_x;y = m_y;w = m_w;h = m_h;c = m_c;text = m_text;
    }
    void setParents( CBaseControl * m_Parents)
    {
        Parents = m_Parents;
```

```
    }
    virtual void TextOut()
    {
        p_tft->TextOut(x+15,y+8,text,RGB(255,255,255));
    }
    virtual void Draw()
    {
        p_tft->rectangle(x,y,x+w,y+h,RGB(0xff,0xff,0),2,RGB(0,255,0));
    }
    virtual void FrameDraw()
    {
        int x1 = x+w,y1 = y+h;
        for(int i = x;i<x1;i++)p_tft->setPixel(i,y,RGB(0,0,255));
        for(int i = x;i<x1;i++)p_tft->setPixel(i,y1,RGB(0,0,255));
        for(int i = y;i<y1;i++)p_tft->setPixel(x,i,RGB(0,0,255));
        for(int i = y;i<y1;i++)p_tft->setPixel(x1,i,RGB(0,0,255));
    }

    bool setClickFun(void ( * fun)(Event &ev))
    {
        onClickFun = fun;
        return 0;
    }

    virtual bool onClick(Event &ev)
    {
        if(onClickFun! = 0)
        {
            onClickFun(ev);
            return true;
        }
        return false;
    }

    bool isInRange(Event &ev)
    {
        if(Parents! = 0)
        {
    if((ev.par1> = (x+Parents->x))&&(ev.par2> = (y+Parents->y+30))&&(ev.par1
<= (x+w+Parents->x))&&(ev.par2<= (y+h+Parents->y+30)))
                return true;
        }
```

```
            else
            {
if((ev.par1>=x)&&(ev.par2>=y)&&(ev.par1<=(x+w))&&(ev.par2<=(y+h)))
                return true;
            }
            return false;
    }
};
class CButton:public CBaseControl
{
public:
    CButton(int m_x,int m_y,int m_w,int m_h,int m_c,const char * m_text)
    :CBaseControl(m_x,m_y,m_w,m_h,m_c,m_text)
    {
    }

    virtual void TextOut()
    {
        int x0=x+10,y0=y+h/2-8,x1=x+w,y1=y+h;
        if(Parents! =0)
        {
            x0+=Parents->x;
            y0+=Parents->y+30;
            x1+=Parents->x;
            y1+=Parents->y+30;
        }
        p_tft->TextOut(x0,y0,text,RGB(255,255,255));
    }
    virtual void FrameDraw()
    {
        int x0=x,y0=y,x1=x+w,y1=y+h;
        if(Parents! =0)
        {
            x0+=Parents->x;
            y0+=Parents->y+30;
            x1+=Parents->x;
            y1+=Parents->y+30;
        }
        for(int i=x0;i<x1;i++)
            {p_tft->setPixel(i,y0,c);p_tft->setPixel(i,y0+1,c);}
        for(int i=x0;i<x1;i++)
            {p_tft->setPixel(i,y1,c);p_tft->setPixel(i,y1+1,c);}
```

```
        for(int i = y0;i<y1;i++)
            {p_tft->setPixel(x0,i,c);p_tft->setPixel(x0 + 1,i,c);}
        for(int i = y0;i<y1;i++)
            {p_tft->setPixel(x1,i,c);p_tft->setPixel(x1 + 1,i,c);}
    }
    virtual void Draw()
    {
        int x0 = x,y0 = y,x1 = x + w,y1 = y + h;
        if(Parents! = 0)
        {
            x0 += Parents->x;
            y0 += Parents->y + 30;
            x1 += Parents->x;
            y1 += Parents->y + 30;
        }
        unsigned int  m_r = 0,m_g = 0,m_b = 0;
        getRGB(c,m_r,m_g,m_b);
        unsigned int  s_r = (255 - m_r)/(y1 - y0 + 1);
        unsigned int  s_g = (255 - m_g)/(y1 - y0 + 1);
        unsigned int  s_b = (255 - m_b)/(y1 - y0 + 1);

         m_r = 200;m_g = 200;m_b = 200;
        volatile unsigned int co;
        for(int j = y0;j<y1;j++)                        //画低色
        {
            if(m_r>s_r)m_r- = s_r;
            if(m_g>s_g)m_g- = s_g;
            if(m_b>s_b)m_b- = s_b;
            co = RGB(m_r,m_g,m_b);
            for(int i = x0;i<x1;i++)
            {
                    p_tft->setPixel(i,j,co);
            }
        }
        //
        FrameDraw();
        //
        TextOut();
    }
};
class CEdit:public CBaseControl
{
```

```
public:
    CEdit(int m_x,int m_y,int m_w,int m_h,int m_c,const char * m_text)
    :CBaseControl(m_x,m_y,m_w,m_h,m_c,m_text)
    {
    }
    virtual void TextOut()
    {
        int x0 = x,y0 = y + h/2 - 8,x1 = x + w,y1 = y + h;
        if(Parents!  = 0)
        {
            x0 + = Parents ->x;
            y0 + = Parents ->y + 30;
            x1 + = Parents ->x;
            y1 + = Parents ->y + 30;
        }
        p_tft ->TextOut(x0 + 15,y0,text,RGB(0,0,0));
    }
    virtual void FrameDraw()
    {
        int x0 = x,y0 = y,x1 = x + w,y1 = y + h;
        if(Parents!  = 0)
        {
            x0 + = Parents ->x;
            y0 + = Parents ->y + 30;
            x1 + = Parents ->x;
            y1 + = Parents ->y + 30;
        }
        for(int i = x0;i<x1;i + + )p_tft ->setPixel(i,y0,RGB(0,0,255));
        for(int i = x0;i<x1;i + + )p_tft ->setPixel(i,y1,RGB(0,0,255));
        for(int i = y0;i<y1;i + + )p_tft ->setPixel(x0,i,RGB(0,0,255));
        for(int i = y0;i<y1;i + + )p_tft ->setPixel(x1,i,RGB(0,0,255));
    }
    virtual void Draw()
    {
        int x0 = x,y0 = y,x1 = x + w,y1 = y + h;
        if(Parents!  = 0)
        {
            x0 + = Parents ->x;
            y0 + = Parents ->y + 30;
            x1 + = Parents ->x;
            y1 + = Parents ->y + 30;
        }
```

```
        for(int j = y0;j<y1;j++)                    //画低色
        {
            for(int i = x0;i<x1;i++)
            {
                    p_tft->setPixel(i,j,RGB(255,255,255));
            }
        }
        //
        FrameDraw();
        //
        TextOut();
    }
};
#endif /* CBaseControl_H_ */
```

2. 窗口类

窗口类用于实现应用程序窗口、消息框等功能,窗口类实现代码如下:

```
#include <vector>
#include <queue>

class CWindows:public CBaseControl
{
public:
    vector<CBaseControl *> conTable;
    CWindows(int m_x = 0,int m_y = 0,int m_w = 240,int m_h = 320,int m_c = 0,const char
* m_text = 0)
    :CBaseControl(m_x,m_y,m_w,m_h,m_c,m_text)
    {

    }
    virtual bool isClose(Event mes)
    {
        int x1 = x + w,y1 = y + h;
        if(mes.par1>(x1 - 40)&&mes.par1<(x1 + 1)&&mes.par2>(y + 1)&&mes.par2<(y
+ 40))
        {
            return true;
        }
        else
            return false;
    }
    virtual void TextOut()
```

475

```
    {
        p_tft - >TextOut(x + 15,y + 8,text,RGB(255,255,255));
    }
    virtual void Draw()
    {
        FrameDraw();                          //画边框
        int x1 = x + w,y1 = y + 30;
        int  m = 50;
        volatile unsigned int co;
        for(int j = y;j<y1;j++)               //画窗口上边
        {
            m += 5;
            co = RGB(255 - m,255 - m,255);
            for(int i = x;i<x1;i++)
            {
                if(i>(x1 - 25)&&i<(x1 - 5)&&j>(y + 5)&&j<(y1 - 5))
                    p_tft - >setPixel(i,j,RGB(255,255 - m,255 - m));
                else
                    p_tft - >setPixel(i,j,co);
            }
        }
        x1 = x + w - 2,y1 = y + h - 2;
        co = RGB(209,209,200);
        for(int j = y + 30 - 1;j<y1;j++)        //填充主窗口
        for(int i = x + 1;i<x1;i++)
                p_tft - >setPixel(i,j,co);
        //画右上角的关闭按键
          for(int i = 0;i<15;i++)
                  p_tft - >setPixel(x1 - 21 + i,y + 8 + i,co);
          for(int i = 0;i<15;i++)
                  p_tft - >setPixel(x1 - 7 - i,y + 8 + i,co);

        TextOut();
    }

    virtual void DrawAll()
    {
        this - >Draw();
        for(unsigned int i = 0;i<conTable.size();i++)
            conTable[i] - >Draw();
    }
```

```
    void addControl(CBaseControl * con)
    {
        con - >setParents(this);
        conTable.push_back(con);
    }


};
class CMessageBox:public CWindows
{
public:
    const char * messageText;
    CMessageBox(int m_x = 0,int m_y = 0,int m_w = 240,int m_h = 320,int m_c = 0,const
char * m_text = 0)
    :CWindows(m_x,m_y,m_w,m_h,m_c,"Message Box")
    {
        messageText = m_text;
    }
    //
    virtual void DrawAll()
    {
        this - >Draw();
        //for(unsigned int i = 0;i<conTable.size();i ++ )
        //   conTable[i] - >Draw();
        p_tft - >TextOut(x + 15,y + h/2 + 8,messageText,RGB(0,0,0));
    }
    void setMessage(const char * m_text)
    {
        messageText = m_text;
    }
};
```

3. 应用程序管理类

应用程序管理类用于实现 GUI 系统的初始化、窗口和控件的管理、消息的接收、处理和分派等功能,应用程序管理类实现代码如下:

```
class Application;
Application * app = 0;
class Application
{
private:
    static Application * instance;
    vector<CWindows * > winTable;
```

```
        CWindows * win;
    public:
        Application(){win = 0; }
        static Application& Instance();
        inline void run()
        {
            while(1)
          {
            EventProcessing();
            delay(1);
            }
        }
        int task_processing(){return 0;}
        bool winEmpty(){return winTable. empty();}
        CWindows *  getActiveWin()
        {
            if(! winTable. empty())
            {
                return winTable. back();
            }
            return 0;
        }
        void addWin(CWindows * m_win)
        {
            winTable. push_back(m_win);
        }
        inline void EventProcessing()
        {
            __asm__ __volatile__ ("CPSID I");
            if(! EventQueue. empty())
            {
                Event mes = EventQueue. front();
                EventQueue. pop();
                EventAssign(mes);
            }
            __asm__ __volatile__ ("cpsie i");
        }
        void ev_Update(Event& mes)
        {
            if(! winEmpty())
            {
                getActiveWin() - >DrawAll();
```

```
        }
    }
    void ev_touch(Event& mes)
    {
        if(! winEmpty())
        {
            win = getActiveWin();
            if(win->isClose(mes))                    //关闭窗口检测
            {
                //delete win;
                winTable.pop_back();
                p_tft->clear(RGB(255,255,255));
                if(! winEmpty())
                    getActiveWin()->DrawAll();
            }
            else                                     //控件单击检测
            {
                for(unsigned int i = 0;i<(win->conTable.size());i++)
                {
                    if(win->conTable[i]->isInRange(mes))
                    {
                        win->conTable[i]->onClick(mes);
                        break;
                    }
                }
            }
        }
    }
    void EventAssign(Event& mes)
    {
        switch(mes.type)
        {
            case EV_Update:
                ev_Update(mes);
                break;
            case EV_Touch:
                ev_touch(mes);
                break;
            default:
                break;
        }
    }
```

479

```
    void init(CWindows * mw)
    {
        app = &Application::Instance();
        app->addWin(mw);
        if(! app->winEmpty())
            app->getActiveWin()->DrawAll();
        SysTick_Config(SystemFrequency/100);
    }
};
Application * Application::instance = 0;
Application& Application::Instance()
{
    if(0 == instance) instance = new Application();
    return * instance;
}
void MessageBox(const char * m_text)
{
    CWindows * win = new CMessageBox(40,40,160,140,RGB(0xff,0xff,0),m_text);
    Application::Instance().addWin(win);
    Event mes;
    mes.type = EV_Update;
    postEvent(mes);
}
void Touch()
{
    unsigned int adx = 0;
    unsigned int ady = 0;
    int flag = tou.TP_GetLCDXY(adx,ady);
    if(flag)
    {
        if(EventQueue.size()<10)
        {
            Event mes;
            mes.type = EV_Touch;
            mes.par1 = adx;
            mes.par2 = ady;
            postEvent(mes);
            led1.isOn()? led1.Off():led1.On();
            delay(800);
        }
    }
}
```

```
extern "C" void SysTick_Handler()
{
    Touch();
}
```

4. Obtain_GUI 系统的改进

本书配套资料上提供的 Obtain_GUI 版本只是一个简单的测试版本，在许多地方还需要进一步改进的扩展。其他较方便实现的改进功能如下：

① 为系统添加更多的控件类。可以按 MFC 中的控件作为标准，为 Obtain_GUI 提供这些标准控件。

② 提高显示速度。为了提高显示速度，对于可以为 GUI 提供按行数据输出和按小块区域数据输出功能，这样比一个点一个点的输出方式在速度上可以提高许多，因为按点输出时，在每一个点数据输出之前得首先输出点的坐标数据，无形之中增加了输出数据的时间。在仿真时，由于 PC 机以及 ARM9、ARM11、Cortex - A8/A9 等嵌入式系统一般都具有比较大的内存，并且部分系统还具有视频缓冲内存，因此无需采用一点一点数据输出的方式，而是把数据输出到显示缓冲区中，再从显示缓冲区中批量把数据送出显示，这样速度也可以提高许多。

③ 与 SD 卡应用程序相结合，以及与图形图像应用程序相结合。应用程序从 SD 卡上读取汉字库和图片文件，然后在 GUI 系统中显示，从而可以设计出更加美观、更加复杂的 GUI 系统界面。与 SD 卡的文件系统相结构，可以实现目录的浏览、文本文件的浏览、图片浏览等功能。通过底层的任务切换功能，也可以直接从 SD 卡上读取可执行文件（BIN 文件）的数据到 GUI 系统上运行。

参 考 文 献

[1] [英]Joseph Yiu. ARM Cortex – M3 权威指南[M]. 宋岩译. 北京:北京航空航天大学出版出版社,2009.

[2] STM32103XX 数据手册[EB/OL].意法半导体.2007.

[3] 李宁.基于 MDK 的 STM32 处理器开发应用[M].北京:北京航空航天大学出版社,2008.

[4] 李宁.ARM 开发工具 RealViewMDK 使用入门[M].北京:北京航空航天大学出版社,2008,266~280.

[5] 王永虹,徐炜.STM32 系列 ARM Cortex – M3 微控制器原理与实践[M].北京:北京航空航天大学出版社,2008.

[6] 廖义奎.Cortex – M3 之 STM32 嵌入式系统设计[M].北京:中国电力出版社,2012.3

[7] STM32F2xx 用户手册[EB/OL].意法半导体.2010.

[8] stm32f2xx_stdperiph_lib_um 帮助[EB/OL].意法半导体.2010.

[9] STM32F207 数据手册[EB/OL].意法半导体.2010.

[10] 任哲.嵌入式实时操作系统 μC/OS – Ⅱ 原理及应用[M].第 2 版.北京:北京航空航天大学出版社,2009.

[11] 王丽洁,习勇.基于 Qt/Embedded 和 Qtopia 的 GUI 设计[M].全国第一届嵌入式技术联合学术会议论文集,2006.

[12] 廖义奎.ARM 与 FPGA 综合设计及应用[M].北京:中国电力出版社,2008.

[13] 廖义奎.ARM 与 DSP 综合设计及应用[M].北京:中国电力出版社,2009.

[14] 王拾亦,闫学文.基于 ARM 与 SD 卡的嵌入式存储系统研究与设计[J].信息化研究,2009(04).

[15] 张涛,左谨平.FatFs 在 32 位微控制器 STM32 上的移植[J].电子技术,2010(03).

[16] 张丽娟,王申良等.基于 STM32 的语音识别系统的设计与实现[J].黑龙江科技信息,2011(02).

[17] 吴家平,沈建华.基于 STM32 微控制器的过采样技术研究与实现[J].计算机技术与发展,2010(02).

[18] 李昔华,胡卫军等.基于 STM32 微处理器的 IEEE1451 标准模块设计[J].自动化与仪器仪表,2011(01).